徐州市活动断层探测与地震危险性评价

刘建达　许汉刚　李丽梅　等　著

科学出版社

北京

内 容 简 介

本书在分析徐州及邻区地震地质和地震活动特征基础上，采用重磁反演、地震层析成像和深地震资料等建立了深部地震构造模型，评价了发震特征与孕震构造特征；采用标准钻孔探测、第四纪演化研究和浅层地震勘探、钻孔联合剖面探测、土样与断层物质年代测试等，研究并确定了徐州市5条断层的空间展布和最新活动特征；通过分析地震活动、构造应力场、地震复发行为和现今活动、构造变动特征，评估了断层潜在的最大发震能力和地震危险性；建立了目标区地下三维速度结构模型（浅部土层、深部岩层和地壳），并计算得到徐州市主要断层和郯庐断裂带中南段最大发震能力作用下对徐州市造成的最大地震动影响场（加速度、速度、位移）分布图和地震危害性区划图。

本书可供地震地质、地球物理、地震工程、岩土工程等有关专业的大专院校师生，科研院所、国土规划和工程设计部门，以及防灾减灾、应急管理和风险隐患排查治理等部门的技术和管理人员参考使用。

审图号：苏 C（2023）05 号

图书在版编目（CIP）数据

徐州市活动断层探测与地震危险性评价/刘建达等著. —北京：科学出版社，2023.9

ISBN 978-7-03-075672-5

Ⅰ.①徐… Ⅱ.①刘… Ⅲ.①活动断层-探测-研究-徐州 ②地震活动性-研究-徐州 Ⅳ.①P548.253.3 ②P315.5

中国国家版本馆 CIP 数据核字（2023）第 102172 号

责任编辑：周 丹 沈 旭/责任校对：郝璐璐
责任印制：张 伟/封面设计：许 瑞

斜 学 出 版 社 出版

北京东黄城根北街 16 号
邮政编码：100717
http://www.sciencep.com

河北鑫玉鸿程印刷有限公司 印刷

科学出版社发行 各地新华书店经销

*

2023 年 9 月第 一 版 开本：787×1092 1/16
2023 年 9 月第一次印刷 印张：26
字数：617 000

定价：369.00 元

（如有印装质量问题，我社负责调换）

前　　言

2016 年 7 月 28 日习近平总书记在河北唐山考察时强调,"同自然灾害抗争是人类生存发展的永恒课题。要更加自觉地处理好人和自然的关系,正确处理防灾减灾救灾和经济社会发展的关系,不断从抵御各种自然灾害的实践中总结经验,落实责任、完善体系、整合资源、统筹力量,提高全民防灾抗灾意识,全面提高国家综合防灾减灾救灾能力。"习近平总书记还指出,"要总结经验,进一步增强忧患意识、责任意识,坚持以防为主、防抗救相结合,坚持常态减灾和非常态救灾相统一,努力实现从注重灾后救助向注重灾前预防转变,从应对单一灾种向综合减灾转变,从减少灾害损失向减轻灾害风险转变,全面提升全社会抵御自然灾害的综合防范能力。"

随着科学技术的快速发展和人类社会的进步,我国城市化进程加快,社会财富快速增长并大规模向城市聚集,城市人口不断增长。城市化发展的顶级形态是打造"都市圈"。按照国家"十三五"规划,我国将建设多个"都市圈","都市圈"将成为中国未来城市化的新引擎。

正是由于城市发展快速化和"都市圈"化,城市运转的环节越来越多、链条越来越长,伴随的是各环节的薄弱点暴露量急剧增加,使得在自然灾害尤其是地震灾害面前,任何一个环节的破坏都可能产生破坏的链式反应,从而促使灾难强烈发酵。因此,城市以及未来的"都市圈"是"震不起、不能震"的地方。

地震是自然灾害中危害程度最大的灾害,主要体现在两个方面:一是地震的突发性,表现在地震的孕育时间长,可达数百年至数千年,而地震的发生,其过程只有数十秒至数百秒,通常地震结束了人们还没有反应过来;二是地震的巨大破坏力,地震时断层快速错动引起地表瞬间断错、开裂和地基失效,造成跨越发震断层的所有建(构)筑物和设施设备严重毁坏,同时携带巨大能量的地震波从震源快速向周围传播,引起地面的强烈震动,地面的建(构)筑物和各种设施设备都将遭受强烈的地震动作用,若这些地面建筑与设施等抵抗不住地震力的作用,或者某个环节被破坏,都将引起一系列的链式灾害反应,将破坏甚至毁坏城市功能设施。1976 年我国的唐山地震、1995 年日本阪神地震、2008 年我国汶川地震等,对城市都造成了致命的伤害,灾难深重。

我国是世界上地震灾害最为严重的国家之一,占全球陆地面积 7%的国土发生了全球 1/3 的大陆地震,全国 58%以上的国土面积、50%以上的城市和 70%的百万以上人口大中城市都处在基本地震动峰值加速度 0.10g(基本烈度Ⅶ度)及以上的地震高风险区(高孟潭,2015)。为了全面贯彻落实党和政府提出的全面防御的战略要求,亟须对位于高烈度地区的城市和主要经济区开展活动断层探查等基础工作,这是以人民安全为宗旨、实现国家安全和保障我国经济社会可持续发展的迫切需要。

徐州市位于江苏省西北部,为我国著名的历史文化古城,具有 5000 多年的文明史和 2600 多年的建城史。徐州市是国务院批准的淮海经济区中心城市,是江苏省重点规划建设的 15 个大城市和三大都市圈核心城市之一，也是全国重要的交通运输枢纽。

徐州市位于华北平原的东南部，除中部和东部存在少量丘陵岗地外，大部分地区皆为平原。

徐州市区地质构造复杂，最著名的是徐宿弧形推覆构造。徐州的断裂构造主要是在徐宿弧形推覆构造的推覆过程中形成的，表现为晚古生代末期－中生代早期形成的邵楼断裂和潘塘断陷盆地，以及与徐宿弧形推覆构造的弧形褶皱平行的一系列 NE－NNE 向断裂构造和与之配套的 NW－NWW 向断裂构造，包括横穿徐州城区的废黄河断裂。

地震资料显示，历史上徐州及周边地区发生过多次破坏性地震。公元 925 年在徐州西北发生过 1 次 5¾级地震；徐宿弧形推覆构造西端的萧县在 1642 年、1643 年先后发生过 2 次 4¾级地震；公元 462 年在徐州与山东兖州交界地区发生过 1 次 6½级地震；1546 年在徐州东北的邳州发生过 1 次 5½级地震。徐州遭受的最大地震影响烈度是 1668 年 7 月 25 日山东郯城 8½级大地震（震中烈度≥Ⅺ度），该地震对徐州造成的破坏情况是"城垣、官署、台榭、民庐倾覆过半，远近压死人不可计数"（国家地震局震害防御司，1995），地震烈度可达Ⅷ度。徐州地区的抗震设防为 50 年超越概率 10%地震动峰值加速度 0.10g，即抗震设防烈度为Ⅶ度。可见，徐州是属于具有发生破坏性地震和可能遭受地震破坏背景的城市，为具有较高地震风险的大城市。

为了最大程度减轻地震灾害风险，实现"地下搞清楚"的目标，徐州市人民政府于 2008 年底启动了"徐州市新城区、开发区活动断层探测与地震危险性评价"项目，旨在通过该项目的实施，对徐州市城区地下的断裂构造有全面的了解，查明城区范围地下主要断裂展布和活动性，判断是否存在具备发生直下型破坏性地震的活动断层，认识现今断裂的活动特征与构造变动特征，了解最新构造变动过程中活动断层空间分布及其地震复发行为，评价徐州市主要断层的最大发震能力和地震危险性，分析计算主要断层在最大发震能力作用下可能造成的地震危害，评估徐州市的地震灾害风险程度，为徐州市进一步排查地震灾害风险源、评估灾害风险程度、管控和治理灾害风险提供基础资料，并为城市规划与建设、重大工程场址选择、最大程度减轻地震灾害风险提供科学依据。

"徐州市新城区、开发区活动断层探测与地震危险性评价"项目，自 2009 年 7 月开始实施，用三年半的时间，通过开展 5 个课题 11 个子专题的研究，探明了徐州市的主要断层，确定了断层的空间展布位置，编制了主要断层分布图；研究了主要断层的活动性状和最大发震能力，综合评价了其地震危险性；建立了徐州城区地下三维结构模型，评估了有发震危险的主要断层一旦发生最大能力地震时引起的强地震动场的分布特征；评价了郯庐断裂带中南段最大发震能力情况下可能对徐州造成的影响；建立了徐州市活动断层探测与地震危险性评价数据库和活动断层信息管理系统。该项目于 2012 年 12 月底完成全部工作，通过了中国地震局震害防御司和徐州市人民政府的技术审查和验收，获得了"优良工程"的称号。该项目由江苏省地震局和徐州市地震局负责管理，江苏省地震工程研究院负责实施，北京震科工程监理有限责任公司负责全过程监理，中国地震局地质研究所、中国地震局地壳应力研究所、中国地质大学（北京）、北京交通大学、江苏省地质矿产局第五地质大队、上海申丰地质新技术应用研究所有限公司、徐州天地岩土科技有限公司等单位承担了部分探测和研究任务。

由于项目的实施对象是大城市，在探测过程中遇到了许多科学难题。我们秉承"先进、有效、可靠"的基本原则，在充分收集、分析徐州市及邻区的地质、煤田、地震、钻探等资料以及前人研究成果的基础上，采用"现场试验－修正方案－再试验－再修正－正式探测－验证"和"由粗到细、环环相扣"的科学路线和步骤，对目标对象实施精准探测，最终圆满完成了探测研究任务，达到了预定的目标。

"徐州市新城区、开发区活动断层探测与地震危险性评价"项目由刘建达任项目负责人，李丽梅、张鹏、谭慧明任项目助理，主要专题负责人有：许汉刚、李丽梅、张鹏、范小平、黄永林、王金艳、蒋新，项目总协调人董卫国，条件保障张金川。参加本项工作的技术人员还有：李金良、顾勤平、李清河、黄伟生、周彩霞、宋建军、邵斌、江铁鹰、陶小三、顾小宁、王玲玲、薛莹莹、徐戈、缪发军、陈兴东、张元生，中国地质大学（北京）陈建强、姜佳、路硕、杨旭、郭辉文、鲁战乾，中国地震局地质研究所王萍、王建存、尹行、蒋汉朝、王昌盛、李建平，中国地震局地壳应力研究所张景发、姜文亮、陈丁、田甜、路晓翠、焦其松、安立强，北京交通大学赵伯明、王子珺、夏晨、张谦、陈靖、李伟华、陈蕊，上海申丰地质新技术应用研究所有限公司孙秀容、陈德海、聂碧波、陈坚、马董伟，徐州市地震局王庆生、祁玉岭、岳林等。

本书依托"徐州市新城区、开发区活动断层探测与地震危险性评价"项目成果和对该地区地震地质与地震活动研究成果撰写而成。本书结构主要包括前言、第1章区域地震地质构造环境、第2章深部地震构造条件研究、第3章区域地层与目标区第四纪地质、第4章目标区隐伏断层的综合探测、第5章目标区主要断层特征与活动性、第6章目标断层地震危险性评价、第7章目标断层地震危害性评价、第8章郯庐断裂带中南段发震对徐州的影响估计。参加本书编写的主要人员有：刘建达、许汉刚、李丽梅、张鹏、范小平、赵伯明、蒋新、董卫国、王金艳、黄永林、顾勤平、王子珺等。本书前言由刘建达负责编写，第1章由张鹏、董卫国负责编写，第2章由范小平负责编写，第3章由李丽梅、蒋新、王金艳负责编写，第4章、第5章由许汉刚、刘建达、顾勤平负责编写，第6章由刘建达、黄永林负责编写，第7章由赵伯明、王子珺负责编写，第8章由赵伯明、王子珺、刘建达负责编写。全书由刘建达、李丽梅、蒋新负责最终统稿和定稿。图件绘制由李丽梅、蒋新、杨浩、王金艳等负责，刘雯歆博士参与了部分数据校核和图件清绘等工作。

项目实施过程及本书撰写过程中，得到了中国地震局震害防御司、江苏省地震局、徐州市人民政府及相关职能部门和北京震科工程监理有限责任公司的大力支持，得到了活动断层探测首席科学家徐锡伟研究员的鼎力相助，得到了孙福梁、黎益仕、张黎明、刘豫翔、邓起东（院士）、汪一鹏、杨晓平、杨主恩、向宏发、卢造勋、张世民、田勤俭、丁志峰、俞言祥、杜玮、方盛明、刘保金等领导和专家的大力支持与帮助。江苏省地震局徐徐、沙晓青、丁页岭等为本书的顺利出版提供了帮助。在此一并表示衷心感谢。

　　本书的出版若能为各类读者和徐州市城市规划建设、抗震防灾和地震应急救援准备等有所帮助，作者将深感欣慰。由于作者的水平有限，本书不足之处在所难免，敬请读者谅解和指正。

作　者

2023 年 5 月

目　　录

第1章 区域地震地质构造环境

区域地震地质构造环境决定了区域地震活动的类型、强度及孕震、发震的特点，是地震危险性与危害性评价的基础。本章通过介绍区域大地构造、区域地质构造及构造演化，区域新构造运动和分区特征、区域主要断裂特征、区域地震活动性与历史地震影响场、区域构造应力场特征等，论述区域地震地质构造环境。

1.1 区域地质构造特征

1.1.1 大地构造分区

按经历的构造运动时代和性质、构造变形特点、盖层发育的时代和特征以及岩浆活动等差异，采用板块构造观的划分方法（潘桂棠等，2009），工作区涉及两个一级构造单元（图1-1），即华北陆块区（Ⅰ）和昆仑—祁连—秦岭造山系（Ⅱ）。

华北陆块（Ⅰ）是我国最古老的地壳，具典型的双层结构。古、中太古代为华北陆块的陆核孕育期；新太古代开始了初始克拉通化；古元古代华北陆块的结晶基底形成，由新太古界和古元古界的中深变质岩系组成；中元古代为扩张裂陷期；中、新元古代—古生代为稳定盖层沉积期；中生代以来为陆内构造作用演化阶段（陆松年等，2004）。中、新元古界属古裂谷系沉积，古生界至三叠系为相对稳定的地台盖层沉积。强烈的燕山运动形成了以北东向为主的褶皱、冲断层及岩浆岩带。新生代后，华北平原、渤海海域受北北东—北东向断裂和北西西向断裂控制，形成一系列断陷。

昆仑—祁连—秦岭造山系（Ⅱ）是位于华北和扬子两个陆块之间的造山带，包括北部的超高压变质带和南部的高压变质带。由于超高压变质带经历了俯冲、折返及最后抬升的不同构造演化阶段，出露的超高压变质地体主要表现为折返阶段（特别是折返后期）以来的构造变形特征，早期的构造变形记录不易保存。

工作区涉及三个二级大地构造单元（图1-1），即分属华北陆块区的鲁西地块（I_1）、徐淮地块（I_2），以及属于昆仑—祁连—秦岭造山系的大别—苏鲁地块（II_1）。

1. 鲁西地块（I_1）

鲁西地块的基底为泰山杂岩，经强烈挤压褶皱，组成北西走向的紧密复式背斜和向斜。作为第一套盖层的土门群（Pt_3）局部出露于地块的东南部；下古生界广泛分布于地块边缘，以平缓的单斜构造为主；上古生界多出现在下古生界向斜的核部。中生代在地块上发育了一系列由北西至近东西向断裂控制的断陷盆地，如莱芜、蒙阴等盆地，这期间盆地几经构造反转，到古近纪它们又断陷成盆，堆积的中生界和古近系一般厚3000～5000m。新近纪以来整体抬升。

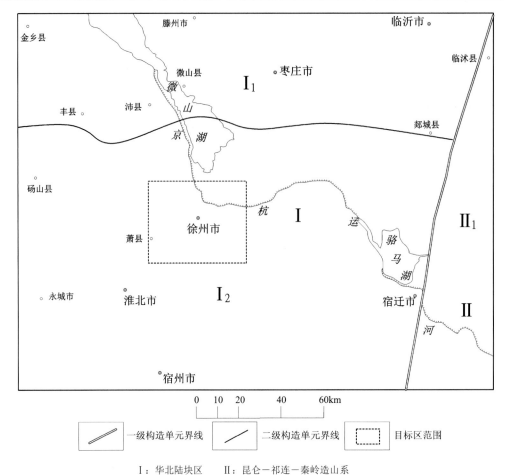

图 1-1 目标区大地构造单元划分图（据潘桂棠等，2009）

一级构造单元界线 二级构造单元界线 目标区范围

0 10 20 40 60km

Ⅰ：华北陆块区 Ⅱ：昆仑－祁连－秦岭造山系

2. 徐淮地块（Ⅰ₂）

徐淮地块位于两淮地区，东邻郯庐断裂带，北以韩庄等断裂与鲁西地块相连。五河群（Ar_3^2）和凤阳群（Pt_1）等组成基底，构造线以东西向为主。新元古代和古生代强烈沉降，盖层发育良好，厚达 7000m 左右。中、新生代断陷盆地发育，沉积物主要是河湖相碎屑岩和泥岩，早期有火山碎屑岩，侏罗系－白垩系和古近系厚 2000～8000m；新近纪以来整体缓慢沉降，以河湖相沉积为主的新近系和第四系覆盖全区而成为广阔的平原。

3. 大别－苏鲁地块（Ⅱ₁）

区内为大别－苏鲁地块东段，该段西邻郯庐断裂带，东南以淮阴－响水口断裂为界与扬子准地台相接。该带主要由胶南群（Ar_3^2）和五莲群（Pt_1^1）或东海杂岩等变质杂岩组成。在这些古老的变质岩系中，产有大小不等的似层状、条带状、透镜状等的榴辉岩和橄榄岩岩体，组成北东－南北走向的榴辉岩带。榴辉岩成岩时代为印支运动时期（221Ma B.P.）（葛宁洁等，1992），属于基性和超基性岩范畴，生成于地壳深部或地幔，印支末期－燕山早期经过复杂的挤压推覆和上隆作用，被侵位于变质围岩的褶皱之中，并被携带到地壳浅层。

因中生代断块差异活动加强，在大别－苏鲁地块东段的南部形成了沭阳断陷盆地，接受陆相碎屑岩沉积，K+E 厚度达 1500m。大规模的岩浆侵入和喷发形成了大面积的中酸性侵入体和火山岩。断裂走向主要为北东、北北东向。在新构造期地壳仍以升降运动为主，隆起区有所扩大，但运动强度已大为减弱。晚新生代断块构造活动较为稳定，地震强度、频度均较低。

1.1.2　地质构造特征

工作区在地质构造上位于由北北东向的郯庐断裂带、岳集断裂和近东西向的铁佛沟断裂、宿北断裂所围限的区域内，低山丘陵区由弧形山脉组成，属于徐宿弧形推覆构造，又称徐淮弧形推覆构造。主要构造体系可划分为东西向构造、徐淮弧形推覆构造、北北东－北东向构造和北西－北西西向构造等。

1. 东西向构造

1）丰沛构造带

丰沛构造带位于北纬 34°40′～35°15′，由东西展布的隆起、拗陷及较大规模的断裂和褶皱组成，包括丰沛隆起、金滕拗陷、敬安－四户拗陷、陶枣向斜等构造，以及凫山断裂、单县断裂、铁佛沟断裂、韩庄断裂等多条东西向断裂，还有构造活动期间发育的嘉祥断裂、孙氏店断裂和峄山断裂等南北向张性断裂。

金滕拗陷位于金乡、鱼台、滕州一带，呈近东西向展布，南邻丰沛隆起，北以凫山断裂为界，由金乡凹陷、鱼台凹陷和滕州凹陷组成，基底为石炭系－二叠系，拗陷内侏罗系发育，最厚可达 1100m，鱼台凹陷内还有较厚的古近纪玄武岩分布。

敬安－四户拗陷位于苏鲁皖边界，总体呈现东西向延伸，为西宽东狭的新生代拗陷（黄口盆地的东延部分），大部分被第四系覆盖，主要由古近系官庄群组成，仅在微山岛、韩庄一带零星出露。

黄口盆地呈东西向延伸的不规则长条状，盆地南界于中生代在官庄坝－西南门－黄口一带；古近纪时南移至砀山和黄口以南，盆地东端明显向南扩展。

2）宿北断裂

宿北断裂位于宿州以北，为燕山期以来形成的断裂，断层线平直，东西走向。嵩沟盆地在白垩纪时受断裂和褶皱控制，发育南北向至北东向条带状盆地沉积；古近纪时盆地向西迁徙，发育河湖相沉积，受宿北断裂控制，在嵩沟以东至宿州以西发育东西向延伸的新生代盆地。

2. 徐淮弧形推覆构造

徐淮弧形推覆构造发育于徐州－淮南地区，是由中朝板块的古生代盖层组成的大型褶皱推覆体（徐树桐等，1987，1993；舒良树等，1994）。该弧形构造带夹于北面丰沛隆起和南面蚌埠隆起两个东西向构造带之间，由南段定远－淮南、中段小涧集、北段徐州到台儿庄的山系组成的一个半圆形潜造山带，构造线自北而南由北东东、北东逐渐转向近南北、南东、南东东向，总体构成向西凸出的弧形构造带。该构造带具有典型冲断推覆体构造特征，与碰撞造山带的前陆冲断褶皱带类似，其形成与郯庐断裂带早中生代左行平移时产生的侧向运动分量有关。

徐淮弧形推覆构造主体部分主要分布在徐楼背斜、宿东向斜以东的广大地区内，所以又称徐宿弧形推覆构造。区内所有早三叠世前形成的岩层都卷入推覆变形，其变形高峰期为早、中侏罗世，变形最强烈的地段在萧县－宿州一带，由密集分布的向南东－南东东倾斜的逆冲断层和线状褶皱体系所构成。变形后期有东西方向的拉张作用，大量酸性和中酸性岩体、岩脉广泛侵入。在徐宿推覆体的山前地带形成一系列晚侏罗世－古近纪的沉积盆地（舒良树等，1996）。邵楼断裂在晚古生代末期－中生代早期作为大型徐宿弧形推覆构造的次级派生构造而生成，在推覆过程结束后，沿早期的推覆挤压面反向运移，形成晚侏罗世－白垩纪陆相拉伸半地堑的潘塘断陷盆地，其内堆积了厚达 900m 的中生代王氏组砂岩和青山组火山碎屑岩。

徐宿弧形推覆构造内断裂主要为北东－北北东走向，与弧形褶皱平行，活动性质以压扭性为主，主要发育在背斜、向斜的翼部和向斜的核部。北西－北西西向断裂为弧形构造的配套构造，活动性质主要为张性，兼具左行走滑的分量。北西向断裂与弧形构造同期形成，在后期的活动中左行错断了弧形构造，如废黄河断裂等。

3. 北北东—北东向构造

主要有邵店－桑墟断裂、沂沭断裂带、固镇－怀远断裂等。沂沭断裂带位于郯庐断裂带的中段，由 5 条断裂组成，构成堑垒格架，并被一系列北西向断裂所切割，断裂带南北两端为中－新生代凹陷，带内褶皱少见。

4. 北西—北西西向构造

北西向构造系列是在构造应力作用下形成于不同地质时代的北西西向、北西向、北北西向三组压性结构面及其各自伴生配套构造所组成，并与北东向构造相对应交替发生（李祖武，1992），主要有无锡－宿迁断裂、苍山－尼山断裂等。

1.2　区域地质构造演化概况

区域地质构造具有漫长而复杂的演化历史。总的来说，自新太古代起经历了阜平（Ar_3^1）、五台－吕梁（Ar_3^2－Pt_1）、晋宁（Pt_2－Pt_3^1）、加里东（Z－Pz_1）、华力西－印支（Pz_2－T_2）、燕山（J－K）和喜马拉雅（E－Q）七个构造旋回，最终造就了现今的区域地质构造格局。下面重点介绍工作区所在的华北陆块南部及郯庐断裂带、苏鲁造山带中－新生代构造演化概况。

1.2.1　早中生代

晚二叠世末－中三叠世，伴随特提斯海关闭，华南地块自南向北与华北地块碰撞拼接。在此期间，作为华南与华北缝合的响应，苏鲁造山带形成；郯庐断裂也同期形成，性质为左旋走滑，其形成模式有嵌入碰撞模式（Yin and Nie，1993）、同造山运动模式（Zhu et al.，2009）等多种不同观点。早、中侏罗世，郯庐断裂带的主体架构基本形成（王小凤等，2000），形成了大型韧性剪切滑脱带。

伴随扬子地块向华北地块之下深俯冲，苏鲁超高压变质带向北西西方向韧性挤出，导致徐宿弧形构造的形成。以郯庐断裂为边界，徐宿地区前陆盆地发生了从南东向北西方向的强烈盖层拆离滑移与推覆，形成向西方向凸出的弧形构造即徐宿推覆体（张岳桥和董树文，2008），推覆体根带位于靠近郯庐断裂带一侧。在推覆过程中，从郯庐断裂根带向西，变形是递进前进的，由较深部的推覆逆冲韧性剪切到中部的中浅部位台阶状逆冲推覆褶皱变形带，最后到浅地表的推覆前缘叠瓦状冲断带；推覆体埋藏深度则表现为东深西浅。

1.2.2　白垩纪

白垩纪为太平洋与欧亚板块快速聚敛时期。早白垩世初（约 140Ma），西太平洋板块沿北北西向高速俯冲于东亚大陆之下（Engebretson et al.，1985；Maruyama et al.，1997），中国大陆东部处于左旋剪切应力场作用下，并使得北北东向的郯庐断裂带于早白垩世发生了左行走滑平移，形成伸展构造。在大型走滑断层的影响下，产生了一系列的北西、北西西向张性断裂系统。

早白垩世，受控于太平洋板块的俯冲，中国东部构造动力体制发生重大转换（翟明国等，2003）。大洋板块的俯冲诱发的地幔柱升降活动，导致大陆地壳的减薄和局部地区地幔上拱，中国东部构造作用以地壳引张和岩石圈减薄为主，因此早白垩世以来广泛发育了裂陷盆地。

工作区的郯庐断裂带内部及徐淮地块的潘塘断陷盆地内，在这一时期沉积了巨厚的早白垩世青山组地层和晚白垩世王氏组地层，表明了中国东部构造动力体系变革对工作区的影响作用。但徐淮地块内中生代断陷盆地规模较小，分布零星，表明本阶段华北岩石圈减薄及裂陷伸展作用对南华北地区的影响较北华北地区小。对岩石圈热-流变特征的研究（张鹏等，2006）表明，南华北地区的岩石圈厚度明显大于渤海湾盆地区，说明南华北地区中—新生代以来构造格局相对稳定，太平洋板块俯冲作用和深部地幔热柱活动对南华北地区的影响有限。

1.2.3　古新世—早始新世

古新世—早始新世为太平洋与欧亚板块斜向聚敛作用开始松弛时期。新生代早期，太平洋板块仍向北北西方向运动，本时期太平洋板块聚敛速度大大降低（Engebretson et al.，1985；Northrup et al.，1995），使中国东部构造应力场由白垩纪晚期的挤压转变为拉张，初始裂谷盆地开始发育。工作区的徐淮地块在本阶段整体处于隆升阶段，缺失这一时期沉积。

1.2.4 中始新世—渐新世

早始新世后，太平洋板块由北北西向俯冲转为北西西向俯冲（Montgomery，1990），印度板块也几乎同时与欧亚板块发生全面碰撞（Patriat and Achache，1984），二者共同的作用使中国东部构造应力场发生了转变，郯庐断裂带转为右旋走滑运动。

本阶段太平洋板块俯冲方向的改变和聚敛作用的松弛，使东亚陆缘弧后伸展构造和走滑拉张构造广泛发育，如渤海湾、日本海等。本时期为同裂谷期断陷沉积的主要阶段，中国东部发育东西向和北东向半地堑和地堑盆地。

鲁西南古近纪盆地群的东西向盆地发育于始新世时期，是郯庐断裂发生构造转型后的右行走滑拉分所产生的盆地，叠加在先前的新生代北西向断堑盆地之上。工作区的徐淮地块在本阶段发育了一些东西向盆地（如敬安—四户拗陷、宿北断裂南侧拗陷等），表明本时期中国东部构造动力体系转换对工作区的影响作用是明显的。

1.2.5 中新世至今

新近纪以来，中国东部大陆受控于太平洋板块向西快速聚敛的推挤作用和印藏碰撞传导的向东构造挤出作用。在二者共同作用下，中国东部大陆产生近东西向的挤压应力场。郯庐断裂带本阶段表现为由东向西的挤压；中国东部断陷盆地进入热沉降时期，转为大型的拗陷盆地，广覆以新近系和第四系。新近纪以来工作区内的徐淮地块地壳相对稳定，表现为断块差异性升降活动，幅度和速度都不大。

总之，中国东部中—新生代时期的区域应力场总体特征发生多次变化，造成了复杂的地质构造演化过程。不同时期控制区域应力场的主要构造动力来源不同，印支期和燕山期是华南板块对华北板块的南北向推挤，侏罗纪以来是西太平洋板块的俯冲作用，新生代以来是印度板块与欧亚板块的碰撞作用，早白垩纪、古近纪时期为强烈的地幔热作用。同一时期可能有多个来源的构造动力作用于中国东部。这种多变区域构造动力过程使工作区及邻区在中—新生代经过了多期构造体制转换，因此具有复杂的地质构造演化过程。

1.3 区域新构造运动特征

1.3.1 地形地貌发育特征

工作区地处华北平原中部，山东丘陵的南缘，地势低平。总的地貌特征是东北部和西南部地势高，西北部和东南部地势低。徐宿弧形构造展布地带的低山丘陵标高为80～400m，山体走向由北北东向逐渐转为北东东向，呈弧形。工作区西北部是微山湖冲积平原区，标高为30～40m，地面向湖区轻微倾斜，坡降不大，由于经常被洪水淹没，地面有沼泽化现象。工作区东南部是古黄河冲积平原区，标高一般为25～37m，地势从西北向东南逐渐降低，在大面积平坦广阔的平原之中，还出现多处标高为50～80m的孤山和残丘。鲁中南与鲁东山地之间为沂沭河谷地，郯庐断裂沿沂沭河谷分布。

工作区地貌受地质构造控制明显，各种地貌类型及其特征表现出与地质构造的一致性，是在漫长的地质历史中内外营力相互作用，地表经历无数次的升降和剥蚀、搬运、堆积的塑造，终成今天的地貌景观。按照地貌成因，区内地貌可分成构造剥蚀、剥蚀堆积和堆积三大类型（表 1-1）。

表 1-1　区域地质地貌简表（江苏省地质局第二水文地质队，1980）

成因类型	代号	形态类型	代号	形态特征	分布区域
构造剥蚀	I	低山丘陵	I_1	标高 200～500m。山脉走向与地质构造一致。枣庄一带呈东西向，徐州南北一带呈北北东－北东东向弧形	枣庄、徐州等山地区
		残丘	I_2	标高 50～80m，山顶平缓，残坡积物发育	徐州以东平原区
剥蚀堆积	II	山前坡洪积裙	II_1	标高 30～80m，由山体向外倾斜，坡角 3°～5°，多由 Q_2-Q_3 亚黏土组成	低山丘陵周围
		山前冲洪积裙	II_2	标高 30～80m，由山体向外倾斜。多由 Q_3 亚黏土组成。大冲沟少见	微山县城以北、利国等地
堆积	III	冲积平原	III_1	标高 25～37m，地面平坦，多由 Q_4 亚砂土组成	广泛分布
		湖积平原	III_2	标高 30～40m，地面微向微山湖区倾斜。由 Q_4 亚黏土组成	微山湖四周

1.3.2　新构造运动特征

古近纪以来，工作区整体以上升运动为主，局部出现差异性断块沉降。新近纪，地壳相对稳定，形成了新近纪夷平面。早更新世，新近纪夷平面在不均衡抬升的地壳运动作用下，发生构造变形。中更新世为又一次夷平面形成阶段，但发育不够充分，由山麓剥蚀面和河流二级阶地面组成。晚更新世以来的断块差异性升降活动将上述夷平面分割，形成不连续分布。

1. 整体性、继承性和间歇性

从古近纪开始，鲁西地块和徐淮地块全面隆起，新近纪以后为幅度不大的整体性抬升，表现出间歇式整体抬升特点，形成了多期的多级夷平面。第一期为唐县期夷平面，海拔一般在 300～400m，其上沉积有上新世唐县期砾石层及玄武岩；第二期夷平面为临城期剥蚀准平原，主要发育于第四纪早期，海拔为 200～300m 至几十米，构成河谷盆地及准平原地形，在山东发育典型且分布面积大。

据唐县期夷平面的高度推算，鲁西地区新近纪以来上升的幅度可达四百余米，而在山东境内郯庐断裂带以东的胶东半岛隆起属于长期稳定上升的山地，唐县期夷平面抬升的幅度较小，多数地区仅达一百余米。

第四纪时期，区域内地壳运动主要以间歇式抬升运动为主，表现为多级河流阶地的发育。在鲁西南地区古近纪时期是裂陷作用强烈发展的时期，差异运动的幅度大，有厚达千米以上的内陆河湖相沉积。新近纪和第四纪时期，区域范围内差异构造活动变弱，由强烈裂陷变为了总体缓慢沉降的拗陷区，新近系和第四系呈超覆关系覆盖于古近系及早期的隆起区之上。

2. 差异性和新生性

新构造时期，区域范围内在整体性和继承性升降运动的背景之上还存在明显的差异运动、掀斜运动，以及构造活动的新生性。鲁西地区古近纪时期沿北西向断裂形成了狭长的盆地，但在新近纪以后，多数盆地发生了抬升，成为侵蚀盆地；同时又有一些新的盆地开始沉降，接受沉积。区内郯庐断裂带的运动性质更是发生了巨大的变化，由早期的左旋运动变为右旋运动；北西向断裂在新构造期以来构造作用更明显，断裂的活动形成或控制了一些小型断陷盆地的发育。

1.3.3 新构造分区及特征

工作区在新构造一级分区中属于华北新构造区。根据新构造运动发育历史、类型、强度、地貌形态、主要控制断裂的走向和活动特征及地震活动性，区内可进一步细分为3个二级新构造区和5个三级新构造区（表1-2，图1-2）。

表1-2 区域新构造分区表

一级区	二级区		三级区	
	编号	名称	编号	名称
华北新构造区	I	鲁西—皖北断块隆起区	I_1	鲁西南断陷
			I_2	徐淮弱断隆
			I_3	鲁中南较强烈断隆
	II	郯庐断裂带活动区		
	III	鲁东断块隆起区	III_1	胶南弱断隆

1. 鲁西—皖北断块隆起区（I）

该区位于齐河—广饶断裂以南，东以郯庐断裂带为界。该隆起区中心位于鲁中地区，高峰达千米以上。区内主要发育鲁中期、唐县期和临城期三级夷平面，海拔分别为500～600m、400m和100～200m。它们向南分别降为400～500m、200～300m和50～100m，呈现向南掀斜的特征。山体受北西向构造控制，发育由条状断块山和古近纪地层组成的残山、丘陵及第四纪断陷盆地。该隆起北面、西面和南面倾伏于华北平原之下，有残丘分布。在鲁西南地区，晚中生代—古近纪时期受近东西向、近南北向和北东向断裂控制形成一系列次级凹陷和凸起。区内历史上发生过多次中、强地震，最大为1937年菏泽7.0级地震。

根据构造演化、升降幅度，工作区内进一步划分出鲁西南断陷（I_1）、徐淮弱断隆（I_2）、鲁中南较强烈断隆（I_3）三个三级新构造单元。

（1）鲁西南断陷：该区为鲁西山前平原沉降区，在晚中生代—早新生代时期，受近东西向、南北向及北东向断裂差异活动的影响，形成一系列次级凹陷和凸起。新近纪以来整体沉降，与华北平原已连成一体，成为新的拗陷区。本区发育有近东西向和北北西向、

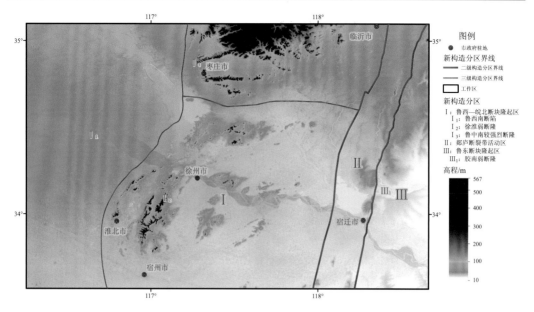

图 1-2　工作区新构造分区图

近南北向断裂，这些断裂将本区分割成次一级构造单元。根据济宁一带的钻孔资料，本区第四系厚 200～230m，其中上更新统和全新统厚 20～30m。鲁西南断陷区中可细分的更次一级构造单元包括兖州凸起、宁阳断凹、滕州－微山地堑、沛县地垒等。

（2）徐淮弱断隆：该区是鲁西隆起的南延部分，以近东西向铁佛沟断裂、韩庄断裂为界与鲁中南断隆相邻，为低山丘陵-平原地貌。古近纪时受近东西向断裂控制，局部发育有断陷和拗陷盆地。新近纪以来缓慢抬升，遭受风化剥蚀，蚀余残丘高一般在 200m左右，大致相当于唐县期夷平面。其地震活动水平低。徐州目标区位于徐淮弱断隆内。

（3）鲁中南较强烈断隆：该区主要为长期上升的山地与河谷盆地，其中高达 1000m以上的有泰山、徂徕山、沂山、蒙山，并发育了鲁中期、唐县期、临城期三级夷平面。据唐县期夷平面高度计算，新近纪以来鲁中南断隆区上升幅度达 400m。区内盆地多为地堑型断陷盆地（如肥城盆地、莱芜盆地）与单断盆地（如泗水盆地、枣庄盆地）。区内大部分北西向断裂直到晚更新世时期仍有活动，但活动的规模变小、强度减弱，全新世时期未发现活动迹象。鲁中南较强烈断隆区可细分成更次一级的构造单位，包括淄博－庄平凹陷、泰山断块凸起、莱芜凹陷、肥城凹陷、玉皇堂凸起、新汶凹陷、大汶口凹陷、蒙山凸起、尼山－白彦断阶、山亭断阶、泗水凹陷、枣庄凹陷、滕州凹陷等。

2. 郯庐断裂带活动区（Ⅱ）

区内的郯庐断裂带又称沂沭断裂带，由 4～5 条北北东向断裂组成，具有两堑夹一垒的构造格局，以右旋逆平移活动为主，局部为右旋正平移活动，是本区的主导构造。该活动区新构造活动强烈，在继承前期构造格局特点的基础上，新构造期呈现中间隆起、两侧低洼的狭长地垒式构造地貌形态，其东西地堑中还分别发育了近南北向的沭河和沂河，并有一、二级阶地发育。断裂带东西两侧块体新构造活动也有明显的差异，呈现西强东弱的态势。在山东境内，郯庐断裂带表现为几条主干断裂组成两堑夹一垒的构造格架，进入江苏后主干断裂数量逐渐减少，且被一些北西向断裂切割，在长期的发展演化过程中，断裂表现出明显的分段活动特征，其中山东境内郯庐断裂带东地堑内的安丘—莒县断裂是全新世活动断裂，公元1668年郯城8½级地震就发生在该断裂上。沿安丘—莒县断裂形成了马陵山、岭泉、晓店和窑湾等一系列隆起和凹陷，地质调查表明，这些隆起和凹陷形成于晚更新世以来。安丘—莒县断裂在江苏境内，自新沂往南经宿迁延伸至淮河边，都表现出很强的活动性，为全新世活动断裂。

3. 鲁东断块隆起区（Ⅲ）

该区为新生代以来的抬升区，但在构造演化、运动形式和抬升幅度上有差异。工作区仅包括该隆起区的胶南弱断隆三级新构造区。胶南弱断隆区内零星分布于鲁中期夷平面，海拔为400～500m，向南降为400m。唐县期夷平面不发育，临城期夷平面分布广，海拔为50～100m。区内断裂以北北东、北东向为主，第四纪活动弱，历史地震活动水平低。

1.3.4　新构造运动与地震活动的关系

综合新构造运动、地质构造和地震活动的基本特征，认为工作区及其邻近地区新构造运动与地震活动之间存在一定的相关关系，具有以下特点：

（1）新构造运动以断块隆起和拗陷或沉降为主要特征，故不同构造区之间的边界，尤其是隆起区与拗陷区之间的断裂，常是地震活动的优势地段。

（2）差异活动明显的次级构造区之间的断裂、沉降区内第四纪下沉幅度较大的断陷盆地或局部垂直差异活动强烈的地段，也是地震活动的优势部位。

（3）郯庐断裂带既是多个新构造单元的构造边界，也是区内活动最强烈的新构造单元，沿郯庐断裂带曾于工作区北缘发生过1668年郯城8½级大地震。

（4）北西向断裂及其组成的断裂带与地震活动具有不容忽视的关联性。

1.4　区域主要断裂特征与活动性

区域内主要断裂有21条（表1-3，图1-3）。按断裂走向，可分为北北东向—北东向、东西向、南北向和北西向—北西西向4组；按活动时代，可分为前第四纪断裂、早中更新世断裂、晚更新世断裂和全新世断裂，其中晚更新世断裂和全新世断裂为活动断层。

表1-3　工作区主要断裂特征一览表

编号	断裂名称	规模/km	产状			性质	最新活动时代	地震活动
			走向	倾向	倾角			
F₁	岳集断裂	200	N15°E	SE	70°	正断层右旋走滑	早中更新世	
F₂	幕集—刘集断裂	65	N45°E	NW	50°	逆断层	前第四纪	

续表

编号	断裂名称	规模/km	产状			性质	最新活动时代	地震活动
			走向	倾向	倾角			
F₃	邵楼断裂	60	N10°～55°E	SE	40°～70°	正断层	早更新世	
F₄	固镇－怀远断裂	>120	N20°E	SE/NW	60°	左旋走滑逆断层	早中更新世	
F₅₋₁	昌邑－大店断裂（山东段）山左口－泗洪断裂（江苏段）	450	N10°～25°E	NW	70°～80°	正断层右旋走滑	晚更新世	
F₅₋₂	白芬子－浮来山断裂（山东段）新沂－新店断裂（江苏段）	450	N10°～25°E	SE	70°～80°	逆断层	早中更新世	
F₅₋₃	沂水－汤头断裂（山东段）墨河－凌城断裂（江苏段）	450	N10°～25°E	NW	70°～80°	逆断层右旋走滑	晚更新世	
F₅₋₄	郯郚－葛沟断裂（山东段）纪集－王集断裂（江苏段）	450	N10°～25°E	SE	70°～80°	正断层	早中更新世	
F₅₋₅	安丘－莒县断裂（山东段）马陵山－重岗山断裂（江苏段）	450	N10°～25°E	NW/ SE	25°～80°	逆断层右旋走滑	全新世	1668 年郯城 8½ 级地震；公元前 70 年安丘 7 级地震
F₆	邵店－桑墟断裂	120	N45°～55°E	SE	30°～65°	正断层	前第四纪	
F₇	凫山断裂	140	近东西	SW	70°～85°	正断层	中更新世	462 年滕州 6½ 级地震
F₈	鱼台断裂	70	近东西	N	50°～70°	正断层	前第四纪	
F₉	单县断裂	70	近东西	N	70°～80°	正断层	中更新世	
F₁₀	陶枣断裂	45	东段 N70°W 西段 N65°E	S	70°～75°	正断层	前第四纪	
F₁₁	峄城断裂	>50	近东西	S	80°	正断层	早中更新世	
F₁₂	铁佛沟断裂	>180	近东西	S	50°～70°	正断层	前第四纪	
F₁₃	韩庄断裂	60	近东西	N	60°	正断层	前第四纪	
F₁₄	宿北断裂	200	近东西	N	85°	正断层	前第四纪	
F₁₅	嘉祥断裂	150	近南北	E	80°	正断层	早中更新世	
F₁₆	孙氏店断裂	>150	N15°W	W	70°	正断层	早中更新世	
F₁₇	峄山断裂	140	南北/北西	W	70°～80°	正断层	前第四纪	1675 年兖州 5 级地震

续表

编号	断裂名称	规模/km	产状			性质	最新活动时代	地震活动
			走向	倾向	倾角			
F_{18}	苍山—尼山断裂	180	N20°~50°W	SW	70°~80°	左旋走滑正断层	晚更新世	1995年苍山5.2级地震
F_{19}	废黄河断裂	75	N60°W	SW/NE	85°	左旋走滑正断层	中更新世	
F_{20}	新乡—商丘断裂	400	北西—北西西	S	50°	正断层	早中更新世	1737年封丘5¼级地震
F_{21}	无锡—宿迁断裂	440	N45°W	NE	70°	左旋走滑正断层	早中更新世	

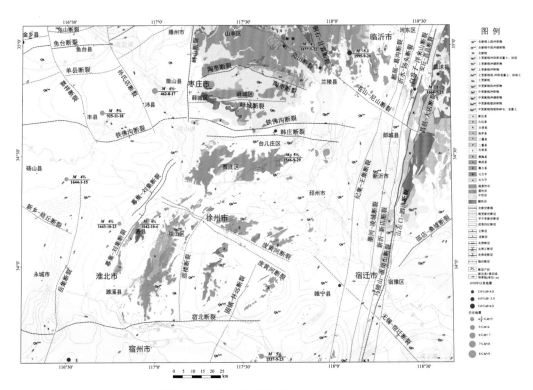

图1-3　工作区地震构造图（1∶250 000）

1.4.1　北北东向—北东向断裂

1. 岳集断裂（F_1）

岳集断裂又称口孜集—南照断裂，为夏邑—涡阳—麻城断裂带的东支。夏邑—涡阳—麻城断裂带由三条不连续、呈右行雁行排列的北北东向走滑断层组成，沿断裂带发育了断层角砾岩及碎裂岩。夏邑—涡阳—麻城断裂带形成于扬子块体和华北块体的碰撞后期

（王义天等，2000），形成以后其活动十分频繁，不仅对南北两大块体的碰撞后期和折返过程具有控制作用，而且在横向走滑的转换调节下，影响了大别造山带的构造格局，现今沿夏邑－涡阳－麻城断裂带的地震活动也时有发生（湖北省地质矿产局，1990）。根据断裂对沉积作用的控制来分析，该断裂起源于晚侏罗世，在燕山晚期有活动，未发现该断裂自晚第四纪以来有活动的迹象，综合判断岳集断裂为第四纪早中更新世断裂。

2. 幕集－刘集断裂（F_2）

幕集－刘集断裂为目标区探测断层，延伸于徐宿弧形构造西北边缘，走向约 45°，总体倾向 NW，断层经历了多期正断活动和逆冲活动。该断裂向南至萧县孙圩子村一带，向北至微山湖西南侧，总长度约为 65km。幕集－刘集断裂在目标区内均为第四系所覆盖，对地形地貌无控制作用。该断裂由东、西两条边界断裂组成，断裂带内基岩为二叠纪煤系地层，两侧基岩岩性为古近系砂岩。断裂带总体表现为中间抬升、两侧断陷，呈地垒状。综合判断幕集－刘集断裂为前第四纪断裂。

3. 邵楼断裂（F_3）

邵楼断裂属于目标区探测断层。该断裂北部自徐州大庙向南延伸，经柳集、棠张，到达永安附近，走向自北向南由 55° 逐渐转为 10°，呈弧形，长约 60km。该断裂是潘塘中－新生代断陷盆地的西缘断裂，断面倾向 SE。邵楼断裂在晚古生代末期－中生代早期作为大型徐宿弧形推覆构造的次级派生构造而生成，在推覆过程结束后，沿早期的推覆挤压面反向运移，形成晚侏罗世－白垩纪陆相拉伸半地堑的潘塘断陷盆地，其内堆积了厚达 900m 的中生代王氏组砂岩和青山组火山碎屑岩。邵楼断裂早期具压扭性质，此后作为同沉积正断层继续活动，控制了盆地内中生代地层的沉积。综合判断邵楼断裂为第四纪早更新世断裂。

4. 固镇－怀远断裂（F_4）

固镇－怀远断裂又称淮南－固镇断裂、刘庙断裂，位于工作区南部，总体走向为 20° 左右，大致自北向南经安徽定远县年家岗、炉桥，长丰县庄墓、吴山，直至肥西县将军岭西，总长度大于 120km，主断裂倾向 NW 或 SE。由于第四系覆盖，地表无显示，但从地层的位错、变形等均显示断裂的存在。

布格重力异常图上反映该断裂为叠加在东西向正、负重力场上的近南北向重力低值带或近东西向正异常。在安徽怀远县城关以西，断裂西盘的古元古界西堌堆组（Pt_1x）黑云斜长片麻岩深埋在深度 216m 以下，而断裂东盘的荆山地区，古元古界庄子里组（Pt_1z）则露出地表成山，两者落差达 400m 左右。在赵拐村－常坟镇一带，鳗鲤池、李家洼、窝洼等水体沿断裂带呈串珠状分布，单个水体长轴也多为 20°～30° 方向，与断裂走向基本保持一致。姚山地区，古元古界庄子里组下段（Pt_1z'）角闪钾长片麻岩、斜长角闪岩中发育挤压变形破碎带，见大量挤压透镜体；断面局部倾向西，倾角 50°～60°，显示左行平移压性断裂特征。在凤阳县西泉街南，震旦系、寒武系岩石强烈挤压破碎、片理化、糜棱岩化，断层面近于直立，微向东倾，发育大量斜向擦痕，指示左行位移。根据两侧岩层错移，水平视断距为8～10km。

1977年以来，在固镇－怀远断裂带上曾发生一系列3.0级以上的地震，其中最大的是1979年3月2日的5.0级地震。根据卫星遥感解释结果及断层的地质、地貌特点等，综合判断固镇－怀远断裂为第四纪早中更新世断裂。

5. 郯城－庐江断裂带（F₅）

郯城－庐江断裂带是我国东部一条规模巨大的断裂带，简称郯庐断裂带，总体走向NNE，由数条相互平行的主干断裂组成，构成堑垒格架。李家灵等（1994）按活动方式和活动强度将郯庐断裂带分为四大段：自北而南分别称为北段（鹤岗－沈阳段）、沈阳－渤海段（营潍断裂带）、鲁苏沂沭段（潍坊－泗洪段）和南段（嘉山－广济段）。工作区内涉及郯城－庐江断裂带中段的鲁苏沂沭段。

沈阳－渤海段的营潍断裂带受控于渤海湾盆地的地幔强烈上隆，断裂活动强烈，第四纪时期以强烈引张断陷为特征，并伴随多期玄武岩喷发。历史上沿该段或在其附近曾发生多次强烈地震，地震活动强度大、频率高。鲁苏沂沭段第四纪活动以挤压逆冲、右旋走滑为特征，历史上曾发生过公元前70年安丘7级地震和1668年郯城8½级地震。该段地震活动具强度大、频度低的特点。南段（嘉山－广济段）第四纪以来断裂活动较弱，历史上在五河、定远一带曾发生过5½级地震。

工作区内郯庐断裂带总体由五条主干断裂组成，即昌邑－大店断裂（F₅₋₁）、白芬子－浮来山断裂（F₅₋₂）、沂水－汤头断裂（F₅₋₃）、郚部－葛沟断裂（F₅₋₄）及发育于昌邑－大店断裂和白芬子－浮来山断裂之间的安丘－莒县断裂（F₅₋₅）。

1）昌邑－大店断裂（F₅₋₁）

昌邑－大店断裂在晚中生代时期曾为沂沭断裂带东地堑的东边界，第四纪时期主要在早、中期活动，仅局部地段表现为晚更新世活动，如五莲县汪湖镇莫家崖头村和郯城县桃林村，可见白垩系王氏组紫红色砂页岩逆冲到上更新统紫红色粉土夹砂层之上。

该断裂的江苏段又称山左口－泗洪断裂，自江苏境内的山左口一带，向南西延伸，经后皇城、马陵山车站、宿迁、泗洪和双沟西侧一线；安徽境内，经紫阳、冯庄、焦岗一线；向北与山东的昌邑－大店断裂相接。早期属正断层，后期具压扭性。深部为东倾，倾角陡，东盘向西逆冲。断裂的出露地段可见挤压片理、构造透镜体、磨砾岩、断层泥、揉皱等挤压特征。

2）白芬子－浮来山断裂（F₅₋₂）

白芬子－浮来山断裂在山东境内的大部分地段为早中更新世断裂。

该断裂的江苏段又称新沂－新店断裂，为早中更新世断裂。由新沂经祁元、新店、骆马湖至双庄－龙河集一带，主要出露于祁元、乱王及大官庄一带，其余都为第四系覆盖。该断裂总体走向平行于F₅₋₁，倾向SE，早期属正断层，新活动表现为压扭性逆冲断层。断裂结构面挤压片理揉皱、挤压扁豆体发育。在新沂大祁湖村、新圩子村等东侧，可见到断裂西侧为灰白色前震旦系片麻岩，断裂东侧为上白垩统王氏组紫红色含砾砂岩。

3）沂水－汤头断裂（F₅₋₃）

沂水－汤头断裂在山东汤头以北出露较好，为汞丹山地垒的东边界，表现为新太古界片麻岩、白垩系砂岩同第四系呈高角度正断层接触。最新断错上更新统，地表出现陡坎，冲沟水系穿过断裂发生右旋扭错或出现断头、断尾现象。

该断裂的江苏段又称墨河－凌城断裂，倾向 NW，早期属正断层性质，新活动表现为压扭性逆冲断层。在江苏境内为第四系覆盖，区内位置主要根据物探和钻探等资料推测确定。地表见于泗县赤山东冲沟内，由白垩纪红色细砂岩逆冲到晚更新世黄褐色砂土之上（汤有标和姚大全，1990），挤压破碎带宽 1.2m，断裂走向北东 10°，倾向北西，断层面近于垂直。在新沂城岗一带，它与 F_{5-2} 组成地垒构造，中间出露片麻岩，在该断裂西侧为白垩纪和晚新生代地层，基岩埋深可达 40～80m，表明断裂在新近纪－第四纪期间有较强的活动，晚更新世仍有活动。

4）郯郚－葛沟断裂（F_{5-4}）

郯郚－葛沟断裂为郯庐断裂带的西边界，在郯郚镇东钟家南、寺山等地出露较好，断裂带平面出露宽度大于 400m，断裂带陡立，岩石被强烈挤压破碎，常呈直立片状，局部发育揉皱，次级断层破裂面、断层泥、断层角砾岩、构造透镜体等十分发育。从地质剖面看，郯郚－葛沟断裂的上断点已穿透基岩顶面，波及了第四纪早期地层，为第四纪早中更新世断裂。

该断裂的江苏段又称纪集－王集断裂，是郯庐断裂带最西侧的主干断裂，在区内全部为第四系覆盖，现在的位置主要依据物探及钻孔等资料推测确定。该断裂在重力场上为一条北北东向异常梯级带，经钻孔等资料证实，断裂两侧的正、负异常区分别代表高密度的灰岩（Z）和低密度的砂页岩（K）。该断裂控制了两侧的地质构造发展和沉积作用，断裂西侧主要分布新元古界地层，缺失大部分中、古生界；东侧为白垩纪断陷盆地，沉积了厚 1000m 的白垩系。新构造运动时期，断裂显示继承性活动，对新近纪沉积起明显控制作用：古近系在东侧断陷盆地内沉积厚达 50～100m；在断裂西侧则缺失该沉积地层。第四纪以来，断裂活动强度已经减弱，第四系厚度在断裂东侧为 100～130m，西侧为 60～80m。经综合分析，判断该断裂为第四纪早中更新世断裂。

5）安丘－莒县断裂（F_{5-5}）

安丘－莒县断裂起于山东潍坊止于安徽嘉山，全长 450km，为郯庐断裂带晚第四纪以来活动性最强的主要断裂，是 1668 年郯城 8½ 级地震的发震构造（李家灵等，1994；晁洪太等，1997）。该断裂总体可分三大段，即发育于山东境内的安丘－昌邑段、莒县－郯城段和发育于江苏境内的新沂－泗洪段。

安丘－昌邑段展布于安丘向北至莱州湾海域内，晚更新世活动明显，可能与公元前 70 年安丘 7 级地震的发生有密切关系。

莒县－郯城段由两条平行的断层组成，野外多处可见到在上白垩统砂砾岩中形成的数米高的断层陡崖，为逆冲走滑性质（李家灵等，1994）。该段发生了 1668 年郯城 8½ 级地震，在地表形成了长达 120km 的地震断层。

新沂－泗洪段又称马陵山－重岗山断裂。该断裂位于 F_{5-1}、F_{5-2} 之间，它由苏鲁交界的沭河向南到马陵山、晓店、宿迁、重岗山，过淮河进入安徽紫阳一带，地貌形态反映比较明显。在桥北、蔡林及知青农场等地该断裂的露头剖面上，都见到王氏组紫红色砂岩逆冲到晚更新世黄土之上，挤压破碎带宽度从几米到五十多米，带内发育挤压扁豆体、断层泥。

据郯庐活动断裂带 1∶50 000 地质填图江苏段的研究成果（郯庐活动断裂带地质填图课题组，2013），桥北南马陵山东侧与王氏组呈断层接触的黄色粉砂质亚黏土 ^{14}C 测年值为 6000 多年；晓店水库东侧冲沟内与白垩纪青山组接触的松散地层 ^{14}C 测年值为 2000 多年；在重岗山西侧，可见砖红色砂岩（K_2w）逆冲到西侧上更新统土黄色黏土层之上，断裂挤压带发育挤压扁豆体和断层泥，上覆一层全新统黑褐色黏土层，在断层上方发育全新统冲积层构成的楔形体，由此认为该断裂最新活动时代为全新世。近年来，对郯庐断裂带江苏段的晚第四纪活动特征开展了一系列研究（曹筠等，2015；张鹏等，2015；江苏省地震工程研究院，2017），在新沂河南岸剖面、宿迁市南京路钻孔联合剖面、重岗山西侧后陈村探槽等多处均发现安丘—莒县断裂江苏段全新世活动的证据，认为其全新世以来至少发生过一次大级别古地震事件，全新统最大断距约 1m，为全新世活动断层。

6. 邵店—桑墟断裂（F_6）

邵店—桑墟断裂属苏鲁造山带内的一条隐伏断裂，西起江苏的曹集北，向北东方向延伸，经邵店南、颜集、桑墟、新坝、板桥南入海，全长 120km，走向北东 45°～55°，倾向 SE，倾角在 30°～65°，具正断层性质。在布格重力异常图上，显示为一条明显的重力梯度带。重力向上延拓 5km 梯级带消失，表明断裂切割地壳不深，是一条基底断裂。该断裂为沭阳凹陷的边界断裂，由于邵店—桑墟断裂的强烈活动，形成沭阳、龙苴、板浦几个晚白垩世至古近纪的断陷盆地。盆地内接受晚白垩世、古近纪的陆相碎屑岩沉积，以紫红色砂页岩和砂砾岩为主，厚度可达 2km。盆地在形态上表现为北断南超的特点。在古近纪，盆地趋于收缩，沭阳盆地内的古近系已远离断裂，退缩至盆地中心。钻孔资料证实，盆地内缺失中新统地层，表明盆地在中新世时实际已消亡，转为上升遭受剥蚀。断裂两侧晚新生代地层（N+Q）厚度差异不大，在地貌上也无显示。根据浅层地震勘探、钻探等探测研究（江苏省地震局，1992，1997），认为该断裂与郯庐断裂带没有构造上的直接联系。该断裂错断了宿迁组（N_2s）下部，其上覆地层未发现有被错动迹象，断面倾向 SE，倾角约 60°～65°。综上，判断邵店—桑墟断裂为前第四纪断裂。

1.4.2 东西向断裂

1. 凫山断裂（F_7）

凫山断裂东起苍山街道向城镇附近，向北西方向经双河、徐庄镇北、东明村后，转向向西延伸，经界河镇、岗头村，错断微山湖，在南阳镇常李寨与菏泽断裂衔接。断裂在平面上呈舒缓波状延伸，总体走向近东西，东段倾向 SW，西段倾向 S，倾角 70°～85°，长约 140km。

在滕州马河水库大坝下游约 1km 的水库溢洪道西侧岩壁上，凫山断裂剖面清楚，断裂走向为 67°，倾向 S，倾角为 78°。断裂带宽度较大，由断层泥、碎裂岩及破碎影响带组成，包括多条断裂滑动面。综合判断，凫山断裂最新活动时代为第四纪中更新世晚期。

2. 鱼台断裂（F₈）

鱼台断裂起自鱼台县，向西经李阁镇、兴隆镇，分别与嘉祥断裂、巨野断裂相交会。断裂全长 70km，总体走向近东西，断层倾向 N，倾角 50°～70°，为张性正断层。

鱼台断裂是鲁中南隆起区内一系列东西向断裂之一，它构成了金乡煤田区的南边界，控制着石炭纪和二叠纪煤系地层的发育。从断裂之间的交切关系分析，鱼台断裂形成和活动时代早于南北向的嘉祥断裂和巨野断裂，在燕山期有活动，对第四纪地层无控制作用。综合判断鱼台断裂是前第四纪断裂。

3. 单县断裂（F₉）

单县断裂东起沙庄，向西经时楼镇、单县县城，分别与嘉祥断裂、巨野断裂相交会。断裂全长约 70km。总体走向近东西，断层倾向 N，倾角 70°～80°，为高角度张性正断层，断裂错断的最浅地质层位是中更新统，说明本断裂在第四纪中期有活动。综合分析认为，单县断裂经历了多期活动，是第四纪中更新世断裂。

4. 陶枣断裂（F₁₀）

陶枣断裂长度约为 45km，为一弧形断裂，弧顶在朱庄附近，断裂东段走向 290°，西段走向 65°，倾向 S，倾角 70°～75°。

在西尚庄村附近的西南，该断裂发育在寒武纪灰白色厚层灰岩与侏罗纪紫红色砂岩、灰黑色砂砾岩地层中。断裂表现为一宽达 5～6m 的破碎带，破碎带中发育断层泥、碎裂岩和破碎岩。沿断裂面发育有宽 0.5m 左右的褐黄色、紫红色断层泥。断层泥靠南一侧发育有宽 2m 左右的碎裂岩，含灰岩透镜体，直径达 1.5m 左右。其再向南为紫红色砂岩破碎岩带。断裂之上为人工杂填砂砾石，厚达 2.5～4m，向南变厚。从断裂带物质固化胶结程度、地形地貌特征、断裂与第四系的关系分析，认为陶枣断裂为前第四纪断裂。

5. 峄城断裂（F₁₁）

峄城断裂由山东省薛城区的常庄镇向西延至微山湖，至江苏省沛县龙固镇北，断裂长度大于 50km。断裂走向近东西，倾向 S，为高角度正断层，工作区内该断裂隐伏于第四系之下。在断裂东段大明官庄村西南见峄城断裂出露，断裂破碎带宽 5m，断裂走向 280°，倾向 170°，倾角 80°，断裂影响带因破碎被风化淋滤，形成喀斯特地貌。断裂中西段被四系覆盖，第四系等厚线在断裂通过位置有同步弯曲现象。经综合分析，判断峄城断裂的最新活动时代为第四纪早中更新世。

6. 铁佛沟断裂（F₁₂）

铁佛沟断裂又称丰沛断裂，西起山东省单县龙王庙南，向东经蒋单楼、河口、微山岛北部、铁佛沟、古邵至四户北，总体走向呈东西向波状延伸，倾向 S，倾角 50°～70°。在徐州北铁佛沟一带，沿断裂局部地段发育了古近纪断陷盆地。铁佛沟断裂和韩庄断裂共同构成敬安－四户拗陷的北、南边界。该断裂大多被第四系覆盖，仅在微山岛、大洼一带部分段落出露（山东省地质矿产局，1991）。

铁佛沟断裂是一条在较老东西向构造基础上多期活动的断裂带，早期为压性，燕山运动晚期转为张性。铁佛沟断裂虽控制了上侏罗统－古近系沉积，并使官庄组（E）发生冲断，但未错断第四系沉积。此外，沿铁佛沟断裂很少发生破坏性地震，现代小地震活动也很微弱。综合分析，铁佛沟断裂是一条新近纪早期（N）强烈活动的断裂，自第四纪以来基本已停止活动，判断为前第四纪断裂。

7. 韩庄断裂（F_{13}）

韩庄断裂西起韩庄，向东经马兰屯南、台儿庄北至四户南。全长约 60km。断裂倾向 N，全线均被第四系所覆盖。该断裂北侧为官庄组，南侧为古生界，钻探揭示新老地层差异大，推测是断裂引起的，并构成敬安－四户新生代断陷盆地的东南边界。它与铁佛沟断裂一样，是在较老东西向构造基础上发展起来的一条多期活动断裂。沿断裂带野外地质考察结果显示，该断裂除控制官庄组砾岩沉积外，上覆全新统地层未发现任何错断或变形迹象。沿线也很少有地震发生。综合分析，推断韩庄断裂为前第四纪断裂。

8. 宿北断裂（F_{14}）

宿北断裂走向近东向，倾角陡，倾向 N，长约 200km，系物探解释、钻孔证实的隐伏断裂。沿断裂重磁异常均反映为沿该断裂分布有近东西向的梯级带。区域地质调查资料（安徽省地质矿产局，1987）表明，该断裂对基底隆起与褶皱、中生代凸起与凹陷有一定的控制作用，是一条切割较深、多期活动的区域控制性大断裂。断裂南北两侧在地层上差异较大：北侧东部为由震旦系及古生界组成的北东向紧密褶皱，西部据钻孔及电测深资料分析有厚达 3000~4000m 的古近系；南侧东部为由古生界组成的短轴宽缓褶皱，西部据钻孔资料揭示，在 2910m 深度之下，即为新太古界的霍邱群，表明北侧下降达数千米。在遥感影像上局部可见断层迹线，断裂中部北侧为丘陵区，南侧为平原区。

在齐山见该断裂剖面，倾向 SE，倾角 84°，断层破碎带宽约 50cm，带中岩石片理化、角砾化，两侧寒武系灰岩中发育近东西向节理，由基岩面上发育的两组裂缝发现东西向裂缝规模较南北向裂缝大，分析认为受断裂控制造成。从断层破碎带中的胶结物及节理带中的充填物的稳定程度来看，未见第四纪以来新活动迹象，属前第四纪断裂。

1.4.3　南北向断裂

1. 嘉祥断裂（F_{15}）

嘉祥断裂是济宁盆地的西边界断裂，总体走向近南北，倾向 E，断裂全长 150km，为一高角度正断层。根据济宁市和嘉祥县附近的钻孔资料，断裂两侧的新近系紫红色黏土层的垂直落差可达百余米，但上更新统及其上覆地层断裂两侧基本上可以对比，其厚度也较接近。因此认为该断裂在第四纪早中更新世时期有过较强烈的断陷活动，但晚更新世以来没有明显活动迹象。

从断裂的结构面关系分析,断裂经历了多期活动;从断裂带物质固化胶结程度、地形地貌特征、断裂与第四系的关系分析,嘉祥断裂晚更新世以来不活动,为第四纪早中更新世断裂。

2. 孙氏店断裂(F$_{16}$)

孙氏店断裂自颜店西,向南经济宁市城区东、石桥、两城延至微山湖,再到江苏省沛县西,断裂长度大于 150km。断裂走向北北西,倾向 W,为高角度正断层。孙氏店断裂横截金滕拗陷,其西侧为鱼台凹陷,东侧为滕州凹陷。孙氏店断裂形成于燕山期,喜马拉雅期继续活动,是兖州凸起与中南部凹陷的分界线,与嘉祥断裂共同控制断凹带的发展。孙氏店断裂的北段在布格重力异常小波细节图中具有比较明显的重力异常特征,左侧为条带状重力低异常,右侧为重力高异常,二者形成了比较明显的重力梯级带。

据钻孔资料,第四纪早期断裂两侧块体的差异升降幅度可达 70m,断裂两侧下更新统和中更新统地层的沉积厚度呈明显变化,但断裂两侧上更新统的沉积厚度无明显变化。综合分析,推断孙氏店断裂为第四纪早中更新世断裂。

3. 峄山断裂(F$_{17}$)

峄山断裂北起界河,向南经宁阳、邹城后,走向转为北西,又经滕州,向南延伸至微山湖畔,两端走向近南北,中间走向北西向,呈中间向东凸出的弧形,倾向 W,倾角为 70°~80°,长度约 140km,为一高角度的正断层,力学性质为张性,略有左移扭性,断裂面破碎强烈且宽大。峄山断裂为华北陆块一条重要的地质-地貌分界线,峄山断裂东升西降运动造就了境内东高西低、高程悬殊的大地势。断裂以西为鲁西南断陷区,以东为鲁中断隆区。

在工作区发育的仅是峄山断裂的南段部分,基本全被微山湖及第四系所覆盖。据断裂两盘上覆的第四纪地层分布来看,由西向东超覆沉积,厚度由西向东减薄,断裂通过处地层厚度无明显变化。从断裂的结构面分析,断裂经历了多期活动,从断裂带物质固化胶结程度、地形地貌特征、断裂与第四系的关系分析,峄山断裂晚更新世以来没有发生过断错地表的活动。该断裂由数条断层组成,主断面发育在太古宇片麻岩与奥陶系灰岩之间,分支断裂发育于灰岩之中,主断裂和次级断裂均隐伏于第四系沉积之下,对第四系不起控制作用。综合判断峄山断裂为前第四纪断裂。

1.4.4　北西向—北西西向断裂

1. 苍山—尼山断裂(F$_{18}$)

苍山—尼山断裂西端在曲阜附近,终止于峄山断裂,向东经防山、羊场、城前、白彦、魏庄、梁邱、甘霖及苍山等地,走向 310°~340°,倾向主体为 SW,局部 NE,倾角较大,一般为 70°~80°。在平邑白彦官庄西见太古宇变质岩逆冲到上更新统之上,沿断裂面发育有宽 50~60cm 的断层泥带,并挤入上更新统褐黄色亚黏土中,断距为 1.5m,其上全新统砂土层未见错断,显示该断裂的最新活动时代为晚更新世,以左行走滑活动为主，兼有倾滑活动分量（王志才等，2001）。

苍山－尼山断裂在地貌及水系发育上均有明显显示。小震沿断裂带呈线性分布，1995年在苍山北发生了苍山5.2级地震。综合分析，推断苍山－尼山断裂是一条晚更新世活动断裂。

2. 废黄河断裂（F_{19}）

废黄河断裂为目标区内需要进行详细探测的断层。该断层西北起大彭镇夹河村，向东南经苏山头、徐州市城区，沿废黄河经梁堂村至睢宁县王集镇以北，总体走向北西西，倾向 SW，隐伏于第四系之下，全长七十余千米。废黄河断裂控制了目标区内主要水系的发育，沿断裂带发育了一系列的串珠状湖泊。总体走向北东的徐宿弧形构造体在徐州市区附近被废黄河断裂截切，断裂两侧山体普遍出现断头现象。废黄河断裂横切区内所有复式褶皱，为一条左行张扭断层。结合断层泥胶结程度、测年结果、地貌特征等，综合判定废黄河断裂最新活动时代为第四纪中更新世中晚期。

3. 新乡－商丘断裂（F_{20}）

新乡－商丘断裂西起河南省辉县市峪河口，向东经新乡、延津、封丘、兰考、民权、商丘、夏邑等地，延伸进入安徽省境内，全长约400km。根据已有的重力和航磁数据对断裂带东段（商丘－夏邑）进行分析，该断裂在工作区内截止于岳集断裂，未继续向东延伸。新乡－商丘断裂为隐伏断裂，走向约北西65°，被北东向、北北东向断裂切割成若干段，断面大部分向南陡倾，仅民权东至夏邑段局部向北陡倾。该断裂南盘下降，北盘上升，垂直落差1000～2000m，最大可达6000m。断裂以北的构造走向为北北东向或近南北向，而断裂以南为近东西向或北西西向。

古近纪时，该断裂是南华北盆地和北华北盆地（渤海湾盆地）的分界线，新近纪以来对两个盆地与之毗邻的沉积厚度起到控制作用。断裂带控制南北两侧中－新生代沉积，断裂北侧除汤阴、东明两断陷内及断裂附近有古近纪沉积外，绝大部分地区缺少中生代及古近纪沉积。南侧济源－开封凹陷内中－新生代沉积厚度达数千米。断裂带及其附近不同地段发育有不同时期的岩浆岩，据钻孔资料，封丘－兰考一带分布有喜马拉雅期玄武岩、安山岩及酸性火山岩，东部芒砀山一带则发育有燕山期花岗闪长岩、辉长岩。沿断裂1737年发生过封丘5¼级地震。结合区域地层资料，综合判断新乡－商丘断裂为第四纪早中更新世断裂。

4. 无锡－宿迁断裂（F_{21}）

前人已指出，沿东平湖、微山湖、洪泽湖和高邮湖存在着一个北西向断裂（中国科学院地质研究所，1959），在此称之为无锡－宿迁断裂。该断裂带北起邳州附近，错断郯庐断裂带后向东南方向，经宿迁、洪泽、高邮、镇江、常州至无锡以南，总体走向北西，全长440km。由于断裂长期的活动作用，沿断裂发育了一系列湖泊，从南至北有太湖、邵伯湖、高邮湖、洪泽湖、骆马湖、微山湖等，因此，无锡－宿迁断裂带又称沿湖断裂带。在遥感影像上断裂迹线清晰，线性特征明显，沿断裂有一系列湖泊发育，断裂带之西有众多火山口及古近系岩盐分布。

无锡－宿迁断裂以东为平原沉降区，以西为低山丘陵构造剥蚀区，断裂两侧地形地貌具明显差异。该断裂在郯庐断裂带以西部分，特别是以微山湖为界，表现为断裂的东北部晚新生代沉积厚度仅数十米，南西侧却厚达三百余米。在郯庐断裂带以东部分，则表现为断裂的南西盘上升，北东盘下降。该断裂往南东至苏南地区，呈现古近系主要分布在无锡－宿迁断裂南西侧的一些盆地中，而新近系则主要堆积在无锡－宿迁断裂的北东侧。第四纪以来，北东盘继续拗陷，使该断裂带成为苏北黄淮平原与苏南低丘山岗的分界。无锡－宿迁断裂北西向构造在布格重力图上也有所显示，在郯庐断裂带以西表现为南高北低，以东则表现为北高南低，与新生代的堆积厚度成镜像对照。在无锡－宿迁断裂带以西，淮河水系的主要支流都为南东流向，而当这些支流缓缓流经该断裂带时便陡然改为以北北东流向为主。长江在流经该带后也表现为一个由南东转向北东的大拐弯。

无锡－宿迁断裂在卫星影像上具明显的线性特征，具左旋走滑性质，多处可见将北东向断裂左旋错断。布格重力异常图上，表现为异常等值线在断裂附近与断裂走向一致。断裂两侧地质特征存在明显差异，白垩系及其以上地层在东北侧比西南侧分布广，且厚度大，印支期褶皱地层在断裂两侧不能连通。在苏南露头区，可见石炭纪灰岩中存在一组北西向压性结构面，断裂宽 40～50m，走向北西 35°，断裂构造岩带明显。在常州市附近，断裂明显切断了江阴复背斜古生代地层，对其西南侧浦口组（K_2p）地层的沉积具明显的控制作用。钻孔资料显示，该断裂对第四纪沉积也有一定控制作用，断裂东北侧相对西南侧第四系凹陷较深。在无锡市附近，断裂西南侧基岩裸露，海拔高达 328.98m 的三茅峰山走向与本断裂走向一致。而在断裂东北侧的无锡市区，第四系厚达一百余米，两者基岩顶面标高相差超过 400m。在该断裂西南侧无锡钱桥见到的次级断层剖面上，断层发育于晚泥盆世长石石英砂岩中，破碎带宽 2.4m，断层面上发育 20cm 厚的断层泥，较疏松；上覆晚更新世残坡积层未受断层影响。近年来，苏州市、常州市活动断层探测项目中针对无锡－宿迁断裂完成的跨断层钻孔联合剖面鉴定结果都表明，该断裂最新活动时代在早更新世晚期至中更新世早期（江苏省地震工程研究院，2013，2015）。综合分析，推断无锡－宿迁断裂是一条隐伏的第四纪早中更新世断裂。

1.5　区域地震活动特征

1.5.1　地震资料来源

本工作区涉及江苏、安徽、山东、河南 4 个省的 35 个县（市、区），地震史料记载时间比较长，地震资料的完整性和可靠性比较好。1970 年以来建立的地震台网及目前数字地震台网的建设和完善，使区域地震监测能力不断提高。地震台网建立初期，对于陆地地震的监测能力仅为 $M_L \geq 2.5～3.0$，到目前已经达到 $M_L \geq 1.5～2.0$；近海海域的地震监测能力低于陆地。本书的地震资料主要来源于以下地震目录：

（1）《中国历史强震目录（公元前 23 世纪—公元 1911 年）》，中国地震局震害防御司，1995 年；

（2）《中国近代地震目录（公元 1912 年—公元 1990 年 $M_S \geqslant 4.7$）》，中国地震局震害防御司，1999 年；

（3）《中国地震简目（B.C.780～A.D.1986 $M \geqslant 4.7$）》，《中国地震简目》汇编组，1988 年 10 月；

（4）中国地震局组织编写的历年《中国震例》；

（5）中国地震台网中心根据全国区域地震台网资料编制的《地震月报目录》；

（6）地震精定位工作成果。

1.5.2　地震区带划分

工作区在地震区带划分上位于华北地震区内，涉及华北平原地震带和郯庐地震带，工作区主体位于郯庐地震带内，目标区全部位于郯庐地震带内。郯庐地震带地震活动具有明显的分段活动特性，工作区处在郯庐断裂带潍坊－泗洪段，属特征型地震活动类型，地震活动具强度大、频度低的特点（晁洪太等，1997）。

1. 郯庐地震带地震活动的空间分布特征

郯庐地震带是中国东部地区地震活动强烈的地震带，该地震带沿郯庐深大断裂展布并包括郯庐断裂带两侧及其邻近地区与之平行或斜交的次级断裂，呈北北东向展布。从黑龙江鹤岗至江西九江，贯穿整个华北地块的东部，包括黑龙江、辽宁、河北、山东、安徽、江苏、湖北、江西等省的大部或部分地区。据历史不完整记载，该地震带从公元前 70 年至 2012 年，发生过 5.0～5.9 级地震 71 次，6.0～6.9 级地震 14 次，7.0～7.9 级地震 6 次，8.0 级以上地震 1 次（即 1668 年山东郯城 8½级大地震）。郯庐地震带地震活动空间分布具有以下基本特征：

（1）地震活动具有明显的分段性。根据地质构造和地震活动情况，郯庐地震带的地震活动自北向南可分为 4 段，每段的地震活动差异明显，具有各自的特征。黑龙江鹤岗－辽宁开原段，强震频度低，强度高；下辽河－莱州湾段，地震强度大，频度高，是 7 级以上强震的高发区；鲁苏沂沭段，强震频度低，强度最高，发生过郯城 8½级大地震和安丘 7 级地震；大别山－广济段，自安徽到达江西，终止于湖北广济和江西九江一带，该段地震频度低，强度也不高，最大震级为 6¼级。

（2）地震活动与活动构造关系密切。7 级以上强震主要由大的构造边界断裂所控制，强震大多发生在北北东向活动断裂与北西向活动断裂的交会部位。中小地震主要由构造单元内部的浅层断裂所控制，历史强震的震中区附近常常是现代中小地震的多发区。

（3）地震震源深度浅。1970 年以来，在郯庐地震带 5 次 5.0 级以上地震序列中，有 4 次地震序列在陆地发生，其震源深度在 7～16km 范围内，另一次为渤海 7.4 级地震序列，震源深度在 25～35km 范围内。

根据郯庐地震带的分段性，对区域所在的郯庐地震带潍坊至九江 1970 年至今中小地震震源深度资料进行了统计，结果表明，共有 1167 次 2.0 级以上地震震源深度资料（图 1-4），其中 74.2%的地震震源深度在 6～20km 的范围内，表明该深度段为容易发生地震的易震层。因此，工作区所在的郯庐地震带潍坊至九江段的地震属于壳内浅源地震。

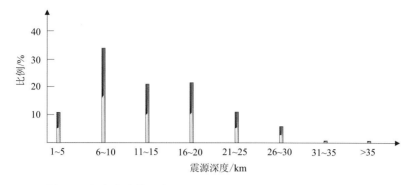

图 1-4　郯庐地震带潍坊至九江段 2.0 级以上地震震源深度分档统计图

在潍坊至九江段地震震源深度总体优势分布状态中，从山东诸城附近经临沂至江苏新沂、宿迁段的中小地震的震源深度相对较深，1970 年以来 193 次有震源深度资料的 2.0 级以上地震中，65.2%的地震震源深度在 16～25km 范围内（图 1-5），虽然仍属于壳内浅源地震，但与郯庐地震带潍坊至九江段的其他地区有明显区别，反映出郯庐地震带在此局部地段地震活动明显受到郯庐断裂带分段构造特征的控制。

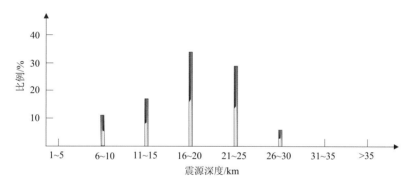

图 1-5　郯庐断裂带诸城至宿迁段 2.0 级以上地震震源深度分档统计图

2. 郯庐地震带地震活动的时间分布特征

郯庐地震带的地震活动在时间分布上呈现平静与活跃相间的周期性特征（图 1-6），自公元 1400 年以来，大体可分为两个活动期，第一活动期为 1477～1673 年，并可进一步细分成三个活跃幕；第二活动期为 1829 年至今尚未结束，也可细分为三个活跃幕，目前处在第三活跃幕。

对比这两个活动期的地震活动，郯庐地震带在时间上具有明显的活动特征，表现在地震频次上，前后两个地震活动期的地震频次已基本相当，但所释放的能量还有相当差距（图 1-6），特别是 1986 年以来的强震活动较少，目前地震活动处于调整阶段，未来 50～100 年地震活动将处于能量积累阶段水平。因此认为，未来 100 年郯庐地震带地震活动将处于本活动期的后期，有可能发生 7 级左右地震。

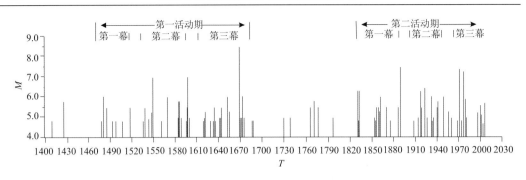

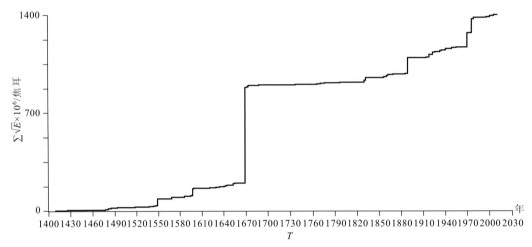

图 1-6　郯庐地震带破坏性地震 *M-T* 图及累积应变释放曲线（$\Sigma\sqrt{E}-T$）图（$M\geq4.7$）

1.5.3　工作区地震活动特征

1. 地震活动

据不完全统计，工作区自公元 462 年以来，共记载到 $M\geq4.7$ 级地震 10 次（表 1-4），其中 4.7～4.9 级地震 4 次，5～5.9 级地震 4 次，6～6.9 级地震 1 次（即 462 年 8 月 17 日山东兖州南 6½级地震），7 级以上地震 1 次（为 1668 年 7 月 25 日山东郯城 8½级地震）（图 1-7），该地震位于工作区东北角，曾对工作区和目标区造成较大的地震烈度影响。

表 1-4　工作区破坏性地震目录（公元 462 年～2012 年 6 月 $M\geq4.7$ 级）

序号	发震时间			震中位置		震级（*M*）	精度	参考地点（现地名）
	年	月	日	北纬	东经			
1	462	08	17	34.8°	117.0°	6½	4	山东兖州南
2	925	11	18	34.7°	116.7°	5¾	4	江苏徐州西北
3	1477	05	22	35.0°	117.8°	4¾	3	山东临沂西
4	1537	05	23	33.6°	117.6°	5½	2	安徽灵璧

续表

序号	发震时间			震中位置		震级（M）	精度	参考地点（现地名）
	年	月	日	北纬	东经			
5	1546	09	29	34.5°	117.7°	5½	3	江苏郯州
6	1642	10	04	34.2°	116.9°	4¾	2	安徽萧县
7	1643	10	23	34.2°	116.8°	4¾	3	安徽萧县西北
8	1644	01	15	34.4°	116.5°	4¾	3	安徽砀山东
9	1668	07	25	34.8°	118.5°	8½	2	山东郯城
10	1995	09	20	34°58′	118°06′	5.2	1	山东兰陵附近

注：表中"精度"含义是1970年以前的地震精度分类为：1类震中误差≤10km；2类震中误差≤25km；3类震中误差≤50km；4类震中误差≤100km；5类震中误差>100km。1970年以后的地震精度分类为：1类震中误差≤5km；2类震中误差≤15km；3类震中误差≤30km；4类震中误差>30km。

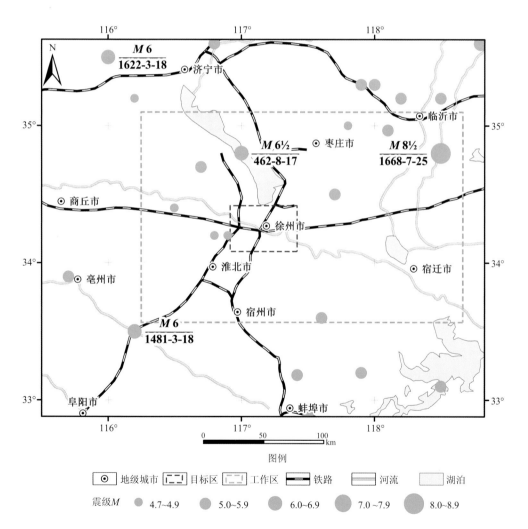

图 1-7　工作区 462 年至 2012 年 6 月破坏性地震震中分布图（M≥4.7）

另据区域地震台网记录，1970 年至 2012 年 6 月，工作区内共发生 $M \geqslant 2.0$ 地震 69 次（图 1-8），其中 3.0～3.9 级地震 10 次，4.0～4.9 级地震 1 次，5.0～5.9 级地震 1 次，为 1995 年 9 月 20 日发生在山东苍山的 5.2 级地震，该地震距目标区最近距离约 87km。

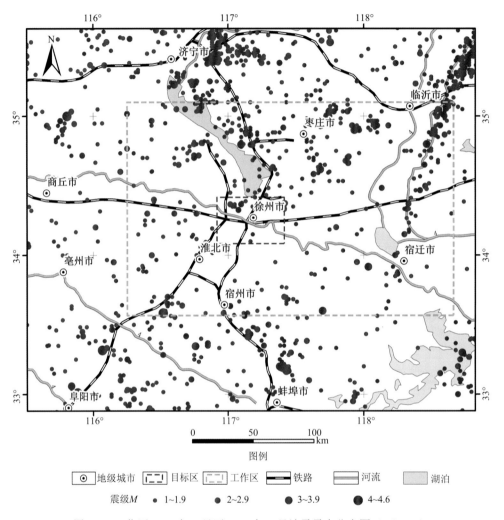

图 1-8　工作区 1970 年 1 月至 2012 年 6 月地震震中分布图（$M \geqslant 1.0$）

2. 地震活动的空间分布特征

工作区地震活动的空间分布呈现不均匀特征，主要表现如下：

（1）破坏性地震活动北强南弱。工作区位于郯庐地震带的鲁苏沂沭段和大别山－广济段的交界部位，区内新沂以北地区大致属于地震强烈活动的沂沭段，有 6½ 级及以上地震发生；新沂以南则属于以 5 级地震为主的大别山－广济段，有 4¾～5½ 级地震发生，因此区域地震活动具有北强南弱的特点。

（2）破坏性地震活动东强西弱。区域范围横跨郯庐深大断裂和其西部的次级断裂，由于不同断裂的孕震能力的区别,区内东部的郯庐断裂带能孕育发生 8½ 级地震,而西部的次级断裂基本引起 4¾～5½ 级地震发生。区域中西部的兖州 6½ 级地震,定位精度为 4 类,位于郯庐断裂次级断裂与西部的断裂之间,其震级在 5½～7 级,认为该地震仍应属于郯庐断裂带的影响范围,该地震的发生应与郯庐断裂带交会的次级断裂关系更为密切。

(3)现代地震活动具有丛集性和条带状分布特征。1970 年以来,工作区的地震基本上围绕地震活动区和沿深大断裂带分布,在菏泽、微山湖等震区有明显的丛集性,沿郯庐断裂带呈明显的北北东向地震条带状分布(图 1-8)。另外,不同震级地震的分布具有一致性,如 3 级以上地震活动的空间分布特征基本上和 1 级以上地震的活动空间分布特征相一致,表明地震的发生与特定构造和环境有相关性。统计分析,区内 3 级以上地震震级的频次明显弱于 3 级以下地震的频次,认为工作区内现代地震主要以小震活动为主。

(4)现代地震与历史破坏性地震分布具有相关性。区内现代地震分布的格局与长期破坏性地震的分布格局很接近,具有明显的相似性,现代地震基本沿断裂分布,依然呈现出北强南弱、东强西弱的特点,现代最大地震苍山 5.2 级地震位于与郯庐断裂带交会的北西向次级断裂附近。

(5)地震震源深度浅。在工作区破坏性地震中,仅有 1995 年苍山 5.2 级地震确定了震源深度,为 12km。区内 1970 年 1 月至 2012 年 6 月 $M \geqslant 1.0$ 地震共有 399 次,其中有震源深度资料的地震有 240 次,占所有地震频次的 60%。震源深度统计结果(图 1-9)表明,深度在 6～20km 的地震占全部有深度资料地震的 84.2%,因此,该深度为工作区内容易发生地震的深度。

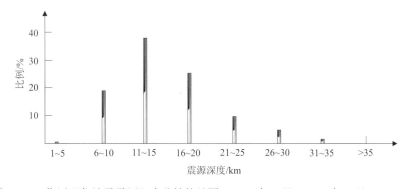

图 1-9　工作区现代地震震源深度分档统计图(1970 年 1 月～2012 年 6 月,$M \geqslant 1.0$)

3. 地震活动的时间分布特征

工作区公元 462 年～2012 年 6 月破坏性地震的 M-T 图(图 1-10)显示,区内破坏性地震的时间间隔比较长。区内 5 级以上地震共 6 次,统计其时间间隔分别为 463 年、612 年、9 年、122 年、327 年;若取 1400 年以后发生的地震进行统计,则 5 级以上地震共 4 次,其时间间隔分别为 9 年、122 年、327 年。除 1537 年安徽灵璧 5½ 级地震和 1546 年江苏邳州 5½级地震的时间间隔比较短外，其余 5 级以上地震之间的时间间隔均为一百多年至六百多年。总体而言，区内 5 级以上地震的复发周期应属于百年量级范畴。

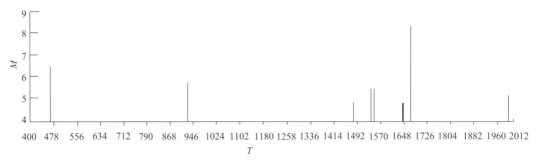

图 1-10　工作区破坏性地震 *M-T* 图（公元 462 年～2012 年 6 月，*M*≥4.7）

1.5.4　破坏性地震影响场

工作区内有 2 次破坏性地震对目标区产生了一定的烈度影响，分别为 462 年 8 月 17 日山东兖州南 6½级地震和 1668 年 7 月 25 日山东郯城 8½级地震。

462 年山东兖州南地震相关史料记载如下："徐州：坠落城女墙 480 丈，屋宇倾倒。兖州：地裂泉涌。曲阜：山摇地动。"（中国地震局震害防御司，1995）对目标区造成的影响烈度为Ⅵ度。

1668 年山东郯城地震相关史料记载如下："徐州：城堞、台榭倾圮过半，压死者远近不可数。"（中国地震局震害防御司，1995）对目标区的影响烈度为Ⅷ度。

工作区外 1937 年 8 月 1 日山东菏泽 7 级地震对目标区也产生了一定的影响，其影响烈度为Ⅳ～Ⅴ度（中国地震局震害防御司，1999）。

工作区内外破坏性地震对目标区的烈度影响结果（表 1-5）表明，历史上遭受的最大地震影响烈度是Ⅷ度，即 1668 年 7 月 25 日山东郯城 8½级地震的影响。

表 1-5　破坏性地震对目标区的影响烈度

序号	发震日期			北纬	东经	震级	震中位置	震中烈度	震中距/km	影响烈度	确定方法
	年	月	日								
1	462	08	17	34.8°	117.0°	6½	山东兖州南	Ⅷ	50	Ⅵ	经验公式
2	1668	07	25	34.8°	118.5°	8½	山东郯城	≥Ⅺ	117	Ⅷ	宏观资料
3	1937	08	01	35.4°	115.1°	7	山东菏泽	Ⅸ	206	Ⅳ～Ⅴ	宏观资料

注：表内震中距为破坏性地震距目标区的最小震中距，影响烈度为破坏性地震对目标区的最大影响烈度。

1.5.5　目标区地震活动特征

目标区地震活动较弱，历史上无破坏性地震记载，1970 年以来的地震记录也较少，共记录到 *M*≥1.0 地震 15 次（表 1-6，图 1-11），其中 2.0～2.9 级地震 2 次，最大地震为 1988 年发生在目标区内西北、废黄河北侧的 2.5 级地震。从地震活动空间分布（图 1-11）看，

表 1-6   目标区现代地震目录（1970 年 1 月～2012 年 6 月，*M*≥1.0）

序号	发震日期			北纬	东经	震级（*M*）	深度/km
	年	月	日				
1	1972	07	23	34°22′	117°20′	1.4	—
2	1981	08	23	34°20′	117°25′	2.3	7
3	1981	08	23	34°20′	117°25′	1.2	—
4	1981	08	24	34°20′	117° 25′	1.3	—
5	1986	06	23	34°06′	117°10′	1.9	—
6	1988	12	22	34°22′	117°01′	2.5	—
7	1991	02	11	34°09′	117°11′	1.4	16
8	1996	08	12	34°21′	117°02′	1.6	20
9	2003	10	23	34°17′	117°19′	1.0	—
10	2005	12	30	34°25′	117°12′	1.5	20
11	2006	12	10	34°23′	117°25′	1.4	—
12	2008	07	22	34°22′	117°03′	1.6	8
13	2008	08	02	34°21′	117°03′	1.4	10
14	2008	08	02	34°21′	117°03′	1.6	9
15	2008	08	04	34°21′	117°03′	1.4	11

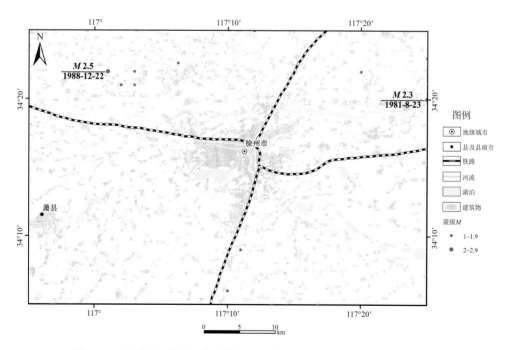

图 1-11   目标区地震震中分布图（1970 年 1 月～2012 年 6 月，*M*≥1.0）

地震活动没有明显的丛集性和条带状分布特征，仅在目标区西北的废黄河北侧存在小震群丛集，以及在目标区东北的京杭运河北侧同一位置连续多次发生小地震的丛集现象。从地震活动时间分布（图1-12）看，没有明显的活跃时段特征。统计分析认为，总体而言目标区地震较少、震级较小，地震的发生更多地具有空间上和时间上的随机性，体现出目标区内的现代地震主要受局部应力集中作用的影响，属于区内本底地震特征。

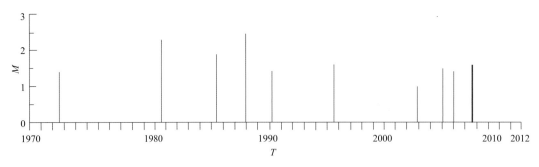

图1-12 目标区地震 M-T 图（1970年1月～2012年6月，M≥1.0）

分析目标区所在的工作区地震活动特征可以发现，从工作区由北向南看，目标区位于工作区内郯庐地震带地震活动由强向弱过渡的、主要为偏弱区的位置（大部分在新沂以南）；从工作区由东向西看，东部为郯庐大断裂的强烈活动区，西部为南北向断裂的弱活动区，目标区处在两组主干断裂之间的过渡地带，造成目标区地震活动总体偏弱的特征。

1.6 现代构造应力场特征

1.6.1 区域现代构造应力场

根据 1918～2005 年中国东部大陆及其周围（北纬 18°～45°，东经 100°～135°）发生的 M3.0～8.5 地震的震源机制解析结果（徐纪人等，2008），我国东部，包括大华北地区，震源机制反映出区域应力场的 P、T 轴方位有很好的一致性，接近水平的 NEE－SWW 向挤压应力和 NNW－SSE 向张应力共同控制了华北地区的区域应力场。地震活动性的时空分布研究结果表明，华北地区应力场受太平洋板块向欧亚板块俯冲挤压作用的控制和影响（许忠淮，2001；徐纪人等，2008），形成了以北东向断裂右旋正断、北西向断裂左旋的剪切-拉张构造环境。

1.6.2 工作区现代构造应力场

1. 小震震源机制解

收集并计算了工作区内 1970～2006 年共 66 个 2.3～4.6 级现代小震的震源机制解，得到了各地震的节面解分布、主压应力 P 轴分布、主张应力 T 轴分布结果（图1-13）。

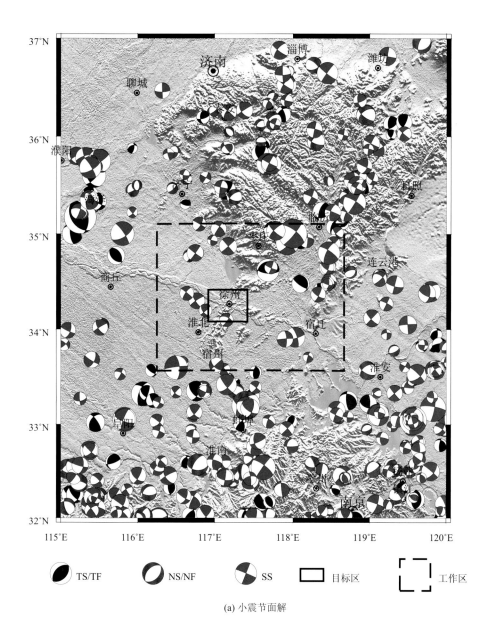

(a) 小震节面解

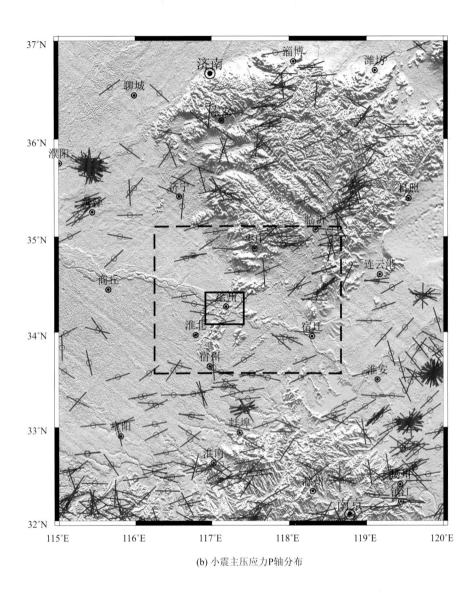

(b) 小震主压应力P轴分布

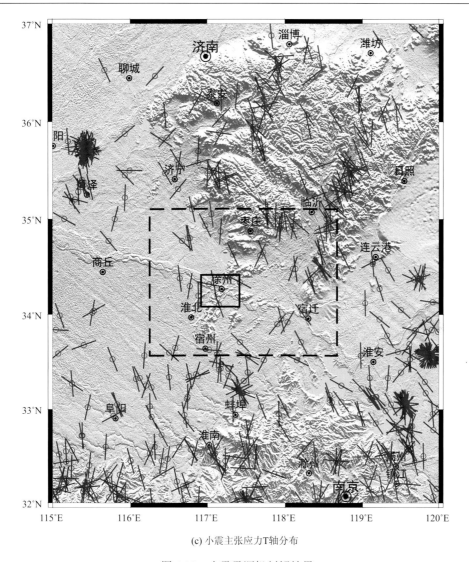

(c) 小震主张应力T轴分布

图 1-13　小震震源机制解结果

对小震震源机制解结果按照 15°的间隔分别分析了 A、B 节面走向（图 1-14）和 P、T 应力轴走向（图 1-15），其总体结果比较集中；按照 P、T 轴的倾角和 A、B 节面滑动角进行统计计算（表 1-7、表 1-8），其结果也有明显的集中倾向。由此，根据小震震源机制解结果，可以得出以下认识：

（1）两条节面走向的优势方向为北东向和北西向，大致在 20°～35°和 125°～140°，两个方向的主体方向接近互相垂直，反映出震源以走滑错动型为主。

（2）主压应力 P 轴方向大致为北东东－南西西，主张应力 T 轴方向为北北西－南南东。

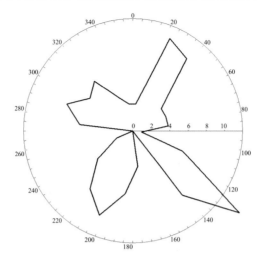

图 1-14 工作区 A、B 节面走向分布图（圆坐标：°，横坐标：地震样本数）

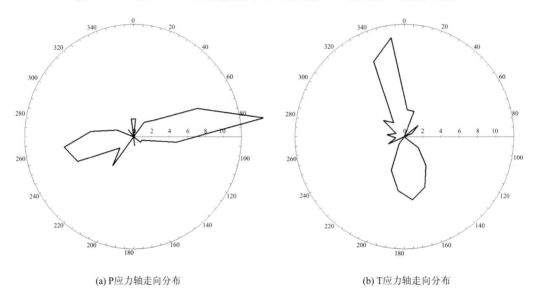

(a) P应力轴走向分布 　　　　　　　　　(b) T应力轴走向分布

图 1-15 P、T 应力轴走向分布图（圆坐标：°，横坐标：地震样本数）

表 1-7 P、T 轴的倾角统计分析

主应力轴倾角	力的作用方式	所占比例/%		综合比例/%	
		P 轴	T 轴	P 轴	T 轴
0°～10°	水平作用	22.1	30.9	61.8	60.3
11°～30°	近水平作用	39.7	29.4		
31°～60°	斜向作用	20.6	16.2	20.6	16.2
61°～90°	近垂直向作用	14.7	17.6	17.6	23.5
81°～90°	垂直向作用	2.9	5.9		

（3）主应力的作用方式以水平和近水平为主，P 轴、T 轴占比都超过 60%。

（4）断层的错动方式方面，走向滑动和近走向滑动其综合占比达 47.8%，斜向滑动比例为 32.4%；倾向滑动方式和近倾向滑动比例为 19.8%，表明断层的错动方式以走向滑动、近走向滑动和斜向滑动为主，倾向滑动和近倾向滑动方式较少。

表 1-8　A、B 节面滑动角统计分析

震源滑动类型	滑动角范围	所占比例/%	综合比例/%
走向滑动	±（0°～10°）和±（171°～180°）	19.9	47.8
近走向滑动	±（11°～30°）和±（151°～170°）	27.9	
斜向滑动	±（31°～60°）和±（121°～150°）	32.4	32.4
近倾向滑动	±（61°～80°）和±（101°～120°）	16.9	19.8
倾向滑动	±（81°～100°）	2.9	

2. 中强地震震源机制解

工作区内 1970～2009 年发生了南北 2 次中强地震，即 1979 年 3 月 2 日安徽固镇 5.0 级地震和 1995 年 9 月 20 日山东苍山 5.2 级地震。不同研究者得到的震源机制解结果略有区别（王炜等，1983；刁守中等，1996；华爱军和刘西林，1999；周翠英等，2005），经综合分析对比（表 1-9 和图 1-16、图 1-17）可以得出以下几点共同的认识：

表 1-9　工作区中强地震震源机制解结果表

地震	深度/km	震级(M)	A 节面/(°) 走向	倾角	滑动角	B 节面/(°) 走向	倾角	滑动角	P 轴/(°) 方位	倾角	T 轴/(°) 方位	倾角	B 轴/(°) 方位	倾角	资料来源
固镇地震	11	5.0	108	60	-41	221	56	-143	73	49	166	3	258	41	周翠英等，2005
			41	50		289	65		258	48	349	9			王炜等，1983
苍山地震	12	5.2	141	87	8	50	82	177	275	4	6	8	158	81	周翠英等，2005
			45	78		138	76		274	1	180	18	8	72	华爱军和刘西林，1999
			50	89		140	85		95	3	180	5	331	86	刁守中等，1996

（1）由 A、B 节面的走向可得到工作区内中强地震的破裂面为 NE 向或 NW 向，这与区内主要断层走向基本一致。

（2）由 P、T 应力轴的方位得到工作区内主压应力方向近东西向，但两个地震又有小的区别：苍山地震所在区域主压应力为 SEE，固镇地震所在区域主压应力为 NEE。主张应力方向近南北向，与主压应力在南、北区的区别相对应，但也有一定的偏转，表明在较为一致的背景构造应力场之下，震源区还受到具体发震断层的影响。

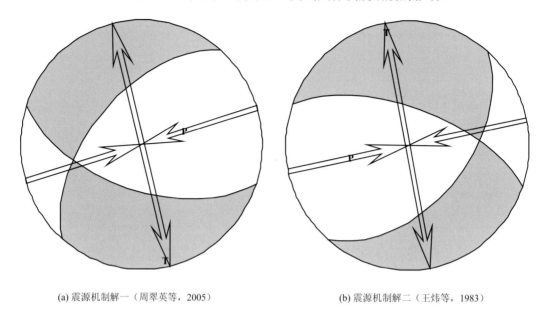

　　(a) 震源机制解一（周翠英等，2005）　　　　　　　(b) 震源机制解二（王炜等，1983）

图 1-16　固镇地震震源机制解

（3）由 P、T 轴的倾角分析，南、北两个地震的主压应力作用方式有所不同：南部固镇地震 P 轴倾角在 45°～50°，说明主压应力既有水平分量，又有垂直分量；北部的苍山地震 P 轴倾角在 4°以内，说明主压应力以水平分量为主。两个地震的 T 轴倾角在 20°以内，说明主张应力以水平分量为主。

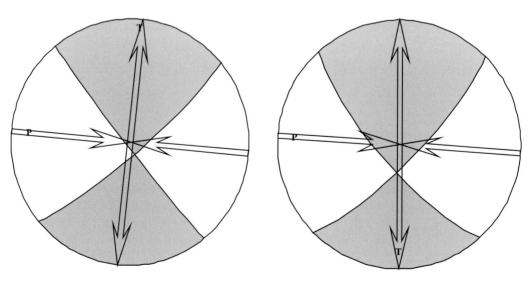

　　(a) 震源机制解一（周翠英等，2005）　　　　　　　(b) 震源机制解二（华爱军和刘西林，1999）

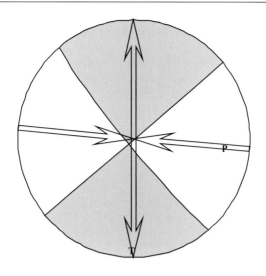

(c) 震源机制解三（刁守中等，1996）

图 1-17　苍山地震震源机制解

3. 工作区构造应力场特征

工作区内中强地震和中小地震破裂面的优势走向为 NE 向或 NW 向，这与区内主要断层走向基本一致。工作区内主压应力 P 轴方向大致为近东西向，主张应力 T 轴方向为近南北向。根据叠加断裂角方法，在现代区域构造应力场作用下，当叠加断裂角在 25°～50°时，断裂最容易发生水平滑动。由此推测，区内的北东－北东东向和北西－北西西向活动断裂与地震关系较为密切，是区内的主要发震断裂。

第2章 深部地震构造条件研究

2.1 技术思路

地震的发生是由深部地震构造条件决定的,深部震源的物质组成、物质结构、物质的物理状态、物质的运移,应力-应变环境和应力传递、集聚等多种深部物质状态特征和动力过程,直接决定了地震的孕育和发生。因此,深部地震构造条件的研究目的就是要寻找和发现地震孕育的条件和可能的发震能力大小。

自20世纪80年代开始,深部地震构造条件的研究,主要采用深部探测技术,包括利用宽角反射/折射、深地震反射等技术获取地壳和上地幔深部结构特征,以此研究和认识大震孕育和发生的深部构造条件(徐锡伟等,2002)。但仅仅依靠深地震探测结果研究地震的孕育和发生还不够,地震的孕育与发生是由深部地震构造条件决定的,主要表现在:其一方面与深部结构特征有关,另一方面还与本地区现今的应力-应变状态、活动断层的稳定性和介质特性等密切相关。因此,深部地震构造条件的研究,一是收集、整理分析历史地震、现代中小地震和地震震源机制解、应力数据、形变资料等,分析现今构造应力-应变环境和不同走向活动断层的力学稳定性,评价工作区整体的地震活动水平;二是进行地震层析成像、重磁反演研究,必要时可采用地震深反射探测、大地电磁测深、地震台阵观测、主动源探测等技术方法开展二维或三维深部探测研究,分析地壳及上地幔的结构和构造、介质特性、活动断层的深浅构造关系,判定工作区或目标区是否存在发生6.5级以上地震的深部构造条件(中华人民共和国国家质量监督检验检疫总局和中国国家标准化管理委员会,2018)。

徐州位于南华北、北华北交界附近的南华北一侧,东部为郯庐断裂带。该地区有多条深地震探测剖面经过,因此,在对本地区深部地震构造条件进行研究时,基于深地震探测剖面资料,采用重磁等综合深部地球物理探测技术,基于点、线、面结合的原则,探测和研究区域内断裂构造的深浅构造关系及其发育特征、地震孕育的深部构造标志特征等。总体技术思路是从深部速度结构、重磁场信息处理与解译、小震重新定位、地震层析成像等结果,建立本地区的深部地震构造模型,在研究、总结中国陆域已有大震发生的深部地震构造特征的基础上,结合本地区的构造应力场环境和深部构造条件等因素,研究本地区地震的孕育和发生能力。研究内容主要包括以下几个方面:

(1)深部速度结构研究。通过收集、整理和分析工作区及其邻近地区的深地震反射、宽角反射/折射探测资料、天然地震解译资料等,综合研究、总结和提取该地区地壳速度结构模型、介质结构特征、深部构造发育特征等所需的物性参数。

(2)重力、航磁场信息处理与解译。利用重力场、航磁场资料,通过解析延拓和多尺度小波变换等分析方法获取工作区及其邻区的深浅构造发育信息,包括地壳结构、莫霍(Moho)面深度、居里面及断裂分布特征等。

（3）小震重新定位。根据地震记录及台站的分布特征，选用合适的定位方法（相对定位法或绝对定位法）对工作区及邻区内的地震进行重新定位，获取地震空间分布特征，地震空间分布与地质构造、断裂构造之间的耦合关系等。

（4）地震层析成像。利用工作区及邻区地震台阵（台网）观测资料，通过多震相走时反演获取地壳和上地幔三维速度结构，分析地壳介质结构特征、断裂构造及在地壳深部不同深度的发育特征等。

（5）地震孕震环境研究。以华北地震区大地震为主，选取处在不同构造块体上的大地震，分析研究其孕育、发生与发展的深部介质结构特征、深部构造发育特征等，归纳、总结出大地震孕育、发生与发展所必需的深部介质结构条件、深部构造条件。建立本地区的深部地震构造模型，结合工作区所在的大地构造单元与区域地球动力学特征，研究深部介质结构特征、深部构造发育特征和地震活动特征等，综合分析工作区及其邻区的地震孕震环境，判断工作区及目标区是否存在大地震的孕育、发展和发生可能的深部地震构造条件。

深部地震构造研究的目标主要是获取徐州及其邻区地壳和上地幔速度结构及分布特征、深部构造发育特征等，属于背景场研究，需要在比较大的范围内进行。因此，为了能够较为全面地认识工作区及目标区地壳和上地幔速度结构、深部构造发育特征，将深部构造研究范围（研究区）在工作区基础上扩大，其中北边界扩大至山东淄博一带，南边界扩大至江苏南京一带，西边界扩大至河南商丘以西，东边界扩大至江苏连云港以东地区，大致为东经115°～120°、北纬32°～37°所围成的四边形范围。

2.2　现代地震活动与地球动力学背景

2.2.1　现代地震活动特征

系统收集和整理了研究区 1970 年 1 月至 2012 年 6 月 $M1.0$ 级以上现代地震资料（图2-1）。1970～2010 年地震的 $M\text{-}T$ 图［图 2-2（a）］显示，绝大多数地震的震级为 4.0 级以下，超过 5 级的地震仅 3 次；地震频度图［图 2-2（b）］显示，不同年份地震发生的数量差异比较大，最少的年份少于 60 次，最多的年份超过 240 次，是发生地震次数最少年份的 4 倍多，表明地震的数量和震级强度在时间分布上是很不均匀的。从地震活动的空间分布（图 2-1）看，也是很不均匀的，一是表现为成团成片分布的丛集性特征，这些地震主要发育于老震区，如菏泽地震区、霍山地震区等；二是表现为明显的地震活动线性条带分布，规模大的有沿郯庐断裂带的北北东向地震活动线性分布条带和沿苍山－尼山断裂的北西向地震活动线性分布条带，规模相对较大的有沿淮阴－响水口断裂的北东向地震活动线性分布条带、沿洪泽－沟墩断裂的近东西向小震活动线性分布条带、沿无锡－宿迁断裂的北西向小震活动线性分布条带，表明这些现代小震分布条带与区域大断裂的局部活动是密切相关的。

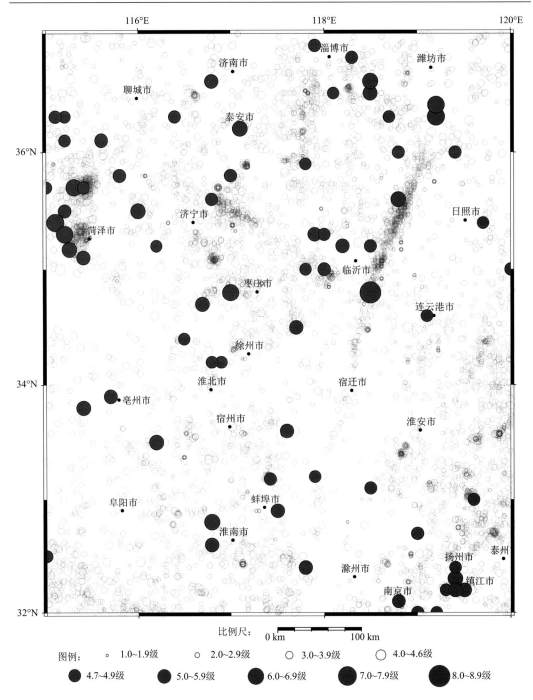

图 2-1 研究区 1.0 级以上地震震中分布图（1970 年 1 月～2012 年 6 月）

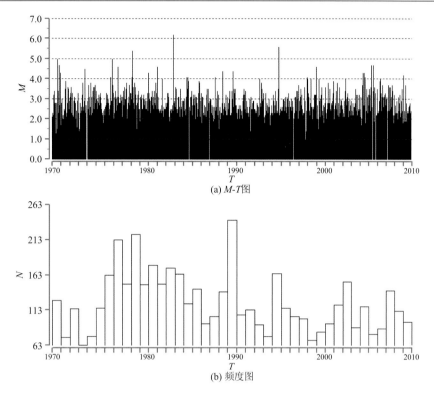

图 2-2 1970~2010 年研究区 1.0 级以上现代地震 *M-T* 图和频度图(1970 年 1 月~2012 年 6 月)

2.2.2 地球动力学背景

本地区地质构造复杂,对研究区具有重要控制作用的构造分别是郯庐断裂带,南华北、北华北分界的太行山南-丰沛断裂,大地构造单元分界的淮阴-响水口断裂,以及控制江苏东部地貌形态的无锡-宿迁断裂等。

郯庐断裂带是该地区的主要发震构造,也是中国东部规模最大的一条活动断裂带。郯庐断裂带的活动直接影响或控制着中国东部的构造活动,因此分析郯庐断裂带活动的地球动力学背景,是科学认识本地区地球动力学背景的基本工作。

郯庐断裂带自华北与华南板块碰撞造山中的转换断层活动后,经历了早白垩世的大规模左行平移、早白垩世中期-古近纪的伸展活动及新近纪以来的逆冲活动。其早白垩世的左行平移是西太平洋伊邪那岐板块突然高速、低角度斜向俯冲的结果;而随后的伸展活动是由于太平洋板块转变为高角度正向俯冲而使中国东部大陆出现岩石圈上拱的响应;新近纪以来西太平洋弧后扩张向西推挤着中国东部大陆,辅以印度板块向北的陆内俯冲造成的向东挤出作用,使郯庐断裂带发生了广泛的逆冲活动,造成其上的断陷盆地的消亡。由此可见,早白垩世以来郯庐断裂带的多期演化是西太平洋板块活动的响应,属于滨太平洋构造。它叠加在早期特提斯构造之上,并且是中国东部大陆早白垩世以来动力学演化的缩影。

中国东部新近纪以来近东西向的挤压及郯庐断裂带的逆冲活动,其地球动力学背景有两个可能的因素，一是印度板块与欧亚板块碰撞造成向东的构造挤出作用，二是西太平洋板块活动。众所周知，印度板块与欧亚板块的陆-陆碰撞发生在约 50Ma 前，当时中国东部及郯庐断裂带还处在强烈的伸展期，并无受挤压现象。因而，印度板块的碰撞不应是郯庐断裂带于新近纪初开始遭受挤压的主要原因。现代全球定位系统（GPS）资料显示，中国东部呈自西向东的运动，量级约 1cm/a（王琪等，2002），因而印度板块碰撞后的陆内俯冲及持续挤压可能在中国东部造成了构造挤出作用，并对新近纪以来中国东部近东西向的挤压起着部分作用，但是，其主要动力还应是来自最邻近的西太平洋板块活动。

进入新近纪以来，西太平洋板块活动的最大变化是开始出现弧后扩张及弧后盆地（朱光等，2008）。日本海盆的强烈弧后扩张发生在中新世（25～15Ma）。这一弧后扩张在形成弧后盆地的同时，还向东推挤日本列岛，使其显著旋转。古地磁资料揭示，西南日本此时相对于东北日本顺时针旋转了约 50°，从而形成了日本列岛现今的排列状况。由此可见，日本海的弧后扩张在侧向上具有巨大的推挤力，并且发生时间与郯庐断裂带出现挤压时间一致。郯庐断裂带新近纪以来的挤压活动与中国东部近东西向的挤压应力场，主要归因于西太平洋板块的弧后扩张造成的向西的侧向推挤力。更新世以来持续至今的冲绳海槽弧后扩张同样也向西推挤着中国东部大陆，而这期间印度板块碰撞造成的向东构造挤出作用对中国东部的应力状态也起着一定的辅助作用。这便是郯庐断裂带新近纪以来挤压活动的动力学背景。

2.3　深地震探测速度结构

2.3.1　资料收集

前人在本地区开展的深地震探测工作（图 2-3）主要包括灵璧－郑州剖面（Hq－18）（国家地震局地学断面编委会，1992）、符离集－奉贤剖面（Hq－13）（张四维等，1998；白志明和王椿镛，2006）、郯城－涟水剖面（杨文采等，1999a）、连云港－泗水剖面（Hq－17）（邓晋福等，2007）4 条宽角反射/折射深地震测深（DSS）剖面，中国大陆科学钻探2 条深地震反射十字剖面（杨文采等，1999b），以及徐纪人等利用天然地震资料给出的 2条层析成像解译剖面（徐纪人和赵志新，2004）。这些剖面和探测资料对于研究本地区地壳速度结构具有重要的参考价值。

2.3.2　研究区深部速度结构

以目标区为中心，以控制工作区及附近地区的速度结构为目标，对控制工作区东北区域的连云港－泗水剖面、控制西南区域的符离集－奉贤剖面和灵璧－郑州剖面及控制目标区东南侧的中国大陆科学钻探深地震反射剖面（简称徐 NS 剖面、徐 NE 剖面）进行了综合分析。结果显示，研究区地壳呈现上、中、下三层的层状结构，上地壳底界深度为 10～13km，纵波速度为 5.6～6.9km/s；中地壳底界深度为 21～25km，纵波速度为6.2～6.9km/s；下地壳底界深度为 30～38km，纵波速度为 6.6～7.9km/s（表 2-1）。

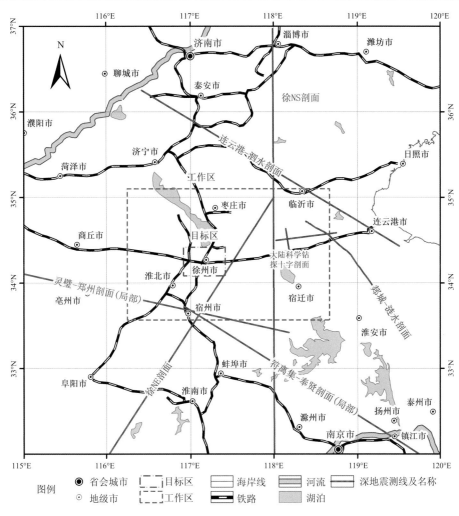

图 2-3　深地震测线位置示意图

表 2-1　研究区地壳分层速度结构

测线名称	上地壳深度 /km	上地壳速度 /（km/s）	中地壳深度 /km	中地壳速度 /（km/s）	下地壳深度 /km	下地壳速度 /（km/s）
连云港—泗水剖面	10～13	5.8～6.5	23～25	6.4～6.7	35～38	7.0～7.9
符离集—奉贤剖面	10.5～13	5.9～6.0	21～25	6.3～6.9	33～36	6.6～7.0
灵璧—郑州剖面	10～11	5.8～6.9	18～22	6.2～6.3	30～33	6.5～7.0
徐 NS 剖面	10～13	5.6～5.9	22～24	6.4～6.8	30～36	6.8～7.8
徐 NE 剖面	10～13	5.6～5.9	22～24	6.4～6.8	30～36	6.8～7.8
综合	10～13	5.6～6.9	21～25	6.2～6.9	30～38	6.6～7.9

2.3.3 工作区深部速度结构

图 2-4 为由南向北穿越工作区的地壳和上地幔速度结构剖面图（徐纪人和赵志新，2004），可以看出，工作区内地壳和上地幔速度结构呈现较为明显的横向非均匀性。在地壳内部，由南向北呈现出高速体逐渐抬升的趋势，在莫霍面以下，工作区下方存在低速异常体和高速异常体。郯庐断裂带是工作区内及邻区发育规模最大的深部构造体。郯庐断裂带在地表附近，呈现明显的 P 波低速异常，低速层比较厚，并呈下凹形态。郯庐断裂带可延伸至岩石圈顶部区域。

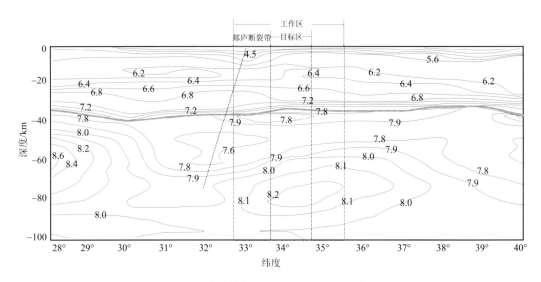

图 2-4　南北向速度结构剖面图（据徐纪人和赵志新，2004）

2.4　重磁资料处理与解译

重磁反演技术在地壳结构研究中具有独特的优势，特别是在区域构造的研究方面有很广泛的用途。以徐州及邻区为研究对象，采用本地区的 1∶20 万重力和航磁资料，通过解析延拓和小波多尺度分析技术，获取了研究区深浅构造信息及特征，包括断裂分布特征、莫霍面深度等，为深部构造特征的研究提供了基础资料。

2.4.1　重磁资料数据处理

重磁资料数据处理的主要目的是突出线性特征，并通过位场转换和场源分离提取不同场源深度信息。处理的基本步骤主要为数据收集、预处理、数据处理等。

1. 数据收集

收集了工作区及邻区 1∶20 万原始的航磁和布格重力数据，数据间隔为 2km，并进行了矢量化处理。

2. 预处理

在地面观测的重磁数据中，由于存在观测误差和地表、浅层不均匀等因素的干扰，需要对原始资料进行预处理，以尽可能压制或消除地表、浅层干扰。预处理通常包括空值设置、数据网格化、数据平滑及数据扩边等。

（1）数据质量的检查。首先检查数据的范围、网格间距、比例尺、采集时间等，其次检查数据中有无畸变点。数据一般是按测线测到的数据，可分别进行沿测线的剖面数据检查、全部数值中的畸变点和空值检查及对异常数值的检查，并对不符合要求的数值进行删除或替换处理。若数据是一些离散的点或是等值线等其他形式，则可分别对数据点或线等形式的变化进行大致的检查，排除畸变点，明确数据的大致变化趋势。

（2）离散数据网格化。根据离散的已知数据点的属性值，采用插值方法求出其他待定网格点上的属性值。影响离散数据网格化精度的一个因素就是内插方法的选取，常用的网格化方法有最小曲率法、双线性法及克吕格法等。

（3）栅格图缝合。由于数据源获取的时间、范围和比例尺等因素的限制，不同的数据拼合到一起时很容易产生边界效应，数据编辑整理中的常见问题就是如何将具有不同网格间距、噪声、数据量、采样密度或边缘不确定性的数据缝合在一起。传统的方法为手动调整邻近的网格值，对已有低分辨率网格进行水平校正或者使用各种不同的权重计算方案合并网格等，以得到平滑的网格数据。混合法（blending）和缝合法（suturing）是目前最先进的两种方法，具有快速、高效、成图质量好、适用性广等优点。混合法通过标准的平滑函数给出了一种合并两幅栅格图的快捷方法。缝合法则是首先手动或自定义一个缝合路径以估算误差，之后用一个专门的多频校正方法修正该路径，该方法适用于缝合重叠区域狭窄或异常相对较小的网格。一般缝合法比混合法得到的结果更精确。

（4）格式数据准备。重磁异常处理方法有空间域和频率域两种。频率域方法由于速度快，方法简单等优点，已成为异常转换处理的主要方法。将重磁数据由空间域转换到频率域（又称波数域）前，网格文件必须做好预处理，并具备以下特点才能进行前向快速傅里叶变换（FFT）：必须是方形的区域，必须有能应用的 Winograd FFT 的范围，不存在空值，边缘应具有周期性。

网格数据准备包括：一是趋势去除，将存储于网格头文件中的趋势信息及零波数在滤波时一起去除；二是进行网格数据扩边，通过对数据边缘填充空值来生成一个方形或长方形网格；三是空值的插值，以网格有效部分插值数据替换网格中所有的空值。

（5）重磁数据的可视化处理。一般有平面图和剖面图两种，具体表现形式为等值线图、栅格图（假彩色和灰度）、阴影晕渲图及三维立体图等。

3. 数据处理

采用频率域处理方法，即把重磁异常曲线看成是由不同频率的谐波组成，谐波的变化不随时间变化，而随空间变化。在频率域进行重磁异常的转换，其最大优点是将空间域的褶积关系变为频率域的乘积关系；同时还可以把各种换算统一到一个通用表达式中，从而使重磁异常的换算变得简单。另一个优点则是可以从频谱特性出发，讨论各种换算

的滤波作用。频率域重磁数据处理主要包括以下内容:

(1)从重磁勘探的实测数据中将深源场和浅源场分离出来,以便根据所提取的区域异常和局部异常分别研究它们与深部、浅部各种地质目标的相关性。场源分离主要用的方法为解析延拓和小波多尺度分解,并结合功率谱计算估计异常体对应的场源深度。

(2)对分离后的深源场、浅源场进行计算导数、总梯度模、滤波等突出信息处理,以求得能够反映各种地质目标的有用信息。垂向导数和总梯度模等方法对于识别断裂效果较佳。

(3)将这些有用信息制成各种图件。

2.4.2　重磁数据处理技术

1. 场源分离

由于重磁场是叠加场、深部信息和浅层信息叠加在一起的,存在区域场、局部场和构造场的叠加效应,要想获得构造在不同深度的空间位置和展布特征,必须对重磁异常数据进行一定的处理和转换,实现场源的有效分离,再对其进行深入分析与研究。

(1)解析延拓。将观测平面或剖面上已知的重磁异常换算成高于它的平面或剖面上的异常值的过程称为向上延拓,反之称为向下延拓。延拓是重磁位场转换最常用的一种方法,通过不同高度的向上延拓,可以了解重磁场在垂向上的变化特征,进行不同深度的断裂分析。

(2)导数换算。重磁异常的导数换算包括水平一阶导数和垂向一阶、二阶导数,这些换算都是一种高通滤波,能够突出浅部地质体的特征或不同构造的边界。

(3)小波多尺度分解。作为重磁异常分解的有效工具,小波多尺度分解可以将重磁异常分解到不同尺度空间中,尺度大小决定了重磁异常所反映的地质体规模和埋深的大小。作为一种新的有效的位场分离途径,小波多尺度分析方法为重磁资料解释和研究提供了新的思路,在重磁反演中得到了广泛的应用。

(4)功率谱分析。功率谱分析就是假定许多长宽高及水平位置不同的场源体异常频谱的统计平均与参数具有平均值的单个异常体产生的异常等效,然后借助重磁异常的径向对数功率谱分析,定量确定重磁异常的场源深度。

上述场源分离技术通常需要根据各自特点和反演目标对象选择使用,也可以多方法结合使用。功率谱可以和小波多尺度分解相配合,用于计算小波多尺度分解后的各阶细节异常的场源深度。而对于通过向上延拓得到的区域异常,用功率谱计算其场源深度是不适宜的。

2. 断层信息提取方法

利用重磁异常来判断断层,除了可以直观判断异常梯级带、等值线密集带或串珠状异常体等断层特征外,还有许多断层信息是被掩盖在重磁场内。要提取这些被掩盖的断层信息,需要采用一些特殊的数学处理方法和技术,以便将断层信息提取和识别出来。

(1)一阶方向导数法。重磁场的一阶水平方向导数反映了重磁场在某一方向的变化率，可以有效突出重磁场中的线性构造，并可采用某一方向的方向导数的极大值位置来确定断裂带的位置。采用一阶方向导数法求取水平方向导数进行断裂分析，通常使用计算沿 0°、45°、90°、135°四个方向的水平一阶导数的方法识别与解释沿东西向、北西向、南北向和北东向四个方向的断裂体系。若整个平面上某一方向的方向导数极大值大多沿其正交方向断续分布时，其应用效果不佳。

（2）水平总梯度模值法。在任何一点都求出多个方向的水平导数的模值，取其中最大者为该点计算结果，若等值线极值位置具有较好的连续性且明显带有各主要断裂方向的信息，则以此确定断裂带位置，其效果较好，这种方法也称为水平最大方向导数模。

（3）垂向二次导数法。利用异常垂向二次导数对垂向和横向叠加的复杂异常进行分辨，可以有效突出被区域异常所歪曲或掩盖了的浅部地质体引起的次级异常。在以区域异常为主的异常图上没有显示出的次级断裂，在垂向二次导数异常图上可以得到清晰的显示，并可根据垂向二次导数等值线的分布特点判断次级断层的性质。

2.4.3　断裂构造的重磁场特征

1. 断裂构造的重力场特征

（1）线性梯度带，通常是确定断裂位置的基本标志。

（2）异常的线性过渡带，即重力高和重力低之间的边界。

（3）狭长异常带或线性异常带，表现为长轴比短轴长得多的异常，即使梯度不大，也往往是断裂的反映。

（4）异常轴的平面展布显示出异常轴具有水平错动特征。

（5）等值线的规律扭曲，包括同性扭曲、同形扭曲及等值线的收敛，即等值线在某一部位急剧扭曲，异常宽度发生突变。

（6）重力异常特征明显不同的分界线，反映了两侧构造特征上的巨大差异，这往往是规模较大的区域性断裂在重力场上的反映。

2. 断裂构造的航磁场特征

（1）磁场等值线密集带，通常是确定断裂的主要依据。

（2）串珠状异常带，通常是岩浆沿断裂贯入或火山喷发沿断裂充填造成的航磁异常。前者在磁场上往往表现为带状高异常和串珠状异常，后者在磁场上表现为杂乱、正负磁场的较大波动。串珠状航磁异常带往往是基底深大断裂的反映。

（3）不同磁场特征的分区界线，往往是反映断裂两侧基底性质不同造成的航磁异常特征差异。不同磁场特征的分区界线一般为深大断裂的反映。

（4）线性磁异常带，包括线性正异常带、线性负异常带及正负变化的异常带，往往是沿断裂有磁性侵入体分布造成的航磁异常特征，狭长负磁场带往往是挤压破碎带的反映。

（5）航磁异常轴向的水平错动，往往是平移断层造成的航磁异常特征。

（6）航磁异常等值线的错动往往是由断裂两侧基底发生了横向位移造成的航磁异常特征。

（7）不同磁异常的高点，水平一阶导数的极大值或极小值地段，往往是断裂位置的显示标志。

2.4.4 重力异常特征

徐州及邻区原始布格重力异常呈现出布格重力值东高西低的分布特征（图 2-5），东部布格重力值最高达到 $2.5×10^{-4}m/s^2$，西部布格重力值最低为 $-6.0×10^{-4}m/s^2$，徐州所在的中间区域为布格重力值过渡区域，异常变化相对平缓。在区域东部，沿郯庐断裂带形成了一条 NNE 向展布的布格重力异常条带，反映了郯庐断裂带为该区域最重要的地质与地球物理界线。

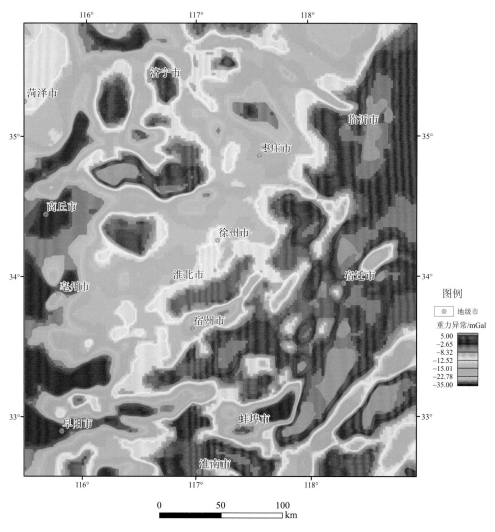

图 2-5 原始布格重力异常图

mGal 为加速度单位，非法定，$1mGal=10^{-5}m/s$

对布格重力场进行向上延拓 1km、5km、10km、15km、20km、25km 处理（图 2-6）及 1~6 阶的小波多尺度分析处理（图 2-7），其结果皆反映出该区域深部构造在布格重力场上的分布特征。根据重力异常与地形负相关的分布特点，反映出研究区内地壳厚度总体特征为东薄西厚，中间为平缓过渡区。在小波多尺度的多个逼近图中，可以发现两条比较大的重力梯级带，一条沿北北东方向分布，一条沿近南北向分布，北北东向重力梯级带从沂南向 SW 方向延伸，经兰陵、邳州、固镇，到达淮南地区。近南北向重力梯级带从成武向南，经夏邑、涡阳到达阜阳南部。

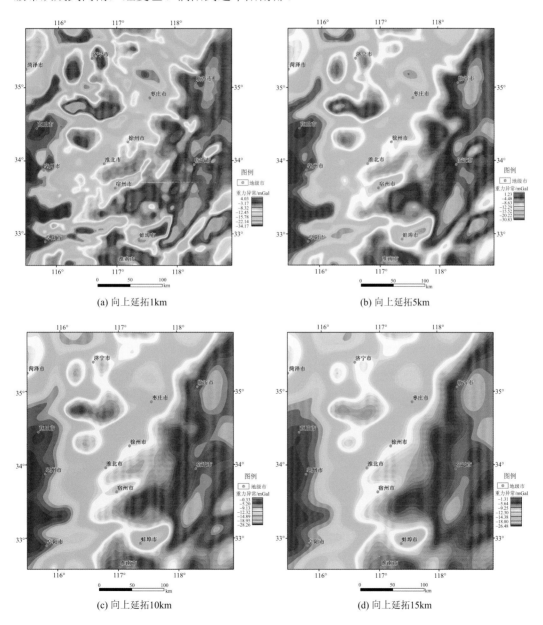

(a) 向上延拓1km　　　　　　　　　　　　(b) 向上延拓5km

(c) 向上延拓10km　　　　　　　　　　　　(d) 向上延拓15km

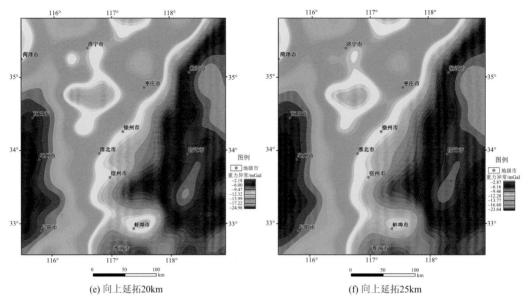

(e) 向上延拓20km　　　　　　　　(f) 向上延拓25km

图 2-6　不同延拓高度的布格重力异常图

　　利用对数功率谱方法对 1～6 阶小波细节图场源深度进行了计算（表 2-2）。根据郯庐断裂带中段莫霍面起伏在 34～35km（唐新功等，2006）作为标定结果，可知 1～2 阶小波细节图像反映了上地壳布格重力场异常特征，3 阶小波细节图像反映了中地壳布格重力异常特征，4 阶小波细节图像反映了下地壳布格重力异常特征，5 阶和 6 阶小波细节图像反映了莫霍面与上地幔顶部布格重力异常特征。为了便于深浅结构的系统分析和三维分析，这里给出布格重力异常 1～5 阶小波逼近三维层状结构图（图 2-8）和布格重力异常 1～6 阶小波细节三维层状结构图（图 2-9）。

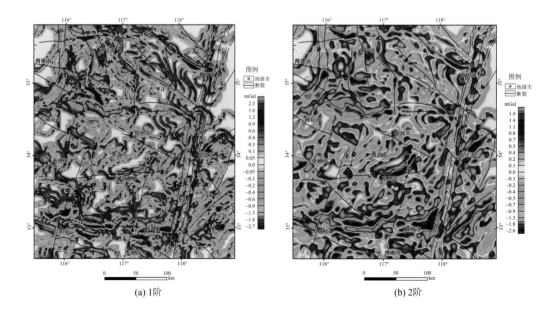

(a) 1阶　　　　　　　　　　　　(b) 2阶

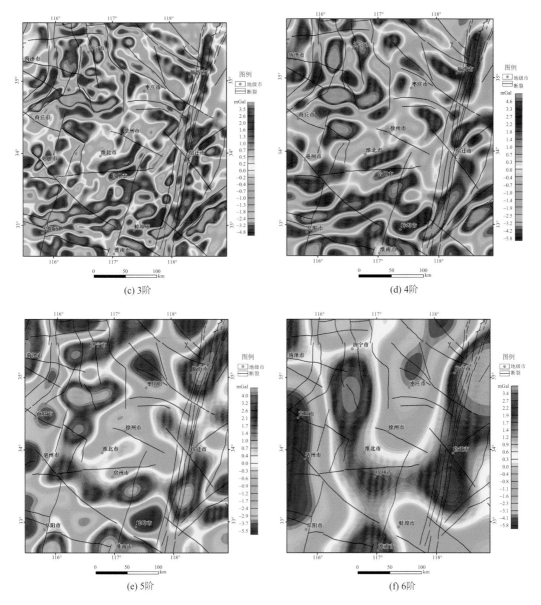

图 2-7　布格重力异常多尺度小波细节图

表 2-2　小波多尺度分解场源近似深度表

阶次	近似场源深度/km
1 阶细节	2～3
2 阶细节	5～6
3 阶细节	12～13
4 阶细节	24～25
5 阶细节	38～39
6 阶细节	65

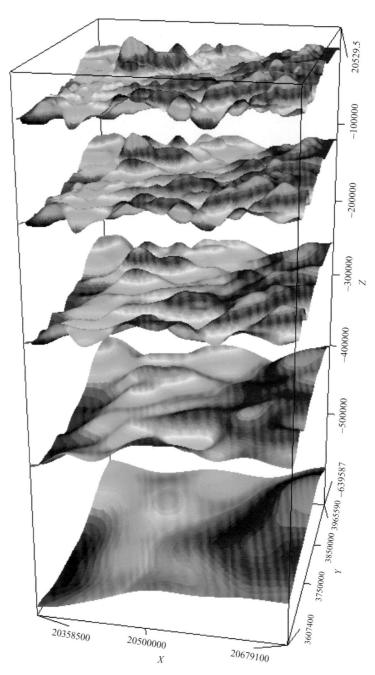

图 2-8　布格重力异常 1～5 阶小波逼近三维层状结构图

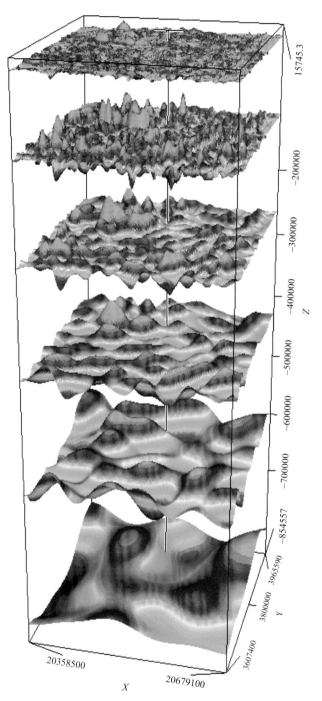

图 2-9　布格重力异常 1~6 阶小波细节三维层状结构图

2.4.5 航磁异常特征

徐州及邻区位于华北克拉通南部稳定区，航磁异常幅值约为–700～1200nT（图 2-10），从西向东包含了夏邑－阜阳高正磁异常带、徐州－淮南磁异常平缓区及郯庐断裂带正磁异常区。其中夏邑－阜阳磁异常带为剧烈变化的串珠状异常带，幅值区间在–200～350nT，沿豫皖交界展布；徐州－淮南磁异常区是被周边强磁异常带包围的平缓变化低正磁异常区，约 90nT；郯庐断裂磁异常带总体表现为一条显著的 NEE－NE 向线状和串珠状异常带，幅值在 200～500nT。断裂带以西以正磁异常为主，异常形态轴向以东西向和北东向为主。临沂－五河一线异常为近南北向带状展布，异常宽度为 30～40km，连续性较好，仅在郯城附近曲线剧烈变化且有 4 个峰值，其值可达 750nT 以上。区内郯庐断裂带磁异常自北向南强度逐渐减弱，宿迁－五河一带磁异常已变得较为宽缓，异常幅值减至 150nT 以下。

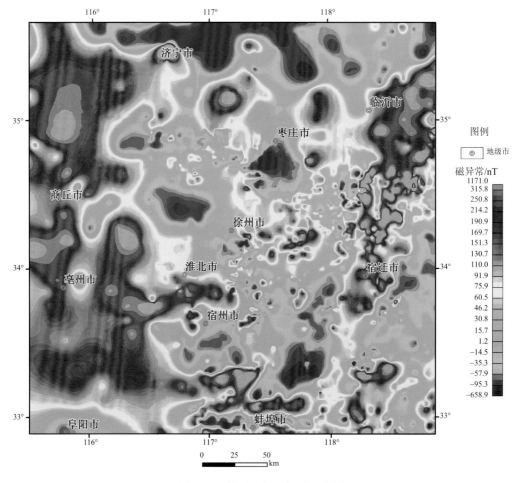

图 2-10 徐州及邻区航磁异常图

解析延拓法是磁异常数据处理解释的主要方法之一，向上延拓能有效地排除浅层干扰，突出深层异常特征。随着向上延拓高度由 5km 不断增大到 20km（图 2-11），浅层信息不断被剔除，深层特征越发明显，向上延拓高度为 20km 时异常格局变得简单，航磁异常幅度明显减小，为–70～190nT，区域构造格架表现清楚，新生代的徐淮盆地逆冲推覆构造展布于徐州－宿州一线附近及其以西地区，具有东西分带、南北分块的特点，尤以中段特征明显。其中目标区为低磁异常区；西侧的夏邑－涡阳航磁异常带形成于扬子板块与华北板块的碰撞后期，活动频繁，其异常幅度降为 30～180nT；郯庐断裂带为北北东向的磁异常梯度带，异常幅值为 50～150nT，断裂以西以正磁异常为主，异常形态轴向以北东向为主。

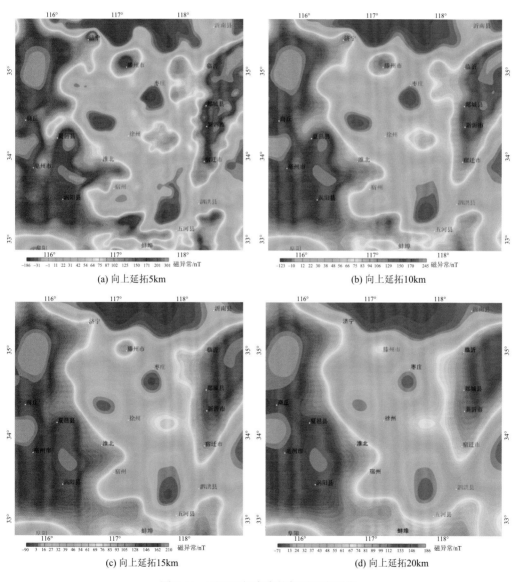

(a) 向上延拓5km　　(b) 向上延拓10km
(c) 向上延拓15km　　(d) 向上延拓20km

图 2-11　不同延拓高度的航磁异常图像

　　小波多尺度分解是磁异常数据处理解释中区分不同深度的航磁异常区域场和局部场最有效的方法之一。徐州及邻区航磁异常小波多尺度分解后，得到的航磁 1~5 阶小波逼近图反映了本地区不同深度的航磁异常区域场特征（图 2-12），航磁 1~6 阶小波细节图则反映了本地区不同深度的航磁异常局部场特征（图 2-13）。

　　航磁 1~5 阶小波逼近结果显示，存在两条比较大的航磁异常梯度带（图 2-12），一条近北北东向，即郯庐断裂航磁异常带，经过郯城、宿迁、泗洪到达五河并一直向南延伸至明光，在小波 3 阶、4 阶逼近图上这条断裂带仍清晰可见；另一条近南北向，经夏邑、涡阳到阜阳。两条异常梯度带为高磁异常，并且随着阶数的增加磁异常减小，梯度带变得越来越平缓；而夹在其间的区域异常值比较低，在小波 4 阶逼近图上磁异常已基本稳定。这两条梯度带和中间的区域形成了磁异常值中间低两边高的"堑"式结构。

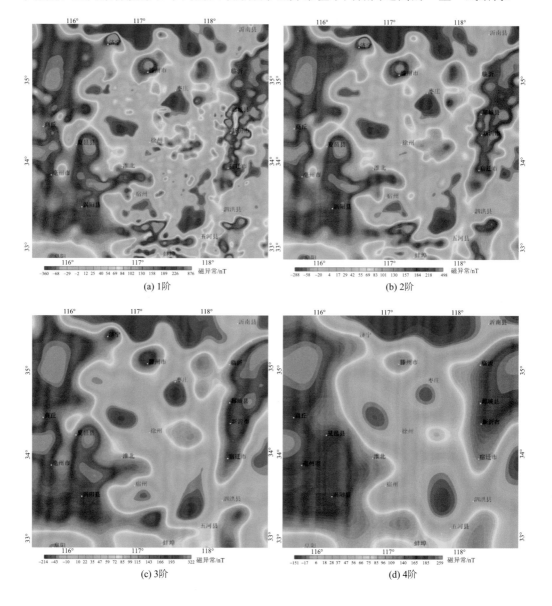

(a) 1阶　　　　　　　　　　　　　　　　(b) 2阶

(c) 3阶　　　　　　　　　　　　　　　　(d) 4阶

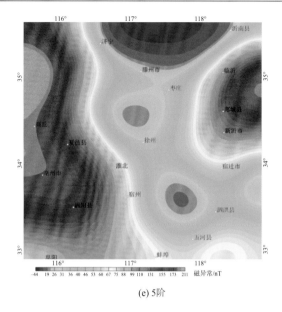

(e) 5阶

图 2-12　航磁异常多尺度小波逼近图

　　航磁 1～6 阶小波细节图显示了不同深度磁异常的局部变化（图 2-13），尤其是不同深度断裂断错的磁异常特征明显，如郯庐断裂带被北西向断裂断错等，近东西向的宿北断裂、阜阳－固镇凹陷南端断裂清晰可见。航磁 5 阶小波细节显示，在深部，徐州目标区被四周的强磁异常带所包围，东部属于郯庐断裂航磁异常带，北部为南华北、北华北分界航磁异常带，西部为夏邑－涡阳航磁异常带，南部为涡阳－蚌埠航磁异常带，徐州则位于四个异常带包围之内的航磁异常相对平缓区，这与其所在的大地构造特征相一致。

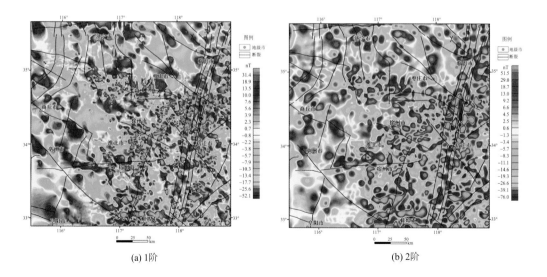

(a) 1阶　　　　　　　　　　　　　　　　　　　　(b) 2阶

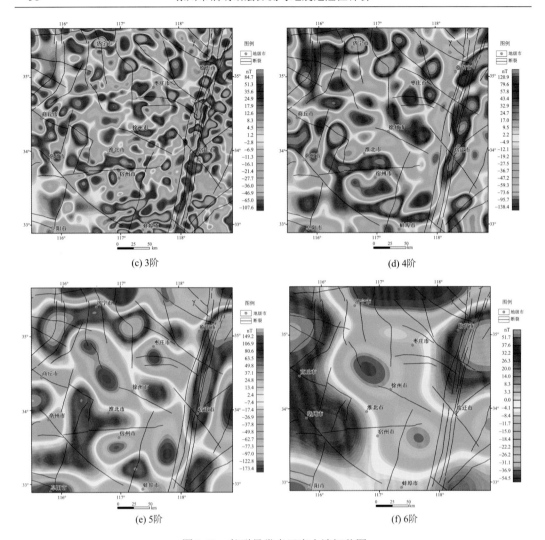

图 2-13　航磁异常多尺度小波细节图

2.4.6　主要断裂重磁异常特征

采用重磁资料反演技术，对控制工作区的主要断裂构造深部特征进行论述，包括郯庐断裂带、淮阴－响水口断裂、无锡－宿迁断裂、丰县隆起南缘断裂等。

1. 郯庐断裂带

区内为郯庐断裂带中段，在布格重力图上表现为一条 NNE 向延伸的重力梯级带（图 2-5），东侧为布格重力高异常，最高布格重力值达到 $2.5 \times 10^{-4} \mathrm{m/s^2}$，西侧为布格重力低异常，最低重力异常值为$-1.5 \times 10^{-4} \mathrm{m/s^2}$，反映了郯庐断裂带两侧的区域重力场分布特征存在明显差异，也说明了郯庐断裂带东侧莫霍面埋深小于西侧。

沿郯庐断裂带布格重力异常多尺度小波逼近图（图 2-14）显示，NNE 向的布格重力异常梯度带十分明显，呈舒缓波状延伸，并形成了两个条带状布格重力高异常圈闭现象，分别分布在临沭和泗洪地区，圈闭长轴沿 NNE 方向展布。随着场源深度的增加，沿郯庐断裂带布格重力异常具有一定的变化特征，4 阶逼近以临沭为中心的重力高异常圈闭现象增大，重力梯度带也逐渐变得平直，反映了该断裂是一条重要的深部地质与地球物理分界线。

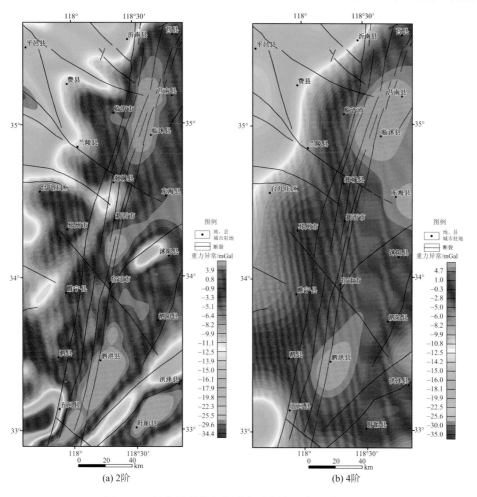

图 2-14　郯庐断裂带布格重力异常多尺度小波逼近图

(a) 2阶　　　　(b) 4阶

　　沿郯庐断裂带布格重力异常 1～5 阶小波细节图（图 2-15）显示，断层结构明显，不同深度郯庐断裂带具有不同的表现特征。5 阶小波细节图反映了莫霍面至上地幔顶部产生的布格重力异常特征，沿郯庐断裂带形成的密集的重力梯级带呈 NNE 向延伸，局部地段呈近南北向延伸。沿断裂带分别有临沭和泗洪两个重力高异常区，由于郯庐断裂带错断了岩石圈，沿断裂带发生上地幔及软流层物质上涌，莫霍面起伏也比较严重，使得两个地区密度值大于周围其他地区，故表现为比较明显的重力高异常现象。在五河南部，受 NW 向断裂错断影响，郯庐断裂带重力梯级带发生中断；4 阶小波细节图显示，由郯庐断裂带产生的比较连续的重力梯级带消失，表现为沿断裂带分布的串珠状重力高与重力低异常，反映了郯庐断裂带下地壳的密度结构差异状况。其中，以泗洪和临沂为中心的两个重力高异常区仍然存在，而在郯城至宿迁段，表现为相对低重力异常现象，在宿迁地区，郯庐断裂带被 NW 向无锡－宿迁断裂错断，形成了 NW 向串珠状展布的布格重力异常圈闭，而在郯城附近产生了布格重力低异常圈闭；3 阶小波细节图显示，沿郯庐断裂带分布的重力异常现象逐渐复杂，反映了中地壳密度结构更加复杂。郯庐断裂带受 NW 向与 NE 向断裂的影响更加明显，其中在嘉山地区，NE 向的淮阴－响水口断裂错断了郯庐断裂带，与之相关的重力异常现象也存在显著的变化。以泗洪为中心的重力高异常圈闭开始表现为 NNE 向延伸的细长条带状重力高异常，而两侧呈截然不同的重力低异常，反映了中地壳仍然存在高密度地幔物质的上涌。沂水至郯城段，形成了 NNE 向条带状重力高异常圈闭，圈闭两侧形成重力梯级带，重力高异常区与两侧的梯级带对应了沂沭断裂带"两堑夹一垒"的地质构造结构特征；2 阶小波细节图与 3 阶小波细节图具有相似性，但有更多的信息，由郯庐断裂带产生的重力异常现象在南北向上呈高低相间排列。郯城至泗洪段的重力异常现象变化大，断裂带两侧表现为重力高异常，沿断裂带则形成重力低异常现象，反映了郯庐断裂带在晚白垩世伸展作用下在苏皖地区控制形成了一系列断陷盆地，在该区主要为郯城－嘉山地堑式盆地，该断陷盆地主要发育于中地壳以上部位，表现为低密度结构区，因此产生了条带状重力低异常现象。受 NW 向无锡－宿迁断裂的影响，郯城－嘉山断陷盆地重力低异常发生大幅度的左旋位错，断裂同时错断了郯庐断裂带。鲁中地区，NW 向断裂产生的重力异常现象与地表地形和地貌开始具有很大的相关性，并与沂沭断裂带的重力异常特征耦合在一起；1 阶小波细节图显示，沿郯庐断裂带苏鲁段产生的布格重力异常更加复杂，反映了断裂带在上地壳密度结构的复杂性。沿断裂带形成了多个小规模条带状重力高与重力低异常圈闭现象，重力高与重力低异常之间形成了平直密集的重力梯级带。山东境内，白芬子－浮来山断裂与

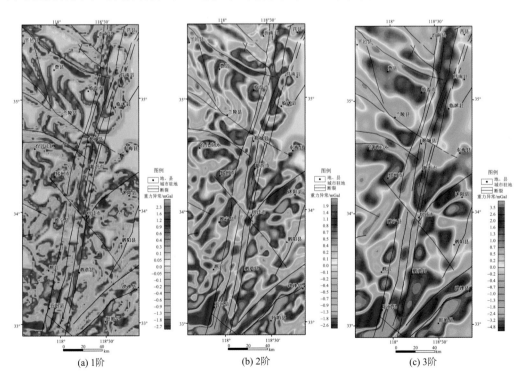

(a) 1阶　　　　　　　　(b) 2阶　　　　　　　　(c) 3阶

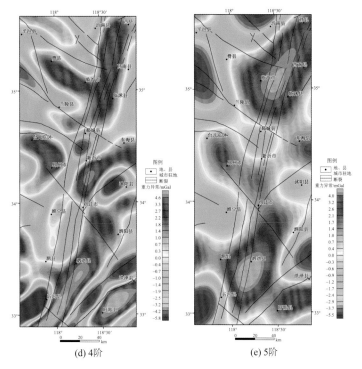

(d) 4阶　　　　　　　　(e) 5阶

图 2-15　郯庐断裂带布格重力异常多尺度小波细节图

沂水－汤头断裂之间的地垒表现为重力高异常，而沂沭断裂带的两个地堑则表现为重力低异常现象。在鲁中南 NW 向断裂的影响下，沂沭断裂带重力异常产生了不同程度的弯曲，呈不连续状延伸。江苏境内，郯城－嘉山断陷盆地产生的重力低异常现象依然存在，断裂带的两侧则表现为条带状重力高异常现象，呈不连续状沿 NNE 向延伸。在嘉山以东地区，淮阴－响水口断裂使得郯庐断裂带重力高异常发生中断。

航磁异常小波细节图（图 2-16）显示，2 阶小波细节图上郯庐断裂带磁异常表现为宽缓的磁异常和密集的小型磁异常圈闭的分界线，主要以兰陵－郯城－东海为一线，北侧异常宽缓平滑，南侧表现为一系列密集的小型圈闭，呈串珠状，两侧异常面貌有很大差别，推断苍山－尼山断裂错断了郯庐断裂带；3 阶小波细节图整体上为一系列狭窄的北北东－近南北向排列的串珠状磁异常；4 阶小波细节图上等值线异常圈闭进一步变大，整体以北北东向的优势呈较大圈闭的正高磁异常；5 阶小波细节在 4 阶的基础上展现出一幅更清晰的分布图像，表现为明显的北北东向磁异常梯度带，反映了郯庐断裂带为一深大断裂。

2. 淮阴－响水口断裂

在布格重力异常图中，淮阴－响水口断裂具有比较明显的重力梯级带，与洪泽－沟墩断裂共同控制了苏北－南黄海断陷盆地的沉积边缘。布格重力异常 2 阶与 4 阶小波细节图（图 2-17）显示，该断裂在中上地壳发育明显，下地壳在相对平缓的重力异常细节图上为一明显的梯度带。该断裂在小波 5 阶细节图中仍有一定反映，推断淮阴－响水口断裂是一条深大断裂，错断了莫霍面。

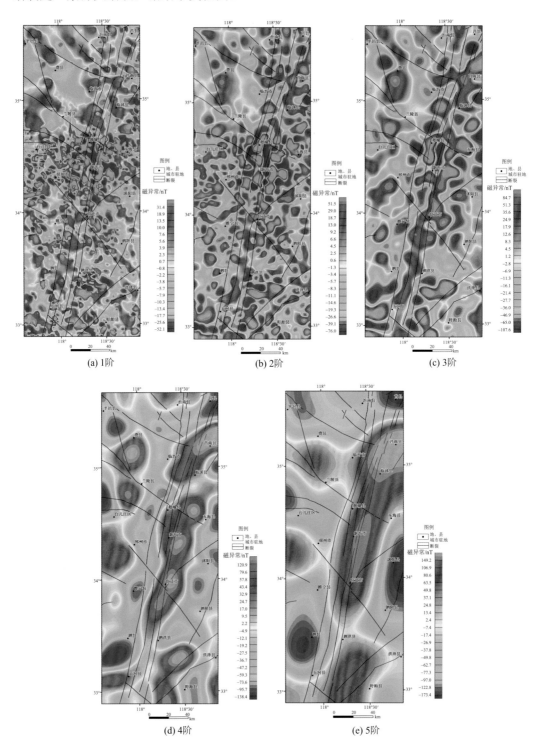

(a) 1阶　　　　　　(b) 2阶　　　　　　(c) 3阶

(d) 4阶　　　　　　(e) 5阶

图2-16　郯庐断裂带航磁异常多尺度小波细节图

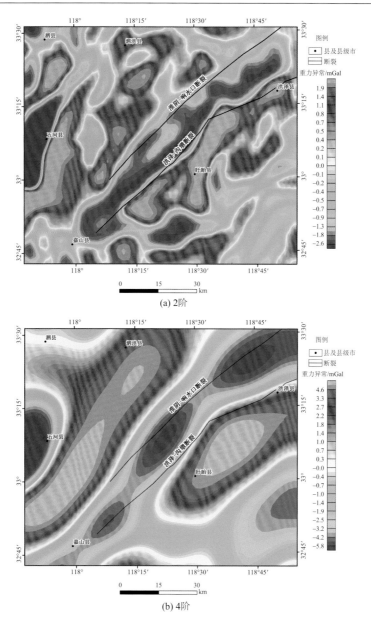

(a) 2阶

(b) 4阶

图 2-17　苏北－南黄海断陷盆地布格重力异常多尺度小波细节图

3. 无锡－宿迁断裂

无锡－宿迁断裂布格重力异常多尺度小波细节图（图 2-18）显示，无锡－宿迁断裂向 NW 方向在地壳深部错断了郯庐断裂带，这在布格重力图中形成了比较明显的重力异常特征。1 阶小波细节图显示，NE 向郯庐断裂带的重力高异常条带在宿迁南侧附近被北西向重力正负异常条带切割，NE 向高异常条带呈现左旋扭曲，为上地壳附近两条断裂的交会发育特征；2 阶小波细节图显示，以无锡－宿迁断裂为界，东北部为 NE 和 NNE 向的串珠状异常圈闭，而西南部为 NNE 向串珠状异常圈闭；3 阶小波细节图显示，以无锡－宿迁断裂为界，东北部为 NE 向的串珠状异常圈闭，而西南部为 NNE 向串珠状异常圈闭，表明中地壳深度附近无锡－宿迁断裂错断郯庐断裂带的重力异常特征明显；4 阶小波细节异常明显变得平缓，但是 NE 向异常条带明显被 NW 向断裂错断，即 NE 向重力异常条带在宿迁附近呈现出明显的左旋扭曲特征，表明下地壳附近无锡－宿迁断裂错

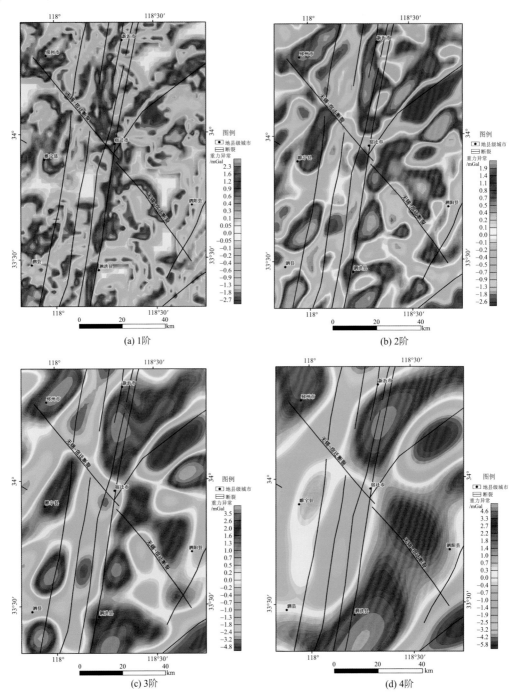

图 2-18　无锡－宿迁断裂布格重力异常多尺度小波细节图

断郯庐断裂带的重力异常特征明显；断裂在 5 阶小波细节图上异常特征也比较清晰。因此，推断无锡－宿迁断裂错断了莫霍面，到达上地幔顶部。从异常轴线扭曲特征分析，随着小波细节阶数的增加，即反演深度的加深，左旋扭曲的尺度越来越大，由此推测无锡－宿迁断裂错断郯庐断裂带在深部规模大，到地壳上部错断规模明显变小。

4. 丰县隆起南缘断裂

丰县隆起南缘断裂（又称铁佛沟断裂、丰沛断裂）走向多变，呈锯齿状，但总体走向近东西向，控制了丰县隆起的南部边界，这在布格重力图中形成了比较明显的重力异常特征。断裂所控制的丰县隆起在布格重力异常各阶次小波细节图中均表现为重力高现象（图 2-19），该断裂在 1～4 阶小波细节图上均显示为一条明显的梯度带，表明该断裂在上中下地壳内均发育明显。在 5 阶小波细节图上该异常仍然比较清晰，推断该断裂错断了莫霍面，到达上地幔顶部。

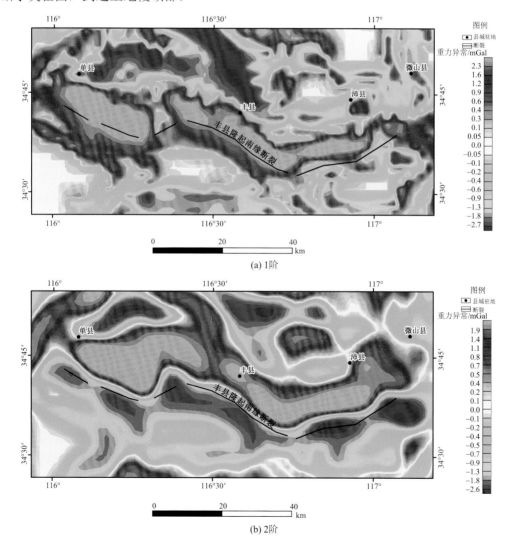

(a) 1阶

(b) 2阶

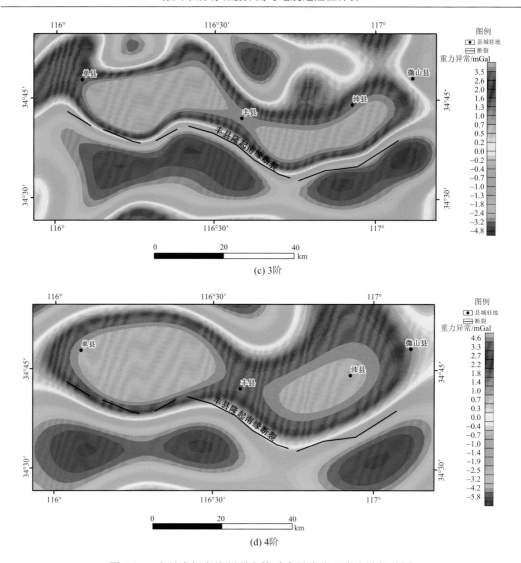

(c) 3阶

(d) 4阶

图 2-19　丰县隆起南缘断裂布格重力异常多尺度小波细节图

2.4.7　莫霍面反演分析

采用 Parker 密度界面反演法计算徐州及邻区的莫霍面深度。该方法假定已知地层与下部介质之间的密度差,参考的反演界面深度已知或给定,因此采用深地震测深资料作为约束条件(表 2-3),取该区平均地壳厚度为 34km,采用密度随深度呈指数变化的变密度模型来反演莫霍面深度。

对布格重力数据进行向上延拓 20km 处理,可以得到基本去除了局部重力异常影响的布格重力异常图(图 2-20),采用对数功率谱计算得到其近似场源深度约为 33km,与该地区平均地壳深度接近,表明该延拓结果基本反映了莫霍面及上地幔引起的布格重力异常。以此为基础,采用 Parker 密度界面反演法计算得到该区域莫霍面深度图(图 2-21)。

表 2-3　徐州及邻区地壳厚度、纵波速度、密度参数表

地层	厚度/km	纵波速度/（km/s）	密度/（g/cm³）
沉积层	0.7～2.2	3.0～4.2	1.73～2.11
上地壳	10～13	5.9～6.0	2.66～2.69
中地壳	13～18	6.2～6.4	2.75～2.82
下地壳	5～8	6.8～7.2	2.95～3.07
上地幔顶部	—	8.0	3.33

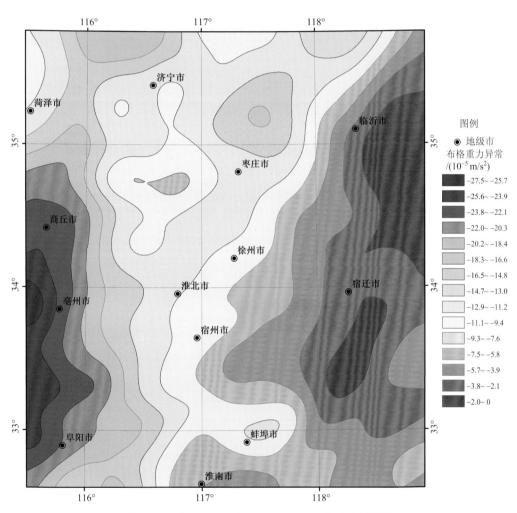

图 2-20　徐州及邻区向上延拓 20km 布格重力异常图

　　图 2-21 清晰反映了徐州及邻区莫霍面的起伏状况。横向上，莫霍面深度有明显差异，地壳由西向东逐渐减薄，莫霍面从东到西逐渐加深。沿郯庐断裂带形成了一条 NNE 向展布的过渡带，呈舒缓波状延伸，在临沭和泗洪两个地区存在莫霍面明显上隆现象，莫霍面深度约为 31km，推测为上地幔顶部及软流层高密度热流物质沿郯庐断裂带的上涌作用所致。在郯庐断裂带西侧存在两个沉降中心，莫霍面深度最大达到 35km，其中北

部的沉降中心位于沂南－费县西侧，在地貌上该区为鲁中南隆起区，该沉降中心为重力均衡调整作用所致；另一个比较大的沉降中心位于蚌埠地区，在地质构造上为阜阳－固镇凹陷的东段。丰县地区，由于莫霍面的隆起，地壳厚度变薄，仅为 32.7km。工作区西部，沿巨野向南经单县、夏邑至阜阳，形成了一条近 SN 向的过渡带，过渡带东部的莫霍面比西部要浅，为一条比较平直的莫霍面转换带，西部莫霍面最深处超过 37km。

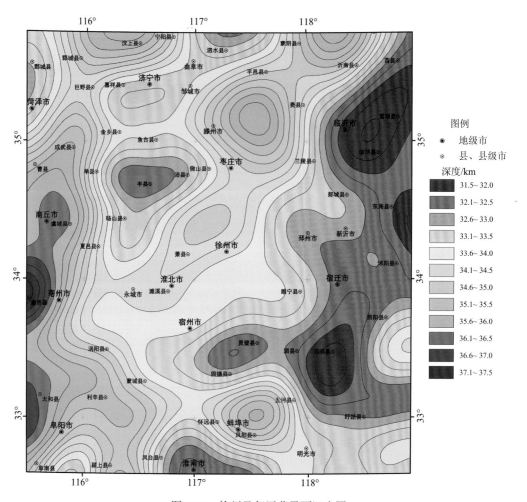

图 2-21　徐州及邻区莫霍面深度图

2.4.8　居里面反演分析

居里等温面是一个起伏的球形包围的表面，居里面与地球表面所包围的薄的壳层称为"磁壳"。将居里面视为横向连续的模型，可以用连续模型的反演方法求解居里面深度（刘天佑，2007）。因为研究资料中缺乏采样数据，所以平均磁化强度取常用值 2.0A/m，其余参数取推荐值，其中调和级数阶数取 3 阶，测区扩边取 1/3。通过航磁资料反演得到了徐州及邻区的居里面深度图（图 2-22）。

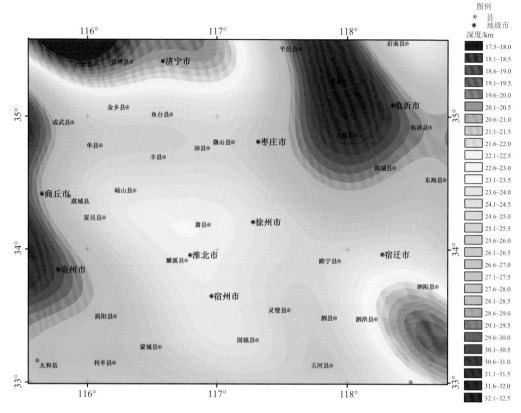

图 2-22 徐州及邻区居里面反演结果图

由图 2-22 清晰可见，区内居里面表现出隆起和拗陷相间的团块状构造，深度在 17～33km。居里面有三个拗陷点，分别分布在区内的东北角和西边界处，东北角拗陷区分布在兰陵－费县－平邑一带，NNW 向，居里面最深约 32.5km；西边界处分别有南北两个拗陷区，分布在亳州和曹县附近，居里面最深约 32.5km。位于中部地区的徐州附近居里面为一平缓隆起，深度约 23km。区内的西北角与东南角均为居里面隆起区域，西北角隆起位于济宁附近，居里面最浅部位深度约 17.5km；东南角隆起位于泗洪附近，居里面最浅部位深度约 19km。

居里面是地壳岩石中铁磁性矿物因温度达到居里点而变为顺磁性矿物时的温度界面。影响地壳居里面深度变化的主要因素包括三个：当地的地温梯度、壳内钛磁铁矿的成分及居里面温度随流体静压力的变化，其中影响最大的是壳内的温度，所以居里面大致反映了地壳深部温度场的分布。区内大部分地区的居里面深度处于 23～25km，徐州地区地壳温度居中。

与莫霍面形态相比较，居里面结构更为简单，且在整体的起伏形态方面两者有一定的对应关系，在工作区的西边界为两个拗陷区，而在西北角、中部、东南角为隆起区，但是工作区的东北角，临沂－临沭一带为莫霍面隆起的中心，却处于居里面的拗陷边缘。居里面虽然受到莫霍面的热传导影响，却还受地壳断裂热对流的控制，因此从形态上它与莫霍面并不完全一致。它是地壳深部的热传导、沿断裂的热对流、局部的放射性热效应和上地幔热辐射综合作用的结果。

　　大地震多分布于居里面的拗陷区边缘或隆起、拗陷变化的梯级带内，而郯庐断裂带的位置正好对应于隆起、拗陷变化的梯级带，这与华北居里面的研究得出的规律一致（张先和刘敏，2000）。居里面拗陷区所对应的温度相对偏低，岩石塑性差，属于地壳中的"硬性块体"，是构造应力易于集中的地区；居里面隆起区所对应高温地壳块体更具塑性，相对不容易积聚能量和发生地震，而是为地震发生时岩石的错动、能量的传递和释放提供了调整的单元。居里面梯级带两侧的块体往往存在温度差，该温差可能达到100～200℃。可以认为，温度差产生的最大热应力可能成为地震发生的直接应力，也可能是深部流体运移的热动力，而超临界流体是一种特殊物质，是强溶剂，它改变周围固体介质的物理化学性质。深部流体上涌的过程可能是降温降压体积急剧膨胀过程，是巨大能量转换过程，而该过程可能诱发地震。

2.4.9　工作区重力场模型

　　选取跨越徐州市区的两条剖面 AA′与 CC′（图 2-23），采用 GM-SYS 软件进行了二维剖面重力场正反演。反演中以深地震测深资料作为约束条件，按照介质密度（D）将该区地壳结构划分为 4 层，分别是沉积层、上地壳、中地壳及下地壳，结合重力场的小波多尺度分析结果和莫霍面反演结果，结合断裂构造反演结果构建起该区地质构造基本模型，最终得到了两条剖面的重力场模型。

　　AA′剖面自西北向东南延伸，全长约320km（图 2-24）。沿该测线的布格重力异常观测最大值接近10mGal，最小值约–35mGal，出现了数个峰值与谷值。根据布格重力场的小波多尺度分析反演，沿该测线发育的断裂自西向东主要包括曹县断裂、巨野断裂、单县断裂、丰县隆起南缘断裂、幕集—刘集断裂、邵楼断裂、符离镇—下楼镇断裂、固镇—怀远断裂、郯庐断裂带、无锡—宿迁断裂及淮阴—响水口断裂等。曹县断裂、巨野断裂错断下地壳，二者共同控制了成武—郓城凹陷构造，形成了明显的布格重力低异常现象。而郯庐断裂带错断莫霍面，沿断裂带存在的高密度物质造成布格重力高异常现象。此外，丰县隆起南缘断裂、无锡—宿迁断裂及淮阴—响水口断裂也错断了下地壳，其余断裂基本发育在壳内，没有错断莫霍面。

　　CC′剖面自北东向南西延伸，全长约315km（图 2-25）。沿该测线的布格重力异常观测最大值约0mGal，最小值约–30mGal，出现了数个峰值与谷值。根据布格重力场的小波多尺度反演分析，沿该测线发育的断裂自北向南主要包括蒙山山前断裂、苍山—尼山断裂、凫山断裂、峄城断裂、丰县隆起南缘断裂、废黄河断裂、符离镇—下楼镇断裂、利辛—五河断裂、阜阳—固镇凹陷南缘断裂等。其中北部的几条断裂在地壳深部的延伸不是很深，苍山—尼山断裂是工作区北部规模最大的断裂，向下延伸达到下地壳。徐州附近几条断裂规模也不大，为壳内断裂构造。利辛—五河断裂与阜阳—固镇凹陷南缘断裂错断了莫霍面，共同控制了阜阳—固镇凹陷，形成了大范围的布格重力低异常现象。

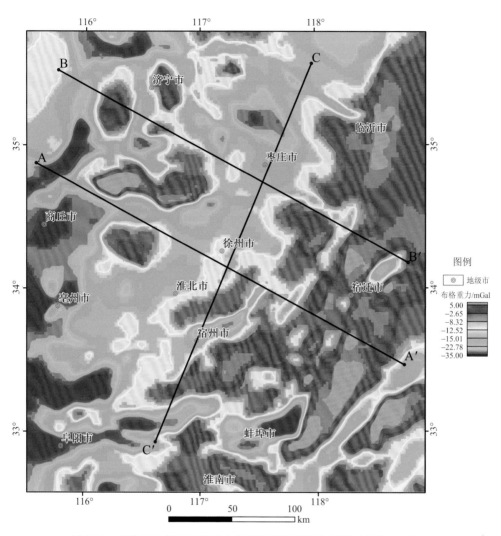

图 2-23　工作区及邻区布格重力数据剖面线平面分布图（单位：mGal）

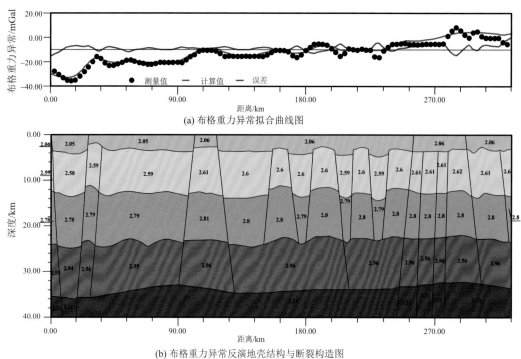

(a) 布格重力异常拟合曲线图

(b) 布格重力异常反演地壳结构与断裂构造图

图 2-24　AA′剖面二维重力模型

图中数值为介质密度值（单位：g/cm³）

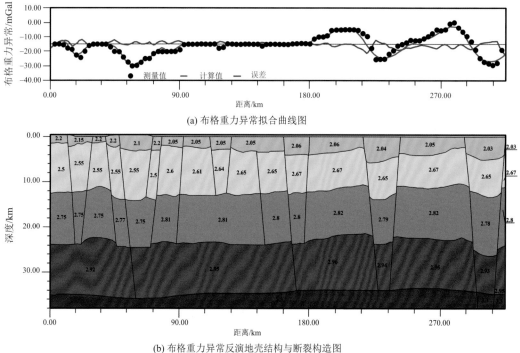

(a) 布格重力异常拟合曲线图

(b) 布格重力异常反演地壳结构与断裂构造图

图 2-25　CC′剖面二维重力模型

图中数值为介质密度值（单位：g/cm³）

2.5　地震层析成像

本研究的地震层析成像基于多事件的地球内部结构与地震定位的联合反演遗传算法，对研究区的现代小震进行重新定位，并以重新定位结果，采用遗传基因算法，通过走时反演的方法研究地壳和上地幔速度结构，进而研究地震空间分布特征、主要断裂向深部的延伸与深部速度结构之间的相关关系等。

2.5.1　地震重新定位

1. 地震定位方法

地震定位是地震学中最经典、最基本的问题之一，对于研究地震活动构造、地球内部结构、震源的几何结构等有重要意义。地震定位有绝对定位和相对定位两种。绝对定位是指对单个地震的震源位置和发震时刻进行计算，最常用的是盖格定位法，在此假定其速度结构为已知，在定位过程中速度结构并不做任何修改。由于地球内部结构是变化的，传统的绝对定位法假定地球内部结构并不变化会给定位结果带来相当大的误差。目前地震台网定位用的是绝对定位方法。现代地震重新定位的方法都是相对定位法，通常采用基于波形互相关的双差法和基于多事件的地球内部结构与地震定位的联合反演方法，以尽可能减小定位误差。

本书采用改进的"多事件的地球内部结构与地震定位的联合反演"的遗传算法进行地震定位，同时反演地壳速度结构。该方法是一种非线性方法，不需要微分计算，求解过程是全局性的。

以徐州及邻区深地震测深结果为基础，构建简单地壳结构作为初始模型，对现代小震进行重新定位，并以经重新定位后的地震数据进行速度结构反演。由于速度结构与地震定位耦合相关，反演计算过程不仅要对输入的地震位置进行修改，同时还会对地壳结构模型进行修改。根据遗传算法，迭代计算过程中每次产生 N 个模型，分别对这 N 个模型做地震定位处理，计算理论走时与观测走时的残差，舍去残差最大的一个模型，再对 $N–1$ 个模型进行配对、遗传和变异过程，产生 N 个子模型（新模型），再次计算理论走时与观测走时的残差。进行多次迭代后，当满足期望残差或最大迭代次数时，得到最小残差的地壳模型和相应的地震定位结果。

2. 地震资料

系统收集了 1980 年以来江苏、安徽、山东、河南 4 个省份部分台站的地震资料，其中 2000 年以前为模拟记录资料，2000 年起部分为数字化观测记录资料。为了确保研究区地震射线密度和反演质量，要求被选择的每个地震事件至少被 3 个以上地震台站记录到。

本书共收集到符合反演条件的 183 个地震台站的 3560 个地震资料，能够参加反演计算的震相到时资料为 31726 条，包括 Pg、Sg、Pm、Sm、Pn 和 Sn 等多种震相。用于反演的地震中，5 级以上地震 2 次，4～4.9 级地震 11 次，3～3.9 级地震 121 次，2.9 级以下地震 969 次（图 2-26）。

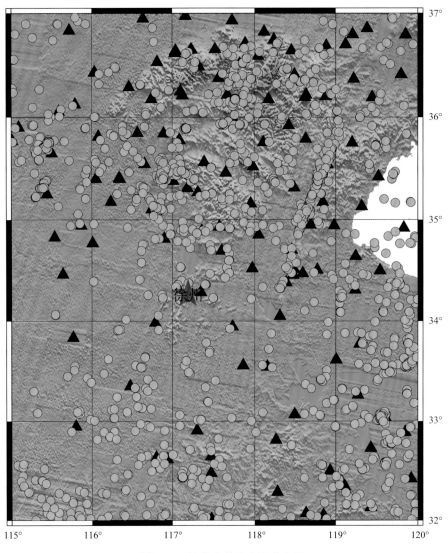

图 2-26　地震事件和台站分布图

三角表示台站，圆圈表示地震

3. 地震平面分布与断裂之间的关系

现代小震重新定位后，中小地震分布主要集中在以聊城－兰考断裂、蒙山山前断裂、郯城断裂及肥中断裂为中心的 4 个区域，在郯庐断裂带与蒙山山前断裂、苍山－尼山断裂交会区域也有中小地震密集分布的现象。

4. 地震震源深度分布特征

以 1km 为统计间隔对定位后的地震按照不同震源深度的地震频次进行定量统计分

析（图 2-27），现代地震震源深度主要分布在 10～28km，存在 3 个优势分布区间，分别为 10～14km、15～22km 和 25～28km，代表了 3 个不同级别的发震深度区间。其中 15～22km 区间地震最为密集，频次最高，为该研究区内的最主要发震层；10～14km 区间地震较为密集，频次也很高，为第二发震层。沿纬度和经度的地震深度分布（图 2-28）可以看出，无论纵向上还是横向上，地震震源深度优势分布特征非常清楚，15～22km 发震层和 10～14km 发震层为本区域的两个多震层，包含了本研究区的绝大多数地震。

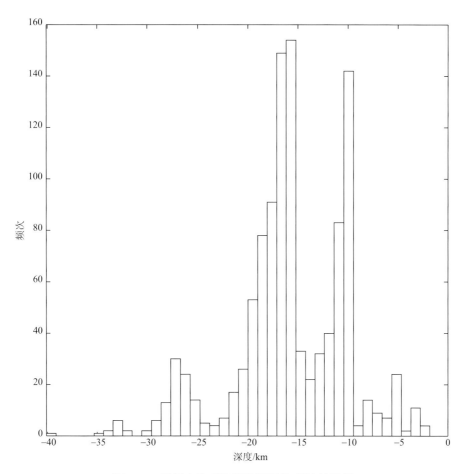

图 2-27　重新定位后地震震源深度-频次统计图

5. 徐州及邻区地震震源深度分布特征

徐州及邻区现代地震主要以 3 级以下地震为主。重新定位后的地震震源深度分布结果（图 2-29）显示，地震震源深度仍然表现出明显的优势分布特征，其优势分布深度主要为 10～25km。在这个区间内，大多数地震震源深度分布在 15km 附近，部分地震在深度 10～11km 附近，25km 以下仅有零星地震分布。因此，徐州及邻区的现代地震震级较小，大多为 3 级以下，地震震源优势分布深度为 15km 左右。

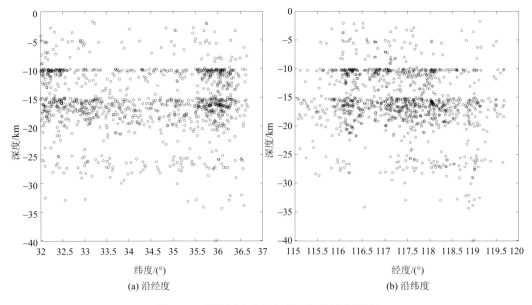

(a) 沿经度　　　　　　　　　　　　　　　(b) 沿纬度

图 2-28　沿不同方向的地震震源深度剖面图

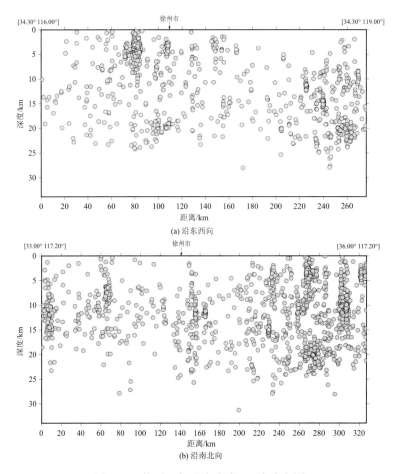

(a) 沿东西向

(b) 沿南北向

图 2-29　徐州及邻区地震震源深度分布图

2.5.2 层析成像网格划分

本书采用天然地震走时反演地壳和上地幔的三维速度结构，即多震相地震走时成像法。该方法使用天然地震的 Pg、Sg、Pm、Sm、Pn、Sn、pP、sS 等多震相到时资料，以深地震探测结果约束反演，采用三维射线追踪逐次迭代法进行射线追踪，反演方法最优化过程采用非线性全局优化方法的遗传算法，以保证三维地壳结构成像的有效先验信息利用和反演信息综合约束。

反演计算区域取一矩形区域，范围涵盖工作区及邻区更大的区域，以最大程度利用现有的地震资料，四个角的坐标分别为：左上角（38°N，112°E），左下角（31°N，112°E），右下角（31°N，120°E），右上角（38°N，120°E）。根据台站分布和可用地震稀疏情况确定网格大小，在区域边缘附近适当加大网格间隔，工作区内加密网格，间隔较小。其中沿纬度方向（X 轴）间隔分别取 200km、50km、50km、50km、50km、30km、30km、……、30km、63km，沿经度方向（Y 轴）间隔分别取 50km、30km、30km、……、30km、127km，沿深度方向（Z 轴）间隔分别取 2km、3km、5km、5km、5km、5km、15km，计算的网格大小不等，模型的网格数为 $16 \times 22 \times 7$。

本书计算所用的射线数为 31726 条，计算结果不仅给出了成像的速度结构，还分别给出了反演迭代总误差和每一网格穿过的射线数，迭代总误差小于 1.0s。相比较而言，射线覆盖（覆盖次数）密集的区域，反演结果具有较高的可信度。从整个反演计算区域的射线分布情况（图 2-30）看，射线密度越大，相应的分辨率就越高，结果可信度也越高；部分地区射线较少，其分辨率不高，结果的可信度较低。

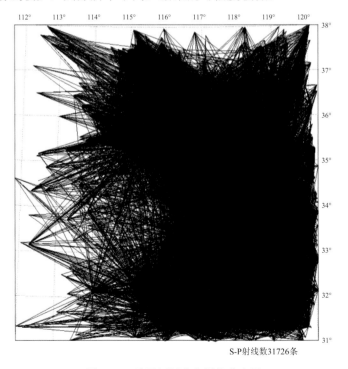

S-P射线数31726条

图 2-30　地震层析成像射线分布图

2.5.3 地壳和上地幔三维速度结构成像

借鉴研究区深地震测深的结果和本书对各层速度梯度的分析，可将研究区地壳分为上地壳、中地壳和下地壳三层。上地壳底界埋深在 11～15km，中地壳底界埋深在 23～25km，下地壳底部即莫霍面深度在 31～33km。地震层析成像结果显示，地壳和上地幔速度结构呈现较为复杂的图像。

1. 深度 0～2km 速度成像

深度 0～2km 速度成像结果（图 2-31）显示，该层为浅部沉积，中间速度为 3.92km/s。合肥以南，速度最高，达 4.00～4.09km/s；在 35.6°～37°N、119°～120°E 之间，山东半岛及其西部的日照与潍坊之间，速度较高，达 3.99～4.00km/s；速度低的地区有扬州、镇江及其以北的淮南、宿州附近，即苏北平原地区，速度为 3.76～3.85km/s；其余地区速度在 3.85～4.00km/s。郯庐断裂带速度可分为：35.5°N 以北，速度较高；在 32.5°～35.5°N，速度中等；32.5°N 以南，速度最高。徐州及附近地区属于速度中等的地区。从构造区来看，本区下扬子块体速度较低，胶辽块体速度高，鲁西块体和徐淮块体速度居中，苏鲁断褶带中的超高压变质岩带速度较低。

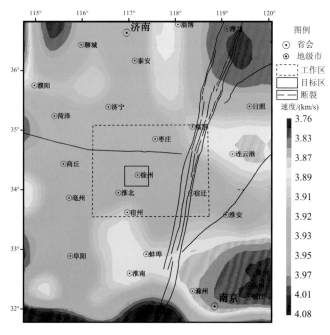

图 2-31　深度 0～2km 速度成像

2. 深度 2～5km 速度成像

深度 2～5km 速度成像结果（图 2-32）显示，本层中间速度约 5.25km/s，推测为古生代基底。总体而言，鲁西块体和徐淮块体速度较高，苏鲁断褶带速度较低，下扬子块体速度居中。表现为胶辽块体的潍坊、淄博、济南以南到临沂一带，速度较低，为5.15～5.25km/s；东海至宿迁、淮安一带速度低，为5.10～5.17km/s。鲁西块体和徐淮块体的聊城—济宁一带，枣庄—徐州—淮北，以及32°～32.4°N、116°～118°E一带，即合肥一带，速度较高，为5.30～5.37km/s。苏鲁断褶带中的超高压变质岩带速度较低。徐州及附近地区速度中等偏高，为5.22～5.29km/s，且徐州西北部地区速度明显高。

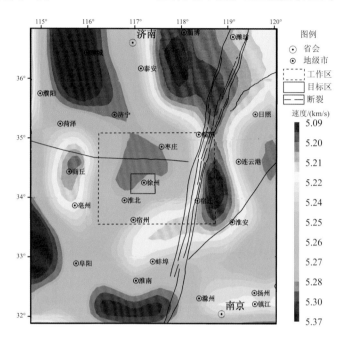

图 2-32　深度 2～5km 速度成像

3. 深度 5～10km 速度成像

深度5～10km速度成像结果（图2-33）显示，本层中间速度约5.61km/s。35.3°N以北，含华北块体和胶辽块体的大部分地区，速度均较低，基本上为5.50～5.61km/s。33°～35.3°N之间速度较高，33°N以南，则呈高低相间。在33°～35.3°N之间，速度较高的地区有：连云港附近，速度为5.63～5.69km/s；徐州以东，枣庄以南，新沂、邳州一带，速度为5.68～5.70km/s。速度较低的地区在宿州至阜阳间，速度为5.56～5.59km/s；淮安以北，速度为5.56～5.58km/s；其余地区速度为5.60～5.66km/s。33°N以南地区，速度高低相间，速度高的地区为淮南西南和合肥一带，速度为5.69～5.71km/s，速度低的地区为滁州、南京、扬州、镇江一带，速度为5.56～5.59km/s。苏鲁断褶带中的超高压变质岩带地区速度较高。徐州及附近地区速度中等偏高，为5.62～5.70km/s，且徐州东北部地区速度明显高。

4. 深度 10～15km 速度成像

深度10～15km速度成像结果（图2-34）显示，本层中间速度约6.19km/s。有3个速度较低的地区:一是 35.2°~37°N、117.0°~118.5°E 之间,即济南以东,淄博以南,临沂以北地区;二是 36°~37°N、115°~116°E 之间,即聊城以西,濮阳以北;三是 32°~33°N、117°~118°E 之间,即蚌埠以南,合肥以北,明光以西。这些地区速度较低,为6.07~6.15km/s。

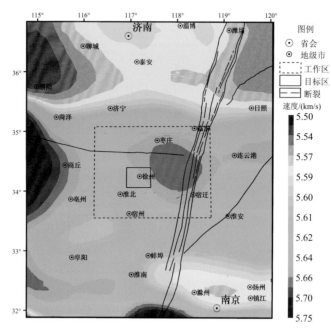

图 2-33　深度 5~10km 速度成像

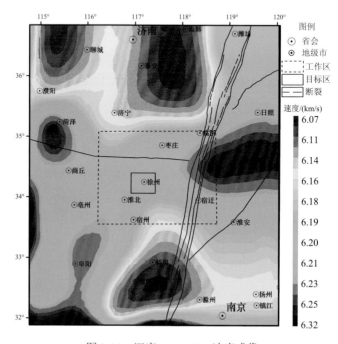

图 2-34　深度 10~15km 速度成像

速度较高地区有：34°～35°N、118°～120°E 之间，即苏鲁超高压变质岩带一带，包括连云港辖区，新沂、临沭、郯城等地，速度为 6.25～6.30km/s；另一处在 34.5°～35.5°N、115°～116°E 之间，即商丘到菏泽之间，速度也较高，为 6.25～6.32km/s。而 35°～37°N、118.5°～120°E 之间速度居中，约 6.20km/s。徐州及附近地区速度中等且变化不大，为 6.19～6.21km/s。

5. 深度 15～20km 速度成像

深度 15～20km 速度成像结果（图 2-35）显示，本层中间速度约 6.48km/s。有 4 个速度较高的地区：一是 35.5°～37°N、119°～120°E 之间，即潍坊—日照之间；二是 33.5°～34.5°N、119°～120°E 之间，即洪泽—沟墩断裂与海泗断裂之间，连云港以南，淮安东北的地区；三是菏泽、商丘以南、淮北以西区域；四是淮南与合肥之间。这些地区的速度为 6.50～6.56km/s。

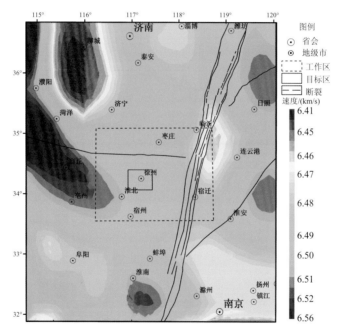

图 2-35　深度 15～20km 速度成像

速度低的地区在 35.5°～37°N、115.5°～116.2°E 之间，即聊城周围，速度为 6.41～6.47km/s。还有两处速度也较低，一是郯庐断裂带附近，即 34.3°～35.3°N、118.5°～119°E 之间的苏鲁超高压变质岩带一带，即临沂东南、宿迁以北地区，包括东海、新沂、郯城等地，速度为 6.46～6.47km/s，表明苏鲁超高压变质岩带在此深度处（层）速度已经不高；另一处是 32°～33°N、118.4°～120°E 之间，即南京、扬州、镇江一带，速度为 6.46～6.47km/s。徐州及附近地区速度中等且变化不大，为 6.48～6.50km/s。

6. 深度20～25km速度成像

深度20～25km速度成像结果（图2-36）显示，本层中间速度约6.49km/s，与上层相比，速度基本不变，个别地区的速度可能还低于上层速度，出现低速层。

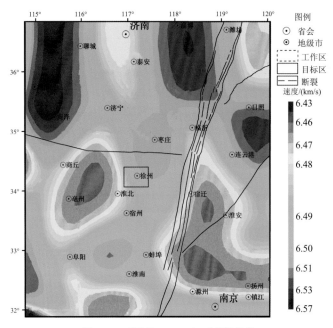

图2-36 深度20～25km速度成像

本层有4个速度较高的地区：一是35°～37°N、115°～116°E之间，即聊城以西，濮阳以东，菏泽南北的区域；二是35.4°～37°N、117.5°～119°E之间，即淄博一带和临沂以北；三是34.4°～35.5°N、119°～120°E，即日照、连云港一带。以上3个地区的速度为6.51～6.57km/s。另一个速度较高的地区是34.3°～35.4°N、117°～118°E，即徐州、枣庄一带，速度为6.50～6.51km/s。

本层有6处速度较低的地区：一是35.7°～37°N、119°～120°E之间，即潍坊以东，日照以北的地区，速度为6.47～6.48km/s，与上层相比速度减小；二是35.8°～37°N、116.5°～117.2°E之间，即济南附近，速度为6.48～6.49km/s，与上层速度相当；三是33.3°～34.8°N、115.5°～116.8°E之间，即商丘、亳州、淮北一带，主要以涡阳为中心，该区速度为6.43～6.47km/s，与上层的6.48～6.56km/s相比，此层速度明显偏低，为低速层；四是32.4°～33°N、117.8°～120°E，包括明光、盱眙、高邮、泰州等地，速度为6.43～6.47km/s，与上层6.47～6.48km/s相比，此层速度偏低，为低速层；五是33°～34.5°N、118°～119.2°E之间，主要是郯庐断裂带及以东地区，包括泗洪、洪泽、泗阳、沭阳、宿迁、邳州、新沂等地，该区速度为6.43～6.47km/s，与上层6.48km/s相比，此层速度偏低，为低速层；六是32°～32.5°N、116°～117°E的地区，即合肥以西地区速度为6.46～6.48km/s，与上层速度相当。徐州及附近地区速度中等略高，为6.48～6.51km/s，与上层速度基本一致。

对比研究区范围内深度 15～20km 层和深度 20～25km 层，两个层位的中间速度为 6.48km/s 和 6.49km/s，非常接近，可以判断深度 20～25km 已出现低速层，特别是在 32°～35°N 地区速度更低（图 2-36），郯庐断裂带江苏－安徽段、安徽西北地区速度也明显偏低。

7. 深度 25km 至莫霍面速度成像

深度 25km 至莫霍面速度成像结果（图 2-37）显示，本层中间速度为 7.06km/s。有两个速度较高的地区：一是 34.5°～37°N、119°～120°E 之间，即潍坊－连云港之间；二是研究区的西北角，即濮阳和聊城间，两处的速度为 7.09～7.14km/s。

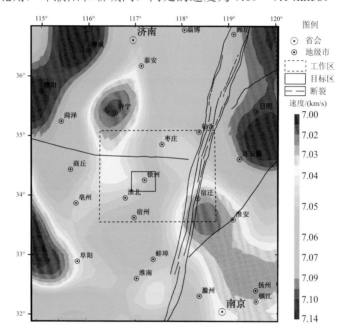

图 2-37 深度 25km 至莫霍面速度成像

本层有三个速度较低地区：一是 35°～36°N、116°～117°E 之间，即山东济宁周围，速度为 7.01～7.04km/s；二是 33°～34.2°N、118°～119°E 之间和 32°～33°N、118.5°～120°E 之间，包括宿迁、淮安、盱眙、泗洪、南京、扬州、泰州、兴化等，速度为 7.02～7.04km/s。三是阜阳以西地区，速度为 7.00～7.04km/s。

本层其余地区的速度居中，约 7.07km/s。徐州及附近地区速度中等且变化不大，为 7.05～7.06km/s。

2.5.4 工作区及附近深部速度结构

依据地震层析成像速度结果，工作区及附近的地壳速度结构在纵向上、横向上都存在一定的差异，不同深度范围内的速度结构如下。

深度 0～2km 层：徐州市附近速度为 3.97～3.99km/s，沛县附近为 3.90～3.91km/s，

丰县附近为 3.93～3.95km/s，新沂附近为 3.95～3.97km/s，新沂与宿迁之间速度较高，为
3.99～4.00km/s，邳州附近速度略低，为 3.89～3.93km/s，睢宁附近为 3.90～3.93km/s，
宿迁附近为 3.89～3.93km/s。

深度 2～5km 层：徐州市附近速度为 5.25～5.27km/s，沛县附近为 5.31～5.36km/s，
丰县附近为 5.25～5.27km/s，新沂附近为 5.22～5.24km/s，邳州附近速度略高些，为 5.31～
5.35km/s，睢宁附近约 5.25km/s，宿迁附近约 5.22km/s。

深度 5～10km 层：徐州市附近和丰县附近速度为 5.62～5.65km/s，沛县附近为 5.68～
5.69km/s，新沂和邳州附近为 5.69～5.70km/s，睢宁附近约 5.65km/s，宿迁附近约 5.65km/s。

深度 10～15km 层：徐州市附近速度约 6.21km/s，新沂市约 6.25km/s，丰县附近约
6.19km/s，沛县附近约 6.19km/s，邳州附近约 6.21km/s，睢宁附近约 6.19km/s，宿迁附
近约 6.20km/s。

深度 15～20km 层：徐州市附近速度为 6.49～6.50km/s，新沂市约 6.47km/s，丰县附
近约 6.48km/s，沛县附近约 6.48km/s，邳州附近约 6.48km/s，睢宁附近约 6.48km/s，宿
迁附近约 6.48km/s。

深度 20～25km 层：徐州市附近速度为 6.49～6.50km/s，新沂市为 6.47～6.48km/s，
丰县附近为 6.47～6.49km/s，沛县附近约 6.48km/s，邳州附近为 6.48～6.50km/s，睢宁附
近为 6.48～6.49 km/s，宿迁附近为 6.47～6.48km/s。

深度 25km 至莫霍面层：徐州市附近速度约 7.05km/s，新沂市为 7.03～7.04km/s，丰
县附近约 7.04km/s，沛县附近为 7.05～7.06km/s，邳州附近为 7.05～7.06km/s，睢宁附近
为 7.03～7.04km/s，宿迁附近为 7.02～7.03km/s。

为进一步了解工作区及附近的深部速度结构与现代地震之间的关系，以徐州为中心
分别切出了沿东西向的深度-速度剖面和沿南北向的深度-速度剖面（图 2-38、图 2-39）。

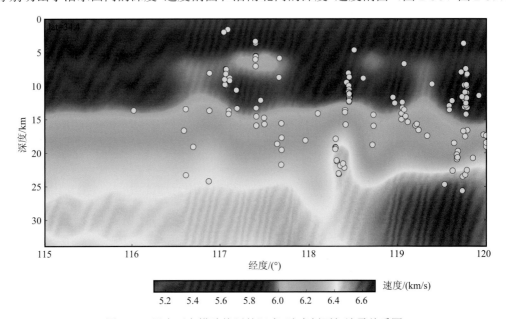

图 2-38　沿东西向横跨徐州的深度-速度剖面与地震关系图

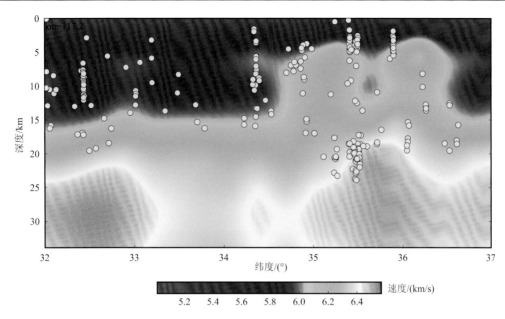

图 2-39　沿南北向横跨徐州的深度-速度剖面与地震关系图

沿东西向深度-速度剖面（图 2-38）显示，徐州及其附近地壳内速度结构相对简单，现代地震主要集中分布在深度 16km 附近，其次是 10km 附近。工作区东部的郯庐断裂带范围，中地壳下部有低速层存在，带内地震活动在深度 10km 附近和深度 18km 以下有零星分布，小震活动不强；沿南北向深度-速度剖面（图 2-39）显示，徐州及其附近地壳速度结构相对简单，在徐州北部地区的泰安和新泰之间，中地壳下部有低速层存在，南部地区的宿州附近其地壳速度结构也较复杂，有低速带存在。现代小震也主要集中分布在徐州北部地区，其次是南部地区，徐州附近地区现代小震较少且分布零散。

2.5.5　目标区及附近深部速度结构

依据地震层析成像结果，目标区及附近的地壳速度结构在纵向上存在差异，由于目标区范围相对较小，深部速度在横向上无明显变化。不同深度范围内的速度结构如下。

深度 0～2km 层，速度为 3.97～3.99km/s；

深度 2～5km 层，速度为 5.25～5.27km/s；

深度 5～10km 层，速度为 5.62～5.65km/s；

深度 10～15km 层，速度约 6.21km/s；

深度 15～20km 层，速度为 6.49～6.50km/s；

深度 20～25km 层，速度为 6.49～6.50km/s；

深度 25km 至莫霍面层，速度约 7.05km/s。

速度反演结果显示，目标区的莫霍面深度约 33km。

2.5.6　郯庐断裂带深部速度结构

依据上述地震层析成像结果，郯庐断裂带不同深度范围内的速度结构如下。

深度 0~2km 层：速度分布可大体可分为 3 个区段，35.5°以北区段速度高，为 3.99~4.02km/s；32.5°~35.5°N 区段速度中等，为 3.85~3.97km/s；32.5°以南区段速度也高，为 4.00~4.08km/s。断裂带内部速度差异明显。

深度 2~5km 层：大约在 33°N 以南区段速度较高，为 5.27~5.30km/s；33°~35.5°N 区段速度居中，为 5.22~5.24km/s；35.5°N 以北区段速度偏低，为 5.19~5.21km/s，可见断裂带存在明显的分段性。断裂带内部也可看到有速度差异。

深度 5~10km 层：大约在 33.5°N 以南区段速度居中，为 5.59~5.65km/s；33.5°~35°N 区段速度高，为 5.66~5.70km/s；在 35°N 以北区段速度偏低，为 5.57~5.61km/s，可见断裂带存在明显的分段性。断裂带内部也可看到有速度差异，断裂带东西两侧速度也有差异，总体是西侧速度高些。

深度 10~15km 层：大约在 33.5°N 以南区段速度低，为 6.07~6.15km/s；33.5°~34.2°N 区段速度为 6.18~6.20km/s；34.2°~35°N 区段速度为 6.22~6.26km/s；35°N 以北区段速度为 6.18~6.20km/s，呈现明显的南北速度分段性特征。断裂带东西两侧速度存在差异，总体是西侧速度低于东侧速度。断裂带内部的速度也不一，总体是西侧速度低于东侧。

深度 15~20km 层：沿郯庐断裂带有两处速度较低区域，一是在 34.5°~35.5°N 之间，速度为 6.46~6.47km/s；另一处大约在 32.7°~33.3°N 之间，速度为 6.48~6.49km/s；在 32.7°N 以南和 35.5°N 以北速度高些，约 6.50km/s，可见在此层仍然呈现该断层的分段性。

深度 20~25km 层：大约在 32.5°N 以南区段速度为 6.49~6.50km/s；32.5°~35°N 区段速度偏低，为 6.46~6.48km/s；35°~36°N 区段速度相对较高，为 6.51~6.53km/s；36°N 以北区段速度为 6.49~6.50km/s。沿断裂带呈现出速度结构的分段性特征。断裂带东西两侧速度存在差异，总体表现为西侧速度高，东侧速度低，且不同区段两侧的速度差异不同，表明不同构造块体的速度存在差异。

深度 25km 至莫霍面层：35°N 以北区段，即郯庐断裂带与蒙山山前断裂相交处以北，速度偏高，为 7.07~7.09km/s；35°~33°N 区段速度相对较低，为 7.02~7.04km/s；33°N 以南区段速度居中，为 7.04~7.06km/s。可见在该层仍然呈现郯庐断裂带的分段性，且不同区段构造属性与地震活动相关，也和北西向断裂与郯庐断裂带相交的位置有关。

总之，区内沿郯庐断裂带速度结构呈现分段性，断裂带东西两侧速度有明显差异。从深度上看，自浅部层位到深度 15km 层位均可明显看到平面上的分段特征；深度 15~20km 层和深度 20~25km 层则分段差异不明显；深度 25km 以下层位又呈现明显的分段性。研究表明，区内地震震源深度多在 9~20km，占现代地震总数的 68%；震源深度在 21~30km 的占现代地震总数的 17%；少数地震的震源深度超过 30km，这些较深的地震大多分布在郯庐断裂带内及附近，这也说明郯庐断裂带应属于深大断裂。

2.6 工作区深部结构与孕震条件

特殊的地理位置和构造格局造成我国地震呈现以大陆地震为主的特征，尤其是陆地发生的大地震，与板块构造、震源深部介质物性差异、介质结构和力系相互作用直接相关。地震在地球壳幔深处发生，深部介质和构造环境、深层动力过程与地球内部物质和能量的交换及其动力响应,是决定地震孕育、发生和发展的基本要素。

虽然目前还没有能力对地震孕育、发生与发展的过程进行监测与预报,但可以通过研究不同构造区大地震的震源区深部介质结构的特征,分析、归纳、总结大地震孕育、发生与发展的深部介质结构条件,对比研究区深部介质结构特征与条件,估计工作区是否存在发生大地震的可能性,为评价目标区地震孕育特征奠定基础。

2.6.1 我国几个大地震区的深部结构分析

1. 1966 年邢台 7.2 级地震

邢台强震震源区深地震探测结果(王椿镛等,1993;王椿镛和张先康,1994)表明,震中区莫霍界面相对隆起,壳内存在低速层和高速梯度夹层,并被几条深抵上地幔顶部的大断裂切割成几个块体,在中地壳存在滑脱构造。地震震中位置向下,存在一条延伸抵莫霍界面的高角度断裂,该断裂与浅部新河断裂汇而未交,存在纵向未连通的"闭锁"空间(徐杰等,2012),这可能是邢台地震的主要发震构造。

数值模拟结果(滕吉文,2010)显示,邢台地震的孕育、发生和发展是地壳内部高速和低速体、深部热物质沿大型断裂通道上涌、上地壳介质结构阻隔和所构成的耦合空间限制、震源区及其附近介质和结构物理-力学性质变化、应力不均匀分布、聚集和垂向及水平向力系相互作用的结果。震源区的这种深部结构条件,在深部物质上涌作用下,低速体不断传递应力,高速体集中应力,使得位于低速体上方的高速体大量集聚应变能,这就形成了邢台 7.2 级地震孕育、发生和发展的深层动力过程。

2. 1975 年海城 7.3 级地震

海城强震震源区深地震测深揭示震中位于下辽河平原地幔隆起区东侧的局部隆起高点,地壳厚度 31km,隆起幅度 1~3km。再往下,震源区则对应处在软流圈顶部隆起(低电阻率层)东侧的斜坡上方。上地幔顶部速度为 7.9~8.1km/s,且热流值高。在海城东侧析木附近,深度 30km 附近存在一陡角度断裂(卢造勋等,1990)。

海城地震区正位于上地幔介质横向不均匀地段和低速体东端,且东西两侧地壳结构存在明显差异。地壳中存在低速高导层、高温低密度层,深部存在陡角度断裂且未延伸至地表。因此,海城地震震源区不论是地壳内低速层的呈现,还是地震震源体附近的介质与构造环境,其在成因上均与地幔热物质上涌相关(周永胜和何昌荣,2002)。

3. 1976 年唐山 7.8 级地震

唐山强震震源区深地震测深揭示震中区地壳厚度为 32~34km,在深度 30km 范围内地震震源区两侧均发育有低速体,其下方对应着上地幔顶部的隆起区,下地壳速度值则明显偏低(刘昌铨和嘉世旭,1986)。震源区深地震反射剖面双程走时为 2.8~6.0s(相当于深度 7.5~18km),呈现出一高角度的隐伏深断裂深抵上地幔顶部(陆涵行等,1988),该陡角度隐伏深部断裂与浅部逆冲走滑断层未连通。震区南部丰南地区深地震反射剖面揭示唐山断裂带为一系列断裂和褶皱相伴的复杂构造带(刘保金等,2011),自双程时

5s 向上呈发散花状分布，在唐山断裂带下方（双程时 6s 以下）可能存在断错中下地壳和莫霍面的高角度深大断裂，可能是唐山地震的发震构造。

唐山地震震源区正位于上地幔隆起区，震源区位于两个低速体之间，地震快剪切波偏振图像也反映出震源区介质的强烈各向异性和介质非均匀性特征（高原等，1999），且存在深抵上地幔顶部但又没有出露地表的深大断裂，该断裂在震源区附近存在闭锁空间。由此推断，唐山地震的孕育、发生和发展是在区域水平应力作用下，深部热物质沿大型断裂通道上涌，上地壳介质结构阻隔并与深大断裂构成相互耦合空间，深部应力通过低速体向该耦合空间高速体传递应力并形成应力的高度集中，从而导致唐山地震的发生。

4. 1679 年三河—平谷 8 级地震

三河—平谷强震区深地震测深揭示震中区地壳为二层结构，莫霍面深度约 36km，处在地壳厚度由东北侧 38～39km 向西南侧的 33～34km 逐步过渡的地区，上地壳底部（深度 15～21km）存在低速异常分布（赵金仁等，2004）。深地震反射资料揭示夏垫断裂下方反射波能量明显减弱，同相轴中断，推测为一条陡倾角地壳深断裂（张先康等，2002a）。该地壳深断裂与浅部活动断裂具有上下一致的对应关系，向下切割了下地壳和壳幔过渡带，向上延伸至上地壳，称为夏垫地壳深断裂，该深断裂可能是最新构造变动的产物，是三河—平谷 8 级大地震的发震构造（张先康等，2002a）。

三河—平谷强震区地壳界面强反射带横向中断、上下两侧速度差异大，局部有强反射能量团，表明陡倾角地壳深断裂的存在，以及上地幔深部物质沿地壳深部断裂上涌侵入震源下方附近，形成低速异常体。莫霍面起伏变化和较厚的反射叠层及局部复杂的反射条带，体现莫霍面附近地壳结构具有强烈的挤压、变形特征。由此推测，该处岩浆活动对下地壳物质和结构的强烈改造，造成了局部的应力分布差异和震源区应力的高度集中，这可能是三河—平谷 8 级地震孕育和发生的深部构造背景（王椿镛等，2016）。

5. 新疆伽师强震群

新疆伽师强震群在 1977 年 1 月 21 日～4 月 16 日期间连续发生 7 次 6 级以上强烈地震，且 1900 年以来伽师及附近已发生 3 次 8 级以上大地震，最大地震是 1902 年伽师 8¾级大地震。该强震区位于帕米尔高原东北侧的塔里木盆地北缘，北邻天山弧形推覆构造变质带，是天山陆间碰撞造山带和帕米尔构造弧、塔里木陆核三大构造单元的交会地域，大多数强震均发生在这一活动块体的边界处。

伽师强震群区上地壳 10km 以内的沉积建造向深处下凹，而壳幔边界则尖锐向上突起，震源区位于昆仑山北缘断裂和柯坪断裂这两条陡立断裂夹持区域内的上地幔顶部隆起处，在两陡立断裂夹持区内存在一低速体，其层速度为 6.18km/s（张先康等，2002b）。三维地震反演的速度结构显示，上地壳深 12km 附近存在的低速带与强震区分布相近（杨卓欣等，2002）。

伽师强震群及伽师历史强震，属于活动块体边界断裂发震。震源区地壳结构纵向、横向都极不均匀，介质各向异性显著，莫霍面上隆、隐伏深大断裂伴生，地震成因上与深部物质及能量的强烈交换和在深部力系作用下壳幔界带显著上隆及强烈扭曲、震源区附近隐伏断裂活动和深部热物质的上涌密切相关（滕吉文，2010）。

6. 2008 年汶川 8.0 级大地震

汶川 8.0 级大地震沿龙门山断裂带发震。龙门山断裂带为松潘－甘孜活动块体与相对稳定的扬子块体四川盆地的边界断层，属于活动块体边界断裂发震。

青藏高原、松潘－甘孜和四川盆地之间深地震测深揭示该地区不同构造地带的震相存在明显差异（蔡学林等，2008），结晶基底存在不同的分区特征，上、中地壳即（20±5）km 深度附近地带存在着地壳低速层，速度为 5.8km/s，厚度为 5～10km，上地幔低速层深度为（100±10）km。西北向东南地壳厚度强烈变化，青藏高原东北部松潘－甘孜地带的地壳厚度为（60±5）km，龙门山断裂地带为（50±2）km，四川盆地则为（40±3）km，即莫霍界面深度呈两阶状变化，其叠合变化幅度为 15～20km。上地幔软流层在青藏高原中、东部为（110±10）km，且整体地壳和上地幔盖层由西向东逐渐减薄。汶川地震正是在印度洋板块与欧亚板块碰撞力系作用下，壳幔介质以上地壳底部低速层为上滑移面并与上地壳解耦，以岩石圈底部低速层为下滑移面，下地壳与上地幔盖层物质呈整体同步运动（滕吉文等，2014）。在四川盆地高速壳幔物质阻隔下，下地壳和上地幔盖层物质同步沿龙门山断裂带向上逆冲，在长时间挤压作用下应力集中，深部物质重新分异和调整，即能量进行着强烈的交换，故形成了地震在此孕育、发生和发展的深部介质和构造空间。

此外，自 1976 年唐山 7.8 级地震发生后，我国大陆地区经历了 12 年 7 级大震平静期，1988 年进入 7 级大震活跃期，发生了 10 次 7 级以上大震，并均发生在青藏川滇地区构造块体的边界断层上。特别是从 1996 年以来，在昆仑块体及羌塘块体这两个相邻块体周边边界断层上共发生 2 次 8 级地震、4 次 7 级以上地震及 1 次接近 7 级的地震（陈祖安等，2009）。这些地震的发生一方面说明青藏川滇块体系统中块体边界断层的多个部位的应变能已积累到相当的水平，并达到或接近破裂强度；另一方面也说明活动块体边界断层是易于发生大地震的场所，该断层区具备大地震孕育、发生和发展的深部介质与构造环境，同时也是具备深部物质与能量的交换、运移和深层动力过程的场所。

2.6.2 大地震孕育的深部结构条件

强烈地震活跃区通常出现在大型活动块体边缘和地壳剧烈变形的地区，大地震发震区的深部构造环境都具有特殊性，且具备深部物质与能量交换的动力响应和深层动力来源，这是大地震孕育、发生和发展的基本前提。通过对国内几个大地震震源区特别是华北地区强烈地震震源区的深部结构特征和深层动力过程的震例分析（朱守彪等，2010；滕吉文，2010；徐杰等，2012；王椿镛等，2016），认为大地震的震源区地壳具有独特的结构构造组合，该组合主要包括：地壳深部存在高角度断裂，它控制着大地震的发生和发展；震源下方的中地壳存在低速层（体），造成应力传递并在低速体上方的高速脆性物质中集聚；上地幔起伏和下地壳可能存在岩浆上涌，引起局部附加应力向上传递等。华北强震区具有的共同地壳结构特征就是地壳深部存在高角度断裂和中地壳低速层分布。因此，大地震孕育和发生地区的深部结构，以及大地震孕育和发生的动力过程，可以归纳为以下几个方面的特征。

1. 大地震往往发生在构造块体的边界或接触带上

大陆地壳最大的特点是横向分块、纵向分层。地壳内部层与层之间的差异性和横向分块结构的特征，形成了在非均匀运动方式下的变形带（区），这种变形带（区）主要集中在构造块体边界及块体不均匀分界、物性差异剧烈地带，这些地带往往就是应力-应变集中区域，是地震孕育、发生的最有利部位，也是地震的易发地带。通常大地震发生在大级别构造块体或差异性的边界，而中强、中小地震往往发生在中小级别构造块体或差异性边界，或表现为无明显分布规律的局部应力集中区域。

分析构造块体边界易于发生地震的动力过程，这是因为不同的构造块体其物质组成、块体规模大小、外力作用大小与方向均有所差异，会产生相邻块体之间的非均匀形变、地壳缩短增厚、隐伏断裂活动及由此导致的水平方向、垂直方向力系的共同作用与差异作用，而这种差异又使岩石圈底部地幔流沿构造块体边界或深大断裂向上发散成为可能，这样便容易增强地震区介质和构造的"活化"程度，从而使构造块体的边界或接触带成为易于发生大地震的不稳定区域。活动构造块体边界断层便是大地震孕育和发生、发展的有利区域，全球许多大地震都发生在这些地带，从而形成大地震活动带。

2. 大地震活动区存在陡倾角深大断裂

大地震发生地区通常都存在深抵莫霍面的深大断裂，这些深大断裂在地壳深部表现为陡倾角断裂，并使得断裂所经壳层介质各界面遭到破坏，形成一条一定宽度的通道。在该陡倾角断裂的浅部则一般存在着引张断裂，或震源区断裂有局部水平错动，而大地震则往往发生在陡倾角深部断裂顶部、局部断裂错动和深浅断裂不贯通的闭锁空间范围内，这些地段即为应力易于高度集中区段。

3. 地壳内部存在明显的低速层、高导层（或局部低速与高导体）

大地震震源区下方或边缘通常存在规模较大的低速层（体）、高导层（体），在区域应力场作用下，邻近低速高导层（体）之上的高速脆性层（体）介质易于积聚能量发生破裂，故构成大地震孕育层位。该层位通常为滑脱面，其端点又被深部陡倾角断裂所阻，易于构成应力局部高度集中，大地震多发生在沿低速层（体）滑脱面的端部与深部陡倾角断裂上部被阻隔的耦合部位。

4. 大地震活动区存在强烈的壳幔局部变形

强烈地震活动区上地幔顶部（莫霍面）往往表现出隆起的形态，并呈现对称状或不对称状的空间展布。隆起的幅度取决于深部物质上涌、力系的作用方向与规模以及区域构造块体之间的相互作用。上地幔顶部上隆，地幔低速层埋深浅，大地热流值高，地球物理场局部变化强烈，并存在有活化的断裂构造，故导致深部热物质运移，沿断裂通道上涌。由于热物质上涌，多元耦合效应的产生与叠加一定会导致壳幔介质的底侵作用，为地震孕震介质属性的改变和深层物质运移等提供了深层动力基础，也是地震孕育、发生、发展所必须具备的深层动力过程。

上述四点是大地震孕育区深部介质结构所共有的特征，其中深大断裂的存在是大地震孕育、发生与发展的必要条件之一，深大断裂提供了壳幔物质运移的必要通道，深大断裂的规模控制着壳幔物质运移的量能；壳幔低速、高导层的存在为壳幔物质的运移、应力的传递提供了可能；壳幔局部变形、隆起为深层动力过程和应力的集聚提供了可能；而具有上述特征的大的构造块体边界或接触带往往是易于发生大地震的不稳定区域。

2.6.3　工作区深部结构模型

1. 地壳三维速度结构模型

根据地震层析成像、深部探测资料等成果，建立了工作区及附近地区地壳三维（3D）速度结构模型（图 2-40），该模型呈现以下特征。

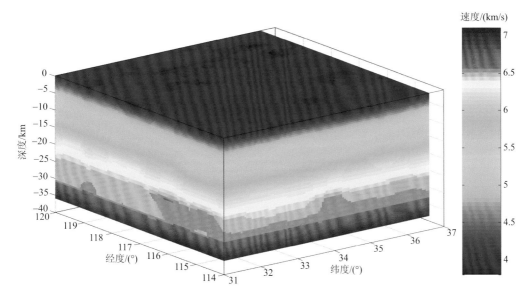

图 2-40　地壳 3D 速度结构模型图

（1）纵向分层结构。由地表至上地幔顶部，地壳可分三层，即上地壳、中地壳及下地壳。上地壳可细分为覆盖层和基底两层，上地壳底部深度大概在 11km；中地壳也可细分为两层，中地壳底部深度大概在 20～22km；中地壳底部至上地幔顶部为下地壳，下地壳底部深度大约在 33km。

（2）横向分块结构。地壳介质结构表现出明显的横向非均匀性，上地壳、中地壳及下地壳横向非均匀性程度有所差异。相比较而言，中地壳横向非均匀性相对较弱，而下地壳横向非均匀性表现比较明显，上地壳横向非均匀性居中。工作区及附近地区存在着多条深抵莫霍面的深大断裂，深大断裂除了使地壳介质结构表现出相对较强的横向非均匀性外，也将研究区分割成几个不同级别的构造块体。其中，下地壳存在局部相对高速异常体和低速异常体，低速异常体可能是下地壳横向非均匀性的主要因素。

2. 深部断裂构造切割深度分析

具有一定规模（伸展长度、切割深度）的断裂构造往往是大地构造单元或构造块体的边界，而这种边界多数是壳幔物质的变异带，具有明显的速度场梯度、重力场和磁场梯度。在研究工作区及附近地区深地震探测资料的基础上，开展了重力场、磁场延拓和小波分解资料处理及天然地震层析成像等研究工作，对深部断裂构造进行了解译和分析，考虑到不同研究方法的侧重点不同、结果的精度不同及研究结果分辨率的差异，在确定深部断裂构造切割深度时，综合了重力场、磁场延拓和小波分解结果及地震层析成像解译结果，得到了工作区及附近地区主要的深大断裂向深部延伸特征（表 2-4），包括郯庐断裂带、苍山－尼山断裂、洪泽－沟墩断裂、淮阴－响水口断裂、宿北断裂、蒙山山前断裂、无锡－宿迁断裂、聊城－兰考断裂、巨野断裂、费县断裂和菏泽断裂等。其中郯庐断裂带规模最大、深部介质结构最为复杂，且切割莫霍面；淮阴－响水口断裂、宿北断裂、无锡－宿迁断裂、聊城－兰考断裂也深抵莫霍面附近。

表 2-4　工作区及附近地区主要断裂及切割深度

断裂名称	切割深度		
	地震层析成像	重磁解译	综合结果
郯庐断裂带	莫霍面	莫霍面	莫霍面
苍山－尼山断裂	中地壳	下地壳	下地壳
洪泽－沟墩断裂	中地壳	中地壳	中地壳
淮阴－响水口断裂	中地壳	莫霍面	莫霍面
宿北断裂	下地壳	莫霍面	莫霍面
蒙山山前断裂	下地壳	下地壳	下地壳
无锡－宿迁断裂	下地壳	莫霍面	莫霍面
聊城－兰考断裂	莫霍面	莫霍面	莫霍面
巨野断裂	下地壳	下地壳	下地壳
费县断裂	下地壳	下地壳	下地壳
菏泽断裂	下地壳	下地壳	下地壳

3. 深部介质结构特征

地震层析成像结果表明，工作区及附近地区深部介质结构表现出复杂的图像，介质结构无论从平面分布还是从纵向分布均表现出较为明显的非均匀性特征。

无论从南向北，还是从东向西，上地壳介质结构表现出明显的速度非均匀性特征。值得注意的是上地壳上部，郯庐断裂带中段和北段呈现出明显的低速特征，目标区西侧商丘一带（即新乡－商丘断裂、巨野断裂、单县断裂交叉处）也呈现出明显的低速层；中地壳仍然表现出较为明显的速度非均匀性，只是速度异常区域（呈现高速区或低速区）表现得更为明显。苏鲁超高压变质带及山东菏泽地区表现为明显的高速区，而山东泰安、聊城一带表现为相对低速区域，这一特征在中地壳上部表现得尤为明显。目标区域内，中地壳上部和下部速度结构均表现出相对稳定的特征；下地壳介质速度非均匀性较为明显。苏鲁超高压变质带、山东菏泽地区表现出相对高速区域，而济南一带只在上地壳上部表现出相对高速区域。目标区域内，下地壳上部介质速度结构均表现出不均匀性特征，目标区东北角呈现相对高速区域，西南角表现为相对低速区域，而下地壳下部表现出相对均匀的速度分布特征。

图 2-41 为工作区及附近地区下地壳下部低速异常体分布图，图中实线框范围为目标区，虚线框范围为工作区，图示 1 区、2 区、3 区、4 区和 5 区分别表示不同的低速异常区。分析图示异常特征，可以得到以下结论。

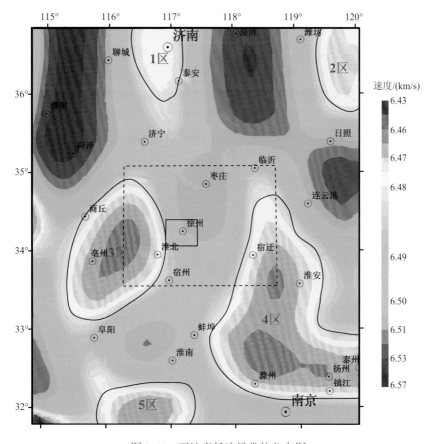

图 2-41　下地壳低速异常体分布图

（1）工作区及附近地区下地壳呈现强烈的横向非均匀性，北部区域以相对高速为主，分布在聊城－濮阳、连云港－日照及淄博一带。

（2）区内存在 5 个低速异常体，分别是济南低速异常体（1 区），潍坊以东、日照以北低速异常体（2 区），商丘－淮北低速异常体（3 区），郯庐断裂带东侧、淮安－扬州一带低速异常体（4 区）和淮南以南低速异常体（5 区），其中范围较大、速度差异较大的低速异常体为 3 区和 4 区，范围不大、速度差异较小的是 1 区，处于中间的是 2 区和 5 区。

（3）工作区异常特征表现为东西向 3 个条带，由西向东依次为低速-高速-低速，区内西部为商丘-淮北低速异常体，速度差异大；东部为郯庐断裂带东侧低速异常体，速度差异较西部低速异常体小；中部为速度差异较小的高速异常区，南北向略有差异，北部速度略高。

（4）目标区内无低速异常体存在，但以废黄河断裂为界出现了南西与北东速度差异分界带，断裂的南西侧表现为相对速度低值区而北东侧为速度相对高值区，但是速度差异不大。

2.6.4 工作区及附近地区地震孕震环境分析

工作区及附近地区发育着多条深抵莫霍面顶部的深大断裂构造，区内构造运动及地震活动均受到这些深大断裂的控制和影响。分析工作区及附近地区的主要断裂构造，认为工作区内具备孕育和发生大地震的主要断裂是郯庐断裂带。

郯庐断裂带是研究区域内规模最大、切割深度直达莫霍面的深大断裂，在地球物理场上表现为规模大的异常梯度带。郯庐断裂带把研究区域深部介质结构分割成东、西两个大区域，为徐淮块体与下扬子块体、鲁西块体与苏鲁造山带之间的分界断裂，属于规模大的构造块体边界断裂。莫霍面起伏形态显示，沿郯庐断裂带存在一条 NNE 向展布的梯度带，呈舒缓波状延伸，梯度带以东的莫霍面深度比西部要浅，西部莫霍面最深处超过 35km，东部莫霍面深度为 32km 左右。在郯庐断裂带东侧的临沭和泗洪两个地区存在莫霍面上隆现象，莫霍面深度约 31km，在郯庐断裂带西侧则存在两个明显的沉降中心和一个隆起区，一个沉降中心位于沂南-费县西侧，深度约 35km，其规模相对较大，在地貌上该区为鲁中南隆起区，该沉降中心为重力均衡调整作用所致；另一个沉降中心位于蚌埠地区，深度约 35km，规模较北部沉降中心小，在地质构造上为阜阳-固镇凹陷的东段；郯庐断裂带以西莫霍面隆起区位于丰县地区，规模相对较大，深度约 32.5km。居里面的起伏状况显示，郯庐断裂带两侧居里面表现出隆起和凹陷相间的团块状构造，郯庐断裂带的位置正好对应于隆起、凹陷变化的梯级带，而居里面梯级带两侧的块体往往存在温度差，温度差产生的最大热应力可能成为地震发生的直接应力，也可能是深部流体运移的热动力。沿郯庐断裂带深部发育了多个低速异常区，特别是在 32.5°~34.5°N 区段的下地壳内存在明显的低速异常体。对标大地震震源区深部地震构造条件，认为郯庐断裂带具有孕育大地震的深部构造环境和条件，且历史上在 1668 年发生过郯城 8½级大地震，未来仍然具备孕育、发生 8.5 级大地震的能力和深部构造条件。

北西向的蒙山山前断裂、苍山-尼山断裂、无锡-宿迁断裂，近东西向的宿北断裂，以及北东向的淮阴-响水口断裂等把研究区分割成不同尺度、不同物质结构的构造块体，也把郯庐断裂带切割成规模不同的段落。构造块体的发育与运动，受到北东向的郯庐断裂带控制和牵引，这种块体式构造发育模式成为研究区深部断裂构造及介质结构发育的最大特征。工作区及其附近地区介质结构表现出明显的速度非均匀性，尤其是在下地壳存在多处低速异常体，意味着区内深部物质具有流动、运移的可能，而深部物质的运移在构造块体边界的阻隔下，使应力逐渐积聚，应变也逐渐增大，为地震孕育提供了条件。下地壳商丘-淮北低速异常体明显小于郯庐断裂带东侧低速异常区，推测商丘-淮北及以西的菏泽等地可能集聚的动力来源要弱于郯庐断裂带东侧，其孕震能力弱于郯庐断裂带，但其具备孕育和发生 7 级左右地震的能力。

工作区及附近地区下地壳大尺度成像结果与破坏性地震分布对比结果（图 2-42）显示，6 级左右的地震与低速异常体也具有相关性。南黄海 1984 年 5 月 21 日 5.7 级和6.2 级地震，上海以东的长江口附近海域 1996 年 11 月 9 日 6.1 级地震；安徽霍山地区 1917年 1 月 24 日 6.2 级地震，1917 年 2 月、1934 年 3 月和 1954 年 6 月 3 次 5 级多地震；江苏溧阳 1979 年 7 月 9 日 6.0 级地震和 1974 年 4 月 22 日 5.5 级地震，安徽西北地区的涡阳 1481 年 6 级地震，以上这些 5 级以上地震的位置均位于下地壳速度较低处或其边缘地带的区域。实际上，本区地震震源深度多在 20km 以内，定位结果表明，1979 年溧阳 6.0级地震震源深度为 12km，1984 年南黄海 6.2 级地震震源深度为 15.5km，1996 年长江口附近海域 6.1 级地震震源深度为 20km，也就是说这些 6 级地震的震源深度（12～20km）位置以下的下地壳都存在有低速层。1668 年山东郯城 8½ 级地震处也显示为低速，但该地震的震源深度推测为 25km 以下，甚至可能到莫霍面附近，因此该地震是震源深度以上存在低速层。研究震源所在深度的速度分布，可以发现震源多在高速与低速相间的部位，也多是电阻率高低变化区。许多强震区在震源上面或下面均存在壳内低速层，而壳内软弱层的存在（低速和塑性流变层）增强了块体层间的解耦作用，对地震孕育起着重要作用。

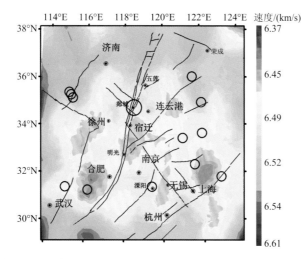

图 2-42 工作区及附近地区下地壳速度分布与破坏性地震分布图

综合上述分析，认为工作区的东部边缘及东北角外围地区，工作区西部边缘及西北角外围地区，这些局部区域存在大地震的深部构造条件，特别是郯庐断裂带大震的深部构造特征明显，仍然具备孕育、发展和发生 8.5 级大地震的能力。工作区中间的目标区范围，不存在明显的速度梯度带、电性差异带、莫霍面起伏和居里面变化剧烈带及深部低速体等，因此可以判断目标区不具备 7 级以上大地震孕育的明显深部构造背景，不具备发生 7 级以上大地震的构造条件和动力来源。

2.7 目标区深部结构与孕震特征

地震是一个力学过程，从力学角度来看，往往是薄弱区域在外力持续不断的作用下，当内外界因素达到触发条件时，介质物性差异会导致其发生完全破裂，从而发生地震。目标区不存在发生 7 级以上大地震的深部构造条件，但是否存在发生中强地震的可能呢？中强地震的孕震研究是个科学难题，还没有比较成熟的办法。考虑到中强地震必然是一个力学过程，因此对于中强地震的孕育条件与背景研究，除了研究地壳深部结构和介质物性差异外，还需与介质力学条件相联系。下面通过对目标区及附近地区中小地震优势深度分布特征、易震层特征及区域应力场的研究，结合目标区主要断层深部发育特征，研究介质物性的差异和构造薄弱区域，分析目标区孕震能力与特征。

2.7.1 目标区地壳深部结构模型

1. 地壳速度结构模型

目标区及附近地区地壳速度结构呈现纵向分层、横向分块的特征（图 2-43）。

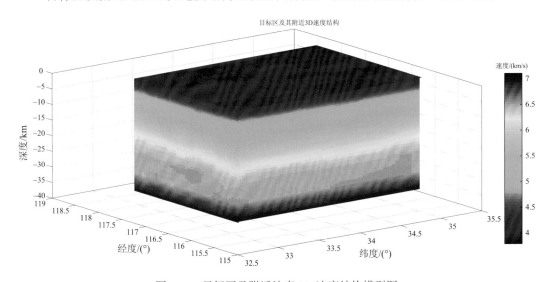

图 2-43　目标区及附近地壳 3D 速度结构模型图

（1）地壳纵向可分三层，即上地壳、中地壳及下地壳。上地壳包括覆盖层和基底，上地壳底界深度约 11km；中地壳也可分为两层，中地壳底界深度为 20～22km；下地壳底界深度约 32km。

（2）地壳横向分块主要在目标区东侧附近，以郯庐断裂带为界可分为东西两个大的块体，目标区位于西侧块体内。目标区内存在延伸至地壳中上部的断裂，因此目标区内也存在分块现象，但由于断裂相对较浅、规模相对小，其块体规模也相对较小。不同块体的存在使得目标区内的介质存在横向非均匀性。

2. 目标区断裂构造切割深度

目标区有 5 条主要断裂构造，包括幕集－刘集断裂、不老河断裂、废黄河断裂、班井断裂和邵楼断裂。根据重力、航磁延拓与小波分解处理及地震层析成像等综合分析认为，目标区内 5 条主要断层中，废黄河断裂和幕集－刘集断裂延伸至中地壳上部，邵楼断裂延伸至上地壳，不老河断裂、班井断裂向地壳深部延伸迹象不明显，可能为基底或上部断层（表 2-5）。

表 2-5　目标区主要断裂及地壳切割深度

断裂名称	切割深度		
	地震层析成像	重磁解释	综合
废黄河断裂	中地壳上部	中地壳上部	中地壳上部
幕集－刘集断裂	上地壳	中地壳上部	中地壳上部
邵楼断裂	—	上地壳	上地壳
班井断裂	—	—	—
不老河断裂	—	—	—

2.7.2　目标区主要断层深部结构特征

1. 废黄河断裂

废黄河断裂在上地壳和中地壳上部速度结构存在异常，表现为断裂上盘（断裂的东北侧）的平均速度高于下盘（断裂的西南侧）的平均速度。上地壳中部（深度 5km）的平均速度上盘为 5.35km/s，下盘为 5.25km/s，两盘的平均速度差异比较明显，断裂带附近存在一定宽度且比较明显的速度梯度带[图 2-44（a）]；中地壳上部（深度 12km）的平均速度上盘为 5.69km/s，下盘 5.65km/s，两盘的平均速度差异较小，断裂带附近速度梯度带不明显[图 2-45（a）]。分析认为，废黄河断裂在速度结构上可延伸至中地壳上部。

航磁异常不同深度反演结果显示，废黄河断裂具有不同的特征。上地壳中部（深度 5~6km）航磁异常小波细节[图 2-44（b）]显示，废黄河断裂两侧呈现正负异常交错特征，且断裂两侧航磁异常有明显差异，断裂上盘正异常表现为方向杂乱的圈闭，且以正异常居多，下盘航磁正异常呈现北东向的串珠状异常体，负异常略多；中地壳上部（深度 12~13km）航磁异常小波细节[图 2-45（b）]显示，废黄河断裂两侧航磁异常有明显差异，断裂上盘以正异常为主，且呈现较大面积的圈闭，下盘以负异常为主，正异常呈现零星的孤立型圈闭；中地壳底部（深度 24~25km）航磁异常小波细节[图 2-45（d）]显示，废黄河断裂两侧航磁异常表现为正负异常分界，断层上盘为正异常，下盘为负异常，该异常可能与深部磁性物质有关。分析认为，废黄河断裂在航磁异常特征上可延伸至中地壳上部。

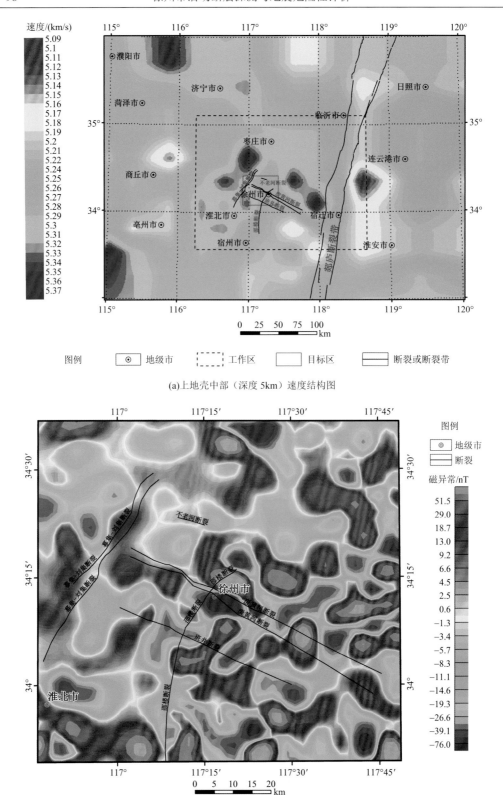

(a)上地壳中部（深度 5km）速度结构图

(b)上地壳中部（深度 5~6km）航磁异常小波细节图

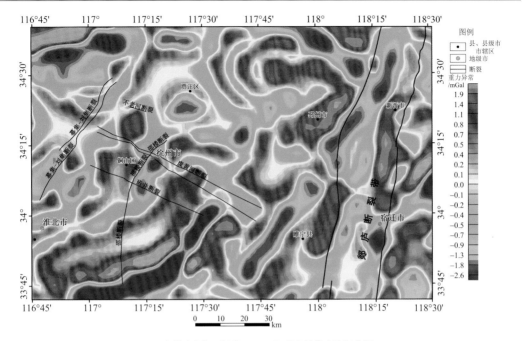

(c)上地壳中部（深度 5～6km）重力异常小波细节图

图 2-44　上地壳中部速度结构图、航磁异常图和重力异常图

　　重力异常不同深度反演结果显示，废黄河断裂具有不同的特征。上地壳中部（深度 5～6km）重力异常小波细节[图 2-44（c）]显示，废黄河断裂两侧呈现不同的异常特征。断裂上盘重力异常变化相对平缓，以正异常为主，为杂乱状异常特征；下盘呈现正负异常交替、线状展布的北东向异常圈闭分布特征。废黄河断裂向东南延伸至王集镇附近，明显被一较大规模的北东向负异常体所中断，即断层终止于桃园凹陷西侧，没有再往东南延伸的迹象，向西北则过铜山后断裂异常迹象不明显。中地壳上部（深度 12～13km）重力异常小波细节[图 2-45（c）]显示，废黄河断裂两侧呈现不同的异常特征。断裂上盘重力异常变化相对平缓，呈现正异常为北东向线性圈闭而负异常呈单点圈闭特征；断裂下盘则呈现多条北东向正负异常线性圈闭条带交替，且与断裂上盘北东向线性圈闭呈现水平断错的展布特征。废黄河断裂在中地壳上部向东南延伸至王集镇附近，明显被一较大规模的北东向负异常体所中断，断层终止于桃园凹陷西侧，没有再往东南延伸的迹象，向西北则过铜山后断裂异常迹象不明显。分析认为，废黄河断裂在重力异常特征上可延伸至中地壳上部，向东南终止于桃园凹陷西侧。

　　综合速度场、磁场及重力场分布特征，废黄河断裂向下延伸至中地壳上部。在空间展布上，该断裂在中上地壳内向西北延伸至幕集－刘集断裂东侧区域，未穿过幕集－刘集断裂，向东南延伸至王集镇附近，受阻于桃源凹陷，没有与郯庐断裂带相交。

2. 幕集－刘集断裂

　　幕集－刘集断裂在上地壳中部（深度 5km）速度结构上存在明显异常[图 2-44（a）]，表现为断裂上盘（断裂的西北侧）为高速异常体，平均速度约 5.35km/s，下盘（断裂的东南侧)为由北东的速度约 5.26km/s 向南西逐步增加至约 5.33km/s，断裂带附近的速度梯度明显；中地壳上部(深度 12km)速度结构[图 2-45 (a)]显示，沿断裂无明显速度差异，表明幕集－刘集断裂在速度结构上未延伸至中地壳上部。

航磁异常不同深度反演结果显示，幕集－刘集断裂具有不同的特征。上地壳中部(深度 5～6km)航磁异常小波细节[图 2-44 (b)]显示，幕集－刘集断裂两侧呈现正负异常交错特征，其中北段为由西向东的负异常与正异常的分界，南段则为由西向东的正异常与负异常的分界，且西侧的正异常为面积较大、呈南北向圈闭的异常特征，东侧为北东向串珠状异常特征。幕集－刘集断裂是控制隆凹结构的边界断裂，断裂北段位于五段凹陷东侧边界，断裂南段位于萧县凹陷西侧边界；中地壳上部(深度 12～13km)航磁异常小波细节[图 2-45 (b)]显示，幕集－刘集断裂在上地壳两侧航磁异常的基础上进一步平缓化，断裂北侧为负异常与正异常的分界，异常梯度大，南侧为正异常与负异常的分界，异常梯度小，这种异常更多地体现出深部磁性异常体的差异，并非全都是断层作用的结果；中地壳底部(深度 24～25km)航磁异常小波细节[图 2-45 (d)]显示，幕集－刘集断裂两侧航磁异常表现为正负异常分界，但是异常特征与断层相关性明显较差，推测这种异常是深部磁性差异造成的，并非断层作用的影响。由此认为，幕集－刘集断裂在航磁异常特征上可延伸到上地壳至中地壳上部。

重力异常不同深度反演结果显示，幕集－刘集断裂具有不同的特征。上地壳中部(深度 5～6km)重力异常小波细节[图 2-44 (c)]显示，幕集－刘集断裂两侧呈现不同的异常特征。断裂东南侧重力异常变化以正异常北东向线性圈闭为主，断裂西北侧则为杂乱状异常特征；中地壳上部(深度 12～13km)重力异常小波细节[图 2-45 (c)]显示，幕

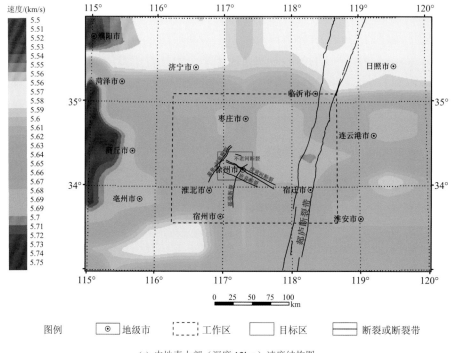

(a) 中地壳上部(深度 12km)速度结构图

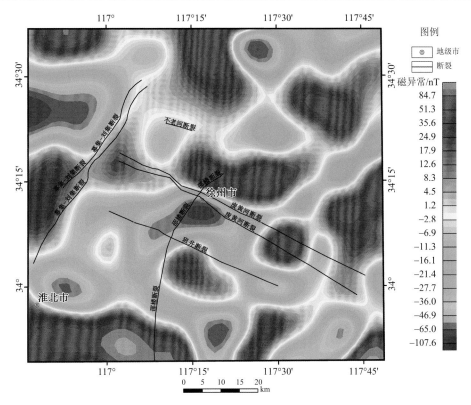

(b) 中地壳上部（深度 12～13km）航磁异常小波细节图

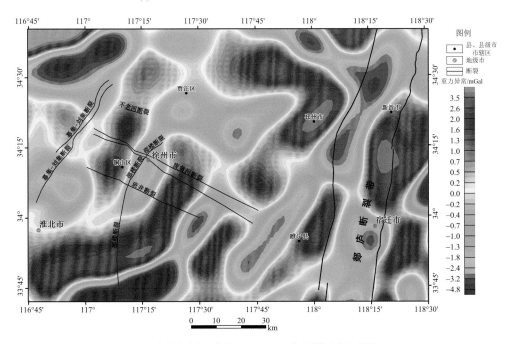

(c) 中地壳上部（深度 12～13km）重力异常小波细节图

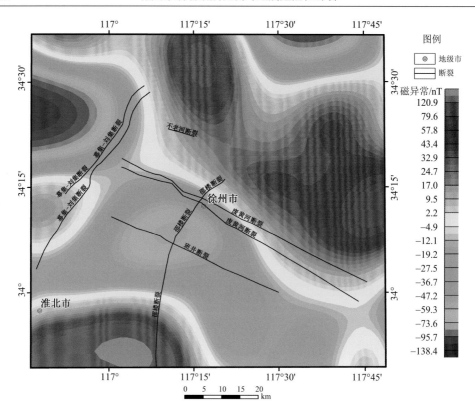

(d) 中地壳底部（深度 24~25km）航磁异常小波细节图

图 2-45　中地壳上部速度结构图、航磁异常图、重力异常图和中地壳底部航磁异常图

集－刘集断裂两侧呈现不同的异常特征，断裂东南侧为北东向异常圈闭，西北侧异常变化相对平缓，呈现正负异常相间排列，但方向各异。分析认为，幕集－刘集断裂在重力异常特征上可延伸至中地壳上部。

综合速度场、磁场及重力场分布特征，幕集－刘集断裂向下延伸到上地壳至中地壳上部，在废黄河断裂西端点的西侧经过，与废黄河断裂在地壳深部没有明显相交迹象。

　　3. 邵楼断裂

邵楼断裂在上地壳中部（深度 5km）和中地壳上部（深度 12km）速度结构上都没有明显差异，表明该断裂对深部速度结构没有产生明显影响，或发育深度较浅。

邵楼断裂在上地壳中部（深度 5~6km）航磁异常小波细节［图 2-44（b）］显示，断裂西侧为正负异常杂乱特征，断裂东侧为串珠状负异常体特征，与北西向的废黄河断裂呈现相交特征；中地壳上部（深度 12~13km）航磁正负异常明显平缓化［图 2-45（b）］，断裂特征不明显。分析认为，邵楼断裂在航磁异常特征上延伸至上地壳。

邵楼断裂在上地壳中部（深度 5~6km）重力异常小波细节［图 2-44（c）］显示，断裂两侧呈现明显不同的异常特征，断裂东南侧重力异常以负异常串珠状为主，呈现向南东方向的圆弧形特征，断裂西北侧为北北东向正异常圈闭为主，与北西向的废黄河断裂呈现相交特征；中地壳上部（深度 12～13km）重力异常小波细节[图 2-45（c）]显示，邵楼断裂两侧呈现北东向正负异常圈闭，异常变化相对平缓，无明显断层特征显示。分析认为，邵楼断裂在重力异常特征上可延伸至上地壳。

综合磁场及重力场分布特征，邵楼断裂向下延伸至上地壳，与废黄河断裂在地壳深部直接相交。

4. 不老河断裂与班井断裂

从速度结构、航磁异常和重力异常分析（图 2-44 和图 2-45），没有发现明显特征说明不老河断裂、班井断裂向地壳深部延伸的迹象，认为不老河断裂、班井断裂可能是规模比较小的浅表断层。

2.7.3 目标区构造应力场特征

1. 区域应力场特征

从研究区构造应力场看，主压应力（P 轴）大致方向近东西向，主张应力（T 轴）大致方向近南北向，应力场的分布特征基本符合中国东部应力场的分布特征。中国东部地区主压应力 P 轴的作用方向从北至南主要表现为由北东到近东西继而向北西向的逐渐转变，且以水平作用为主的现代构造应力场特征。中国东部的应力场主要受太平洋板块俯冲欧亚板块产生挤压作用的控制和影响，形成北东向断裂右旋正断、北西向断裂左旋的剪切-拉张构造环境。

2. 目标区震源机制反演应力场

目标区处在背景应力场为近东西向主压应力作用下，受工作区及其邻近地区断裂构造的影响，区内应力场特征有所变化。根据目标区及邻近地区局部范围内的震源机制解结果（图 2-46），不同构造位置地段之间所受的应力状态有所差异。目标区的西南片区和东北片区表现出不同方向的主压应力场特征，其中西南片区主压应力场以北西向为主，东北片区主压应力场以北东方向为主，而这两个片区的分界位置和方向大致与废黄河断裂的位置和延伸方向一致。

3. 目标区主压应力方向与震源深度关系

利用目标区及附近地区地震震源深度与震源机制反演应力场结果（图 2-47），尽管统计样本比较少，但仍能看出不同深度处构造应力场主压应力场方向有明显的差异，上地壳主压应力场表现为北东向(或南西向)，中地壳主压应力场表现为北西向(或南东向)。目标区紧邻郯庐断裂带，上地壳表现为北东向主压应力场，可能与北东走向的郯庐断裂带有关，左旋走滑的郯庐断裂带可能会对目标区上地壳有一定的"牵引"作用，因为目标区及其附近发育了一系列切割深度至上地壳的断裂构造，断裂构造之间存在着一定的耦合作用；中地壳表现为北西向主压应力场，可能与太平洋板块俯冲欧亚板块、菲律宾板块挤压欧亚板块的综合作用有关。

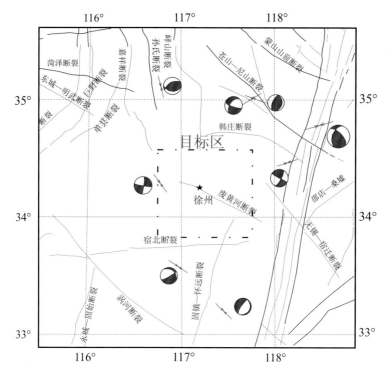

图 2-46 目标区及邻近地区地震震源机制解

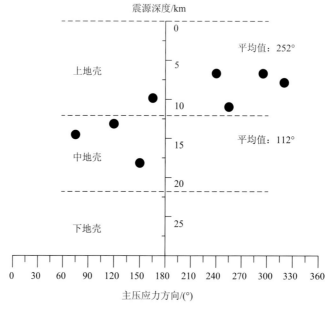

图 2-47 主压应力方向与震源深度关系图

2.7.4　目标区孕震环境分析

目标区上地壳、中地壳主压应力场存在明显差异，中地壳主压应力优势方向为112°，而上地壳主压应力优势方向为252°，中、上地壳主压应力的差异有利于应力积累和深部物质相对移动、错位。目标区现代地震的震源深度主要分布在 10～25km，其中多震层或易震层有两个，一是深度在 10～11km，二是深度在 15km 附近，该深度范围的易震层易于接收来自中、上地壳差异应力场作用下介质物质的应力传递、聚集。

废黄河断裂为目标区内最重要的断裂，该断裂延伸至中地壳上部。以该断裂为界，目标区的西南片区与东北片区呈现出不同的主压应力场特征，分别表现为北西向为主和北东向为主，因此废黄河断裂位置为两种不同方向主压应力场的转换带，是来自不同方向的应力汇聚之地，属于应力易积累地段。深部速度结构、重磁场反演都显示废黄河断裂为目标区内重要的深部介质物性参数分界线，介质速度结构、磁性等参数均表现出一定的差异性，这种差异性在目标区内的上地壳、中地壳上部表现明显。由此可以认为，废黄河断裂应该属于规模较小构造块体的分界断裂，该断裂将目标区划分为规模小的北东块体和南西块体。

尽管目标区不存在大地震的孕震条件，但是废黄河断裂构造将目标区分割造成小级别的北东和南西两个不同块体，在横向与纵向动力差异作用下，介质物质结构的差异性可能导致构造块体在边界断裂附近造成局部应力的集中，尤其是废黄河断裂与断至上地壳的邵楼断裂的交会地段，应力场差异及介质物性差异易于造成局部应力的集中而孕育地震。尽管废黄河断裂规模及地球物理场特征显示不具备大地震的孕育条件，但是仍然具备孕育中强地震的构造条件和背景。

由于废黄河断裂没有与郯庐断裂带直接相交，尽管郯庐断裂带具备孕育大地震的构造条件和背景，但是该断裂的活动不会直接导致废黄河断裂的活动，两条断裂不具备孕震构造方面的直接关联性。

第3章 区域地层与目标区第四纪地质

3.1 区 域 地 层

3.1.1 区域地层分区

1. 区域地层总体特征

徐州所在的区域地层属于华北地层大区晋冀鲁豫地层区的徐淮地层分区、鲁西地层分区和鲁东南地层分区,目标区属于徐淮地层分区。区域内出露的最古老地层是太古宇(AR),由一套经过强烈区域变质作用和混合岩化后的变质岩系组成;震旦纪-古生代地层主要为碳酸盐岩、碎屑岩等,分布广泛(郯庐断裂带东侧缺失);晚侏罗世-古近纪地层主要为断陷盆地型沉积;新近纪-第四纪地层十分发育。区域地层分区特征见表3-1。

表 3-1 区域地层序列表(江苏省地质矿产局,1997,资料整理编制)

<table>
<tr><th colspan="3" rowspan="2">地质年代</th><th colspan="3">晋冀鲁豫地层区</th></tr>
<tr><th>鲁西地层分区</th><th>徐淮地层分区</th><th>鲁东南地层分区</th></tr>
<tr><td rowspan="3">新生代 Kz</td><td>第四纪</td><td>Q</td><td colspan="3">分布广泛,地表主要分布有全新统冲积相、冲积-湖积相、湖积-沼积相等沉积物;更新统出露在堆积平原的边缘;丘陵山区的山前和山间分布中-上更新统坡-洪积物(残坡积)</td></tr>
<tr><td>新近纪</td><td>N</td><td colspan="3">新近纪地层为中粗砂、黏土、粉细砂层;砂岩、砾岩、泥岩,局部含玄武岩;划分为明化镇组(N₂m)、馆陶组(N₁g)或宿迁组(N₂s)、下草湾组(N₁x)</td></tr>
<tr><td>古近纪</td><td>E</td><td colspan="2">官庄群(E₂₋₃g):被第四系不整合覆盖,下与白垩系或更老地层呈不整合接触,岩石组合为含膏盐的红色、灰色山麓洪积-河湖相碎屑岩系,为河湖相沉积</td><td>区域内仅在江苏洋河-沭阳一带形成了沭阳凹陷(K-E)</td></tr>
<tr><td rowspan="4">中生代 Mz</td><td rowspan="2">白垩纪</td><td rowspan="2">K</td><td colspan="3">王氏群(K₂w):为一套红色粗碎屑沉积,以红色砂砾岩为主,夹白色含砾砂岩、灰绿色泥岩、泥质粉砂岩</td></tr>
<tr><td colspan="3">青山群(K₁q):以中、基性与酸性火山岩相间为特征,间夹正常沉积岩层</td></tr>
<tr><td>侏罗纪</td><td>J</td><td colspan="2" rowspan="2">区域内缺失</td><td rowspan="7">缺失</td></tr>
<tr><td>三叠纪</td><td>T</td></tr>
<tr><td rowspan="6">古生代 Pz</td><td>二叠纪</td><td>P</td><td colspan="2" rowspan="2">石炭纪-二叠纪地层为一套海陆交替相含煤岩系及陆相红色碎屑岩:主要为石盒子组、山西组、太原组、本溪组等</td></tr>
<tr><td>石炭纪</td><td>C</td></tr>
<tr><td>泥盆纪</td><td>D</td><td colspan="2" rowspan="2">缺失</td></tr>
<tr><td>志留纪</td><td>S</td></tr>
<tr><td>奥陶纪</td><td>O</td><td colspan="2" rowspan="2">寒武纪-奥陶纪地层为碳酸盐岩夹碎屑岩:鲁西区为长清群、九龙群、马家沟组等;徐淮区为馒头组、毛庄组、徐庄组、张夏组、崮山组、长山组、炒米店组和马家沟组等</td></tr>
<tr><td>寒武纪</td><td>Є</td></tr>
</table>

续表

地质年代			晋冀鲁豫地层区		
			鲁西地层分区	徐淮地层分区	鲁东南地层分区
元古代 Pt	新元古代	Pt₃	未变质浅海相碎屑岩和碳酸盐岩；鲁西区为土门群；徐淮区为青白口系八公山群和震旦系徐淮群、宿县群和栏杆群		缺失
	中元古代	Pt₂	缺失		
	古元古代	Pt₁			东海杂岩（Ar₃Pt₁D）：为区域中深变质表壳岩（沉积岩、火山岩及其碎屑岩）和变质深成侵入体经构造混合而成的杂岩。山东境内称为胶南群和五莲群
太古代 Ar	新太古代	Ar₃	泰山杂岩（Ar₃T）：以斜长角闪岩、黑云变粒岩为主，夹角闪变粒岩、变质砾岩和石榴石英岩等组成的地质体。变质程度达角闪岩相 徐淮区内还有五河群分布：为混合岩和混合片麻岩		

2. 徐淮地层分区特征

（1）太古代—元古代（Ar-Pt）：新太古代地层（泰山杂岩）主要为区域变质杂岩；新元古代（青白口系八公山群和震旦系徐淮群、宿县群和栏杆群）发育了一套未变质浅海相碎屑岩和碳酸盐岩，厚度大于 5000m，平行不整合在变质岩之上。

（2）古生代（Pz）：寒武纪—中奥陶世地层（馒头组、毛庄组、徐庄组、张夏组、崮山组、长山组、炒米店组和马家沟组）主要为碳酸盐岩夹碎屑岩，厚度 1500m 左右，平行不整合超覆在新元古代地层不同层位之上或不整合在变质岩之上；晚石炭世—二叠纪沉积了海陆交替相含煤岩系及陆相红色碎屑岩，残留厚度为 800～1600m，平行不整合在中奥陶世不同地层之上。

（3）中生代（Mz）：晚侏罗世—白垩纪地层为陆相碎屑岩及中、基性夹酸性火山岩，属山间断陷盆地型沉积，厚度 0～3900m 以上，不整合在二叠系及其以下不同地层之上。

（4）古近纪（E）：地层发育不全，以陆相碎屑岩为主及少量基性岩，属断陷盆地型沉积，厚度 0～1000m，不整合在前古近纪各时代地层之上。

（5）新近纪（N）：新近纪地层（上新统宿迁组 N₂s、中新统下草湾组 N₁x）分布广泛，主要为中粗砂、黏土、粉细砂层；砂岩、砾岩、泥岩，局部含玄武岩。

（6）第四纪（Q）：主要有全新统冲积相、冲积-湖积相、湖积-沼积相等沉积物，更新统坡-洪积物等。

3.1.2　第四纪地层分区

区域位于我国黄淮冲积平原，第四系分布广泛，地表主要分布有全新统冲积相、冲积-湖积相、湖积-沼积相等沉积物；更新统主要出露在堆积平原的边缘，丘陵山区的山前和山间分布有中—上更新统坡—洪积物（残坡积）。

该区域第四纪地层研究源于 20 世纪 50 年代初，主要标志是依据泗洪下草湾发现的巨河狸化石、五河戚咀发现的哺乳类动物化石及泗洪下草湾金龟化石等，初步建立了该地区第四系层序（杨钟健，1955；周明镇，1955）；60 年代至 70 年代，江苏省地质局通过区域第四系新地层的调查研究[①]，先后建立了更新统下部"豆冲组"、更新统中部"祁园组"、更新统上部"蔡庄组"和全新统"新店组"，建立了比较完善的第四纪地层层序，规范了相关的命名；陈希祥等针对江苏北部淮河、废黄河之间及其两侧的冲积平原（即黄淮平原）的全新统地层进行了研究（陈希祥等，1988；陈希祥，1989），以最新风化壳（或末层古土壤层）之上的特有文物、化石为依据的一套近代流水沉积、全新统沉积物质来源，除当地母岩区风化产物供给外，即是水对外来物质的搬运和黄河北徙的特征，认为黄淮地区的全新世地层不同沉积环境的不同的沉积相型（成因组合类型）反映了全新世的沉积演变过程，其中粉质亚砂土、粉砂或两者与亚黏土的互层一般出现于全新统的上段；淤泥质亚黏土或淤泥层大部出现于全新统中段；粉砂、亚黏土与淤泥质亚黏土的交替多见于全新统的下段，这三套沉积在剖面上同时出现，反映了全新统沉积全过程。

邵时雄和王明德（1991）通过研究黄淮海平原区第四纪地质与岩相古地理，将区域新地层划分为江淮－苏北丘陵地层区、黄河平原地层区和沂蒙泰山地－胶东半岛地层区等（图3-1、表3-2）。区域内新近系和第四系最厚处在520m以上（黄河平原地层区内），

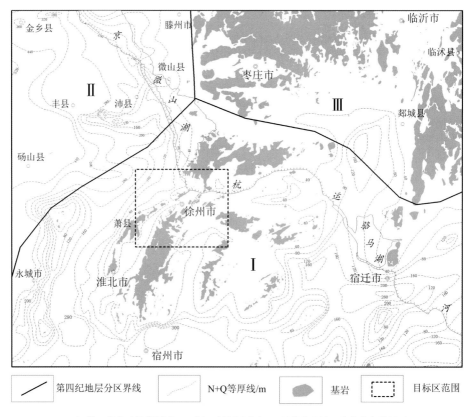

Ⅰ江淮－苏北丘陵地层区　　Ⅱ黄河平原地层区　　Ⅲ沂蒙泰山地－胶东半岛地层区

图3-1　区域第四纪地层分区示意图（据邵时雄和王明德，1991，资料编制）

---

① 江苏省地质局. 1963. 江苏省第四纪地质图（1：500 000）；江苏省地质局第五地质队. 1975. 江苏省新沂—宿迁地区金刚石砂矿普查总结报告；江苏省地质局区域地质调查队.1978.1：200 000 徐州幅区域地质调查报告；江苏省地质局第二水文地质队. 1980. 1：200 000 徐州幅区域水文地质普查报告。

表 3-2 区域第四纪和新近纪地层划分分区对比表（邵时雄和王明德，1991）

地层时代		江淮－苏北丘陵地层区Ⅰ	黄河平原地层区Ⅱ	沂蒙泰山地－胶东半岛地层区Ⅲ
第四纪	全新世	连云港组	濮阳组	冲积层
	晚更新世	戚咀组	惠民组	灰黄色黄土状土及砾石层
	中更新世	泊岗组	开封组	棕黄色黄土状土及砾石层
	早更新世	豆冲组	步陟组	豆冲组
新近纪	上新世	宿迁组	明化镇组	
	中新世	下草湾组	馆陶组	

等厚线分布方向以北北东向和近东西向为主。徐州位于江淮－苏北丘陵地层区，该区包括淮河以南、江淮丘陵及部分苏北丘陵和部分平原区，第四系分布虽然较广泛，但发育不全，除普遍缺失下更新统之外，厚度也较薄，一般小于20m，最厚不超过50m。

3.1.3 岩浆岩

区域内岩浆岩包括侵入岩和火山岩。火山岩未见出露，仅在东部盆地部分钻孔中见到，主要分布于潘塘、李庄一带及邳城附近，地层属下白垩统青山组。本区火山岩主要为玄武岩-安山玄武岩，熔岩之间多夹火山碎屑岩，构成多次频发韵律，推测属裂隙式喷发类型。火山碎屑岩可分为安山玄武质火山角砾岩、玄武质火山角砾岩和安山玄武质凝灰岩。

区域内侵入岩分布较为零星，主要种类有基性岩、中性岩和中酸性岩，其次是超基性岩和酸性岩。在地质时代上，本区侵入岩可划分为新元古代和燕山早期、晚期及喜山期。

1. 新元古代震旦期辉绿岩

在区域中部徐宿弧形山体和东部邳州的震旦纪地层中，广泛分布着辉绿岩岩床和岩脉，其倾向、走向普遍与围岩一致。岩体与围岩接触处普遍见大理石化，分布受层间裂隙或断裂控制。辉绿岩新鲜者为暗绿、灰黑色，风化后为灰绿、黄褐色；具球状风化，一般具块状构造，部分具杏仁状构造；主要矿物为辉石、斜长石及少量石英。

2. 燕山早期侵入岩

燕山早期是中酸性侵入岩的主要形成时期，分布在利国、班井等地区。

利国岩体：主要出露于利国－厉湾、蔡山－东马山一带，出露面积约4km²，构造部位属韩庄复式向斜东南翼。围岩为石炭系、奥陶系，岩体岩性主要为闪长玢岩和石英闪长斑岩。闪长玢岩为灰绿色，斑状结构，斑晶由斜长石、角闪石、石英、黑云母组成。基质由微晶柱状斜长石和少量粒状石英组成。

班井岩体：分布在区域西南班井、罗岗、汉王一带，构造部位为徐州复式背斜南段，北西向断裂为其储岩构造，岩体陡立，呈岩墙和岩枝产出，出露面积为4～5km²。围岩为奥陶系灰岩，岩体岩性主要为闪长玢岩和石英闪长斑岩。根据钻孔和物探资料证实，主岩体产状陡立略向南倾斜，向罗岗以南隐伏。闪长玢岩为灰绿、灰黑色，风化后为灰白、褐黄、灰黄色，斑状结构，主要矿物为斜长石、角闪石、石英。根据班井杂岩体主体岩石石英二长闪长岩中的角闪石测年结果，其年龄值 t_p 为（191.3±0.5）Ma（$^{40}Ar/^{39}Ar$ 年龄），证实班井岩体侵位时代属早侏罗世（林景仟等，2000）。

3. 燕山晚期侵入岩

燕山晚期岩浆活动不强烈，侵入岩主要呈岩管和岩脉产出，形成的岩石为超基性岩、煌斑岩、斜长细晶岩、钠长斑岩。超基性岩主要有两处，一处为凤凰山角砾云母橄榄岩，一处为大成山岩脉。煌斑岩主要分布在利国、班井附近。斜长细晶岩分布于牛蹄山、燕子埠、红山等地，为辉绿岩中小岩脉。钠长斑岩主要穿插于褚兰辉绿岩岩床中。

4. 喜山期侵入岩

喜山期形成的岩石为橄榄玄武玢岩，分布于磨山西北坡，呈岩筒产出，侵入在寒武系张夏组灰岩中。橄榄玄武玢岩呈黑色、暗绿色，主要成分为橄榄石、辉石。

3.2 目标区地理与地形地貌

3.2.1 自然地理概况

目标区位于华北平原的东南部，区内除中部和东部存在少数低山丘陵、岗地外，大部分皆为平原。平原总地势由西北向东南降低，平均坡度为 1/7000～1/8000，海拔一般在 30～50m。区内台地大致可划分出三级，第一级台地海拔为 180～230m；第二级台地海拔约 130m，该高度的台地在区内广泛分布；第三级台地海拔为 70～90m。

目标区属半湿润、暖温带季风气候区，四季分明。春季气温升温高、蒸发强，多东南风，常出现春旱；夏季降雨集中，易形成内涝；秋季晴朗少雨；冬季寒冷多霜冻。年平均气温约 14℃，极端最高气温为 43.30℃，极端最低气温为–22.60℃。年平均降水量为 880mm，多集中在 6～9 月份，占全年降水量的 68%。年平均风速为 3.2m/s，常年主导风向为东北向。

目标区地处古淮河的支流沂、沭、泗诸水的下游，以黄河故道为分水岭，形成北部的沂、沭、泗水系和南部的濉、安河水系。区内河流纵横交错，湖沼、水库星罗棋布，废黄河斜穿东西，京杭大运河纵贯南北，区内发育的主要河流还有不老河、桃园河、闸河、奎河、阎河等，主要水库有云龙湖水库、大湖水库、大龙湖水库等。

3.2.2 地形地貌

徐州及其附近总的地貌特征是中部展布一系列北东方向延伸的低山丘陵，基岩裸露，山体标高多在 100～300m；西部为平坦的冲湖积平原，东部以冲湖积平原为主，有残丘零星分布。按其形态特征可以划分为低山、丘陵、残丘、山前坡洪积群、山前冲洪积群、冲积平原、冲湖积平原、湖沼积平原和冲积垄状高地等（图 3-2）。按地貌成因，区内地貌可分成构造剥蚀、剥蚀堆积和堆积地貌三种类型，基本特征如下。

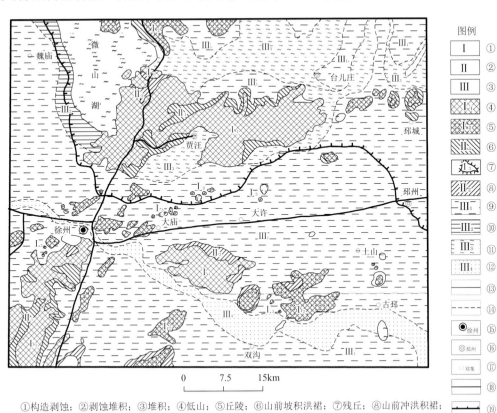

①构造剥蚀；②剥蚀堆积；③堆积；④低山；⑤丘陵；⑥山前坡积洪裙；⑦残丘；⑧山前冲洪积裙；
⑨冲积平原；⑩冲湖积平原；⑪湖沼积平原；⑫冲积垄状高地；⑬成因类型界线；⑭形态类型界线；
⑮地级市；⑯县级市与市辖区；⑰乡镇街道；⑱道路；⑲运河；⑳湖泊等水系

图 3-2　徐州及其邻近地区地貌图

据江苏省地质局第二水文地质队. 1980. 1∶200 000 徐州幅区域水文地质普查报告，资料编制

1. 构造剥蚀地貌

构造剥蚀地貌主要表现为低山丘陵。区内的低山丘陵走向呈北北东-北东向，标高 30～180m。山体形态多呈浑圆状，主要由寒武系碳酸盐岩构成，岩石裸露。标高 50m 以上山体坡度一般较陡，坡角为 20°～35°，地表岩溶发育较差；标高 50m 以下山体坡度变缓，坡角为 5°～15°，地表岩溶发育较好。残丘呈孤岛状分布于丘陵外围的堆积平原中，山顶浑圆，标高 40～70m，由寒武系、奥陶系碳酸盐岩组成。

2. 剥蚀堆积地貌

剥蚀堆积地貌主要沿丘陵边缘呈环状分布，标高 40～60m。从山前向平原微倾斜，坡度为 3°～5°，局部可在 10°左右，并发育有中、小型冲沟。组成该地貌的岩性主要为中、上更新统坡-洪积黏性土和全新统冲-洪积黏性土。

3. 堆积地貌

堆积地貌则以平原地貌为标志。区内平原分布较广，标高 32～40m，地势平坦，从北西向南东微倾斜，坡降约为千分之一。表层岩性为第四系全新统黄泛冲积粉土和冲湖积、湖沼积黏性土。

由西向东呈带状展布的废黄河高漫滩分布于黄河故道两侧，地形起伏变化较大，标高一般在 37～42m，两侧形成天然坝堤，堤高 5～10m，由粉砂、粉土堆积而成。坡角较陡，一般在 20°～45°，最陡可达 70°。

3.3 目标区地质构造

目标区位于华北陆块南部，其基底为太古宙和元古宙变质岩系，之上堆积早古生代和晚古生代沉积盖层，中、新生代发生裂陷作用，发育伸展构造，局部地区沉积厚度较大。在地质构造上位于由北北东向的郯城－庐江断裂带、岳集断裂和近东西向的铁佛沟断裂、宿北断裂所围限的区域内。

低山丘陵区是著名的徐宿弧形推覆构造所在，位于皇藏峪－徐州－利国一带，形成了徐宿弧形山脉。从西南往东北，构造线走向由北北东向渐变为北东至北东东向，在徐州附近弧顶向西北突出弯曲，弧顶在茅村、利国一带。徐宿弧形构造是在中生代印支－燕山构造运动作用下，区内的盖层均被卷入褶皱、断裂变形而形成，弧形构造的前缘由一系列向北西歪倒的叠瓦状逆冲断层及紧密褶皱构成，而其后缘地层褶皱宽展，广泛发育角度相当平缓的逆掩-推覆构造，剥蚀后留下一系列飞来峰和构造窗，为薄皮型逆冲系统（刘建光，1992；舒良树等，1994；王桂梁等，1998）。

目标区及其附近发育了一系列的复式褶皱和与徐宿弧形构造相伴生的断裂构造[①]（图 3-3）。复式褶皱由西向东主要有韩庄复式向斜、西马家复式背斜、拾屯复式向斜、义安山复式背斜、闸河复式向斜、徐州复式背斜、贾汪复式向斜、大庙复式背斜和潘塘复式向斜，在平面上呈现平行相间排列。其中，复式向斜核部由二叠系组成，相对较宽；复式背斜核部由震旦系组成，相对较窄，常被剥蚀成谷，形成负地形。沿徐宿弧形构造发育的断裂构造，主要表现为沿弧形构造走向的北北东向断裂和相伴生的北西西向断裂，这些断裂大部分为中生代形成的构造。该地区规模较大且新生代以来具有明显活动性的隐伏断层有 5 条，即幕集－刘集断裂（F_1）、不老河断裂（F_2）、废黄河断裂（F_3）、班井断裂（F_4）和邵楼断裂（F_5），它们在地质地貌上或地球物理探测资料上有明显的显示。从区域地质资料上分析，它们均属横切或平行徐宿弧形构造而发育的断裂构造，对徐宿弧形构造的早期形成或后期改造都起到了重要作用。

[①] 江苏省地质局区域地质调查队. 1978. 1：200 000 徐州幅区域地质调查报告；江苏省地矿局第五地质大队. 1985. 1：50 000 徐州市幅、大庙幅、桃山集幅、房村幅区域地质调查报告；江苏省地质矿产局第二水文地质队. 1989. 1：50 000 江苏省徐州市区工程地质勘查报告。

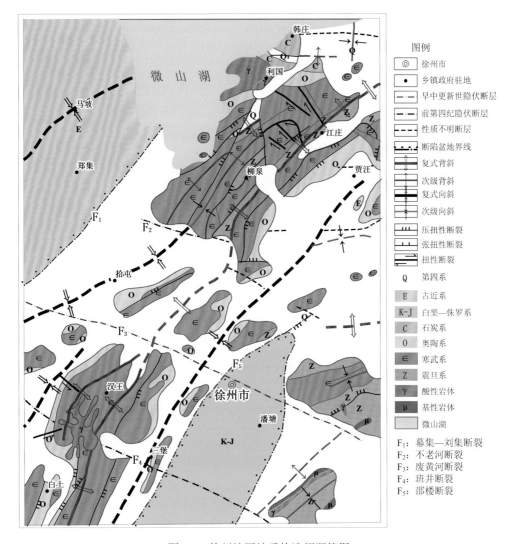

图 3-3 徐州地区地质构造纲要简图

图例

◎ 徐州市
● 乡镇政府驻地
⊢−·− 早中更新世隐伏断层
⊢−··− 前第四纪隐伏断层
−−−− 性质不明断层
⊢−−−⊣ 断陷盆地界线
复式背斜
次级背斜
复式向斜
次级向斜
压扭性断裂
张扭性断裂
扭性断裂

Q 第四系
E 古近系
K-J 白垩—侏罗系
C 石炭系
O 奥陶系
∈ 寒武系
Z 震旦系
γ 酸性岩体
μ 基性岩体
微山湖

F₁ 幕集—刘集断裂
F₂ 不老河断裂
F₃ 废黄河断裂
F₄ 班井断裂
F₅ 邵楼断裂

3.4 目标区第四纪研究

3.4.1 第四纪地层划分

国际地层学界对于第四纪地层划分,不同时期的标准有差异(全国地层委员会,2002;Gradstein et al.,2004;International Commission on Stratigraphy,2012,2018;樊隽轩等,2018)。对比近十几年来国际年代地层划分结果(表 3-3),其主要变化包括以下几个方面。

(1)第四纪(系)的单位名称问题。2000 年及以前,国际上一直使用第四纪(系)这个名称,且第四系包含更新统和全新统。2004 年,国际地层委员会提出取消第四纪(系)的方案,在国际年代地层表(2004)中采用了将该部分地层划入新近系的划分方案,即新近系包括中新统、上新统、更新统和全新统。2012 年，国际地层委员会又恢复了第四纪（系）的方案，即新近系包括中新统和上新统，第四系包括更新统和全新统，至 2018 年一直采用此划分方案。

表 3-3　　国际第四纪地层划分沿革表

国际年代地层表（2000）				国际年代地层表（2004）				国际年代地层表（2012）				国际年代地层表（2018）				中国年代地层表（2014）			
系	统	阶	Ma	系	统	阶	Ma	系	统	阶	Ma	系	统	阶	Ma	系	统	阶	Ma
第四系	全新统				全新统		0.0115	第四系	全新统		0.0117	第四系	全新统	包含3个阶	0.0117	第四系	全新统		0.0117
	更新统			新近系	更新统	上	0.126		更新统	上阶	0.126		更新统	上阶	0.126		更新统	萨拉乌苏阶	0.126
						中	0.781			中阶	0.781			中阶	0.781			周口店阶	0.781
			1.75			下	1.806			卡拉布里雅阶	1.806			卡拉布里雅阶	1.8			泥河湾阶	2.5886
新近系	上新统	格拉斯阶	2.58			格拉斯阶	2.588			格拉斯阶	2.588			格拉斯阶	2.58				
		皮亚森兹阶	3.4		上新统	皮亚森兹阶	3.600	新近系	上新统	皮亚森兹阶	3.600	新近系	上新统	皮亚森兹阶	3.6	新近系	上新统	麻则沟阶	3.6
		赞克尔阶	5.3			赞克尔阶	5.332			赞克尔阶	5.332			赞克尔阶	5.333			高庄阶	5.3
	中新统	包含6个阶	23.5		中新统	包含6个阶	23.03		中新统	包含6个阶	23.03		中新统	包含6个阶	23.03		中新统	包含5个阶	23.03

（2）第四系的底界问题。2000 年及以前，国际上第四系的底界一直置于格拉斯阶（Gelasian）的顶界（1.75Ma）；2012 年国际年代地层表，将第四系底界置于格拉斯阶的底界（2.588Ma）；2018 年国际年代地层表第四系的底界仍采用格拉斯阶的底界，但与 2012 年的第四系底界年代略有变化，由原来的 2.588Ma 调整为 2.58Ma。

（3）第四系的分阶问题。2000 年国际年代地层表第四系的更新统与全新统都不分阶，更新统底界年龄为 1.75Ma，全新统没有给出底界年龄。2004 年国际年代地层表的更新统采用三阶划分法，分别划出了下、中、上三阶，其底界年龄分别为 1.806Ma、0.781Ma 和 0.126Ma。全新统不分阶，其底界年龄为 0.0115Ma。2012 年国际年代地层表第四系的更新统采用四阶划分法，分别划出了格拉斯阶、卡拉布里雅阶（Calabrian）、中阶、上阶（Upper），其底界年龄分别为 2.588Ma、1.806Ma、0.781Ma 和 0.126Ma；全新统不分阶，底界年龄为 0.0117Ma。2018 年国际年代地层表第四系的更新统采用与 2012 年国际年代地层表一致的划分方案，划分了四个阶，其中格拉斯阶和卡拉布里雅阶的底界年龄略有变化，由 2.588Ma、1.806Ma 调整为 2.58Ma、1.80Ma，中阶和上阶的底界年龄完全一致；全新统划出了三个阶，分别为格陵兰阶（Greenlandian）、诺斯格瑞比阶（Northgripplan）和梅加拉亚阶（Meghalayan），其底界年龄分别为 0.0117Ma、0.0082Ma 和 0.0042Ma。

我国在地层划分上一直采用第四系的观点，并将第四系的底界年龄定在 2.5Ma 左右（高振家等，2000；全国地层委员会，2001；全国地层委员会《中国地层表》编委会，2014；章森桂等，2015）。2014 年以前第四系内部采用四分法，分别为下更新统、中更新统、上更新统和全新统，地层代号分别为 Q_1、Q_2、Q_3、Q_4。2014 年中国地层表划分方案将第四系划分为更新统和全新统，其中更新统划出了三阶，分别为泥河湾阶、周口店阶和萨拉乌苏阶，其底界年龄分别为 2.588Ma、0.781Ma 和 0.126Ma，地层代号分别为 Qp_1、Qp_2 和 Qp_3。全新统不再分阶，其底界年龄为 0.0117Ma，地层代号为 Qh。该地层划分方案与 2012 年、2018 年国际年代地层划分方案具有可类比性，主要区别在于更新统，中国地层划分方案采用三阶划分法而国际年代地层划分采用四阶划分法，但中国地层划分方案中，上部两阶与国际年代地层划分法完全一致，下部为一阶直接与国际年代地层表下更新统的两阶地层相对应；中国地层划分方案对全新统不分阶，与 2012 年国际年代地层划分方案一致，与 2018 年国际年代地层三阶划分方案不一致。由此可以看出，2012 年国际地层委员会将第四系的底界定于格拉斯阶的底界后，其第四系划分方案与我国一直以来的划分方案相一致。与国际年代地层划分方案相比较，中国地层划分方案在系与统的定名和年龄上都一致，在分阶上略有区别，表现为个别阶予以合并而没有细分，但相对应的阶底界年龄基本一致。与国内以往的划分方案相比较，也具有延续性。

针对徐州地区的年代地层划分方案，参考国际年代地层 2012 年与 2018 年的划分方案，采用《中国地层指南及中国地层指南说明书（2014 年版）》和《中国地层典·第四系》（2000）的综合方案，将第四系划分为更新统和全新统，底界年龄为 2.588Ma 和 0.0117Ma。更新统（Qp）采用三阶划分法，分别为下更新统（Qp_1）、中更新统（Qp_2）和上更新统（Qp_3），对应的底界年龄分别为 2.588Ma、0.781Ma 和 0.126Ma，全新统（Qh）不再分阶。对于活动断层探测分辨目标来讲，首要目标是要鉴定出全新世和晚更新世以来断层是否活动，这是判断是否具有大地震危险的基本条件；对于全新统来讲，若断错到该地层，说明其地震活动强度大，但由于年龄测试存在较大误差，不宜再细分其阶；早中更新世断层尽管具备发生中等强度地震的能力，但其活动强度明显变弱，尤其是早更新世断层，其发震能力更弱。因此，该地层划分法对全新统不分阶、对下更新统不细分阶，是合理和科学的。

3.4.2　目标区第四纪研究沿革

第四纪地层划分有多种方法，包括岩石地层法、气候地层法、生物地层法、磁性地层法、同位素地层法等。徐州位于我国黄淮冲积平原，第四系分布广泛，其研究程度也比较高（陈希祥等，1988；陈希祥，1989；邵时雄和王明德，1991；刘辉，2011）。自 1955 年杨钟健等提出划分方案后，先后提出的具有代表性的划分方案有 5 个（表 3-4）。由于研究程度差异和划分原则的不尽一致，相互之间在与毗邻区域地层的对比上尚存一些分歧，其中全新统研究结论较一致，更新世的分层界面不同，其主要原因是哺乳动物化石含量并不丰富，气候期的划分和对比认识不一，大部分区域的地层年代都是由古地磁极性世的划分对比而来，缺乏同位素年龄的支持等。到目前为止，应用较为广泛的是

表 3-4　江苏省徐淮地区第四系划分沿革表（陈希祥等，1988）

杨钟健等 （1955~1964）		1/50 万江苏省 第四纪地质图编辑组（1964）		江苏省地质局 第五地质队（1976）		江苏省地质局 区域地质调查队（1977）		《江苏省徐淮地区 第四纪地质》（1988）	
时代	地层	时代	地层	时代	地层	时代	地层	时代	地层
Q_{IV}		Q_{IV}		Q_{IV}	新店组	Q_{IV}		Q_{IV}	连云港组
Q_{III}	戚咀组	Q_{III}	戚咀组	Q_{III}	蔡庄组	Q_{III}	戚咀组	Q_{III}	戚咀组
Q_{II}	泊岗组	Q_{II}	泊岗组	Q_{II}	祁园组	Q_{II}	泊岗组	Q_{II}	泊岗组
Q_I-N	下草湾系	Q_I	下草湾组	Q_I	王圩组	Q_I	豆冲组	Q_I	豆冲组
		N_2	宿迁组	N_2	宿迁组			N_2	宿迁组
								N_1	下草湾组

《江苏省徐淮地区第四纪地质》（陈希祥等，1988）的划分方案，该划分方案主要是以岩石地层为基础，通过典型剖面的哺乳动物化石、磁性地层剖面，结合全球或区域气候变化及少量的同位素年龄数据来制定的，是以岩石地层为主，辅以气候地层、磁性地层、生物地层、同位素地层结果提出的综合划分方案（表3-5）。

表3-5 江苏省徐淮地区第四系划分简表（陈希祥等，1988）

地层划分				综合岩性特征	气候期	古气候	哺乳动物化石	古地磁		文物考古
统	组	段	代号					极性事件	对比年限/万年	
全新统	连云港组	上	Q_{IV}^3	以黄土、灰黄色亚砂土、粉砂为主，微层理发育	亚大西洋期 XII	温暖半湿润	现代马、牛、鹿、象、猪		0.25~0.3	秦汉文化
		中	Q_{IV}^2	灰色、灰黑色淤泥质亚黏土，间夹灰色粉砂薄层	亚北方期、大西洋期 XI	暖热湿润			0.85	青莲岗文化、大墩文化
		下	Q_{IV}^1	以灰黄、灰色亚砂土、粉砂为主，局部为淤泥质亚黏土	北方期、前北方期 X	湿和干燥		哥德堡	1.1	
更新统上部	戚咀组	上	Q_{III}^{3-3}	以灰黄、棕黄色含钙质结核亚黏土为主，含粉质，微层理发育	冷期 IX	寒冷略湿	古菱齿象、纳玛象、马	蒙哥	2.5~3	泗洪文化
			Q_{III}^{3-2}	以棕黄、褐黄色亚黏土为主，含有灰绿斑块，滨海地区夹有海相沉积层	暖期 VIII	湿暖潮湿			4	
			Q_{III}^{3-1}	灰黄与棕黄色亚黏土夹有黄、灰色中、细砂	冷期 VII	冷凉			7	
		中	Q_{III}^2	棕黄、褐红相杂的亚黏土，含钙质结核，滨海地区夹海相沉积层	暖期 VI	湿暖湿润		布莱克	10	
		下	Q_{III}^1	棕黄与灰绿色掺杂的亚黏土，石英砾石稀疏可见，局部中、细砂层发育	冷期 V	寒冷潮湿		吉曼卡	18~20	
更新统中部	泊岗组	上	Q_{II}^2	棕红色杂灰绿色网纹的亚黏土，铁锰浸染较重，局部夹海相沉积层	暖期 IV	湿暖湿润	纳玛象、东方剑齿象、肿骨鹿、李氏野猪		30	
		下	Q_{II}^1	灰绿与棕红色相杂的亚黏土，局部含较多石英大砾石，砂层比较多	冷期 III	寒冷潮湿		布容／松山	73	
更新统下部	豆冲组	上	Q_I^2	灰白、灰黄色含砾、砂层及亚砂土，微细层理发育	暖期 II	湿暖	原脊象、三门马			
		下	Q_I^1	灰白、灰绿间夹褐黄亚砂土及含砾砂互层，含较多的灰绿色泥岩块	冷期 I	寒冷		松山／高斯	248	
上新统	宿迁组		N_2	以绿色与褐红色泥岩及粉细砂层交互出现，含少量的石英小砾石	暖热期	湿热	剑齿象、三趾马			

3.4.3　新生代地层基本特征

该区新生代地层发育受新构造运动控制。燕山运动时，本区的地质构造轮廓和地貌形态已基本形成，喜山运动以来除了使一些老的断裂构造重新活动外，主要表现为差异性的升降运动。新近纪以来的沉积可划分为两大类型，即凹陷区沉积和丘陵区沉积。前者如徐州西北的湖西凹陷和东南部的张集凹陷，后者如徐州丘陵山区。丘陵山区的山前和山间，主要分布中、上更新统上部的坡-洪积物，厚度一般为数十米；在凹陷区，新近系和下更新统至全新统均有分布，最大厚度超过 200m（图 3-4），第四系与上新统呈平行不整合，区内新近系上新统宿迁组（N_2s）与第四系关系密切。新近系和第四系的基本特征如下。

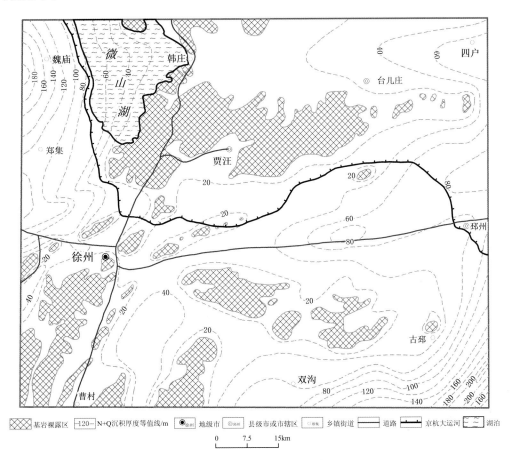

图 3-4　N+Q 沉积厚度等值线图

江苏省地质局第二水文地质队. 1980. 1∶200 000 徐州幅区域水文地质普查报告，资料编制

1. 新近系（N）

由湖积或洪积的半固结至松散堆积物组成，埋深在地面下 100～120m。按岩性可分为上、下两段。上段为灰绿色亚黏土夹薄层粉细砂、亚砂土，厚 30～60m，主要分布在

湖西凹陷的郑集－魏庙以西和东南角的张集凹陷；下段为灰绿色夹灰黑色、紫红色的含砾中粗砂或含砾亚砂土，夹亚黏土，厚 10～50m，主要分布在张集凹陷内，湖西凹陷则大多缺失该层。

2. 第四系（Q）

第四系广泛分布于黄河、淮河冲积平原区，部分发育在徐州丘陵区。在第四系沉积区，地表以全新统分布最广，更新统仅见于钻孔中。

1）下更新统（Qp_1）

下更新统以灰黄色、灰白色为主，间夹棕黄色、灰绿色段，以中等分选、磨圆的砂砾石为主要岩性层，多正旋回。下部长石含量高，风化强烈。下部所含灰绿色黏土团块，为新近系破碎岩块的再沉积。底部含砾亚砂土或砂层具有底砾层特征，砂层中的大型交错层理发育，粗细变化剧烈。

该地层见于微山湖之西的钻孔之中，主要岩性为棕红色、灰绿色亚黏土，夹灰白、灰绿色含砾粗砂、中细砂或砂层，亚黏土中含粗碎屑较多，呈半固结状态。厚度为 10～20m，均埋藏在 60～128m 以下。

2）中更新统（Qp_2）

中更新统以特有的棕红色并含灰白、灰绿色网纹区别于其他时代地层。下部由于氧化作用减弱，增加灰绿、青灰、灰白色的斑纹或团块。铁、锰浸染斑点或条纹及铁、锰结核发育，局部铁、锰富集成层。棕红或褐红色亚黏土，砂质含量高。棕红色亚黏土含有较多的浑圆状石英砾、卵石是本统底部的岩性标志。

该地层分布较下更新统广泛，主要见于钻孔中，在平原区岩性为冲-洪积相的棕褐、黄褐色夹灰绿色亚黏土，夹含砾砂层，黏结较紧密，厚 20～30m。在山麓地段分布坡-洪积相的褐红色黏土、亚黏土。该统均含铁锰质结核，自下而上铁锰质结核含量逐渐增多，局部含钙质结核。

3）上更新统（Qp_3）

上更新统以黄、棕黄色为基本色调，掺杂有灰绿、黄绿的色纹和色斑。结构较致密，粉砂含量高，略具次生黄土性质，钙质结核往往成层。

该地层广泛分布于平原地区，但大部分为全新统所覆盖，少量出露在堆积平原的边缘。主要岩性为褐、黄褐色亚黏土、黏土，富含钙质结核，偶见砂、砾。中、下部常有砂层或含砾砂层透镜体，厚度 15～40m。

4）全新统（Qh）

全新统上段为土黄、黄灰色粉砂质亚砂土、亚黏土或亚砂土与亚黏土互层，一般为冲积相；中段为灰色、灰黑色淤泥质亚黏土，多为湖沼相等；下段为灰或灰黄色亚黏土、粉砂、细砂与亚黏土互层，一般为冲-湖积相。受基底起伏控制，下段往往尖灭，与下伏的上更新统地层呈不整合接触。

全新统地层主要为冲积相、冲-湖积相为主，丘陵区以洪-冲积和残坡积层为主。厚度为数米至十余米。在废黄河故道及其附近，有厚 2～4m 的土黄色粉砂层，属黄河浸泛淤积而成。

3.5　标准地层钻孔探测

目标区标准钻孔地层剖面作为地层对比的标准剖面，全面反映了本地区地层层序及接触关系。因此，在建立标准地层剖面时，应选择岩层齐全、连续、顶底界清楚的地段进行揭示，通常选择本地区沉积凹陷区和能代表本地区的沉积历史的区段进行钻孔探测。

依据徐州地区沉积环境和构造特征，目标区中部为北东向的徐宿弧形山体隆起区，北西侧和南东侧为沉积平原区。因此，在目标区内北西侧的湖西凹陷内，选择沉积厚度相对大的地段布置了标准钻孔 BZK1（图 3-5），该钻孔位于徐州市铜山区刘集镇西北的王岗集村，终孔深度为 124.4m；同时，考虑到南东侧邵楼盆地及弧形构造内的山间沉积地层，还布置了两个地层年代学样品测试钻孔 XZ5-4 和 XZ6-5（图 3-5），分别位于徐州铜山区营房、毕庄附近，终孔深度分别为 20m 和 36.3m。

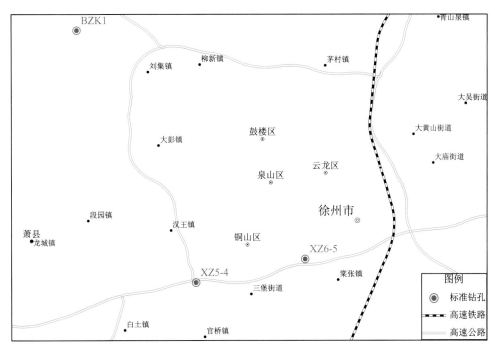

图 3-5　标准钻孔位置示意图

徐州地区沉积环境较为复杂，地层的对比划分困难，因此采用综合研究的方法，通过岩性地层、年龄地层、生物地层、沉积旋回地层、古地磁极性地层及钻孔综合测井等基础工作，与徐淮地区地层划分结果进行对比分析，建立了目标区第四纪标准地层剖面，为分析解释野外地质剖面、跨断层钻孔联合地质剖面和浅层地震勘探剖面解译等提供基准，进而准确判定目标区主要断层断错的最浅地层年龄和断层的最新活动性。

3.5.1　钻探施工

钻探施工机械采用 GXY-1 型百米钻机,土层钻进使用 Φ110mm 麻花钻具,岩石钻进使用 Φ91mm 岩心管,采用回转钻进法,每回次进尺控制在 2m 以内。采用静压法取土样,黏土及粉砂岩心采取率达到 90%,中-细砂采取率达到 80%,松散粗砂采取率大于 40%。厚层砾石采取定深取样法,取样间隔为 1~2m。现场编录要求准确记录和描述岩心的物质成分、颜色、颗粒、泥砂含量及其他线性迹线、构造迹象、生物质等,并按照钻进序列完整排列岩心、照相、拼图等,确保岩心描述准确、观察仔细、分层确切、数据准确、资料完整。

3.5.2　年代学测试

准确、可靠的年代数据是钻孔探测最为关键的技术指标之一。第四纪沉积物中普遍存在石英、长石矿物及碳样等,通常采用的年代学测试方法有 ^{14}C 测年法、光释光(OSL)测年法和电子自旋共振(ESR)测年法等,测定第四纪沉积物样品的绝对年龄。

^{14}C 测年法的有效测试年龄范围为 3 万~4 万年,测年样品包括木炭、木材、树枝、种子、骨头、贝壳、皮革、泥炭、湖泊淤泥等。BZK1 孔上部地层中,发育一些淤泥质黏土层,由于有机质含量较低,未能采集到达到实验室测试要求含碳量的样品,所以 ^{14}C 测年法未能给出有效年龄。

OSL 测年法的有效测试年龄范围为几百年至十几万年,在低环境剂量率情况下,可测上限达几十万年。对 BZK1 孔、XZ5-4 孔、XZ6-5 孔共 18 个样品进行了细颗粒石英 OSL 测年,有关样品的测试年龄及 K 含量和含水率等参数列于表 3-6。

表 3-6　OSL 样品测年结果及参数

类别	实验室号	野外编号	深度/m	K/%	含水率/%	剂量率/(Gy/ka)	等效剂量/Gy	年龄/ka
	10-209	XZ-ZK1-1	6.6	1.67	35±5	3.52	10.2±0.4	2.9±0.3
	10-210	XZ-ZK1-2	10.6	1.89	35±5	3.37	31.0±2.4	9.2±1.0
	10-211	XZ-ZK1-3	16.2	1.63	35±5	3.78	185.5±23.3	49.1±5.0
	10-212	XZ-ZK1-4	20.3	2.21	35±5	3.68	223.7±18.6	60.8±5.0
BZK1	10-541	XZ-ZK1-5	27.4	1.72	35±5	3.15	255.9±53.0	81.2±8.9
	10-542	XZ-ZK1-6	29.7	1.84	—	—	饱和	—
	10-543	XZ-ZK1-7	32.1	1.77	30±5	3.41	364.4±11.7	106.8±11.2
	10-544	XZ-ZK1-8	39.1	1.62	30±5	2.81	368.6±37.6	131.3±15.7
	10-545	XZ-ZK1-9	42.9	1.45	40±5	2.72	403.9±38.5	148.7±17.8
	11-321	XZBJ-4#-1	2.6	1.68	30±5	5.44	106.9±4.2	19.6±2.1
	11-322	XZBJ-4#-2	7.6	1.67	—	—	饱和	—
XZ5-4	11-323	XZBJ-4#-3	11.8	1.61	25±5	4.06	507.4±21.1	125.1±13.5
	11-324	XZBJ-4#-4	13.3	1.52	30±5	3.65	513.0±8.5	140.4±14.2
	11-325	XZBJ-4#-5	3.7	1.83	30±5	3.69	253.7±18.7	68.7±8.5

续表

类别	实验室号	野外编号	深度/m	K/%	含水率/%	剂量率/（Gy/ka）	等效剂量/Gy	年龄/ka
XZ6-5	11-326	XZSL-5#-1	5.1	1.74	40±5	2.92	18.4±0.9	6.3±0.7
	11-327	XZSL-5#-2	8.5	1.60	30±5	3.76	175.8±11.4	46.7±5.5
	11-328	XZSL-5#-5	11.1	1.17	—	—	饱和	—
	11-329	XZSL-5#-6	15.2	1.61	40±5	3.36	512.2±53.0	152.2±21.9

　　ESR测年法通过测量样品的顺磁中心的浓度和环境剂量率来计算样品的年龄。ESR测年法的有效测试范围视不同样品材料和环境剂量率大小而定，一般可以测几百年到几百万年时段的年龄。对BZK1孔的14个样品进行了石英颗粒ESR测年。有关样品的年龄测试结果及参数列于表3-7。

表3-7　ESR样品测年结果及参数

室内编号	野外编号	深度/m	古剂量/Gy	年剂量/（Gy/ka）	年龄/ka
10-267	XZ-ZK1-5	27.3~27.5	554±72	3.11	178±23
10-268	XZ-ZK1-6	29.6~29.8	733±74	2.80	262±26
10-269	XZ-ZK1-7	32~32.2	773±81	2.75	281±31
10-270	XZ-ZK1-8	39~39.2	—	—	—
10-271	XZ-ZK1-9	42.8~43	824±89	2.89	285±32
10-272	XZ-ZK1-10	51~51.2	1345±136	3.21	419±51
10-273	XZ-ZK1-11	55~55.2	1694±177	3.74	453±56
10-274	XZ-ZK1-12	60.8~61	1243±163	2.89	430±51
10-275	XZ-ZK1-13	65.2~65.4	—	—	—
10-276	XZ-ZK1-14	69~69.2	2513±283	4.62	544±50
10-277	XZ-ZK1-15	76.4~76.6	2048±266	3.13	654±85
10-278	XZ-ZK1-16	80.6~80.8	2029±263	3.04	667±86
10-279	XZ-ZK1-17	93.5~93.7	2055±267	2.71	758±98
10-280	XZ-ZK1-18	96.1~96.3	—	—	—

3.5.3　孢粉分析

　　孢粉是孢子花粉的简称。不同的地质时期，不同地理、气候环境下生长着不同的植物群，因而会产生不同的孢粉组合。不同孢粉组合反映不同的植物群落，不同的植物群落对应着不同的气候环境。沉积物中孢粉组合的特征基本上能反映当时地面植物群的面貌，利用孢粉研究第四纪气候变化，对一定层位样品中的孢子花粉进行离析、鉴定、统计，研究其组合特征和百分含量及变化规律，有助于掌握孢粉与母体植物的亲缘关系，了解各植物的生态特征，进而分析鉴定孢粉对应的气候环境、地质时期。孢粉分析广泛应用于农业、考古、医学、地学等许多方面，地质学方面主要用于地层划分对比、确定地质年代等。

在标准钻孔 BZK1 采集了 32 块孢粉样品，其中 25 块样品中发现较为丰富的孢子花粉化石，有 7 块样品沉积物颗粒较粗，孢粉浓度偏低，达不到统计数目。

对 25 块孢粉样品进行鉴定分析，共统计出 4180 粒孢子花粉，平均每个样品有 167 粒。分析结果显示，该钻孔的孢粉记录总体上以木本植物花粉为主，灌木和草本花粉居次要地位，蕨类孢子和藻类含量相对较少（图 3-6）。木本类型主要有松属 *Pinus*、栗属 *Castanea*、栎属 *Quercus*、桦木属 *Betula*、榆属 *Ulmus* 等；灌木和草本植物花粉主要类型有榛属 *Corylus*、蒿属 *Artemisia*、藜科 Chenopodiaceae、莎草科 Cyperaceae、（禾本科）Gramineae 等；蕨类孢子和藻类以水龙骨科 Polypodiaceae 为主，同时出现少量 Concentricystes。钻孔沉积记录的孢粉植物群演化序列自下而上可以分成三段，其中样本编号 BZK1-31～BZK1-22、对应深度 94～68m 为组合 I，样本编号 BZK1-21～BZK1-14、对应深度 68～30.3m 为组合 II，样本编号 BZK1-13～BZK1-1、对应深度 30.3～5m 为组合 III。各组合的孢粉特征如下。

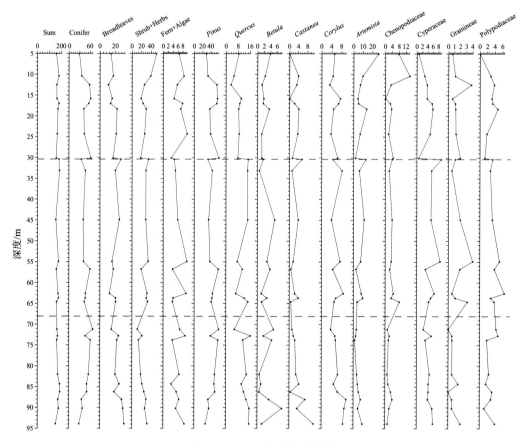

图 3-6　BZK1 钻孔孢粉图谱

1. 组合 I

针叶树花粉含量为 28.0%～67.3%，平均 48.0%；落叶阔叶树花粉含量为 14.8%～31.3%，平均 23.7%；灌木和草本花粉含量为 11.1%～32.0%，平均 22.2%；蕨类孢子和藻类的含量为 3.3%～9.0%，平均 6.1%。

针叶树花粉以 *Pinus* 为主，含量为 27.3%～59.3%，平均为 44.6%。其他针叶树花粉类型也有少量出现，如冷杉属 *Abies*、云杉属 *Picea*、铁杉属 *Tsuga* 和柏科 Cupressaceae。

落叶阔叶树花粉以 *Quercus*、*Castanea*、*Ulmus*、*Betula* 和胡桃属 *Juglans* 为主。*Quercus* 的含量为 5.6%～16.3%，平均 12.6%。*Castanea* 的含量为 0.5%～10.7%，平均 3.8%。*Ulmus* 的含量为 0～3.3%，平均 1.4%。*Betula* 的含量为 0.5%～7.5%，平均 2.9%。*Juglans* 的含量为 0.5%～2.4%，平均 1.1%。另外，桤木属 *Alnus*、山核桃属 *Carya*、枫香树属 *Liquidambar* 和椴属 *Tilia* 仅在少量或个别样品中出现。

灌木和草本植物花粉以 *Corylus*、*Artemisia*、Chenopodiaceae、Gramineae 和 Cyperaceae 为主。*Corylus* 的含量为 3.1%～10.0%，平均 6.7%。*Artemisia* 的含量为 1.3%～9.3%，平均 4.6%。Chenopodiaceae 的含量为 1.2%～4.1%，平均 2.2%。Gramineae 的含量为 0～2.0%，平均 0.7%。Cyperaceae 的含量为 2.5%～6.0%，平均 4.5%。香蒲属 *Typha*、唐松草属 *Thalictrum*、忍冬科 Caprifoliaceae、蓼科 Polygonaceae 和葎草属 *Humulus* 仅在部分样品中少量或个别出现。

水生类型蕨类孢子和藻类以 Polypodiaceae 和 Concentricystes 为代表。Polypodiaceae 的含量为 1.2%～4.8%，平均 2.9%。Concentricystes 的含量为 0～2.4%，平均 0.9%。盘星藻属 *Pediastrum* 和狐尾藻属 *Myriophyllum* 只在部分样品中少量或零星出现。另外，在组合中还出现了少量不能鉴定的蕨类孢子，含量一般比较低。

2. 组合 II

针叶树花粉含量为 34.3%～59.6%，平均 44.6%；落叶阔叶树花粉含量为 12.4%～27.0%，平均 19.7%；灌木和草本花粉含量为 19.2%～34.3%，平均 30.0%；蕨类孢子和藻类的含量为 3.8%～9.8%，平均 5.8%。

针叶树花粉以 *Pinus* 为主，含量为 33.1%～58.3%，平均 42.0%。其他针叶树花粉类型也有少量出现，如 *Abies*、*Picea*、*Tsuga* 和 Cupressaceae。

落叶阔叶树花粉以 *Ulmus*、*Betula*、*Quercus* 和 *Juglans* 为主。*Ulmus* 的含量为 0～3.4%，平均 1.3%。*Quercus* 的含量为 6.5%～14.6%，平均 6.9%。*Juglans* 的含量为 0～2.7%，平均 1.0%。*Betula* 的含量为 0.5%～5.3%，平均 2.4%。*Castanea* 的含量为 0.6%～5.6%，平均 2.5%。另外，*Alnus*、*Carya* 和 *Tilia* 仅在少量或个别样品中出现。

灌木和草本植物花粉以 *Corylus*、麻黄属 *Ephedra*、*Artemisia*、Gramineae、Cyperaceae 和 Chenopodiaceae 为主。*Corylus* 的含量为 3.9%～8.8%，平均 6.0%。*Ephedra* 的含量为 0～1.2%，平均 0.5%。*Artemisia* 的含量为 2.6%～12.9%，平均 7.8%。Chenopodiaceae 的含量为 2.2%～8.2%，平均 4.1%。Gramineae 的含量为 0.6%～4.0%，平均 1.8%。Cyperaceae 的含量为 3.2%～9.0%，平均 6.0%。Caprifoliaceae、杜鹃花科 Ericaceae、*Thalictrum*、唇

形科 Labiatae、百合科 Liliaceae、*Typha*、蔷薇科 Rosaceae 和 Polygonaceae 仅在部分样品中少量或个别出现。

水生类型蕨类孢子和藻类以 Polypodiaceae、Concentricystes 和 *Pediastrum* 为代表。Polypodiaceae 的含量为 2.8%～6.5%，平均 4.0%。Concentricystes 的含量为 0～1.3%，平均 0.4%。*Pediastrum* 的含量为 0～1.9%，平均 0.7%。另外，在组合中还出现了少量不能鉴定的蕨类孢子，含量一般低于 2.5%。

3. 组合 III

针叶树花粉含量为 28.9%～61.9%，平均 48.2%；落叶阔叶树花粉含量为 10.7%～21.9%，平均 16.3%；灌木和草本花粉含量为 18.1%～50.6%，平均 28.9%；蕨类孢子和藻类的含量为 3.2%～9.8%，平均 6.6%。

针叶树花粉以 *Pinus* 为主，含量为 28.8%～59.4%，平均 45.1%。其他针叶树花粉类型也有少量出现，如 *Abies*、*Picea*、*Tsuga* 和 Cupressaceae。

落叶阔叶树花粉以 *Ulmus*、*Betula*、*Quercus* 和 *Juglans* 为主。*Ulmus* 的含量为 0～5.1%，平均 2.0%。*Quercus* 的含量为 3.1%～10.0%，平均 7.5%。*Juglans* 的含量为 0～4.3%，平均 1.3%。*Betula* 的含量为 1.2%～3.8%，平均 2.1%。*Castanea* 的含量为 0～4.1%，平均 2.3%。另外，*Liquidambar*、*Alnus*、*Carya* 和 *Tilia* 仅在少量或个别样品中出现。

灌木和草本植物花粉以 *Corylus*、*Ephedra*、*Artemisia*、Gramineae、Cyperaceae 和 Chenopodiaceae 为主。*Corylus* 的含量为 3.1%～7.5%，平均 5.2%。*Ephedra* 的含量为 0～3.8%，平均 0.9%。*Artemisia* 的含量为 1.9%～26.3%，平均含量为 9.3%。Chenopodiaceae 的含量为 0～14.1%，平均 4.7%。Gramineae 的含量为 0.6%～3.8%，平均 1.5%。Cyperaceae 的含量为 0.6%～5.9%，平均 3.5%。Caprifoliaceae、Ericaceae、菊科 Compositae、*Thalictrum*、Labiatae、*Typha*、Rosaceae、Polygonaceae 和 *Humulus* 仅在部分样品中少量或个别出现。

水生类型蕨类孢子和藻类以 Polypodiaceae、Concentricystes 和 *Pediastrum* 为代表。Polypodiaceae 的含量为 0～4.7%，平均 2.6%。Concentricystes 的含量为 0～1.7%，平均 0.6%。*Pediastrum* 的含量为 0～3.1%，平均 0.5%。另外，在组合中还出现了少量不能鉴定的蕨类孢子，含量一般低于 4.0%。

上述孢粉植物群演化序列中存在松粉和其他少量针叶树花粉，反映了该区及附近区域分布以松为主的块状森林植被景观，以栎、桦、栗/栲、胡桃、榆等为代表的落叶阔叶树生长于该区周围。孢粉序列上部（约 30.3m 以上）针叶树花粉含量增加，喜湿润的禾本科、莎草科花粉和蕨类孢子、藻类含量均显示增加的趋势，光释光年龄显示对应于末次冰期沉积，可能指示沉积期气候凉湿，附近山坡上针叶树增加。而海拔相对较高的区域生长少量干旱类型，如藜科等。

3.5.4　综合测井

采用 JGB-1B 智能工程测井系统对标准钻孔 BZK1 进行了井斜、自然电位、电阻率和声波（纵波）速度测试，采用 XG-1 型悬挂式测井仪进行了孔内横波速度测试。其中，电阻率和自然电位从深度 10m 开始测试，声波从深度 20m 开始测试。横波速度测试间隔为 1m，井斜、电阻率、声波和自然电位的测试间隔均为 0.1m。BZK1 孔综合测井结果见表 3-8，综合测井曲线见图 3-7。

表 3-8　BZK1 综合测井结果表

地层	层底埋深/m	测试结果				
		纵波速度/(m/s)	横波速度/(m/s)	电阻率/(Ω·m)	自然电位/mV	井斜/(°)
素填土	1.50	—	—	—	—	—
黏土	2.10	—	—	—	—	0.6
粉土	5.00	—	—	—	—	0.9
淤泥质黏土	5.50	—	—	—	—	0.9
粉土	6.70	—	—	—	—	0.9
淤泥质黏土	8.00	—	166	—	—	0.8
粉土	9.00	—	178	—	—	0.7
粉质黏土	10.80	—	198	19.0	588	0.7
黏土	12.30	—	217	17.2	628	0.6
黏土	14.00	—	218	16.1	646	0.8
粉砂质黏土	16.00	—	233	17.4	659	1.0
粉砂	16.50	—	233	17.0	665	1.0
粉砂质黏土	18.30	—	241	16.4	666	1.2
黏土	26.30	1341	295	16.3	669	1.1
粉砂质黏土	27.30	1471	333	17.3	666	1.4
粉砂	27.80	1378	357	16.8	667	1.6
黏土	28.60	1363	370	16.9	666	1.6
粉砂	29.80	1425	357	16.1	663	1.6
黏土	30.30	1610	357	16.0	661	1.4
黏土	31.50	1644	357	16.5	663	1.5
粉砂质黏土	32.20	1603	333	16.4	660	1.8
黏土	33.10	1607	344	15.6	659	1.7
黏土	37.00	1622	374	16.2	658	1.9
黏土	38.20	1603	416	15.7	654	1.9
黏土	38.70	1614	416	15.6	653	1.8
粉砂质黏土	42.00	1683	426	16.1	649	2.1
粉砂	42.50	1608	426	16.8	650	2.1
细砂	43.30	1543	434	16.7	649	2.1
黏土	44.00	1569	434	15.9	650	2.0
细砂	44.30	1647	434	16.1	650	1.9
黏土	44.90	1620	434	15.9	648	1.9
黏土	47.00	1633	435	15.8	646	1.9
黏土	52.50	1589	443	15.7	640	1.8
黏土	55.00	1635	435	15.7	639	1.7
黏土	58.20	1687	458	15.5	636	1.7
黏土	59.20	1893	465	15.7	632	1.9

地层	层底埋深/m	测试结果				
		纵波速度/（m/s）	横波速度/（m/s）	电阻率/（Ω·m）	自然电位/mV	井斜/（°）
黏土	60.20	1764	454	15.3	630	1.6
粉砂质黏土	62.30	1750	482	15.7	630	1.8
黏土	63.50	1718	476	15.6	629	1.9
黏土	65.00	1804	487	15.5	624	2.0
粉砂质黏土	67.60	1745	519	15.7	615	2.1
黏土	68.30	1696	526	15.6	605	2.1
粉砂质黏土	68.90	1690	476	15.6	600	2.3
细砂	70.30	1681	487	16.2	604	2.2
碳酸盐岩	70.50	2165	505	20.7	607	2.2
黏土	72.50	1690	485	15.3	607	2.3
黏土	76.00	1669	488	14.6	606	2.2
黏土	80.60	1842	511	15.8	606	2.4
黏土	81.70	1714	540	15.3	607	2.3
黏土	88.30	1700	519	14.8	605	2.6
含砂姜黏土	93.30	1841	577	15.1	601	3.3
中砂	94.80	1893	572	15.6	596	3.5
粗砾砂	96.80	2035	583	17.4	594	3.9
含姜石粗砂	99.00	1989	606	17.4	598	4.0
石灰质姜石层	100.20	2079	—	16.4	592	4.1
粗砾砂	103.00	1916	—	17.0	590	4.3
黏土	103.50	1822	—	17.3	589	4.5
含黏土粗砾砂	110.50	1867	—	16.3	590	4.5
砾石	111.00	1980	—	14.3	587	4.3
黏土	114.00	1879	—	14.8	580	4.3
细砂	118.50	1861	—	15.7	576	4.5
黏土	120.60	—	—	—	—	4.6

综合测井的不同测试项反映了同一地层的不同参数特征，这些参数属于原位测试结果，是钻孔地质条件的真实反映，对判断不同地层的特征差异、地层分界及地层时代划分具有很好的参考价值。综合测井结果分析如下。

深度 10.1～12.3m：视电阻率为明显的陡坎型突变，电阻率值由最大 25Ω·m 减小至 16.5Ω·m 左右；自然电位则由最小的 550mV 急剧增大至 630mV 左右；横波速度由小于 200m/s 增大至 220m/s 左右。三种测试手段同时在这一段位置出现陡坎型突变，可将这一段作为 Qh 底界分界位置段，具有可靠的地球物理依据。

深度 38.2m 是依据地层年龄测试结果划定的 Qp₃ 底界。在这一深度处，自然电位有一较小的拐点，由 655mV 减小至 650mV 左右；横波速度也有明显的拐点，由小于 400m/s 增大至 420m/s 左右；视电阻率和声波曲线无明显变化。

钻孔号：BZK1
井深/m：120.00
井径/mm：100.00
套管长度/m：1.00
水位/m：10.00
温度/℃：10.00
海拔高度/m：10.00

仪器型号：JGB-1B 智能测井系统
探管型号：DIEJIA
测井方向：向下
起始深度/m：0.10
终止深度/m：120.00
采样间隔/m：0.10
零长/m：10.00

地点：徐州活断层
时间：2010年06月23日17时
负责人：x
操作员：x
单位：江苏地震工程院
测井速度/(m/min)：6.00
文件：徐州BZK1_数据叠加最终剖面

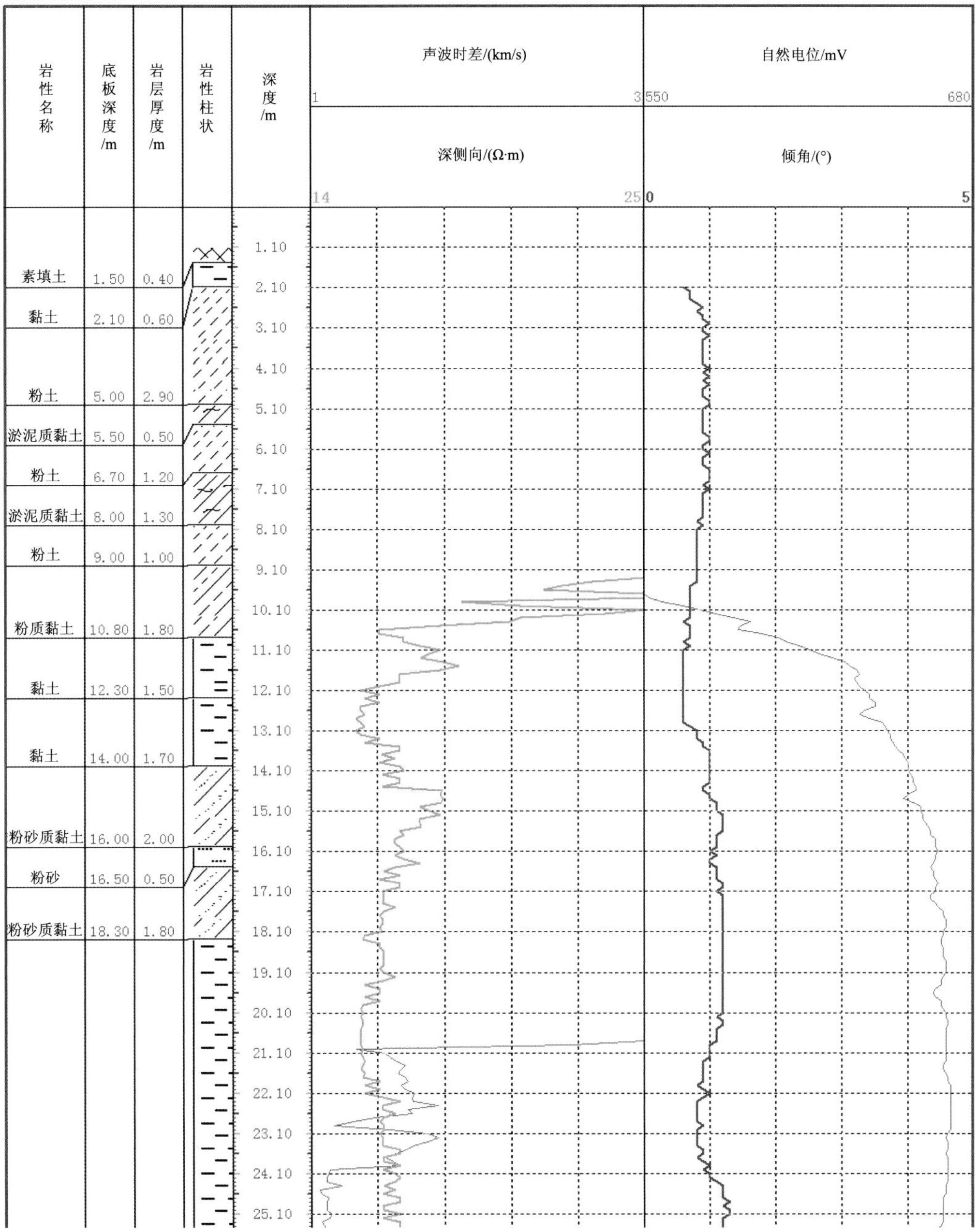
岩性名称
底板深度/m
岩层厚度/m
岩性柱状
深度/m
声波时差/(km/s)
1
3
深侧向/(Ω·m)
14
25
自然电位/mV
550
680
倾角/(°)
0
5
素填土 1.50 0.40
黏土 2.10 0.60
粉土 5.00 2.90
淤泥质黏土 5.50 0.50
粉土 6.70 1.20
淤泥质黏土 8.00 1.30
粉土 9.00 1.00
粉质黏土 10.80 1.80
黏土 12.30 1.50
黏土 14.00 1.70
粉砂质黏土 16.00 2.00
粉砂 16.50 0.50
粉砂质黏土 18.30 1.80
1.10
2.10
3.10
4.10
5.10
6.10
7.10
8.10
9.10
10.10
11.10
12.10
13.10
14.10
15.10
16.10
17.10
18.10
19.10
20.10
21.10
22.10
23.10
24.10
25.10

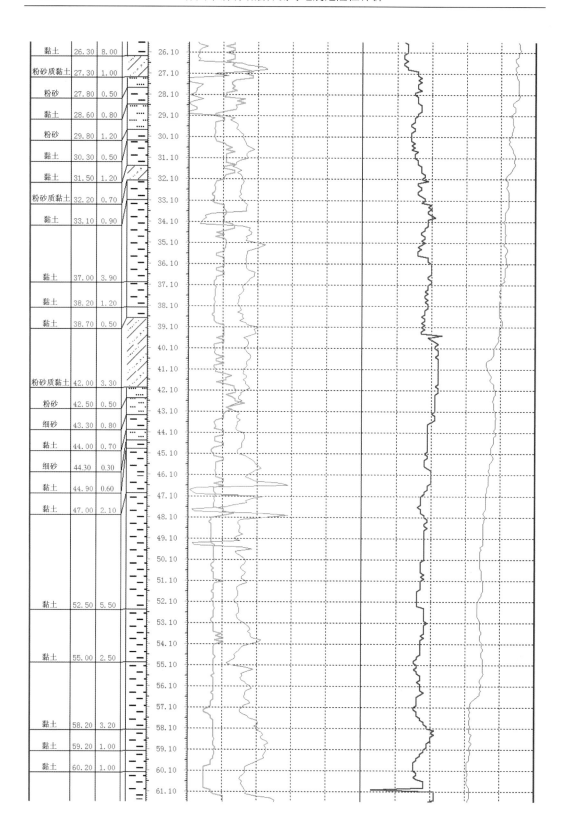

黏土	26.30	8.00
粉砂质黏土	27.30	1.00
粉砂	27.80	0.50
黏土	28.60	0.80
粉砂	29.80	1.20
黏土	30.30	0.50
黏土	31.50	1.20
粉砂质黏土	32.20	0.70
黏土	33.10	0.90
黏土	37.00	3.90
黏土	38.20	1.20
黏土	38.70	0.50
粉砂质黏土	42.00	3.30
粉砂	42.50	0.50
细砂	43.30	0.80
黏土	44.00	0.70
细砂	44.30	0.30
黏土	44.90	0.60
黏土	47.00	2.10
黏土	52.50	5.50
黏土	55.00	2.50
黏土	58.20	3.20
黏土	59.20	1.00
黏土	60.20	1.00

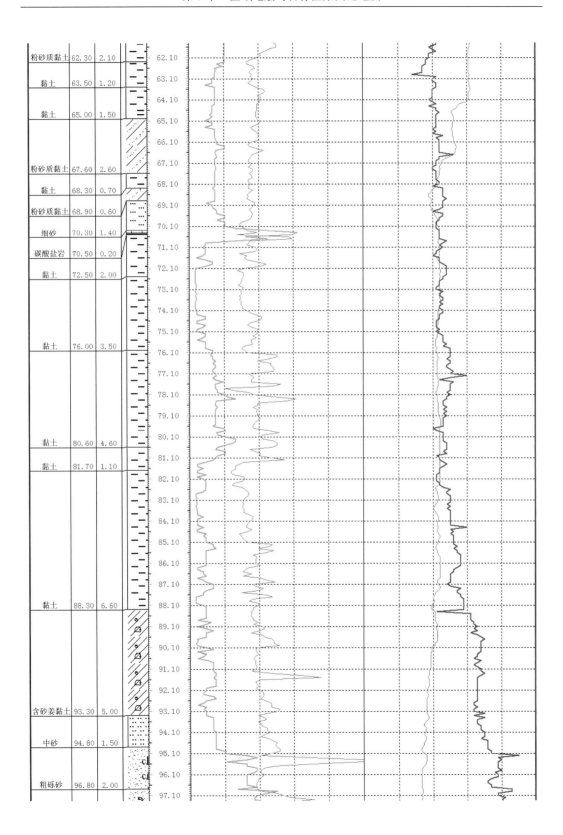

岩性	深度	厚度
粉砂质黏土	62.30	2.10
黏土	63.50	1.20
黏土	65.00	1.50
粉砂质黏土	67.60	2.60
黏土	68.30	0.70
粉砂质黏土	68.90	0.60
细砂	70.30	1.40
碳酸盐岩	70.50	0.20
黏土	72.50	2.00
黏土	76.00	3.50
黏土	80.60	4.60
黏土	81.70	1.10
黏土	88.30	6.60
含砂姜黏土	93.30	5.00
中砂	94.80	1.50
粗砾砂	96.80	2.00

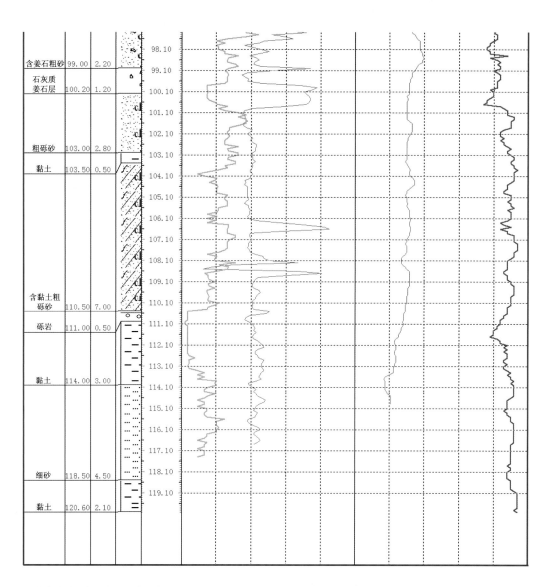

蓝色曲线（标注为：声波时差）代表声波（纵波）速度，单位：km/s；黄色曲线（标注为：深侧向）代表电阻率，单位：Ω·m；紫色曲线（标注为：自然电位）代表土层自然电位，单位：mV；绿色曲线（标注为：倾角）代表钻孔偏离垂直方向的程度，单位：°（度）

(a) JGB-1B 综合测井曲线

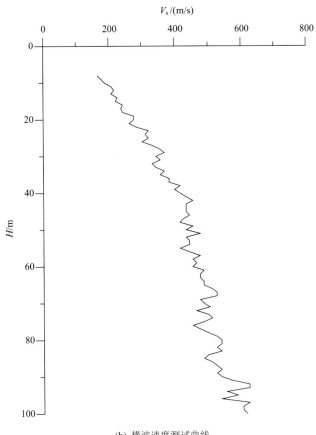

(b) 横波速度测试曲线

图 3-7 JGB-1B 综合测井曲线和横波速度测试曲线

深度 93.3m 是依据地层年龄测试结果划定的 Qp_2 底界，本次综合测井结果在这一深度上各种曲线无明显变化。突变位置在深度 94.8m 处，视电阻率、纵波速度、横波速度曲线都呈现出明显的陡坎型突变，电阻率值由 15Ω·m 增大至 17.5Ω·m 左右；声波速度由 1850m/s 增大至 2000m/s；横波速度由 580m/s 增大至 605m/s 左右。自然电位在这一位置呈现连续缓变特征，无突变现象。综合分析，三种测试手段同时在这一位置出现陡坎型突变，这一位置作为不同时代地层分界具有可靠的地球物理依据。

除了上述 3 个位置外，自然电位在深度 64.0～67.0m 处存在非常明显的整体陡坎型突变，自然电位值由 630mV 陡降至 600mV，反映出该区间地层的电性差异明显；横波速度曲线在该位置也出现拐点特征，表现为在该位置以上段横波速度曲线变化较为平缓，而其以下段曲线变化幅度明显增大。这一位置声波和视电阻率测试曲线不存在明显的突变。

在视电阻率曲线和声波速度曲线上，深度 70.0～70.3m 处的碳酸盐地层具有明显的反映，由于地层很薄，两条曲线同时表现为尖锐的脉冲状异常。

深度 110.0m 处视电阻率曲线存在明显的整体陡坎型突变，纵波曲线存在明显突变增大。

依据综合测井结果分析，深度 12.3m 处所有测试数据的三条曲线均有明显突变，且与野外观察地层和地层年龄测试结果一致，作为 Qh 底界依据充分；深度 38.2m 处自然电位和横波速度曲线有突变反映，可以进一步印证野外观察岩性地层和地层年龄测试结果，作为 Qp$_3$ 底界依据充分；深度 94.8m 附近视电阻率、纵波速度、横波速度曲线都呈现明显的陡坎型突变，该结果与地层年龄测试结果具有对应性，推测为具有代表性的 Qp$_2$ 地层特征，深度 94.8m 作为 Qp$_2$ 地层底界分界具有较为可靠的地球物理依据；深度 110.0m 处视电阻率曲线存在明显的整体陡坎型突变，可以考虑作为 Qp$_1$ 地层底界分界的依据。深度 64.0～67.0m 段自然电位和横波速度曲线较明显的整体陡坎型突变和深度 70.0～70.3m 视电阻率曲线和声波速度曲线尖锐脉冲状异常可以佐证野外观察到的地层变化具有一定的合理性。

3.5.5　地层岩性和年龄测试

1. BZK1 钻孔

标准钻孔 BZK1 场地地貌为冲洪积平原，地形较为平坦，地面高程为 38.1m。在钻探现场，按回次对岩心进行了详细的岩性记录和样品采集，绘制了 BZK1 钻孔柱状图（图 3-8）。自上而下地层各分层的岩性特征和样品年龄测试结果如下。

层 1：0.0～1.5m，素填土。黄褐色，以粉土为主，夹杂植物根系。

层 2：1.5～2.1m，黏土。棕红色，饱和，可塑，泥状结构，水平层理发育。

层 3：2.1～5.0m，粉土。黄褐色，稍密—中密，粉砂状结构，含少量黏土，未胶结。

层 4：5.0～5.5m，淤泥质黏土。灰色，饱和，流塑—软塑，泥状结构，含少量有机质。

层 5：5.5～6.7m，粉土。黄褐色，稍密—中密，粉土状结构，含少量黏土，未胶结。埋深 6.6m 处 OSL 年龄为（2.9±0.3）ka。

层 6：6.7～8.0m，淤泥质黏土。灰色，饱和，流塑—软塑，泥状结构，含少量有机质。

层 7：8.0～9.0m，粉土。灰色，稍密—中密，粉土状结构，含少量黏土，未胶结。

层 8：9.0～10.8m，粉质黏土。灰褐色，饱和，软塑—可塑，泥状—粉土状结构，向下粉砂质含量逐渐增高渐变为粉质黏土，层理不发育，顶部约 0.40m 呈淤泥质。埋深 10.6m 处 OSL 年龄为（9.2±1.0）ka。

层 9：10.8～12.3m，黏土。灰色，饱和，可塑，泥状结构，含较高有机质。

层 10：12.3～14.0m，黏土。灰绿—黄褐色，饱和，可塑—硬塑，泥状结构，层理不发育，顶部 0.30m 为灰绿色，含少量有机质，下部黄褐色黏土含 10%左右 1～2cm 钙质结核及少量锰结核。

层 11：14.0～16.0m，粉砂质黏土。黄褐色，饱和，硬塑，粉砂泥状结构，层理不发育，含少量 1～2cm 大小不等的钙质结核。

层 12：16.0～16.5m，粉砂。黄褐色，中密，粉砂状结构，含少量 1～2cm 大小不等的钙质结核。埋深 16.2m 处 OSL 年龄为（49.1±5.0）ka。

层 13：16.5～18.3m，粉砂质黏土。黄褐色，饱和，可塑—硬塑，粉砂泥状结构，层理不发育，该层常见牡蛎壳块，且内部均已重结晶为粗大方解石。

层 14：18.3～26.3m，黏土。棕红色，饱和，可塑—硬塑，泥状结构，水平层理发育。埋深 20.3m

处 OSL 年龄为（60.8±6.1）ka。

　　层 15：26.3～27.3m，粉砂质黏土。黄褐色，饱和，硬塑，粉砂泥状结构，层理不发育，含少量细粒钙质结核。

　　层 16：27.3～27.8m，粉砂。黄褐色，中密—密实，粉砂状结构，未胶结，隐约发育水平层理。埋深 27.4m 处 OSL 年龄为（81.2±8.9）ka，ESR 年龄为（178±23）ka。

　　层 17：27.8～28.6m，黏土。棕红色，饱和，可塑—硬塑，泥状结构，水平层理发育，层面被粉砂薄膜覆盖，具黑色氧化锰斑点和斑纹。

　　层 18：28.6～29.8m，粉砂。黄褐色，中密—密实，粉砂状结构，未胶结，隐约发育水平层理。埋深 29.7m 处 OSL 信号饱和，ESR 年龄为（262±26）ka。

　　层 19：29.8～30.3m，黏土。棕红色，饱和，可塑—硬塑，泥状结构，水平层理发育。

　　层 20：30.3～31.5m，黏土。灰绿—黄绿—黄褐色，有机质含量逐渐降低至不含有机质，饱和，可塑—硬塑，泥状结构，层理不发育，含少量 5～10mm 钙质结核，尤其在灰绿色—黄绿色层底部更为富集。

　　层 21：31.5～32.2m，粉砂质黏土。黄褐色，饱和，硬塑，粉砂泥状结构，层理不发育，含少量细粒钙质结核。埋深 32.1m 处 ESR 年龄为（281±31）ka。埋深 32.1m 处 OSL 年龄为（106.8±11.2）ka。

　　层 22：32.2～33.1m，黏土。棕红色，饱和，可塑—硬塑，泥状结构，水平层理发育，层面具黑色氧化锰斑点和斑纹。

　　层 23：33.1～37.0m，黏土。灰绿—黄绿—黄褐色，饱和，可塑—硬塑，泥状结构，层理不发育，含少量 5～10mm 钙质结核，尤其在灰绿色—黄绿色层底部更为富集。

　　层 24：37.0～38.2m，黏土。棕红色，饱和，可塑—硬塑，泥状结构，水平层理发育，层面具黑色氧化锰斑点和斑纹。

　　层 25：38.2～38.7m，黏土。顶面灰绿色，含少量有机质，向下棕红色，饱和，可塑—硬塑，泥状结构，水平层理发育，层面具黑色氧化锰斑点和斑纹。

　　层 26：38.7～42.0m，粉砂质黏土。顶面灰绿色向下黄褐色，40.0～40.3m 夹棕红色黏土，饱和，硬塑，粉砂泥状结构，层理不发育，含少量 5～10mm 钙质结核。埋深 39.1m 处 OSL 年龄为（131.3±15.7）ka。

　　层 27：42.0～42.5m，粉砂。黄褐色，密实，粉砂状结构，未胶结，水平微-薄层理发育。

　　层 28：42.5～43.3m，细砂。黄褐色，密实，砂状结构，主要矿物成分为石英，含少量长石及细小云母片，未胶结，水平层理发育。埋深 42.9m 处 OSL 年龄为（148.7±17.8）ka，ESR 年龄为（285±32）ka。

　　层 29：43.3～44.0m，黏土。棕红色，饱和，可塑—硬塑，泥状结构，水平层理发育，层面具黑色氧化锰斑点和斑纹。

　　层 30：44.0～44.3m，细砂。黄褐色，密实，砂状结构，主要矿物成分为石英，含少量长石及细小云母片，未胶结，水平层理发育。

　　层 31：44.3～44.9m，黏土。棕红色，饱和，可塑—硬塑，泥状结构，水平层理发育，层面具黑色氧化锰斑点和斑纹。

　　层 32：44.9～47.0m，黏土。顶面 30cm 为灰绿色，含有机质，向下黄绿色，饱和，可塑—硬塑，泥状结构，水平层理发育，含少量钙锰结核。

　　层 33：47.0～52.5m，黏土。棕红色，饱和，硬塑，泥状结构，水平层理发育，含少量钙锰结核、黑色氧化锰斑点和斑纹。埋深 51.1m 处 ESR 年龄为（419±51）ka。

层 34：52.5～55.0m，黏土。顶面 30cm 为灰褐色，向下棕红色，饱和，可塑－硬塑，泥状结构，水平层理发育。钙质结核不发育，只局部初步聚集且松散。

层 35：55.0～58.2m，黏土。顶面 1.00m 为灰褐色，含有机质，向下黄绿色，饱和，可塑－硬塑，泥状结构，水平层理发育，含少量 5～10mm 钙质结核。埋深 55.1 m 处 ESR 年龄为（453±56）ka。

层 36：58.2～59.2m，黏土。棕红色，饱和，硬塑，泥状结构，水平层理发育，含少量钙质结核。

层 37：59.2～60.2m，黏土。灰绿色，饱和，可塑－硬塑，泥状结构，含少量钙锰结核。

层 38：60.2～62.3m，粉砂质黏土。黄褐色，饱和，硬塑，粉砂泥状结构，层理不发育，含少量 5～10mm 钙质结核。埋深 60.9m 处 ESR 年龄为（430±51）ka。

层 39：62.3～63.5m，黏土。灰绿－棕红色，饱和，可塑－硬塑，泥状结构，水平层理发育，含 15%～20%粒径 10mm 大小钙质结核。

层 40：63.5～65.0m，黏土。灰褐－灰绿色，饱和，可塑－硬塑，泥状结构，含少量钙质结核。

层 41：65.0～67.6m，粉砂质黏土。黄褐色，饱和，硬塑，粉砂泥状结构，层理不发育，常夹 10～20cm 黏土薄层。

层 42：67.6～68.3m，黏土。黄褐－棕红色，饱和，硬塑，泥状结构，水平层理发育，含少量钙质结核、黑色氧化锰斑点和斑纹，局部夹粉砂质黏土薄层。

层 43：68.3～68.9m，粉砂质黏土。黄褐色，饱和，硬塑，粉砂泥状结构，层理不发育，常夹 10～20cm 黏土薄层。

层 44：68.9～70.3m，细砂。黄褐色，密实，砂状结构，主要矿物为石英，含少量长石及细小云母片，粒度均匀，矿物成熟度及粒度成熟度均较高。埋深 69.1m 处 ESR 年龄为（544±50）ka。

层 45：70.3～70.5m，鲕粒灰岩。灰黄色，鲕粒结构，鲕粒大小 0.5～1.0cm，并混入少量石英、燧石质砂砾及黑色锰结核，共同被隐晶质泥晶方解石充填胶结，胶结紧密，局部见细小孔洞，含牡蛎化石。

层 46：70.5～72.5m，黏土。黄绿色，饱和，硬塑，泥状结构，含约 15%粒径 5～10mm 大小钙质结核。

层 47：72.5～76.0m，黏土。棕红色，饱和，硬塑，泥状结构，水平微薄层理清晰发育，钙质结核及锰结核向下渐减少乃至消失，只表现为黑色氧化锰斑点和斑纹。

层 48：76.0～80.6m，黏土。棕红色，饱和，硬塑，泥状结构，水平层理发育，含少量钙质结核呈初步聚集疏松状态，黑色氧化锰初步集结为斑点和斑纹，局部夹粉砂质黏土薄层。80.5～80.6m 为石灰质姜石层。埋深 76.5m 处 ESR 年龄为（654±85）ka。

层 49：80.6～81.7m，黏土。棕红－灰色，饱和，硬塑，泥状结构，中下部含钙质结核达 20%～30%，底部土层被分散的氧化锰浸染为灰色。埋深 80.7m 处 ESR 年龄为（667±86）ka。

层 50：81.7～88.3m，黏土。黄绿色，饱和，硬塑，泥状结构，含少量 1～2cm 大小钙质结核及 5mm 大小的锰结核，顶部见 5cm 大小球形方解石皮壳及内部结晶方解石晶簇，底部钙质结核粗大者直径 5～10cm，局部甚至呈 10cm 厚层状。

层 51：88.3～93.3m，含砂姜黏土。姜黄色，饱和，硬塑，泥状结构，含钙结核 50%以上，粒径一般 1～2cm，大者达 5～10cm。

工程名称	徐州市铜山县黄集镇王岗集第四系标准钻孔				工程编号		20107003	
孔　号	BZK1		坐	34°10′03″	钻孔直径	130mm	稳定水位	3.10m
孔口标高	38.10m		标	117°13′27″	初见水位	2.80m	测量日期	2010.04.23

地质时代	年龄/ka	层号	层底深度/m	分层厚度/m	柱状图 1:100	岩 性 描 述
Qh	2.9±0.3	1	1.50	1.50		素填土: 黄褐色, 以粉土为主, 夹杂植物根系。
		2	2.10	0.60		黏土: 棕红色, 饱和, 可塑, 泥状结构, 水平层理发育。
		3	5.00	2.90		粉土: 黄褐色, 稍密—中密, 粉砂状结构, 含少量黏土, 未胶结。
		4	5.50	0.50		淤泥质黏土: 灰色, 饱和, 流塑—软塑, 泥状结构, 含少量有机质。
		5	6.70	1.20		粉土: 黄褐色, 稍密—中密, 粉土状结构, 含少量黏土, 未胶结。
		6	8.00	1.30		淤泥质黏土: 灰色, 饱和, 流塑—软塑, 泥状结构, 含少量有机质。
		7	9.00	1.00		粉土: 灰色, 稍密—中密, 粉土状结构, 含少量黏土, 未胶结。
	9.2±1.0	8	10.80	1.80		粉质黏土: 灰褐色, 饱和, 软塑—可塑, 泥状—粉土状结构, 向下粉砂质含量逐渐增高渐变为粉质黏土, 层理不发育, 顶部约0.40m呈淤泥质。
		9	12.30	1.50		黏土: 灰色, 饱和, 可塑, 泥状结构, 含较高有机质。
Qp₃	49.1±5.0	10	14.00	1.70		黏土: 灰绿—黄褐色, 饱和, 可塑—硬塑, 泥状结构, 层理不发育, 顶部0.30m为灰绿色, 含少量有机质, 下部黄褐色黏土含10%左右1~2cm钙质结核及少量锰结核。
		11	16.00	2.00		粉砂质黏土: 黄褐色, 饱和, 硬塑, 粉砂泥状结构, 层理不发育, 含少量1~2cm大小不等的钙质结核。
		12	16.50	0.50	f	粉砂: 黄褐色, 中密, 粉砂状结构, 含少量1~2mm大小不等的钙质结核。
		13	18.30	1.80		粉砂质黏土: 黄褐色, 饱和, 可塑—硬塑, 粉砂泥状结构, 层理不发育, 该层常见牡蛎壳块, 且内部均已重结晶为粗大方解石。
	60.8±6.1	14	26.30	8.00		黏土: 棕红色, 饱和, 可塑—硬塑, 泥状结构, 水平层理发育。
	178±23 81.26±8.9	15	27.30	1.00		粉砂质黏土: 黄褐色, 饱和, 硬塑, 粉砂泥状结构, 层理不发育, 含少量细粒钙质结核。
		16	27.80	0.50	f	粉砂: 黄褐色, 中密—密实, 粉砂状结构, 未胶结, 隐约发育水平层理。
		17	28.60	0.80		黏土: 棕红色, 饱和, 可塑—硬塑, 泥状结构, 水平层理发育, 层面被粉砂薄膜覆盖, 具黑色氧化锰斑点和斑纹。
	262±26 OSL信号饱和	18	29.80	1.20	f	粉砂: 黄褐色, 中密—密实, 粉砂状结构, 未胶结, 隐约发育水平层理。

工程名称	徐州市铜山县黄集镇王岗集第四系标准钻孔			工程编号	20107003	
孔　号	BZK1	坐	34°10'03"	钻孔直径	130mm	稳定水位	3.10m
孔口标高	38.10m	标	117°13'27"	初见水位	2.80m	测量日期	2010.04.23

地质时代	年龄/ka	层号	层底深度/m	分层厚度/m	柱状图 1:100	岩性描述
		19	30.30	0.50		黏土：棕红色，饱和，可塑—硬塑，泥状结构，水平层理发育。
		20	31.50	1.20		黏土：灰绿—黄绿—黄褐色，有机质含量逐渐降低至不含有机质，饱和，可塑—硬塑，泥状结构，层理不发育，含少量5-10mm钙质结核，尤其在灰绿色—黄绿色层底部更为富集。
	281±31 106.8±11.2	21	32.20	0.70		粉砂质黏土：黄褐色，饱和，硬塑，粉砂泥状结构，层理不发育，含少量细粒钙质结核。
		22	33.10	0.90		黏土：棕红色，饱和，可塑—硬塑，泥状结构，水平层理发育，层面具黑色氧化锰斑点和斑纹。
		23	37.00	3.90		黏土：灰绿—黄绿—黄褐色，饱和，可塑—硬塑，泥状结构，层理不发育，含少量5-10mm钙质结核，尤其在灰绿色—黄绿色层底部更为富集。
		24	38.20	1.20		黏土：棕红色，饱和，可塑—硬塑，泥状结构，水平层理发育，层面具黑色氧化锰斑点和斑纹。
	131.3±15.7	25	38.70	0.50		黏土：顶面灰绿色，含少量有机质，向下棕红色，饱和，可塑—硬塑，泥状结构，水平层理发育，层面具黑色氧化锰斑点和斑纹。
		26	42.00	3.30		粉砂质黏土：顶面灰绿色向下黄褐色，40.00-40.30m夹棕红色黏土，饱和，硬塑，粉砂泥状结构，层理不发育，含少量5-10mm钙质结核。
		27	42.50	0.50	f	粉砂：黄褐色，密实，粉砂状结构，未胶结，水平微—薄层理发育。
	285±32 148.7±17.8	28	43.30	0.80	x	细砂：黄褐色，密实，砂状结构，主要矿物成份为石英，含少量长石及细小云母片，未胶结，水平层理发育。
		29	44.00	0.70		黏土：棕红色，饱和，可塑—硬塑，泥状结构，水平层理发育，层面具黑色氧化锰斑点和斑纹。
		30	44.30	0.30	x	细砂：黄褐色，密实，砂状结构，主要矿物成份为石英，含少量长石及细小云母片，未胶结，水平层理发育。
		31	44.90	0.60		黏土：棕红色，饱和，可塑—硬塑，泥状结构，水平层理发育，层面具黑色氧化锰斑点和斑纹。
Qp2		32	47.00	2.10		黏土：顶面30cm为灰绿色，含有机质，向下黄绿色，饱和，可塑—硬塑，泥状结构，水平层理发育，含少量钙锰结核。
	419±51	33	52.50	5.50		黏土：棕红色，饱和，硬塑，泥状结构，水平层理发育，含少量钙锰结核、黑色氧化锰斑点和斑纹。 黏土：顶面30cm为灰绿色，向下棕红色，饱和，可塑—硬塑，泥状结构，水平层理发育。钙质结核不发育，只局部初步聚集且松散。
	453±56	34	55.00	2.50		黏土：顶面1.00m为灰褐色，含有机质，向下黄绿色，饱和，可塑—硬塑，泥状结构，水平层理发育，含少量5-10mm钙质结核。
		35	58.20	3.20		黏土：棕红色，饱和，硬塑，泥状结构，水平层理发育，含少量钙质结核。
		36	59.20	1.00		

工程名称	徐州市铜山县黄集镇王岗集第四系标准钻孔				工程编号	20107003	
孔号	BZK1	坐标	34°10′03″	钻孔直径	130mm	稳定水位	3.10m
孔口标高	38.10m	标	117°13′27″	初见水位	2.80m	测量日期	2010.04.23

地质时代	年龄/ka	层号	层底深度/m	分层厚度/m	柱状图 1:100	岩性描述
Qp2	430±51	37	60.20	1.00		黏土：灰绿色，饱和，可塑—硬塑，泥状结构，含少量钙锰结核。
						粉砂质黏土：黄褐色，饱和，硬塑，粉砂泥状结构，层理不发育，含少量5~10mm钙质结核。
		38	62.30	2.10		
		39	63.50	1.20		黏土：灰绿—棕红色，饱和，可塑—硬塑，泥状结构，水平层理发育，含15%~20%粒径10mm大小钙质结核。
		40	65.00	1.50		黏土：灰褐—灰绿色，饱和，可塑—硬塑，泥状结构，含少量钙质结核。
	ESR信号不好					粉砂质黏土：黄褐色，饱和，硬塑，粉砂泥状结构，层理不发育，常夹10~20cm黏土薄层。
		41	67.60	2.60		
		42	68.30	0.70		黏土：黄褐—棕红色，饱和，硬塑，泥状结构，水平层理发育，含少量钙质结核、黑色氧化锰斑点和斑纹，局部夹粉砂质黏土薄层。
	544±50	43	68.90	0.60		粉砂质黏土：黄褐色，饱和，硬塑，粉砂泥状结构，层理不发育，常夹10~20cm黏土薄层。
		44	70.30	1.40		细砂：黄褐色，密实，砂状结构，主要矿物为石英，含少量长石及细小云母片，粒度均匀，矿物成熟度及粒度成熟度均较高。
		45	70.50	0.20		鲕粒灰岩：灰黄色，鲕粒结构，鲕粒大小0.5~1.0cm，并混入少量石英、燧石质砂砾及黑色锰结核，共同被隐晶质泥晶方解石充填胶结，胶结紧密，局部见细小孔洞，含牡蛎化石。
						黏土：黄绿色，饱和，硬塑，泥状结构，含约15%粒径5~10mm大小钙质结核。
		46	72.50	2.00		
						黏土：棕红色，饱和，硬塑，泥状结构，水平微薄层理清晰发育，钙质结核及锰结核向下渐减少乃至消失，只表现为黑色氧化锰斑点和斑纹。
		47	76.00	3.50		
	654±85					黏土：棕红色，饱和，硬塑，泥状结构，水平层理发育，少量钙质结核呈初步聚集疏松状态，黑色氧化锰初步集结为斑点和斑纹，局部夹粉砂质黏土薄层。
		48	80.60	4.60		
	667±86	49	81.70	1.10		黏土：棕红—灰色，饱和，硬塑，泥状结构，中下部含钙质结核达20%~30%，底部土层被分散的氧化锰浸染为灰色。
						黏土：黄绿色，饱和，硬塑，泥状结构，含少量1~2cm大小钙质结核及5mm大小的锰结核，顶部见5cm大小球形方解石皮壳及内部结晶方解石晶簇，底部钙质结核粗大者直径5~10cm，局部甚至呈10cm厚层状。
		50	88.30	6.60		

工程名称		徐州市铜山县黄集镇王岗集第四系标准钻孔						工程编号		20107003		
孔　号		BZK1		坐	34°10′03″		钻孔直径		130mm	稳定水位		3.10m
孔口标高		38.10m		标	117°13′27″		初见水位		2.80m	测量日期		2010.04.23

地质时代	年龄/ka	层号	层底深度/m	分层厚度/m	柱状图 1:100	岩　性　描　述
		51	93.30	5.00		含砂姜黏土:姜黄色,饱和、硬塑,泥状结构,含钙结核50%以上,粒径一般1~2cm,大者达5~10cm。
Qp1	758±98	52	94.80	1.50	z	中砂:黄褐色,具灰白色斑纹,密实,砂状结构,主要矿物成分为石英,含15%左右长石,被含量较高的填隙基质黏土胶结,矿物成分成熟度及粒度成熟度均较低。
		53	96.80	2.00	cl	粗砾砂:黄褐色,具灰白色斑纹,密实,含砾砂状结构,主要矿物成分为石英,含15%左右长石,被含量较高的填隙基质黏土胶结,含少量砾石,成分主要为石英质及花岗岩岩屑质,尚见片状变质粉砂岩,94.80~95.10m为石灰质姜石层,矿物成分成熟度及结构成熟度均较低。
		54	99.00	2.20	c	含姜石粗砂:灰白色,密实,含砾砂状结构,主要矿物成分为石英,含15%左右长石,被含量较高的填隙基质黏土胶结,少量砾石成分主要为石英质及花岗岩岩屑质,常见5~10cm厚的石灰质姜石层,矿物成分成熟度及结构成熟度均较低。
		55	100.20	1.20		石灰质姜石层:黄褐色,隐晶质微晶结构,混入少量砂粒,层理发育,其倾角10°左右。
		56	103.00	2.80	cl	粗砾砂:黄褐色,具灰白色斑纹,密实,含砾砂状结构,主要矿物成分为石英,含15%左右长石,被含量较高的填隙基质黏土胶结,含少量砾石,成分主要为石英质及花岗岩岩屑质,矿物成分成熟度及结构成熟度均较低。
		57	103.50	0.50		黏土:黄绿—灰白色,饱和,坚硬,泥状结构,网纹状裂隙发育且被黑色氧化锰充填。
		58	110.50	7.00	cl	含黏土粗砾砂:灰白色,密实,含砾砂状结构,主要矿物成分为石英,含少量长石及填隙黏土,含少量砾石,主要为石英、燧石质及少量花岗岩屑,次棱角状,矿物成分成熟度略好,结构成熟度仍很差。
		59	111.00	0.50		砾岩:灰白色,砾状结构,砾石主要矿物成分为石英,其次为长石及少量花岗岩屑,粒径2~10mm,棱角—次棱角状,被细砂质黏土充填胶结,胶结较紧密,尚未固结—半成岩状。
N₂		60	114.00	3.00		黏土:灰白—黄绿色,饱和,坚硬,泥状结构,层理发育,底部含少量1cm大小的钙质结核。
		61	118.50	4.50	x	细砂:灰白色,密实,砂状结构,主要矿物成分为石英,含少量长石及细小云母片,常混入少量1cm大小的棱角状石英砾石,被含量较高(20%左右)的黏土胶结,粒度均匀,矿物成熟度及结构成熟度均较低。

工程名称	徐州市铜山县黄集镇王岗集第四系标准钻孔						工程编号	20107003
孔　号	BZK1	坐	34°10′03″		钻孔直径	130mm	稳定水位	3.10m
孔口标高	38.10m	标	117°13′27″		初见水位	2.80m	测量日期	2010.04.23

地质时代	年龄 /ka	层号	层底深度 /m	分层厚度 /m	柱状图 1∶100	岩　性　描　述
		62	124.40	5.90	 未见底	黏土：黄绿—灰白色，饱和，坚硬，泥状结构，半固结-半成岩状，层理发育，底部顺层面被氧化铁浸染为褐红色。

注：柱状图一栏中空心圈为野外采样位置，实心圈为已有年龄的样品位置。年龄一栏中斜体字为ESR数据，正体字为OSL数据。
岩心采取率：黏土及粉砂>90%，中细砂>80%，粗砂、砂砾石>50%。

图 3-8　BZK1 钻孔柱状图

层 52：93.3~94.8m，中砂。黄褐色，具灰白色斑纹，密实，砂状结构，主要矿物成分为石英，含15%左右长石，被含量较高的填隙基质黏土胶结，矿物成分成熟度及粒度成熟度均较低。埋深93.6m处ESR年龄为（758±98）ka。

层 53：94.8~96.8m，粗砾砂。黄褐色，具灰白色斑纹，密实，含砾砂状结构，主要矿物成分为石英，含15%左右长石，被含量较高的填隙基质黏土胶结，含少量砾石，成分主要为石英质及花岗岩岩屑质，尚见片状变质粉砂岩，94.8~95.1m为石灰质姜石层，矿物成分成熟度及结构成熟度均较低。96.1~96.3m样品ESR信号不好。

层 54：96.8~99.0m，含姜石粗砂。灰白色，密实，含砾砂状结构，主要矿物成分为石英，含15%左右长石，被含量较高的填隙基质黏土胶结，少量砾石成分主要为石英质及花岗岩岩屑质，常见5~10cm厚的石灰质姜石层，矿物成分成熟度及结构成熟度均较低。

层 55：99.0~100.2m，石灰质姜石层。黄褐色，隐晶质微晶结构，混入少量砂粒，层理发育，其倾角10°左右。

层 56：100.2~103.0m，粗砾砂。黄褐色，具灰白色斑纹，密实，含砾砂状结构，主要矿物成分为石英，含15%左右长石，被含量较高的填隙基质黏土胶结，含少量砾石，成分主要为石英质及花岗岩岩屑质，矿物成分成熟度及结构成熟度均较低。

层 57：103.0~103.5m，黏土。黄绿-灰白色，饱和，坚硬，泥状结构，网纹状裂隙发育且被黑色氧化锰充填。

层 58：103.5~110.5m，含黏土粗砾砂。灰白色，密实，含砾砂状结构，主要矿物成分为石英，含少量长石及填隙黏土，含少量砾石，主要为石英、燧石质及少量花岗岩屑，次棱角状，矿物成分成熟度略好，结构成熟度仍很差。

层 59：110.5~111.0m，砾石层。灰白色，砾状结构，砾石主要矿物成分为石英，其次为长石及少量花岗岩屑，粒径2~10mm，棱角-次棱角状，被细砂质黏土充填胶结，胶结较紧密，呈未固结-半成岩状。

层 60：111.0~114.0m，黏土。灰白-黄绿色，饱和，坚硬，泥状结构，层理发育，底部含少量1cm大小的钙质结核。

层 61：114.0~118.5m，细砂。灰白色，密实，砂状结构，主要矿物成分为石英，含少量长石及细小云母片，常混入少量1cm大小的棱角状石英砾石，被含量较高（20%左右）的黏土胶结，粒度均匀，矿物成熟度及结构成熟度均较低。

层 62：118.5~124.4m，黏土。黄绿-灰白色，饱和，坚硬，泥状结构，半固结-半成岩状，层理发育，底部顺层面被氧化铁渲染为褐红色。

2. XZ5-4 钻孔

XZ5-4孔位于山前冲积平原，地形平坦。根据孔内岩心反映的地层岩性、颜色、结构构造特征和接触界面形态等，将钻探深度范围内的地层划分为7层（图3-9），地层基本特征如下。

层 1：0~0.4m，素填土。灰黄、灰褐色，松散，以粉质黏土为主，夹碎石子、混凝土块等人工筑路路基土及少量植物根系。

层 2：0.4~2.8m，粉质黏土。灰黄、灰褐色，软塑-可塑，含少量锈迹斑点。埋深2.6m处，OSL

年龄为（19.0±2.0）ka。

层 3：2.8～4.6m，黏土。灰褐色，可塑，含少量铁锰结核，切面光滑。埋深 3.7m 处，OSL 年龄为（68.7±8.5）ka。

层 4：4.6～8.4m，黏土。灰黄、黄褐色，可塑-硬塑，含少量铁锰结核。埋深 7.6m 处，OSL 信号饱和。

层 5：8.4～12.8m，黏土。黄褐色，局部混杂灰白色，硬塑，含较多铁锰质结核，局部见砂姜，粒径较小，分布不均匀。埋深 11.8m 处，OSL 年龄为（125.1±13.5）ka。

层 6：12.8～14.0m，黏土。棕褐、棕红色，硬塑，含少量铁锰结核。埋深 13.3m 处，OSL 年龄为（140.4±14.2）ka。

层 7：14.0～20.0m，寒武系灰岩。

XZ5-4 钻孔地层为坡积和冲、洪积沉积，属于中更新世晚期以来的沉积，测试年龄（19.0±2.0）～（140.4±14.2）ka。顶部埋深 2.6m 处的 OSL 年龄为（19.0±2.0）ka，测试结果显著偏老，推测为样品晒褪不充分导致；下部地层的 OSL 年龄趋于饱和，其值供参考。结合区域地层资料，地层时代划分如下：Qh，埋深 0～2.8m；Qp₃，埋深 2.80～12.8m；Qp₂，埋深 12.8～14.0m。

3. XZ6-5 钻孔

XZ6-5 孔位于山前冲积平原，地形平坦。根据孔内岩心反映的地层岩性、颜色、结构构造特征和接触界面形态等，将钻孔深度范围内的地层划分为 9 层（图 3-10），地层基本特征如下。

层 1：0～2.8m，表土。灰黄色、灰褐色、松散，以粉土、黏性土为主，夹植物根茎。

层 2：2.8～3.8m，粉土。灰褐色、灰黄色，局部夹粉质黏土薄层或透镜体。

层 3：3.8～5.9m，粉土夹粉质黏土。粉土以灰褐色为主，局部混灰黄色；粉质黏土以灰黄色为主，局部混浅灰色。埋深 5.1m 处，OSL 年龄为（6.3±0.7）ka。

层 4：5.9～6.7m，粉质黏土。灰黄色、灰褐色，含少量锈迹斑点，局部混粉质黏土、粉土薄层。

层 5：6.7～9.0m，黏土。以灰黄色为主，局部混浅灰色，含少量铁锰质结核和砂姜，粒径较小，分布不均匀。埋深 8.5m 处，OSL 年龄为（45.1±5.3）ka。

层 6：9.0～12.0m，含砂姜黏土。褐黄色、棕色，硬塑，含大量砂姜，粒径多为 0.1～0.5cm，含量约 15%，含铁锰结核和浅灰色条带。埋深 11.1m 处，OSL 信号饱和。

层 7：12.0～17.3m，黏土。棕色、棕红色，硬塑-坚硬，含大量铁锰质结核，粒径多为 0.1～0.8cm，含量为 10%～20%，分布不均匀。偶见砂姜，粒径较小，分布不均匀。埋深 15.2m 处，OSL 年龄为（152.2±21.9）ka。

层 8：17.3～21.5m，黏土。紫红色、肉红色，混杂褐黄色，坚硬，含大量铁锰质结核，粒径大小不等，含少量砂姜，分布不均匀，底部岩心多呈成岩-半成岩状态。

层 9：21.5～26.3m，中风化灰岩。

XZ6-5 钻孔地层顶部有 2.8m 的表土，其余为坡积和冲洪积沉积，属于中更新世晚期以来的沉积，测试年龄为（6.3±0.7）～（152.2±21.9）ka。由于下部地层的 OSL 年龄趋于饱和，其值供参考。结合区域地层资料，地层时代划分如下：Qh，埋深 0～6.7m；Qp₃，埋深 6.7～17.3m；Qp₂，埋深 17.3～21.5m。

工程名称	徐州活断层班井断裂钻孔联合剖面探测					工程编号	11033
孔　号	XZ5-4	坐	34°08′35″	钻孔直径	130mm	稳定水位深度	
孔口标高	43.94m	标	117°06′36″	初见水位深度		测量日期	

地质时代	层号	层底标高/m	层底深度/m	分层厚度/m	柱状图 1:100	岩 性 描 述	年龄/ka
Q_4^{ml}	1	43.54	0.40	0.40		素填土：灰黄、灰褐色，松散，以粉质黏土为主，夹有少量植物根系。	
Qh	2	41.14	2.80	2.40		粉质黏土：灰黄、灰褐色，软塑-可塑，含少量锈迹斑点，稍有光泽，无摇振反应，干强度中等，韧性中等。	19.0±2.0
	3	39.34	4.60	1.80		黏土：灰褐色，可塑，含少量铁锰结核，切面光滑，稍有光泽，无摇振反应，干强度中等，韧性中等。	68.7±8.5
Qp_3	4	35.54	8.40	3.80		黏土：灰黄、黄褐色，可塑—硬塑，含少量铁锰结核，有光泽反应，无摇振反应，干强度高，韧性高。	信号饱和
	5	31.14	12.80	4.40		黏土：黄褐色，局部混杂灰白色，硬塑，含较多铁锰质结核，局部见砂姜，粒径较小，分布不均匀，有光泽反应，无摇振反应，干强度高，韧性高。	125.1±13.5
Qp_2	6	29.94	14.00	1.20		黏土：棕褐、棕红色，硬塑，含少量铁锰结核，有光泽反应，无摇振反应，干强度高，韧性高。	140.4±14.2
		29.74	14.20	0.20		石灰岩：青灰色，中风化，鲕状结构，中厚层状构造，节理裂隙较发育，多为方解石脉充填，岩心呈短柱状、块状，节长5~20cm；其中14.2~14.8m为溶洞，少量黄褐色软塑状黏土充填；15.8~16.9m为溶洞，少量灰褐色软塑状黏土夹灰岩碎块充填。	
		29.14	14.80	0.60			
∈		28.14	15.80	1.00			
		27.04	16.90	1.10			
	7	23.94	20.00	3.10			

图 3-9　XZ5-4 钻孔柱状图

工程名称	徐州市活断层邵楼断裂钻孔联合剖面探测					工程编号	11008
孔　号	XZ6-5	坐标	34°10′03″	钻孔直径	110mm	稳定水位深度	2.20m
孔口标高	31.01m		117°13′27″	初见水位深度	2.10m	测量日期	

地质时代	层号	层底标高/m	层底深度/m	分层厚度/m	柱状图 1：100	岩性描述	年龄/ka
Qh	1	28.21	2.80	2.80	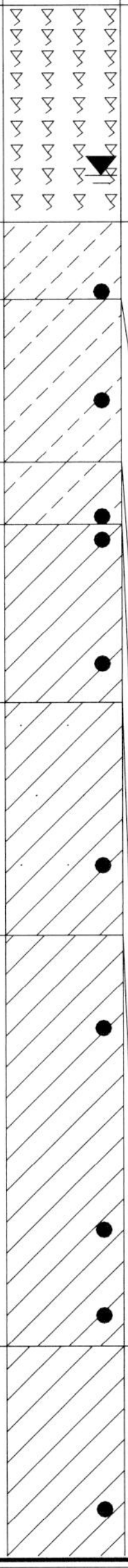	表土：灰黄色、灰褐色，松散，以粉土、黏性土为主，夹植物根茎。	
	2	27.21	3.80	1.00		粉土：灰褐色、灰黄色，具纹理结构，局部夹粉质黏土薄层，呈透镜体状，稍湿，稍密—中密，无光泽反应。	
	3	25.11	5.90	2.10		粉土夹粉质黏土：粉土：灰褐色为主，局部混灰黄色，黏粒含量较高，湿，稍密—中密；粉质黏土：以灰黄色为主，局部混浅灰色，软塑，稍有光泽，无摇振反应，干强度中等，韧性中等。	6.3±0.7
	4	24.31	6.70	0.80			
Qp_3	5	22.01	9.00	2.30		粉质黏土：灰黄色、灰褐色，软塑—可塑，含少量锈迹斑点，局部混粉质黏土、粉土薄层。	45.1±5.3
	6	19.01	12.00	3.00		黏土：以灰黄色为主，局部混浅灰色，可塑，上部含铁锰质浸染，下部含少量铁锰质结核，粒径较小，分布不均匀；含少量砂姜，粒径多为0.5～2.0cm，含量为10%～30%，分布不均匀。	信号饱和
	7	13.71	17.30	5.30		含砂姜黏土：褐黄色、棕色，硬塑，含大量砂姜，粒径多为0.1～0.5cm，含量约15%；含铁锰质结核和浅灰色条带。 黏土：棕色、棕红色，硬塑—坚硬，含大量铁锰质结核，粒径多为0.1～0.8cm，含量为10%～20%，分布不均匀；偶见砂姜，粒径较小，分布不均匀，有光泽反应，无摇振反应，干强度高。	152.2±21.9
Qp_2							

工程名称	徐州市活断层邵楼断裂钻孔联合剖面探测					工程编号	11008
孔　　号	XZ6-5	坐	34°10′03″		钻孔直径	110mm	稳定水位深度 2.20m
孔口标高	31.01m	标	117°13′27″		初见水位深度 2.10m	测量日期	

地质时代	层号	层底标高/m	层底深度/m	分层厚度/m	柱状图 1∶100	岩　性　描　述
Qp₂	8	9.51	21.50	4.20	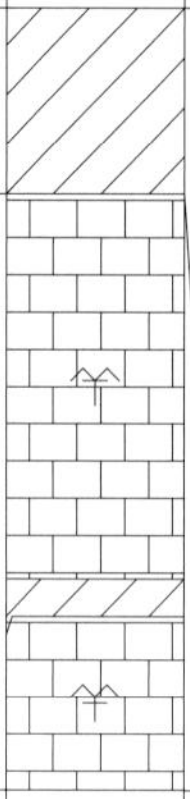	黏土：紫红色、肉红色，局部层低呈褐黄色，坚硬，含大量铁锰质结核，粒径大小不等，含少量砂姜，分布不均匀，底部岩心多呈成岩-半成岩状态，有光泽反应，无摇振反应，干强度高，韧性高。
		6.41	24.60			中风化灰岩：灰白色、青灰色，混褐黄色，中风化，隐晶质混泥质结构，块状、短柱状构造。
		6.11	24.90			
	9	4.71	26.30	4.80		

江苏省第二地质工程勘察院　外业日期：2011.1.10

图 3-10　XZ6-5 钻孔柱状图

3.6　目标区第四纪标准地层剖面

徐州地区第四系沉积类型可以归纳为平原区沉积和丘陵区沉积。平原区沉积以徐州西北的湖西凹陷最为典型，该区第四系厚度大，最大厚度可达 200m，以冲-湖积相为主，主要包括微山湖西及废黄河流域，由河、湖长期冲积浸漫而成，以标准钻孔 BZK1 孔为代表；丘陵区沉积以徐州东南部的山前前缘和山间洼地沉积最为典型，基底构造相对隆起，第四系厚度较小，一般厚 20～30m，地层发育不全，以坡-洪积物为主，以 XZ5-4 和 XZ6-5 钻孔为代表。

采用岩石地层划分法、年代学地层划分法，结合区域第四纪地质资料，按照平原区和丘陵区不同的沉积特征，对比分析目标区的第四纪地层，研究徐州地区第四纪地层框架，建立平原沉积区和丘陵沉积区第四纪标准剖面，为断层活动性鉴定提供第四纪标准地层依据。

3.6.1　平原区沉积地层

1. 岩石地层划分

根据野外观察地层岩性特征和综合测井结果，将标准钻孔 BZK1 大致划分为以下地层单元。

（1）全新统 Qh：包括层 1～层 9。其中层 1 为素填土，人工回填而成；层 2～层 9，埋深 1.5～12.3m，为河流相粉土、黏土。

（2）上更新统 Qp_3：包括层 10～层 24，埋深 12.3～38.2m，为湖相、河流相、海陆过渡相沉积形成的黏性土及粉砂层。

（3）中更新统 Qp_2：包括层 25～层 51，埋深 38.2～93.3m，为河流相、海陆过渡相、湖相沉积形成的黏性土及砂层。

（4）下更新统 Qp_1：包括层 52～层 59，埋深 93.3～111.0m，为河流相砂砾层和黏性土。

（5）新近系 N_2：包括层 60～层 62，埋深 111.0～124.4m，为湖相砂层和黏性土。

2. 年代学地层划分

实验室年龄值与野外观察有较大差异，本次测试的最大年龄值显著偏年轻，样品年龄测试结果大致范围为 2.9～760ka，其绝对年龄可靠性不高，年龄的相对值具有一定的参考价值，结合钻孔岩心和测井结果，BZK1 钻孔的年代地层大致分层如下。

（1）全新统（Qh）：埋深 0～12.3m，可分为上、下两层。上层以黄色、黄褐色黏土和粉砂质黏土为主，1 个 OSL 年龄为（2.9±0.3）ka；下层为灰色、灰褐色淤泥质黏土、粉砂质黏土，1 个 OSL 年龄为（9.2±1.0）ka。

（2）上更新统（Qp_3）：埋深 12.3～38.2m，以黄褐色的黏土、砂质黏土为主，结构较致密，略具次生黄土性质，含钙质结核。底部的棕红色黏土作为 Qp_3 标志层特征明显。

4 个 OSL 年龄自上而下为（49.1±5.0）ka、（60.8±6.1）ka、（81.2±8.9）ka、（106.8±11.2）ka，3 个 ESR 年龄分别为（178±23）ka、（262±26）ka、（281±31）ka。

（3）中更新统（Qp_2）：埋深 38.2～93.3m，以特有的棕红色并含灰白、灰绿色网纹为特征，岩性以黏土、粉砂质黏土为主，铁、锰浸染斑点及铁、锰结核和钙结核发育。该套地层顶部的 OSL 年龄为（131.3±15.7）ka 和（148.7±17.8）ka。该套地层共获得 7 个 ESR 年龄，自上而下大致变化在（285±32）～（667±86）ka。

（4）下更新统（Qp_1）：埋深 93.3m 以下，以黄褐色、灰白色为主，间夹黄绿色、灰白色段，以砂、砂砾石为主要岩性层，夹厚薄不一的黏土层。顶部 ESR 年龄为（758±98）ka。

3. 磁性地层划分

徐州周边地区古地磁研究工作开展较早，在 20 世纪 70～80 年代陆续获得了一系列钻孔岩心的古地磁研究成果，具有代表性的是江苏省徐淮地区第四纪地质研究中所做的钻孔古地磁测试结果。其中，Py9 孔位于盐城北郊，孔深 407m，埋深 171m 为 B/M 界线，第四系厚 210m；Gk5 孔位于连云港灌南，孔深 278m，埋深 79m 为 B/M 界线，第四系厚 133m；Ph4 孔位于宿迁大新，孔深 136m，埋深 49m 为 B/M 界线，第四系厚 105m；位于目标区西北侧的丰县 Hx43 孔的古地磁结果显示，埋深 82m 为 B/M 界线，第四系厚 118m（陈希祥等，1988）。总的看来，布容期（中更新世以来）沉积厚度较大，松山期（早更新世）沉积厚度相对较薄。通过与 E. A. 曼基宁（Mankinen）和 G. B. 达尔林普尔（Dalrymple）古地磁极性修正年表对比，并参考其他钻孔古地磁资料，对徐州周边地区的磁性年代地层进一步划分为极性带和极性亚带，并根据它们所代表的地层年龄，得到磁性年代地层划分结果（表 3-9）。其中，距离徐州目标区较近的丰县 Hx43 孔的磁性年代地层划分，全新统 Qh 底界约 17m，上更新统 Qp_3 底界约 58m，中更新统 Qp_2 底界约 82m，下更新统 Qp_1 底界约 118m。该钻孔与 BZK1 属于同一地层分区，因此该钻孔磁性地层的划分结果与标准钻孔具有可比性。

表 3-9　徐州及其周边地区第四系磁性地层划分（陈希祥等，1988）

地层底界	钻孔地层分界深度/m			
	Hx43 孔（徐州丰县）	Gk5 孔（连云港灌南）	Ph4 孔（宿迁大新）	Py9 孔（盐城北郊）
Qh	17	13	5	13
Qp_3、Qp_2	82	79	49	171
Qp_1	118	133	105	210

4. 第四系划分方案对比

对比徐州周边类似沉积环境磁性地层划分、标准钻孔 BZK1 的岩石地层划分和年代地层划分结果（表 3-10），三种划分方法的可靠度分析如下：

（1）磁性地层结果依据位于 BZK1 西北约 60km 钻孔的数据，该项工作是 20 世纪 70 年代开展的，312m 的岩心共采集 119 块样品。尽管该钻孔与 BZK1 孔处在同一沉积区，但二者的地层厚度存在差异，因此不可直接采用该磁性地层结果，但是该结果对标准地层划分具有重要的参考意义。

（2）岩石地层划分是在施工现场进行的初步划分，强调了沉积旋回在地层划分中的作用，尽管其结果可能会受到现场工作人员经验等因素的影响，但是其结果相对较为可靠，对地层划分具有重要的参考意义。

（3）年代地层主要根据 ESR 测年结果进行划分，BZK1 孔 38.2～93.3m 的 7 个 ESR 年龄值自上而下变化在（285±32）～（667±86）ka，尽管 ESR 测年可能存在较大误差，但仍具有一定的统计意义。在缺乏其他更为有效的地层断代依据下，测年结果不失为地层划分的一种重要依据。

表 3-10　目标区第四系不同划分方法结果对比　　　　　　（单位：m）

第四系分层	磁性地层底界 埋深/厚度	岩石地层底界 埋深/厚度	年代地层底界 埋深/厚度
Qh	17 / 17	12.3 / 12.3	12.3 / 12.3
Qp_3	58 / 41	38.2 / 25.9	38.2 / 25.9
Qp_2	82 / 24	93.3 / 55.1	93.3 / 55.1
Qp_1	118 / 36	111.0 / 17.7	—

5. 平原区第四纪地层标准剖面建立

根据岩石地层、年代地层、磁性地层划分结果，结合区域地层研究成果，基于标准钻孔 BZK1 建立徐州平原区第四纪地层标准剖面如下（图 3-11）。

（1）全新统（Qh）：埋深 0～12.3m，可分为上、下两层。上层以黄色、黄褐色黏土和粉砂质黏土为主，下层为灰色、灰褐色淤泥质黏土、粉砂质黏土。该套地层 OSL 年龄测试值为（2.9±0.3）～（9.2±1.0）ka。

（2）上更新统（Qp_3）：埋深 12.3～38.2m，以黄褐色的黏土、砂质黏土为主，结构较致密，略具次生黄土性质，含钙质结核。底部的棕红色黏土作为 Qp_3 标志层特征明显。该套地层 OSL 年龄测试值为（49.1±5.0）～（106.8±11.2）ka。

（3）中更新统（Qp_2）：埋深 38.2～93.3m，以特有的棕红色并含灰白、灰绿色网纹为特征，岩性以黏土、粉砂质黏土为主，铁、锰浸染斑点以及铁、锰结核和钙结核发育。该套地层 ESR 年龄测试值为（285±32）～（667±86）ka。

（4）下更新统（Qp_1）：埋深 93.3～111.0m，以黄褐色、灰白色为主，间夹黄绿色、灰白色段，以砂、砂砾石为主要岩性层，夹厚薄不一的黏土层。顶部 ESR 年龄为（758±98）ka。底部发育灰白色砾石层。

（5）新近系（N_2）：埋深大于 111.0 m，以灰白－黄绿色黏土为主，半固结-半成岩状。为新近系上段地层。

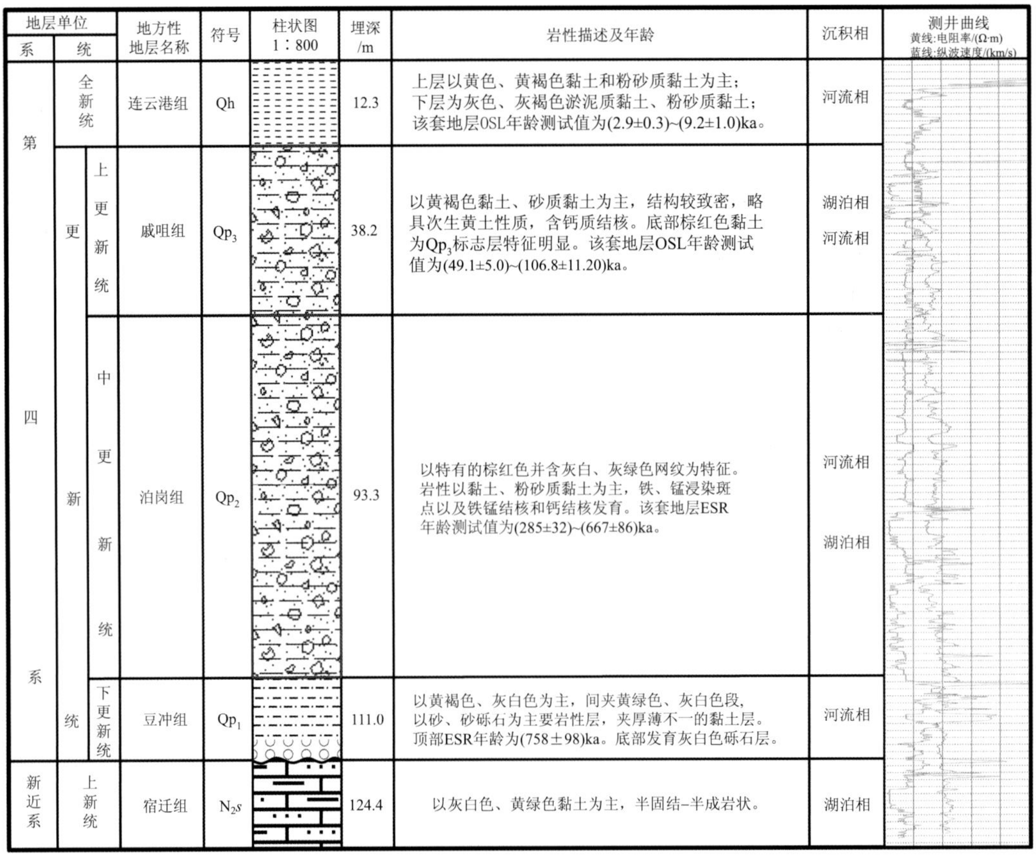

地层单位		地方性地层名称	符号	柱状图 1:800	埋深 /m	岩性描述及年龄	沉积相	测井曲线 黄线:电阻率/(Ω·m) 蓝线:纵波速度/(km/s)
系	统							
第 四 系	全新统	连云港组	Qh		12.3	上层以黄色、黄褐色黏土和粉砂质黏土为主; 下层为灰色、灰褐色淤泥质黏土、粉砂质黏土; 该套地层OSL年龄测试值为(2.9±0.3)~(9.2±1.0)ka。	河流相	
	上更新统	戚咀组	Qp₃		38.2	以黄褐色黏土、砂质黏土为主,结构较致密,略具次生黄土性质,含钙质结核。底部棕红色黏土为Qp₃标志层特征明显。该套地层OSL年龄测试值为(49.1±5.0)~(106.8±11.20)ka。	湖泊相 河流相	
	中更新统	泊岗组	Qp₂		93.3	以特有的棕红色并含灰白、灰绿色网纹为特征。岩性以黏土、粉砂质黏土为主,铁、锰浸染斑点以及铁锰结核和钙结核发育。该套地层ESR年龄测试值为(285±32)~(667±86)ka。	河流相 湖泊相	
	下更新统	豆冲组	Qp₁		111.0	以黄褐色、灰白色为主,间夹黄绿色、灰白色段,以砂、砂砾石为主要岩性层,夹厚薄不一的黏土层。顶部ESR年龄为(758±98)ka。底部发育灰白色砾石层。	河流相	
新近系	上新统	宿迁组	N₂s		124.4	以灰白色、黄绿色黏土为主,半固结–半成岩状。	湖泊相	

图 3-11　平原区沉积地层综合柱状图

该划分方案与综合测井结果具有较好的吻合性。在 12.3m 处的 Qh 底界的电阻率、自然电位和横波测试的三条曲线都有明显突变,38.2m 处 Qp_3 底界自然电位和横波测试曲线有突变反应,84.8~93.3m 段视电阻率和纵、横波速曲线都呈现出明显的陡坎型突变,与 Qp_2 地层底界分界对应,110.0m 处视电阻率曲线和纵波曲线存在明显的整体陡坎型突变和增大,对应 Qp_1 底界。

该划分方案与区域划分结果具有可比性。第四系底界(Qp_1/N_2)的划分既考虑了 Qp_1 顶部的 ESR 年龄,又考虑了中、下部无年龄地层段的岩性特征,Qp_1 以河流相黏性土和砂砾层为主,新近系上段为灰绿色亚黏土夹薄层粉细砂、亚砂土,该岩性特征与区域资料对湖西凹陷地层描述可对比(陈希祥等,1988)。

3.6.2　丘陵区沉积地层

依据钻孔 XZ5-4 和 XZ6-5 的岩石地层和年代地层划分结果,综合确定丘陵区第四纪地层标准剖面如下(图 3-12)。

地层单位			地方性地层名称	符号	柱状图 1:400	厚度/m	岩性描述及年龄	沉积相
系	统							
第四系	全新统		连云港组	Qh		1~8	灰黄、灰褐色粉质黏土。XZ6-5钻孔埋深5.1m处，OSL年龄为(6.3±0.7)ka。	冲积相
	更新统	上更新统	戚咀组	Qp₃		8~12	以灰黄色、黄褐色粉质黏土和粉质黏土为主。局部夹杂粉土薄层或透镜体。含铁、锰结核。OSL年龄分别为(45.1±5.3)ka、(68.7±8.5)ka和(125.1±13.5)ka。	冲积相 洪积相
		中更新统	泊岗组	Qp₂		1~5	棕褐色、棕红色黏土。坚硬，含大量铁锰质结核和少量砂姜。OSL年龄为(140.4±14.2)ka。	残积相 坡积相
前古近系							寒武系灰岩等。	

图 3-12　丘陵区沉积地层综合柱状图

（1）全新统（Qh）：灰黄、灰褐色粉质黏土。XZ5-4 钻孔底界埋深 2.8m，1 个 OSL 年龄为（19.0±2.1）ka，样品的光晒褪不充分，年龄明显偏老；XZ6-5 钻孔埋深 5.1m，1 个 OSL 年龄为（6.3±0.7）ka。

（2）上更新统（Qp₃）：以灰黄色、黄褐色黏土和粉质黏土为主，含铁、锰结核。XZ5-4 钻孔底界埋深 12.8m，2 个 OSL 年龄分别为（68.7±8.5）ka、（125.1±13.5）ka；XZ6-5 钻孔底界埋深 17.3m，2 个 OSL 年龄分别为（45.1±5.3）ka、（152.2±21.9）ka，后一个年龄可能在沉积开始前光晒褪不充分，结合地层岩性特征，将其划为上更新统。

（3）中更新统（Qp₂）：棕褐色、棕红色黏土，为残积和坡积。XZ5-4 钻孔底界埋深 14.0m，1 个 OSL 年龄为（140.4±14.2）ka；XZ6-5 钻孔底界埋深 21.5m。由于信号接近饱和，年龄值仅供参考。

分析认为，丘陵区第四纪沉积地层不连续，中更新统直接覆盖在基岩上，缺失下更新统；全新统与上更新统之间，可能存在沉积间断。

3.6.3　徐州地区第四纪古地理环境分析

　　综合分析徐州及周边地区第四纪沉积特征和新构造运动，认为徐州地区主要以差异性的升降运动为主，表现为徐州西北以沉降运动为主，以湖西凹陷为沉降中心，堆积了厚度超过百米的松散岩系；东部的丘陵地区以上升运动为主，地层多缺失，主要沉积数十米厚的晚更新世以来的松散碎屑层。第四纪不同地质时期古地理环境具有以下特征（图3-13）。

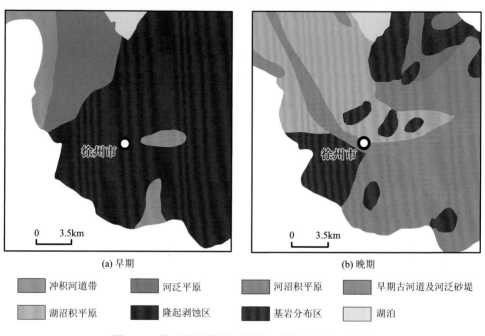

图 3-13　徐州地区第四纪早期和晚期沉积相示意图

　　早更新世时期，徐州市区一带仍为剥蚀区，源源不断向西北的平原区输送大量的风化碎屑物质，其间为河流、湖泊分布，形成冲洪积扇、古河道带、河泛平原等。

　　中更新世时期，除基岩风化物质以外，增加了下更新统和上新统物质来源。黏土、砂层物质通过再沉积作用，使该期沉积物颗粒普遍变细，很少见到砾石层成片分布。徐州西部，除局部为冲积扇和洪积扇沉积外，主要为受海侵影响的湖积平原。

　　晚更新世时期，东部沿海地区海陆变化频繁，基岩剥蚀区和平原堆积区发生较大变化。山前坡麓地带洪积裙发育，平原区古河道带、湖积平原、潟湖平原交替。徐州西部遭受海水入侵的影响，在古河道带的湖沼洼地形成海侵影响的湖积平原。

　　全新世时期，黄河泛滥堆积，古河道带及河泛砂堤发育。

第4章 目标区隐伏断层的综合探测

4.1 探测方法与技术

4.1.1 技术思路

针对活动断层开展探测，首先需要了解探测对象所处的环境，只有在分析清楚探测条件的基础上，有针对性地选择合适的探测方法和技术，才能实现有效的探测、达到预定的探测目标。徐州市目标区活动断层的探测，面临着地表地质条件复杂、城市干扰严重、地震地质背景特殊等问题，需要分析研究其对活动断层探测的影响，在此基础上选择有效的探测方法和技术。

1. 探测条件的特殊性分析

1）地表地质条件复杂

目标区地形地貌和地表地质条件复杂，自目标区东北部，经徐州到南部安徽宿县地区，发育规模较大的弧形山体（徐宿弧形推覆构造体），由一系列弧形褶皱组成，向西北突出。目标区地表为平原、丘陵、岗地和水域，地表地质条件复杂。一是表层土层形成与土层结构复杂，均一性差，河流纵横、暗河发育；二是基岩起伏大，由基岩出露的丘陵区、基岩埋深浅的岗地和山间谷地，以及埋深较深的平原沉积区组成。

2）城市干扰严重

徐州属于人口众多的区域中心城市，城市干扰复杂且严重。一是道路交通四通八达，为我国南北交通的重要枢纽城市，铁路客运、货运和公路各种大型重载车辆多，运输繁忙；二是徐州为著名的工业城市，建设有许多重要的重工业和制造企业，包括许多新型制造业也落户徐州；三是徐州作为区域中心城市，经济发达、人口快速向城市聚集，人为干扰严重。

3）地震地质背景特殊

徐州处在徐宿弧形构造体内，地震地质背景复杂。一是徐州历史上发生过中强地震，但是没有发生过地表破裂型地震，断层的活动性相对较弱；二是第四纪早中更新世地层发育不全，有的地层在局部地段存在间断或缺失，甚至在基岩上直接覆盖新地层；三是断层附近基岩面夷平程度高，断层两侧基岩断错落差小；四是断层多期活动、性质复杂，一部分是早期发育的老断层后期被改造,多为与徐宿弧形推覆构造同期伴生的走滑断层，其规模也相对较大，另一部分是后期局部活动的断层，以及与盆地伴生的同沉积断层。

2. 探测技术思路

基于以上探测条件的特殊性和徐州市活动断层探测的实际需要，有针对性地提出了徐州市活动断层探测的技术思路（图4-1），主要技术内容如下。

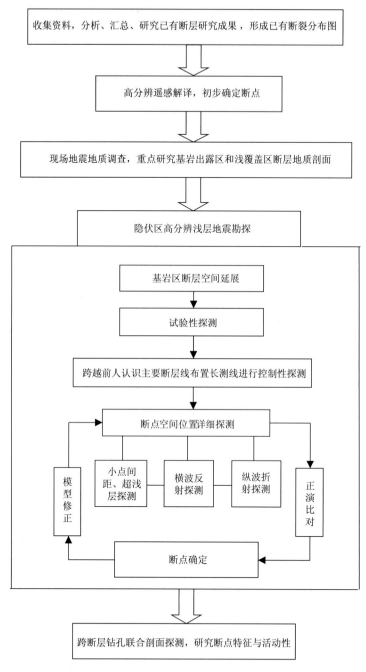

图 4-1　徐州市活动断层探测技术思路

（1）全面收集和详细分析前人资料及对主要断层的认识，编制断层分布的基础图件。重点是收集各行各业及不同研究者得到的断层研究成果，尤其是采用何种探测方法确定断层的活动性、空间展布，并依此区分其可靠程度。对于断层的不同画法，在后续探测测线位置布置与长度设计时，应予以重视并进行控制探测。

（2）对裸露区和浅覆盖地区采用地表地质调查方法进行探测。采用早期的卫片进行分析，开展高分辨卫星遥感解译，并以此为基础开展地质地貌调查和线性影像现场查验工作，采用断面剥离、清理和局部开挖、地层分析、断层物质年龄测试等手段，进行断层调查与活动性鉴定。

（3）对覆盖区采用浅层地震勘探方法进行探测。对每条测线开展试验探测，以选择探测方法、观测系统等。总体来讲，采用较大道间距纵波反射控制探测断层，小道间距的详细探测并辅以横波反射、纵波折射确定上断点的综合探测技术，确定断点空间位置、规模和上断点的断错深度等。

（4）浅层地震勘探测线野外施工方面，一是应充分考虑城市干扰大等因素，尽量避开干扰时段和干扰源。在城区，宜采用夜间施工方式，避开交通、人为和工业干扰严重时段；在郊外，测线选择应尽量避开主干道和交通要道。二是激发方式上，尽量采用灵活、有效的激发震源，在公路上施工尽量采用可控震源，在田间和交通狭小区段等可采用冲击源，在基岩埋深浅的地段甚至可以采用锤击震源，以信号可靠、能量稳定和方便施工为前提。三是数据采集上，宜采用抗干扰强的高频检波器，且与地面耦合良好。在硬路面上安装检波器时，宜采用石膏等耦合剂将检波器与地面固定。

（5）在合适位置开展跨断层钻孔联合剖面探测，鉴定断层性质、特征和最新活动性。

4.1.2　浅层地震勘探关键技术

浅层地震勘探包含两大部分，一是野外数据采集，能否采集到可识别的、真实可靠的有效信息是第一要务；二是数据处理与解译，决定着是否科学、准确地给出目标体，是决定结果可靠性、真实性的关键技术。针对徐州中强地震背景和平原丘陵复杂探测地区条件，常规的浅层地震勘探技术受到很大限制，需要针对实际情况，科学地选择激发方式、观测方法、观测系统及合理的资料处理方法，确保探测成果的质量。

1. 震源选择

徐州目标区属于中心城区，各种干扰很大，且基岩埋深起伏较大，断层的活动性又相对较弱，因此在选择激发方式时，需要根据每条测线的实际情况，通过试验探测进行选择。由于城区施工炸药震源不可取，因此激发震源选择的基本顺序为：可控震源、落锤震源、锤击震源。

（1）可控震源：采用机械振动的方式向地下发射一个频率随着时间变化的扫描信号，该扫描信号通常是线性的，也可以是非线性的，可以根据探测效果选择。当震源发射的扫描信号从地下界面反射回地表并被布置在地表的检波器接收时，用扫描信号与检波器接收到的反射信号进行自相关，即可得到与地层反射信号时间一致的地震记录。在目标区浅层地震勘探现场施工时，通过试验发现，基岩面总体来讲深度有限，在基岩深度大于 50m 时，通常选择 1 台 3t 可控震源即可取得较好效果，但其施工条件方面有所受限，主要集中在道路上施工。

（2）落锤震源：采用机械落锤法，将约 200kg 的重锤提升至高度 1.0～1.5m 后瞬间下落产生震动，有效探测深度一般为 30～150m，特点是施工方便、灵活，适用于可控震源到不了的地段施工。

（3）锤击震源：主要用于小点间距浅部地层的探测，可探测深度受土层条件限制，通常能达到 30～50m，该方法施工方便、灵活，但信号能量的均一性差。

2. 波的识别

识别单炮记录上的波的类型和性质是非常关键的技术环节，将直接决定记录到的资料是否可用，以及决定采用什么处理方法进行资料处理等，因此必须仔细分析单炮记录（渥·伊尔马滋，2006）。

野外单炮记录通常包含反射波、折射波、相干噪声和随机环境噪声，其中相干噪声包括面波、导波等具有频散特征的波，侧面波、声波，以及绕射波、多次波、工业电干扰波、工业振动与人为振动等。

（1）面波：也称地滚波，沿地表面传播。面波具有低频、强振幅和低群速度特征，是频散面波的垂直分量。面波发育地段，具有频散特征的面波其能量强，影响范围宽至反射波都无法识别，通常需要采取组合检波器来压制面波，效果不好时需要调整测线位置。面波速度很低，与浅层横波速度相近，如徐州，约 50m/s 至 200m/s 左右的速度值都有发育。由于近地表土层的不均一性，面波还可能发育有强的反向散射能量，需要仔细甄别分析。

（2）导波：为压缩波的一种，是圈闭在软弱层层间传播的波，类似于声波在风琴管中传播，因此也称通道波。导波最常出现在水域探测的记录中，主要是水层与地层有强烈的速度差异，使得大多数的能量沿着水底界面以水平方向传播。导波具有频散特性，即每一个频率成分以不同的速度传播，该速度为水平相速度；该波也是多变的，受水底条件和水层厚度影响都会发生变化；该波的传播区域主要局限在超临界区域，一般不产生透射波进入土层。但是水层与地层的速度差越大时，临界角就越小，就会有导波能量进入超临界区域而变成初至波。导波也能在陆地记录上看到，当浅表为硬土层，下伏为软弱淤泥层时也可记录到导波，通常是在暗塘区、古河道等发育区出现。

（3）声波：激发源产生的震动在空气中传播为声波，传播速度约 350m/s，其频率较高，对反射区域的反射波会产生干扰，严重时，记录中声波后常得不到清晰的反射波。野外施工遇到声波干扰时，需要改变震源与地面或铁板之间的直接冲击，可以铺垫橡胶垫或其他材质物质吸收冲击声波，最大程度减少产生的声波能量。

（4）工业电干扰：常常以单频波的形式干扰整个记录道，形成噪声道，即使记录到有效地震波信号也会被掩盖而几乎看不到，这种单频信号通常是 50Hz 或 60Hz 工业用电类强电信号干扰，产生原因通常与检波器和电缆接触不良、有漏电现象有关。野外施工遇到该干扰时，一方面是检查检波器与电缆接触是否良好，不要漏电或接头处与潮湿地面接触；二是在仪器上实施 50Hz 或 60Hz 限波；三是检查测线是否受大功率高压输变线的影响，如果干扰仍然影响大，则应改换测线位置。

（5）工业振动与人为振动：工业振动主要是指工厂车间机械振动，人为振动主要来自交通车辆振动和人员在测线附近走动等。想要避开这样的干扰，只有在选择测线时，尽量避开工业振动源、交通要道等。现场施工时，通常采取在每次激发时统一号令禁止走动、使交通车辆停车歇火等方式，以最大程度减小干扰。夜间施工相对噪声小，是比较好的施工时间段，但在经过城市或村庄时，需要合理选择施工时间，避免扰民。

（6）随机噪声：有各种来源，包括检波器埋置条件差，与地面没有耦合好、松动或者随意搁在路面或草地上；风的运动对检波器、电缆线产生的噪声；电缆噪声，包括电缆淋雨漏电、电缆本身噪声等；由于气候条件引起的电子仪器噪声，以及接收排列附近外界瞬间干扰运动产生的瞬时噪声等。

（7）初至波：也称首波，即最先到达检波器并记录下来的地震波，包括近炮点的直达波、下伏地层的折射波，有时还有导波、侧面波等，需要根据各种波的形成机理，采用正演模型进行拟合计算确定。其中折射波是沿下伏地层界面滑行的地震波，其发育程度受制于界面速度差异。因此，可以采用折射波探测出下伏地层的速度值及界面起伏形态，结合折射波能量变化和到时差异探测是否存在断层及下伏地层结构，特别是当下伏地层为基岩面时，可以判别出基岩面的破碎情况，从而辅助判断断层的性质和断层影响带宽度等。

（8）反射波：为激发的地震波向下传播至地层的波阻抗差异面后反射回来的波。反射波的强弱受制于波阻抗面的差异程度，差异越大反射系数越高，因此通常是基岩面的反射系数很高，或者是软弱层下发育的黏土层或致密砂层其反射信号也很强。反射波在单炮道集记录上或时距曲线上表现为双曲线特征，易于识别。如果反射界面是水平的，反射双曲线的顶点位置位于零偏移距处；如果反射界面是倾斜的，则反射双曲线的顶点位于界面上倾方向偏移一定的距离。当地下为多层水平地层时，每个波阻抗界面都会随着波阻抗差异值产生反射系数不同的反射波，反射波的曲率则直接反映了地层之间的差异，其截距到时可以直接计算出该层界面的埋藏深度。反射波的变异则可以用来判断反射层的结构变化，包括断层、断面、断层破碎带宽度及浅部地层的非均匀性等。

（9）绕射波、侧面波：一般是特殊构造的显示。绕射波通常与断点有关系，表现为以断点为中心出现开口向下的对称双曲线反射弧，也就是反射弧的顶点通常为断点所在位置；侧面波则往往与断面或者岩体壁侧面反射直接有关。

（10）多次波：指二次反射以上的波，其路径是复杂的，可以是全程路径的二次反射，层间多次反射，以及全程与层间组合的多次反射。多次波具有周期性，因此可以利用正演模型预测多次波。通常是波阻抗差异大的界面容易产生多次波，如上面为无限空间、下面为土层的地表面，软弱淤泥层底为坚硬黏土或致密砂层，基岩面上覆松散沉积层等。对于倾斜地层的多次波，界面的倾斜程度随着多次波的次数增加而加大，角度会发生明显变化，表现为多次波波组的倾角越来越大。

图 4-2 是简化层状模型下波组发育理论时距曲线示意图。由图 4-2 可见，在激发点附近，主要是面波、声波、导波等线性干扰波发育区；随着距离增大，主要发育有初至波，包括直达波、折射波及反射波等。反射波在近距离主要与面波、声波干扰区重叠，在初至区主要与不断置换的来自不同层位的折射波相重叠。

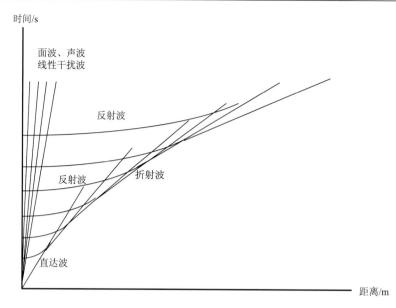

图 4-2　简化层状模型波组发育理论时距曲线示意图

3. 观测系统选择

在识别单炮记录上波的类型与性质的基础上，采用一定的方式有效地记录和分离出需要探测的波，是达到探测目标的根本要求。观测系统就是选择合适的观测参数，将探测目标层深度和目标对象在地震勘探记录剖面中得到充分的显示，与各种干扰波有效隔离和区分出来。单炮记录具备较高的信噪比，是观测系统选择的基本要求。

观测系统通常包括下列参数：炮间距、道间距、最小偏移距、最大偏移距、记录道数、叠加次数等。在复杂探测对象和地表观测条件下，通常开展观测系统的选择试验，也有学者通过研究给出了理论计算的近似公式（邓志文，2006）。这种技术常被称为"最佳观测窗口选择"或"最佳观测时窗法"。这是一种针对有效分辨探测目标物量身定制的观测系统，极大地提高了观测成果的可靠度，该技术被工程物探界广泛使用。

最佳观测时窗法的根本在于确定观测参数，其最基本的原则是保证探测的目标波组能被整个接收排列有效的记录到。基本做法如下：

1）开展全排列零偏移距观测

全排列观测记录道数一般大于 120 道，排列长度控制在基岩深度的 8～10 倍，以全面了解波组发育情况、完整记录基岩反射波组，兼顾上覆地层反射波组和下伏地层内的反射波组为目标，同时调查清楚发育的各种干扰波和随机噪声等情况，勾画各种波的时距曲线图。

2）选择最佳观测窗口

以图 4-3 为例，时距曲线显示发育有 6 组反射波，若以反射波⑥作为探测目标层，则选择最佳观测窗口的首要问题是确定最大偏移距和最小偏移距。在选择最大偏移距时，需要有效避开图示右侧的折射波和初至波发育区的影响；在选择最小偏移距时，需要避开图示左侧的面波、导波、声波发育区的影响；同时还需要满足，选择的最小偏移距与最大偏移距之间发育的反射波其反射系数相对稳定，表现为发育的目标波组能量比较均衡，无明显的分频、变异和相移现象。图 4-3 针对 6 组反射波分别给出了以每一组反射波为探测目标波组的最佳观测窗口，6 个窗口的差异是明显的，尤其是在以深部反射为探测目标时，浅部反射的有效信号几乎接收不到，如反射波⑥观测窗口无法探测到反射波①，仅有少量记录道数能够观测到反射波②、反射波③，反射波④、反射波⑤在近炮点的记录损失也较大，因此观测窗口不可能做到深浅兼顾，必须针对目标层位和探测目的合理选择观测窗口。

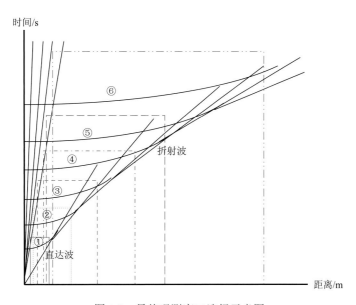

图 4-3 最佳观测窗口选择示意图

对于徐州活动断层控制性探测来讲，首要目的是确定是否有断层及断层可能存在的大致位置，将控制性探测目标波组确定为基岩面，这也是波阻抗差异最大的界面，在反射剖面上易于判读和探测到；其次，在发现断点的位置附近，进一步确定断层的空间展布位置及上断点位置，选择波阻抗差异比较大的土层界面作为目标层，同时能兼顾记录到基岩面和上覆地层反射波组，有针对性地确定新的最佳观测窗口和设计观测系统参数，有效探测出断层自基岩面向上延伸的特征。

3）确定合理的记录道数

图 4-3 显示，发育的 6 组反射波观测窗口差距大，可观测到相应反射波的位置与距离差异也大，如反射波①、反射波②发育的可观测距离很短，若采用适用于 6 组反射波探测的道间距时，其在单炮记录上记录不到几道。因此，对于不同的反射波目标层，需要调整好点间距，在确保目标层位的基础上，合理兼顾浅部地层反射波。但即使如此，浅部反射的有效叠加次数还是不足的，反射叠加处理后的资料可靠性差，尤其是当需要利用这种资料确定断层的上断点位置时风险很大，结论的可靠性差，甚至可能得到错误结论。因此，在这种情况下，需要重新设计观测浅部反射的具有针对性的最佳观测系统，

加密道间距、增加叠加次数开展精细探测，以得到可靠的、可分辨的上断点位置，这是科学合理的最佳观测窗口选择技术的根本。

4. 资料预处理

在每条测线上，间隔一定炮数选择单炮记录进行信噪比分析，追踪目标反射波发育情况，以及噪声分布与干扰情况，必要时对每一炮单炮记录进行分析，提出对干扰波的处理办法。通常的做法如下。

（1）废炮处理：对于干扰严重且基本看不到反射信号的单炮记录，以及可能记录到的是虚假信号的记录，如炮点为桥面时的记录，应当作为废炮处理，将本炮数据记录全部充零。

（2）废道处理：对于噪声过大，或者记录到的是震荡波，或者有其他人为瞬间干扰的记录道，应当作为废道处理，将本道数据记录全部充零。

（3）面波、导波处理：对于面波、导波高度发育、无法分辨出有效反射波的区域，应当实施切除处理，即对该干扰区数据记录实施充零处理；当面波、导波区仍然能够分辨出有效反射波时，应当尽量保住有效反射信号，可以采用内切滤波方法处理（邓志文，2006），即在单炮记录中将面波、导波发育区画出来（内切区），对该区域用一个频域归一化算子做低截滤波，将低频、高能量强度的面波、导波过滤掉，保留中、高频的有效反射信号。

（4）初至区处理：由于初至区的波频率特性与反射波接近，在时间域上反射波与初至区的波相交融，与同层折射波相切，与上覆层折射波交会，相互干扰严重，不易区分开，在资料预处理时应当予以切除处理，将该部分数据记录全部充零。

（5）随机干扰的处理：对于随机干扰、仪器设备噪声干扰比较大的单炮记录，特别是随机干扰与有效反射信号强度接近时，应当将有效信号到来之前的该段记录予以切除处理，将该部分数据记录全部充零。

图 4-4 给出了干扰区切除范围的示意图。通过切除处理，单炮记录上能够较为完整地保留下 6 组反射波。

图 4-5 给出了徐州目标区现场试验得到的全排列单炮记录，其中面波和随机干扰比较严重，是需要予以切除处理的；初至区直达波、折射波与反射波相交会，不易区分，应当予以切除；根据双程时 150ms 的反射同相轴能量判断，属于基岩反射波；上覆土层反射波发育不良。由此，选择的最佳观测时窗为 12～70 道，该时窗对于探测基岩反射波具有最佳效果。

5. 地震资料处理方法分析

为了最大程度处理出符合实际情况的地震勘探结果，一方面要在野外采集和预处理上下功夫，另一方面需要在资料处理技术方面深入研究。地震资料处理方法在很大程度上受野外采集数据质量的影响，采用什么方法技术、参数如何选择等问题将直接决定资料处理结果的可靠性。事实上，地震资料处理存在的一个基本问题，就是对于相同的原始资料，不同单位甚至不同的处理人员得到的处理结果都不同，每张剖面在频率成分、

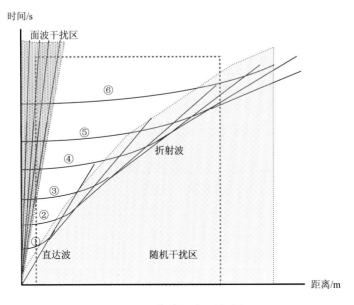

图 4-4　干扰波切除区域选择

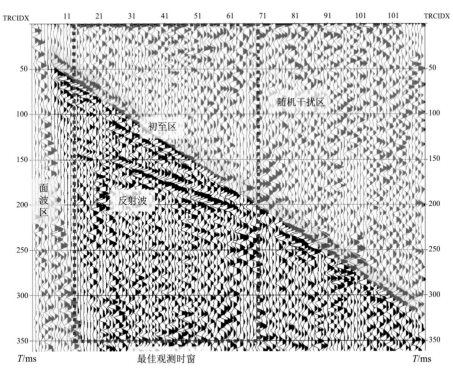

图 4-5　现场试验全排列观测单炮记录与最佳观测时窗选择

信噪比、构造特征与连续性等方面存在明显的不同之处。之所以不同，源于参数选择的差异及处理算法在实现细节方面的差异。

地震资料处理不是万能的,不能认为野外采集回来的数据经处理就能得到真实结果。地震资料处理最大的特点就是压制各种类型的噪声来揭示真实的反射波,但是不可能从没有地震信号的野外资料中产生有效信号,它最多能压制野外资料中的各种噪声,以便将掩盖在噪声中的反射能量显示出来。因此,野外采集看不到有效反射信号的记录,即使通过处理得到了反射剖面,其结果的可信度也是很低的,甚至是错误的,切不可迷信资料处理,它是有假设前提条件的。

对于活动断层探测来讲,浅层地震勘探资料处理主要包括三个环节,即反褶积、叠加和偏移,各自的作用是不同的,也是有前提条件的。

(1)反褶积:就是通过压缩基本地震子波成为尖脉冲来压制多次波,沿着时间方向提高时间分辨率。其基本假设就是一个固定的垂直入射的最小相位的震源子波和无噪声白噪的反射系数序列。但反褶积存在的问题是输出结果的精确度是不可预见的,需要与测井等其他资料相对比,因为其模型在特征上是非确定性的。

(2)叠加:或称共中心点叠加(CMP 叠加),就是沿着偏移距方向,将大量的 CMP 记录数据资料叠加,压缩成零偏移距剖面,以压制随机噪声,提高信噪比。其基本假设是符合双曲线动校时差,对于水平成层的沉积岩地区非常有效,但对构造非常复杂的地区还是受到影响的,因此该处理环节还应辅以速度分析、动校正、静校正等技术。

(3)偏移:就是将倾斜同相轴归位到它们真实的地下界面位置,并使绕射波收敛,以此提高空间分辨率和得到地下界面的地震图像。偏移的基本假设是零偏移距的波场模型,由于偏移基于波动方程理论,因此这是一个确定性过程,其输出的结果通常也是确定的。偏移实质上是一个成像过程,可以从图像上直接判断偏移输出结果的正确性,偏移可能存在的不确定性主要来源于输入的速度信息。

反褶积、叠加、偏移这些处理方法技术都是有假设前提条件的。但是没有一个假设是真实有效的,只有当这些处理技术做得非常充分时,这种假设条件才可能不是非常敏感,由此得到的结果也就更加接近于真实(渥·伊尔马滋,2006)。因此,资料处理得到的剖面成功与否,不仅依赖特定处理方法技术的有关参数,还依赖合理的处理步骤,以及处理技术的合理、科学组合等。

6. 地震资料处理技术

针对徐州目标区地震地质条件,浅层地震勘探资料处理的目标是发现断层并研究其特征与最新活动。通过预处理过程后,地震资料相对来讲干扰波被极大地消除了,留下的大部分是有效的反射信号。此时,地震资料处理也就转入第二环节,也是资料处理的重点,即速度分析、动校正和 CMP 叠加,其次是偏移处理,当发现有残留面波或多次波时,应适当做些反褶积处理。

1)速度分析

地震波在地下介质中传播,其速度包含了地震波传播路径上的地下岩体、地质构造等有价值的信息,因此,速度是地震资料处理、解释的重要参数,获取准确的速度参数是正确处理和解释地震资料的重要工作之一。

对于速度分析,可采用常速扫描法或者速度谱分析技术。

（1）常速扫描：是建立在反射波双曲线基础上的速度提取方法。采用一定速度范围内一定速度间隔值，对 CMP 道集进行一系列速度值的动校正处理，并按照速度值排序给出每一速度值下得到的动校正道集记录，把随偏移距变化的同相轴拉平效果最好的速度值作为该时间点上的叠加速度值。按照时间顺序逐一得到其叠加剖面，称为常叠剖面（CVS），从常叠剖面上仔细拾取不同反射层位的最理想的速度，即为该剖面的叠加速度。通常每条测线上，常速扫描需要按照一定的间隔选择单炮记录开展，并勾画出整条测线的叠加速度图，以此可进一步分析该测线上横向速度差异情况。

（2）速度谱分析：主要就是在速度-零偏移距双程旅行图上计算信号的相干性，拾取具有最高相干性的速度函数，得到叠加速度。

2）动校叠加剖面

采用分析得到每条测线的叠加速度进行动校正和叠加处理得到初叠剖面，初叠剖面的影响因子仅有速度值，因此其可靠性高，是后续分析处理的基础剖面。为了排除速度分析和动校叠加对可靠性的影响，应该利用初叠剖面反射波组与原始单炮记录发育的反射波组逐一进行分析对比，判断处理结果的可靠性；同时以初叠剖面特征判断是否可能存在断层，其结果比较可靠，断点位置相对也比较准确，因为初叠剖面尚未做偏移处理，断点附近的绕射波、断面波特征明显。

3）偏移处理

主要针对发现有绕射波和倾斜地层等复杂结构、构造的数据进行偏移处理，目的是进一步细化断点特征和将倾斜地层归位，美化地震剖面，使叠加剖面看起来更加类似于沿测线的时间域地质剖面，易于地质专家使用。

4）其他处理

（1）当发现单炮记录上发育有多次波时，可选择采用反褶积技术来压制多次波干扰。

（2）当预处理后，地震记录上仍然发育有面波等相干线性噪声干扰时，可选择频率-波数域（f-k）倾角滤波，压制面波等线性干扰。

（3）在地形起伏较大时，应采用静校正、剩余静校正技术消除其影响。

（4）对于复杂地质条件，可以采用叠前偏移、叠后深度偏移及深度域地质模型正演等技术，进一步改进叠加剖面质量和地震资料解释结果。

4.2　浅层地震勘探试验探测

浅层地震勘探试验探测是断层探测工作的基础，通过现场试验探测，确定探测目标物和探测可行性，据此修正观测系统参数，再进行试验、修正观测参数，最终确定正式实施参数和开展探测，并采用钻探方法进行验证，确保探测成果的可靠性。

徐州市活动断层探测即采用上述的探测步骤"由粗到细、环环相扣"。现场试验主要包括震源试验、工作方法试验与参数选择、处理软件和处理技术的对比试验等。

4.2.1　数据采集系统

数据采集系统应尽可能采用数字式、高保真、高动态范围和低噪声的地震仪，这是在强干扰背景下记录微弱有效信号的基本保证。本书采用美国 SI 公司生产的 S-Land 全数字化高密度地震勘探数据采集系统进行现场数据采集。该设备的主要特点如下。

（1）传感器输出的地面振动信号经过极短（几毫米）的传输后就被转换成数字信号，采用单道单只传感器接收地震波，全数字化的数据传输技术极大地降低了地震数据采集时反射、折射等信号的损耗和畸变，真正做到对传感器（动圈式、加速度检波器、MEMS 传感器）的模拟信号进行最大限度地高保真模数转换、数字化传输和数字化记录，可获得高信噪比、高分辨率、高保真的原始数据。

（2）采用全数字高保真技术极大地降低了 50Hz 工频干扰对地震反射数据的干扰，体现了全数字化地震勘探仪器的优势。尤其是在城市进行地震勘探时，可获得高信噪比的地震数据。

（3）轻便化、微型化、集成化、人性化的硬件设备极大地提高了野外施工效率，降低了野外施工成本。

（4）数据链及数字化检波器外壳防水深度可达水下 15m，特别适合在野外恶劣环境下的施工。

（5）实时的排列状态监视功能，可以使操作员直观地看到每个采集设备的状况和每个数字化检波器的能量。可以示波器的方式实时看到选定的数字化检波器（每次最多可以选定 24 个）的振动波形。极大地方便了操作员对数字化检波器工作状况的检查，可快速地判断和处理野外观测排列上的设备故障。

（6）方便灵活的电子单元和检波器单元的年检、月检和日检测试功能。检波器垂直度测试功能，可确保仪器系统的电子部分和检波器在技术指标许可范围内工作，并高保真地采集地下各种反射信息。可根据地质任务灵活地更换各种不同的传感器芯体，包括 MEMS 传感器。

（7）频率响应宽、低频响应好，有效波频率至少提高了 10Hz，最多可以提高 30Hz，有利于提高超浅层地震勘探分辨率。

（8）随机配备的软件有单道数据分析功能，可以使操作员随时了解和掌握数据的频谱特征和功率谱特征。

（9）配置 28Hz 纵、横波两用检波器，可据工作需要在不增加设备的情况下进行纵、横波联合勘探。

S-Land 全数字化高密度地震勘探数据采集系统主要技术指标如下。

• 模数转换：24 位 Δ-Σ 模数转换技术。

• 可用的前方增益：0dB、12dB、24dB、36dB。

• 输入阻抗：1kΩ damping（＞24 without damping）||5nF。[①]

• 满量程输入电平值：0dB，5Vpp；12dB，1.25Vpp；24dB，312.5mVpp；36dB，78.1mVpp。

• 漂移：在各个增益档上实时数字归零。

• 采样率：0.25ms、0.5ms、1ms、2ms。

---

① S-Land 说明书原件所著。

- 频带宽度：（–3dB @ 1ms）428Hz；（–3dB @ 0.25ms）1600Hz。
- 通频带宽度截止陡度：（above Nyquist measured –6dB below full scale）>130dB。
- 通频带波纹系数：（在 400Hz 以下）0.01dB。
- 通频带相位特征：线性。
- 信噪比：（RMS to RMS 800 Ω terminated input）1ms 采样率。

0dB 123dB（typ.）>120dB；12dB 122dB（typ.）>118dB；24dB 115dB（typ.）>112dB；36dB 103dB（typ.）>100dB。

- 总谐波失真：（measured –6dB below full scale，31.25Hz）1ms 采样率。

0dB 115dB（typ.）>110dB；12dB 110dB（typ.）>100dB；24dB 110dB（typ.）>100dB；36dB 100dB（typ.）>90dB。

- 系统动态范围：>145dB（1ms 采样率）。
- 增益精度（绝对值）：1%（典型值）。
- 增益精度（在不同前放增益下）：0.4%（典型值）。
- 功耗：<250mW（典型值）。
- 操作温度：–35～+75℃。

4.2.2　震源试验

现场工作采用的震源包括电落锤震源、机械冲击震源和车载可控震源三种。其中车载可控震源的效果比较好，不再做详细的试验比较。由于徐州现场许多地段车载可控震源无法施工，需要采用灵活、便利的震源进行激发，震源试验主要围绕电落锤震源、机械冲击震源开展。

1. 机械冲击震源叠加次数试验

采用上海申丰地质新技术应用研究所有限公司自行研制的 MZC-1 机械冲击震源（纵波），该震源的锤头约 100kg，采用液压提升系统将锤头提升至 1.5m 高度后释放，直接冲击地面产生震动。该设备装有轮胎，可移动，也可以人工抬着走，非常适合于乡间小道、田野和复杂场地的施工，是十分灵活有效的浅层地震勘探震源。图 4-6 为采用机械冲击震源得到的垂直叠加 1 次和垂直叠加 5 次的地震单炮记录。

垂直叠加 1 次所得地震记录基本特征：初至波能量强、第 41 道附近 100ms 及以上的反射波能量强、同相轴连续、信噪比高，波组特征清晰；在第 49 道 120～200ms 和大号段的 160～250ms 区间，仅能见到 2 组断续分布的反射波同相轴，能量较弱，再往下则发育了多组较为清晰的反射波，但能量呈现团块形状，持续稳定不足；在面波发育区，面波较强但同相轴连续性较差，有能量团块现象。总体而言，反射区反射波能量偏弱，信噪比不高，发育的浅部波组能量强且稳定，深部波组能量不足，连续性差，同时面波区的面波能量也不是很强。

垂直叠加 5 次所得地震记录基本特征：初至波能量强，反射区的反射波从浅部反射至 320ms 以上段，出现一系列的能量持续稳定的反射波组，特别是在 1 次叠加剖面大号段 160～250ms 缺乏明显反射波组段，在 5 次叠加剖面出现了多组稳定的反射波同相轴，

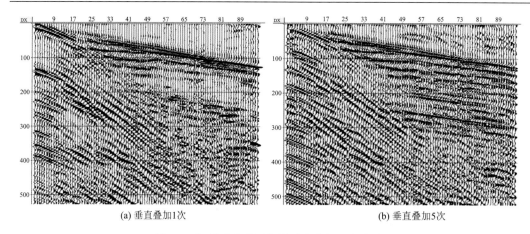

(a) 垂直叠加1次　　　　　　　　　　　　　　　　(b) 垂直叠加5次

图 4-6　机械冲击震源纵波垂直叠加对比试验

且在 300～320ms 段还出现了 2 组能量稳定的反射波。在面波发育区，主要在近炮点处出现面波增强现象，且面波能量团块现象不明显，更多的是出现连续稳定的面波频散同相轴。

对比 1 次叠加和 5 次叠加记录，5 次叠加单炮记录显示反射区反射波能量强、信噪比高，可分辨的反射波同相轴明显增多且探测深度明显较 1 次叠加要深，深部反射波能量强且连续性好，同时面波区面波的能量并没有明显增强，只是同相轴的连续性明显提高。因此，适当增加叠加次数，对提高探测能力和资料信噪比具有显著的优越性。同时野外试验发现，由于震源冲击点一般采用尼龙板作为垫子，随着冲击次数增多，尼龙板下陷，可能会造成地震波的相位延迟或相变，因此不是次数越多越好，而是要控制合理的次数，通常取 4～5 次为宜。

2. 机械冲击震源与电落锤震源比较试验

电落锤震源采用美国的 Gisco ESS200 型电落锤，该震源激振力大于 100kg，是一种重复性好、便于运输与移动、能量较大的震源，该震源装置配有震源车，包括发电机、有线和无线遥控装置等，非常适合野外工作，在汽车能到的道路，包括乡村道路上施工比较方便。相比而言，电落锤的激振力比机械冲击震源的激振力大，但机械冲击震源运输与移动更为方便，施工场地也不受道路交通的限制。

图 4-7 为分别采用机械冲击震源和电落锤震源得到的垂直叠加 1 次地震单炮记录。比较两张地震记录可以看出，电落锤得到的地震记录较机械冲击震源的地震记录能量强、频率低，探测深度深。比较而言，两种震源得到的地震记录初至区与浅部反射波波组特征一致；再往下，以第 65 道附近记录分析，机械冲击震源地震记录在 220ms 附近存在一组同相轴能量基本稳定、连续但能量相对弱、信噪比较高的反射波，在 330ms 附近存在一组微弱的反射波，能量不稳定；电落锤震源地震记录在 220ms 附近几乎看不到反射信号，直到 330ms 附近才有断续分布的反射波同相轴出现，在 350ms 附近发育有一组相对清晰的反射波。分析认为，机械冲击震源激发的地震波频率较高，相对分辨率高、探测深度浅；电落锤震源激振力大、激发的地震波频率较低，分辨率稍差，但探测深度较

深。因此在野外施工时，可根据施工条件和探测目标深度合理选择震源，同时对同一条测线尽量选择一种震源进行激发，在疑问地段采用两种震源并行施工的方法，提高探测精度。

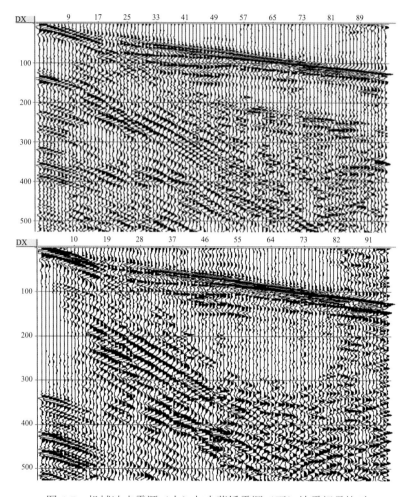

图 4-7　机械冲击震源（上）与电落锤震源（下）地震记录比对

4.2.3　探测方法选择试验

徐州地区基岩埋深差异大，市区及附近处在山间盆地沉积区，其基岩埋深较浅，西部地区为平原区，沉积了较厚的第四纪沉积物。因此，在正式开始探测时，需要开展纵波、横波探测方法比对试验，针对探测的目标地层确定合适、有效的探测方法。

以 L3-2 和 L4-1 测线开展的试验为例，说明探测方法选择的基本考虑与确定原则。

（1）扩展排列长度与道间距确定。按照基岩埋深 40m 考虑，最大偏移距 4～5 倍深度进行控制探测，则排列长度控制在 200m 左右。考虑到基岩埋深较浅，有效反射波组窗口较小，正式施工时宜采用较短的排列长度，因此扩展排列试验采用道间距 2m、96 道记录。

（2）L3-2 测线扩展排列纵波记录和横波记录（图 4-8）显示，横波波组发育明显优于纵波波组发育程度。纵波记录上，面波发育明显，浅部反射波受面波影响大，且反射波波组凌乱，特征不明显，在第 60 道（120m 炮检距）以后，基岩折射波进入初至区，视速度约 4000m/s，与古生代地层对应的纵波速度基本一致，基岩反射波在纵波记录上不易直接识别；横波记录上，几乎没有受到面波、折射波等其他干扰波的影响，有效反射波信噪比高、特征明显，270ms 左右的反射波同相轴清晰，对应的深度与纵波记录上利用折射波解释的基岩埋深一致，为基岩面的横波反射波组。因此，对于 L3-2 测线，采用横波反射勘探具有明显优势。

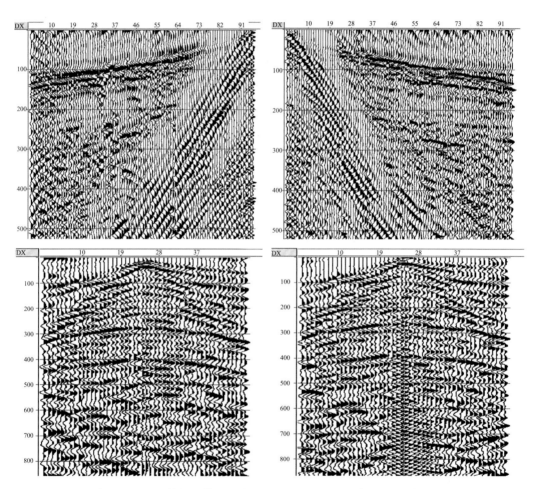

图 4-8　L3-2 测线扩展排列试验记录比对（上部：纵波，下部：横波）

（3）L4-1 测线扩展排列纵波记录和横波记录（图 4-9）显示，两者有各自的优点。纵波反射记录可以分辨出双程时 50ms、95ms 左右两组同相轴连续、稳定、清晰、信噪比高的纵波反射，其中 50ms 反射波为基岩顶面反射（埋深约 33m），面波、折射波清晰，对上述两组反射波没有明显干扰影响，易于选择针对以基岩为探测目标的最佳观测窗口，且观测窗口相对较宽，但是 50ms 以浅记录部分（埋深小于 33m）受到面波的强烈干扰，没有可分辨的反射波组，因此，采用纵波反射探测，无法分辨埋深小于 33m 的地层分层及特征；横波反射记录可以准确分辨出双程时 260ms 左右的一组同相轴连续、稳定、清晰、信噪比高的横波反射，其埋深约 33m，与纵波基岩反射深度一致，判断为基岩顶面横波反射。在该反射波组以上的记录部分还可以分辨出双程时 80ms、120ms、150ms、190ms 等多组横波反射信号，但是受到一定强度的面波干扰，其连续性稍差；在该反射波组以下记录部分，没有记录到来自更深地层的、可准确分辨的反射波同相轴。上述试验表明，无论采用纵波反射法还是横波反射法都能准确探测到基岩面，但纵波反射法对基岩面以上地层分辨不清楚，对基岩面以下的地层具有一定的勘探能力；横波反射法对基岩面以上地层具有一定的分辨能力，但对基岩面以下地层不具有勘探能力。因此，对该测线，两种探测方法都具有可行性，考虑到对断层特征的全面了解，一般采用纵波勘

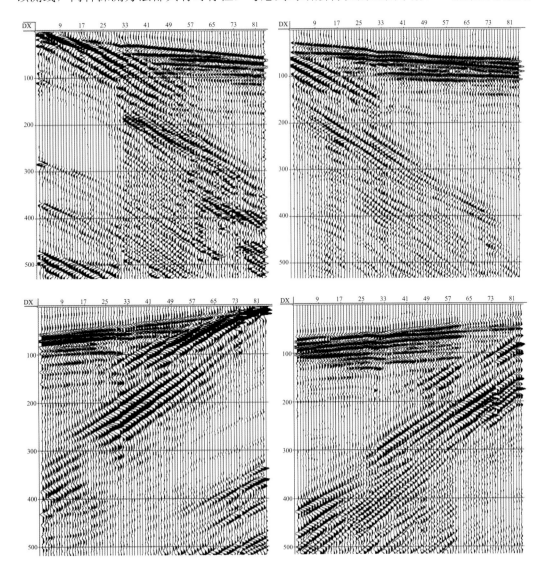

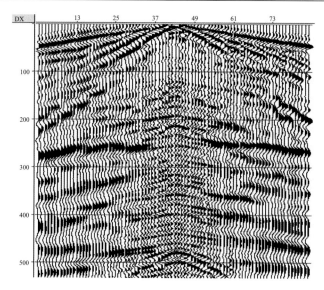

图 4-9 L4-1 测线扩展排列试验记录比对（上部、中部为纵波记录，下部为横波记录）

探为主，在发现断层附近，平行布置横波测线进行对比探测，综合确定断层剖面位置及断层向上断错最新地层的位置。当面波干扰严重影响到纵波反射记录时，则直接采用横波勘探方法进行探测。

（4）试验表明，在徐州目标区，横波反射法的最大有效探测深度宜控制在 70m 以内（通常指基岩埋深小于 70m），在该深度范围内横波反射法勘探较纵波勘探具有多方面的优势：

①由于浅部面波发育不强，最佳观测时窗范围较宽，适合中间激发，有利于适当加长记录排列长度，提高工作效率。

②上覆土层与基岩面的波阻抗差异大且横波传播速度明显低，使得基岩面横波反射与浅部干扰有效区分出来，基岩反射同相轴清晰、能量强且稳定，易识别、易追踪。

③横波反射速度低、波长短，能有效分辨出基岩以上的浅部地层分层，是实现高分辨探测的有效方法。

④浅部介质横向不均匀性变化对横波反射影响较大。

因此，在正式施工时应综合考虑纵波、横波勘探对探测目标物的有效性及方法的优缺点，合理选择探测方法，必要时可采用纵、横波联合探测方法进行施工。

4.2.4 弱活动断层的探测技术

弱活动断层通常是指断层的新活动性弱、活动特征不明显、与之相关的地震震级不大，不会产生明显的地表破裂，因此其研究难度大，造成研究者对弱活动断层的界定也存在差异。闻学泽等（2007）通过研究中国大陆东部与破坏性地震有关的断层，认为弱活动断层是指无全新世甚至晚更新世活动地质地貌证据的，但发生过非地表破裂型的中强震甚至强震的断层；陈立春等（2013）通过研究 6 级以下中、小地震活动与断层之间的关系，认为早—中更新世断裂或晚更新世活动断裂，未来可能不活动，但也可能发生地表小位错量或无明显位错的中强地震，这类活动断裂可归为地表弱活动断裂。尽管不同的研究者对弱活动断层在定义上有所差别，但是对弱活动断层总体特征的论述是一致的，即断裂仍然活动，但活动强度已减弱至不影响地表，未来存在发生不断错地表的中强地震的可能；或者断裂仍然活动，并影响至地表，但活动强度弱、位错量过小（比如几厘米至数十厘米），以至于没有被地质记录保存下来。研究表明，弱活动断层在中国大陆东部地区普遍发育，如何有效探测出弱活动断层的准确位置与活动性，在探测方法与手段上具有很大的挑战性。

对于弱活动断层，需要根据断层的成因、现今运动状况和断层的基本特征做进一步分析后选择合适的探测方法进行详细探测。弱活动断层的共同特征表象通常是垂直断距小，或者基岩顶面夷平严重，这类表现形式的断层还可能包括同沉积的控盆断层、岩性分界断层、以走滑为主的走滑断层等。

分析认为，徐州目标区断层总体格局为：断裂早期是与徐宿弧形构造运动伴生，以北东向断层为主控断层、北西向断层为共轭断层的构造格局；后期随着构造应力场变化与新构造运动等，一部分北东向断裂活动强度变弱，与之共轭的北西向规模较小的断层停止活动，部分规模较大的北西向断裂和控制盆地沉积的边界断裂活动变成主要活动形式，局部隆起和大面积的沉降成为新构造运动的主要特征，但断裂的活动强度总体上明显下降。第四纪早期，徐州处在整体上升地区，基岩长时间裸露，断层基岩陡坎风化、剥蚀或不同程度被夷平，早、中更新世地层沉积缺失或沉积较少；第四纪中晚期以来，该地区主要以整体沉降为主，接受新地层的沉积，整体表现为构造活动强度不大，断裂活动性明显变弱的特征。由此可以区分，北东向的幕集－刘集断裂、邵楼断裂分别为徐宿弧形构造的西北和东南边界断裂，其中幕集－刘集断裂还控制了煤系地层，邵楼断裂则控制了邵楼盆地的形成，为邵楼盆地同沉积控盆断层；北西向的废黄河断裂则为新构造运动以来较为活动的断裂，其断错了徐宿弧形构造，形成了现今一系列北西向的湖泊地貌，为徐州地区主要的控水构造。因此，对徐州弱活动断层的探测采用以下方法步骤进行。

（1）控制性探测深度要深，测线要长。控制性探测的目标就是发现规模较大的断裂。通过较大道间距、较大震源能量和布置长测线的办法，控制探测基岩面及基岩内地层，寻找较大规模断层，包括徐宿弧形构造内的主要断裂。通过探测，可以发现基岩面落差不大，但基岩内部断错特征明显的主要断层，这类断层是老断层，规模大，对本地区地质构造具有控制作用，且该类断层在后期构造运动中易于再次活动，而成为具有一定活动能力的断层，在后续研究中需要详细探测；对于基岩中发现的规模较小的断层，大多属于弧形构造形成期间生成的断层，后期随着构造运动的减弱，其活动强度不大或不再活动，表现为基岩中的老断层，这类断裂在野外调查中也经常见到，不需要再做进一步的探测研究工作。

（2）选择传播速度低的探测手段，有效分辨同相轴断错。由于弱活动断层造成的基岩落差小，断层两侧的基岩面可能呈现夷平状态，必须提高探测分辨率才能有效分辨出断层的垂直断距。如采用纵波反射法进行探测，按照断距 1～2m 计算，土层纵波速度值一般为 1600m/s，则断层两侧的同相轴双程时差约 1.25～2.5ms，完全被横向不均匀普遍强烈发育的第四系沉积层所湮灭，无法判别；即使断距达到 5m，其同相轴双程时差也仅 6.25ms，仍然很难分辨。因此，在震源能量足够大的情况下尽量采用传播速度低的横波进行探测。由于横波在土层中的传播速度要明显慢于纵波，一般为 200m/s，在同等断距情况下，其同相轴双程时差可达到纵波时差的 8 倍，明显提高了探测的分辨率。但是目前横波震源产生的能量有限，探测的有效深度一般为 50m 左右，因此其应用受到了一定的限制。

（3）岩性分界断层应以速度探测为主。当目标断层为控制不同岩性的岩性分界断层时，可以根据断层两侧岩性的差异特征和折射波运动学与动力学特征差异进行探测。通常采用纵波折射法，布置追逐和相遇观测系统，记录并分析沿基岩顶面滑行的折射波，依据速度值变化点的位置，判断岩性分界断层所在的位置；以上覆地层折射波发育与断错情况，判断其最新的断错层位；分析研究初至折射波能量（振幅）变化特征，研究断层带的破裂程度与断层破碎带可能的宽度。图 4-10 是徐州 L5-2 测线 1485～1770 桩号的折射波时距曲线，点距 3m，96 道记录，可以清楚地看到，以 38#点为分界，两侧岩性存在明显差异，小桩号段基岩速度在 4000m/s 以上，大桩号段基岩速度大约在 2600m/s，该断层为控制岩性分界的邵楼断裂。

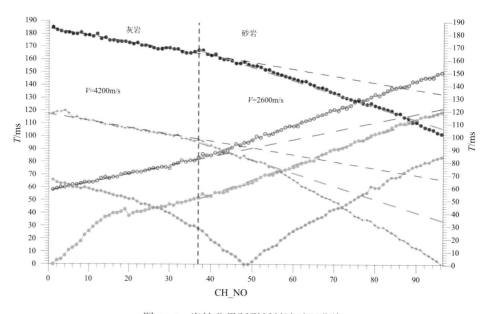

图 4-10　岩性分界断裂折射波时距曲线

（4）走滑断层探测要重点分析反射波能量变化与同相轴连续性。这里的走滑断层是指没有垂直断距的纯走滑断层和断距很小的倾滑断层。该类断层通常具有一定的破碎带宽度，地震波在穿越断层面或破碎带时，其运动学和动力学特征都将发生明显改变。在反射时间叠加剖面上显示为同相轴断断续续，同一组反射波能量时强时弱，或表现为断层破碎带区段同相轴凌乱，无法准确分辨同相轴，或者波组能量太弱，见不到有效反射信号。在单炮记录上可见明显的能量削弱区、初至信号微弱等特征。

（5）控盆断层探测应从盆地中心向盆地边缘探测，尽量布置反射单边观测系统，在深的一侧激发、浅的一侧接收，慢慢逼近盆地边缘的控盆断层。该方法对有效探测断层与盆地结构构成、解释断层控盆特征具有优越性。

（6）采用综合探测、分析方法确定断层。以控制性纵波反射探测基岩面及基岩内部主要断层为基础，在有限的探测深度范围内辅助横波探测、纵波折射探测及单炮记录特征分析，研究同相轴的断错、连续性、反射能量分布，以及折射层位速度变异、单炮记录初至区波的到时、能量衰减等特征，即综合地震波动力学和运动学特征差异，判定弱活动断层的基本特征。

4.2.5　资料处理结果比对

针对 L3-2 测线的试验数据，由 3 个不同单位（简称 A 单位、B 单位、C 单位）分别进行资料处理。每个单位处理的程序、处理流程和方法均由各自确定，目标是准确反演出探测资料所能反映出的地质结构。

由 A、B 两家单位处理得到的 L3-2 测线横波反射时间叠加剖面（图 4-11）显示，基岩反射波组的强相位双程时大致在 300～470ms，上覆层等效速度为 240～270m/s，对应的基岩埋深大致在 35～58m。对比这两张时间叠加剖面可以看出，虽然该测线的基岩反射波同相轴存在一定的横向差异，但总体来说基岩面都可以得到很好的追踪，整个剖面同相轴形态清晰，基岩面形态一致，吻合度高，仅在局部细节上略有区别；信噪比方面，下图明显优于上图，且下图基岩以上土层发育的反射波同相轴仍然较清晰，易于追踪。

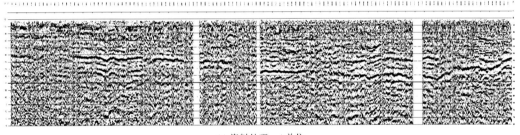

(a) 资料处理：A单位

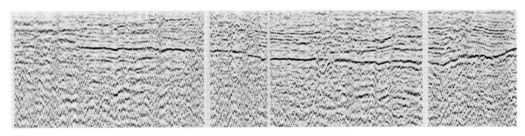

(b) 资料处理：B单位

图 4-11　不同单位处理得到的 L3-2 测线时间叠加剖面比对

由 A、B 两家单位处理得到的 L3-2 测线 f_1、f_2 断点附近的局部段落时间叠加剖面（图 4-12），以及由 A、B、C 三家单位处理得到的 f_3 断点局部段落时间叠加剖面（图 4-13）

显示，各单位解译给出的断点位置接近，但是断点附近同相轴差异特征不尽相同。以 f_3 断点为例，C 单位得到的叠加剖面同相轴连续性、能量稳定性较 A 单位、B 单位的结果图略差，A 单位、B 单位图示断点附近基岩反射波同相轴特征基本一致，断点显示直观、明确，仅细节上略有差异；信噪比方面，B 单位处理得到的剖面图的信噪比最高，目标反射层位（基岩面反射波）同相轴突出，A 单位处理结果图次之，C 单位处理结果图更次些，推测主要是浅部折射波没有处理或处理不到位、处理人员经验等差异，造成基岩反射波不突出。

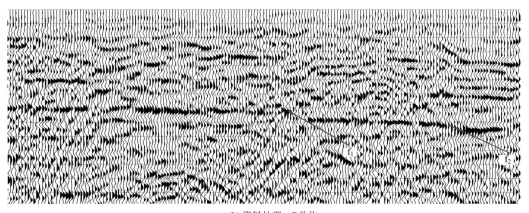

(a) 资料处理：A 单位

(b) 资料处理：B 单位

图 4-12　不同单位处理得到的 L3-2 测线 f_1、f_2 断点附近局部时间叠加剖面比对

对比不同单位的资料处理结果，B 单位的资料处理结果剖面同相轴形态清晰，断点显示直观、明确，信噪比高，目的层突出，其主导软件和处理的相关参数可以作为下一步正式处理资料的首选，必要时可以采用多单位处理、比较的方法进行综合解译。

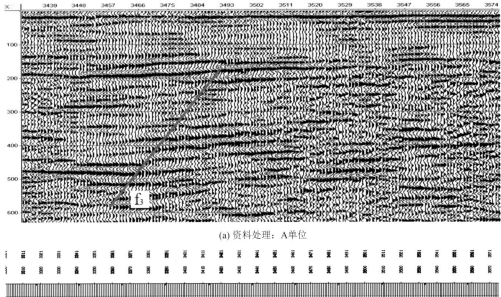

(a) 资料处理：A单位

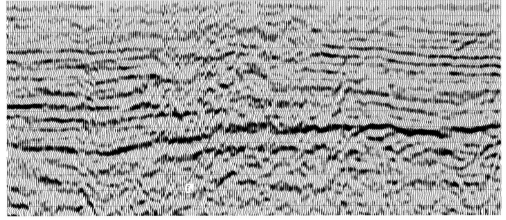

(b) 资料处理：B单位

(c) 资料处理：C单位

图 4-13　不同单位处理得到的 L3-2 测线 f_3 断点附近局部时间叠加剖面比对

4.3　高分辨率遥感解译

利用遥感技术方法研究地质构造是遥感地质工作的重要内容之一。遥感构造研究的基础是显示在图像上的客观存在的地质构造现象。遥感技术方法本身的优势，使得遥感构造研究具有视域开阔、信息丰富直观、处理方法多样、易于综合分析、获取成果迅速等特点，因此，对工作区及目标区内的断层研究首先开展高分辨遥感解译工作。

4.3.1　遥感数据与处理

利用的遥感数据包括低、中、高分辨率三种模式，分别是低分辨率为79m 的 MSS 影像（成像于 20 世纪 70 年代末）数据，中分辨率为 30m 的 TM（成像于 20 世纪 80 年代末）数据和 15m 的 ETM（成像于 2000 年左右）数据，高分辨率数据为 2.5m 的 ALOS 与 SPOT；此外，还收集了 ASAR 雷达影像。其中 MSS、TM 和 ETM 数据主要用来从宏观上研究徐州及周边地区主要断裂的空间展布和交接关系，同时为局部地区的断裂调查与分析提供区域性背景资料与断裂的总体特征；高分辨率的 ALOS、SPOT 数据、ASAR 雷达影像数据资料主要用于研究断层的详细特征。

对覆盖陆域目标区的光学影像（包括 MSS、TM、ETM 及高分辨率 ALOS）、雷达影像（包括 ASAR 宽幅影像及高分辨率影像产品）进行了多种传感器、多时相及多波段的遥感图像多源数据处理，包括图像融合及彩色变化等方式，得到了目标区遥感影像数据（图 4-14），从而有利于提取出更多的光谱及纹理信息。

4.3.2　断裂构造解译标志

一条初具规模的活动断裂，可以切错新近系、第四系，或者控制新近纪、第四纪的沉积及其相应时代的岩浆喷发，或者沿断裂形成各种构造地貌并控制着两侧的地貌差异、扭动变形与水系的同步转折等。因此，它们的活动状态在卫星图像上可以通过形态特征信息和色调信息进行判定。从直观上讲，活动断裂遥感影像标志主要有色调、构造形态、断层三角面、地貌及水系等几个方面，概括起来可以归纳为垂直错动标志和水平错动标志，从遥感影像特征而言，水平错动要比垂直错动更易于判断。

徐州及邻近地区地处华北平原区，平原上散布着低山和丘陵，湖泊众多，河网密布，新构造运动以来该地区持续沉降，第四纪沉积物平均厚度都在 100m 以上，且该区断裂带多为隐伏构造，直接从地表寻找露头不易判读断裂带的存在。因此，要借助其他辅助手段，从断裂带对该区带来的影响角度出发，这主要体现在水系发育方面，以及盆地湖泊和丘陵山地的发育等现象。根据徐州及附近地区地质地貌特征，建立了该区主要断裂带遥感影像解译标志，主要体现在色调、纹理、线性结构及含水性等几方面。

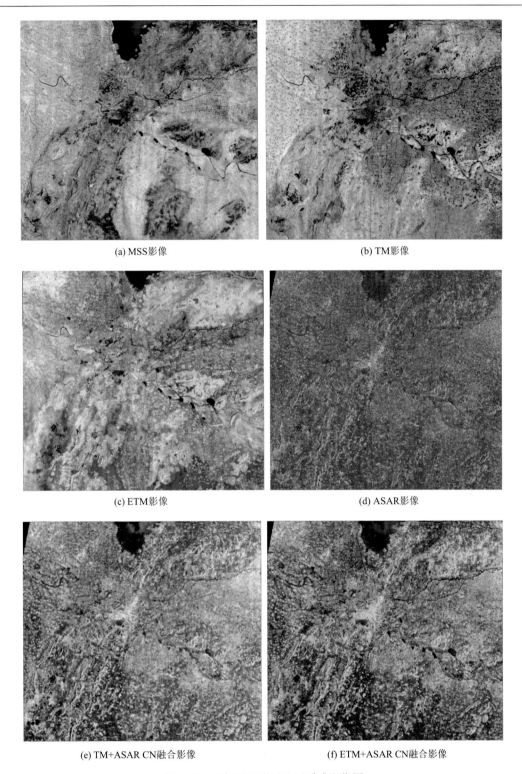

(a) MSS影像

(b) TM影像

(c) ETM影像

(d) ASAR影像

(e) TM+ASAR CN融合影像

(f) ETM+ASAR CN融合影像

图 4-14　目标区及附近地区遥感影像图

1. 色调差异标志

色调，即是遥感影像中所表现出的灰度值差异。当影像上相邻像元灰度值按一定规律发生改变时，影像色彩在宏观上会呈现出某种规律性的交替变更现象。利用光谱分辨率及空间分辨率适当的影像，可以分析地层单元、植被类型、岩层含水信息、矿化带、构造带等。

断裂及其所控制、改造、影响的地质体、地貌、水体、土质和植被等相关地物反射来自太阳电磁波的辐射能量，其差异在卫片上构成不同色调和不同形态特征的影像（图4-15）。

图4-15　遥感影像色调差异（新泰－蒙阴断裂）

2. 岩性地层标志

断裂活动可以引起两盘地层的牵引、拖曳、变形、褶曲与断错。在卫星遥感影像上，主要表现为颜色特征的差异，可反映地层的重复与缺失、岩层产状的突然改变、地质体的错开、破碎带（多表现为负地形）等（图4-16）。

3. 断层崖和断层三角面标志

对于断裂的垂直差异错动，若有一盘表现为强烈上升，则沿断裂往往形成陡峭挺拔的断层崖，或者可能发育一系列整齐排列的断层三角面，因此断层崖与断层三角面的出现便成为断裂垂直差异错动的重要标志。在遥感图像上，断层崖与断层三角面形态的典型影像特征一般表现为暗色调，阴影比较明显，易于鉴别（图4-17）。

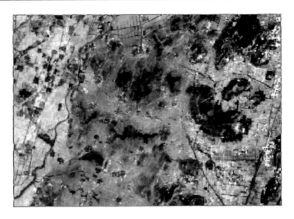

图 4-16　遥感影像岩性地层地貌差异（班井断裂）

图 4-17　遥感影像断层崖与断层三角面标志（蒙山山前断裂）

4. 水系展布特征变化标志

垂直差异错动显著的断裂两侧，常常呈现不同的水系形式，而且断裂常常为两种水系形式的转折点。在上升盘，水系形式一般呈深切的树枝状水系或格子状水系；在下降盘，一般形成了浅切割的树枝状水系、平行状水系、羽状水系或扇形水系；此外，不对称平行状、不对称树枝状、帚状水系等都是断裂的垂直差异错动引起的。水系特征在卫星图像上影像清晰、形式典型，是判读断裂构造的最主要的影像标志之一（图 4-18）。

5. 地貌形态变化标志

各种地貌形态都是新生代以来内、外地质应力联合作用的结果。因此，利用地貌类型对比法往往可以在遥感影像上分析断裂垂直差异错动的状况。其主要特征表现为：地形上形成陡坎，两侧地貌类型有明显差异，夷平面及河流阶地的垂向高度差异，沙丘、泉水、自流井等沿一条直线定向排列等（图4-19）。

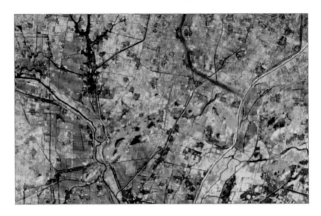

图4-18　遥感影像断裂带控制的树枝状水系展布

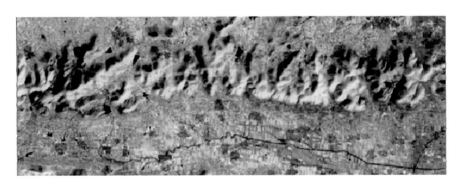

图4-19　遥感影像断裂形成的地貌差异（峄城断裂）

6. 串珠状湖泊标志

断陷湖泊与火山的发育，都是断裂活动的重要佐证。当多个断陷湖盆或火山口成线状展布时，可能是受同一条断裂的活动所控制（图4-20）。

7. 水系格局异常标志

穿过断裂的河流，当它们发生同步转折时，一般反映断裂两盘的水平错动。断裂水平错距的大小、左旋和右旋的不同，可以导致河流在平面上呈不同的形态。这些相对比较宏观的标志，在遥感影像和实地都很明显，是判断断裂的可靠标志（图4-21）。

4.3.3　目标区主要断层遥感解译

从遥感影像上找到断层识别标志，选择合适的地点进行垂直断层方向的踏勘，主要沿道路、山间小路、冲沟等布设观测点，对重点地段加密，对重要的地质现象进行重点

图 4-20　遥感影像沿断层形成的串珠状湖泊（废黄河断裂沿线）

图 4-21　遥感影像受断裂控制的河流弯转

研究，目的是找到目标断层的具体位置，尽量找到能够揭示断层特征的露头、坑口、水沟等，进行必要开挖、清理，勾画出断层的地质剖面，依据地形地貌勾画出跨断层的地质-地形剖面等，综合分析断层特征。

目标区内断裂构造比较发育，主体走向为北东向，与该区弧形构造体展布方向基本一致，其余走向断裂包括北西、北西西向等。其中对目标区具控制性影响作用的断裂为废黄河断裂、邵楼断裂、班井断裂、不老河断裂及幕集－刘集断裂，这 5 条主要断裂在遥感影像上都具有一定的断层特征（图 4-22）。

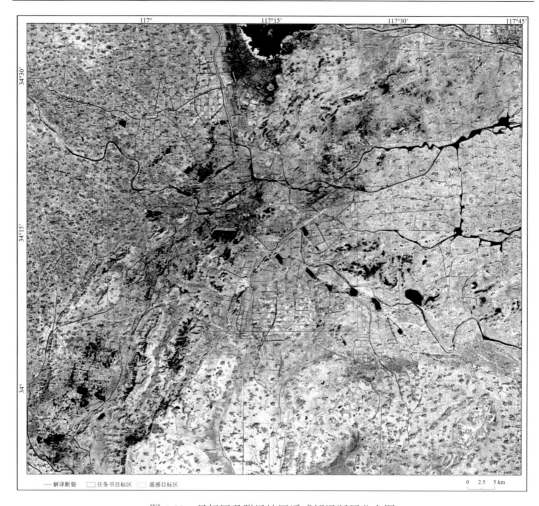

图 4-22　目标区及附近地区遥感解译断层分布图

4.4　隐伏断层浅层地震勘探

4.4.1　测线布置与观测系统

　　根据现场试验探测，对目标区隐伏断层采用浅层地震勘探方法进行探测，包括控制性探测和详细探测。控制性探测是全面探测目标区主要断层发育特征和展布，确定跨断层联合钻孔剖面探测位置，并在此基础上补充小点间距探测测线，确定断点的具体位置与上断点深度，指导跨断层钻孔的孔位布置；详细探测主要是按照一定比例尺确定主要断层的空间展布。

　　针对目标区发育的 5 条主要断层，共布置了 26 条测线进行探测（图 4-23），测线全长 58 619.5m。其中幕集－刘集断裂布置测线 2 条，测线长 8060m；不老河断裂布置测线 2 条，测线长 3954m；废黄河断裂布置测线 14 条，测线长 33 792.5m；班井断裂布置测线 3 条，测线长 3780m；邵楼断裂布置测线 5 条，测线长 9033m。

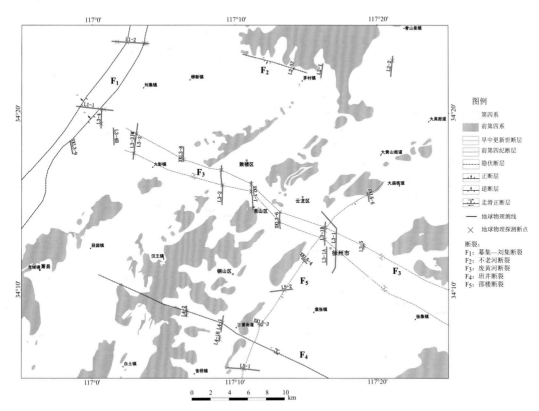

图 4-23　浅层地震勘探测线位置与断点位置分布图

每条测线探测的方法都根据有效探测基岩面为前提，其中对于基岩面在 50～60m 及以浅地段，采用横波反射法探测，共实施测线 15 条，测线长 30 184m；基岩面较深的地段采用纵波反射法探测，共实施测线 8 条，测线长 25 858.5m；针对基岩面相对较浅且断层以岩性分界为主的地段，还增加了纵波折射法探测，共实施测线 3 条，测线长 2577m。

根据探测断层"由粗到细"定位的要求，不同探测目标的测线采用的道间距、最小偏移距、最大偏移距等观测系统参数不同，道间距分别为 4m、3m、2m、1.5m，覆盖次数为 8 次、12 次等（表 4-1）。

表 4-1　浅层地震勘探测线与观测系统参数表

序号	测线号	探测方法	道间距/m	最小偏移距/m	最大偏移距/m	覆盖次数/次	炮数	测线长度/m
1	L1-1	纵波反射	4	36	224	12/8	351	3948
2	L1-2	纵波反射	4	36	224	8	325	4112
3	L2-1	横波反射	3	1.5	70.5	8	189	1797
4	L2-2	横波反射	3	1.5	70.5	8	233	2157
5	L3-1	纵波反射	2	40	110	8	1757	7486
6	L3-1A	横波反射	3	1.5	70.5	8	219	2031

序号	测线号	探测方法	道间距/m	最小偏移距/m	最大偏移距/m	覆盖次数/次	炮数	测线长度/m
7	L3-1B	横波反射	3	1.5	70.5	8	270	2517
8	L3-2	横波反射	2	1	47	12	961	4178
9	L3-3	纵波反射	3	36	177	8	463	4335
10	L3-3JM	纵波反射	1.5	45	115.5	8	85	493.5
11	L3-4	纵波反射	4	36	224	8	160	2132
12	L3-4B	纵波反射	4	36	224	8	140	1892
13	L3-5	横波反射	2	1	47	12	105	718
14	XKL3-6	横波反射	3	1.5	52.5	12	283	1797
15	XKL3-7S	横波反射	2	36	35.5	12	460	1906
16	XKL3-7N	横波反射	3	1.5	70.5	8	122	1230
17	XKL3-8	横波反射	3	1.5	70.5	8	165	1617
18	XKL3-9	纵波反射	4	36	224	8	104	1460
19	L4-1	横波反射	3	1.5	70.5	8	194	1833
20	L4-1B	横波反射	3	1.5	70.5	8	73	717
21	L4-2	横波反射	3	1.5	70.5	8	122	1230
22	L5-1	横波反射	3	1.5	70.5	8	402	3813
23	L5-2	横波反射	3	1.5	70.5	8	279	2643
24	XKL5-3	纵波折射	3	—	—	—	11	615
25	XKL5-4	纵波折射	3	—	—	—	15	891
26	XKL5-5	纵波折射	3	—	—	—	15	1071
合计							7503	58 619.5

4.4.2　主要断点及特征

目标区 26 条浅层地震勘探测线共解释主要断点 30 个（表 4-2），按照断点可靠性分级评价标准，判定可靠性高的 A 级断点 23 个，占 76.7%；可靠性中等的 B 级断点 6 个，占 20.0%；可靠性一般的 C 级断点 1 个，占 3.3%。

表 4-2　目标区浅层地震勘探解释断点汇总表

序号	断点编号	断点位置	断点坐标	归属断裂	断裂性质	上断点埋深/m	断点评级	最新活动时代
1	f_{1-1}	L1-1 测线 2550 桩号	34.33778°，117.00866°		逆断层	98	A	
2	f_{1a}	L1-1 测线 3036 桩号	34.33737°，117.02384°		正断层	120	B	
3	f_{1b}	L1-2 测线 606 桩号	34.40140°，117.02938°	幕集—	正断层	170	B	
4	f_{1-2}	L1-2 测线 1666 桩号	34.40045°，117.04049°	刘集断	正断层	150	A	PreQ
5	f_{1-3}	L1-2 测线 3544 桩号	34.39974°，117.06139°	裂 F_1	逆断层	140	A	
6	f_{1c}	L1-2 测线 3730 桩号	34.39971°，117.06343°		正断层	145	B	
7	f_{1-4}	L3-4 测线 528 桩号	34.32401°，117.01073°		逆断层	90	A	

续表

序号	断点编号	断点位置	断点坐标	归属断裂	断裂性质	上断点埋深/m	断点评级	最新活动时代
8	f_{2-1}	L2-2 测线 1720 桩号	34.38326°，117.35175°	不老河断裂 F_2	正断层	11	C	PreQ
9	f_{3-1}	L3-1B 测线 667~828 桩号	34.21487°，117.27214°		正断层	36	A	
10	f_{3-2}	L3-1B 测线 1850 桩号	34.22614°，117.27273°		正断层	32	A	
11	f_{3-3}	L3-2 测线 2080 桩号	34.26602°，117.15238°		正断层	40	A	
12	f_{3-4}	L3-2 测线 3678 桩号	34.28028°，117.15115°		正断层	45	B	
13	f_{3-5}	L3-3 测线 1059 桩号	34.29559°，117.04886°		正断层	73	A	
14	f_{3-6}	L3-3 测线 3144 桩号	34.31408°，117.05261°	废黄河断裂 F_3	正断层	68	A	Q_2
15	f_{3-7}	L3-5 测线 408 桩号	34.20868°，117.31795°		正断层	31	A	
16	f_{3-8}	XKL3-6 测线 777~876 桩号	34.23107°，117.21890°		正断层	28	A	
17	f_{3-9}	XKL3-6 测线 1719 桩号	34.24067°，117.21948°		正断层	23	A	
18	f_{3-10}	XKL3-7N 测线 1980 桩号	34.26014°，117.18575°		正断层	14	A	
19	f_{3-11}	XKL3-7N 测线 2746 桩号	34.26712°，117.18586°		正断层	25	A	
20	f_{3-12}	XKL3-8 测线 387 桩号	34.29018°，117.10689°		正断层	47	A	
21	f_{4-1}	L4-1 测线 985 桩号	34.13593°，117.15230°		正断层	22	B	
22	f_a	L4-1B 测线 293 桩号	34.12026°，117.14909°	班井断裂 F_4	正断层	27	B	PreQ
23	f_{4-2}	L4-2 测线 212 桩号	34.14328°，117.11036°		正断层	14	A	
24	f_{4-3}	L4-2 测线 632 桩号	34.14708°，117.11057°		正断层	20	A	
25	f_{5-1}	L5-1 测线 1839 桩号	34.09256°，117.17681°		正断层	35	A	
26	f_{5-2}	L5-2 测线 1592 桩号	34.16688°，117.22481°		正断层	21	A	
27	f_{5-3}	L3-1B 测线 1495 桩号	34.22291°，117.27243°	邵楼断裂 F_5	正断层	35	A	Q_1
28	f_{5-4}	XKL5-3 测线 522 桩号	34.13397°，117.19618°		正断层	27	A	
29	f_{5-5}	XKL5-4 测线 459 桩号	34.19453°，117.24786°		正断层	17	A	
30	f_{5-6}	XKL5-5 测线 834 桩号	34.25733°，117.32277°		正断层	16	A	

目标区浅层地震勘探解释断点结果表明，共发现幕集-刘集断裂 7 个断点，以正断层为主，局部地段为逆断层，上断点埋深为 90~170m；发现不老河断裂 1 个断点，为正断层，上断点埋深约 11m；发现废黄河断裂 12 个断点，为正断层，上断点埋深为 14~73m；发现班井断裂 4 个断点，为正断层，上断点埋深为 14~27m；发现邵楼断裂 6 个断点，为正断层，上断点埋深为 16~35m。

依据浅层地震勘探结果，结合区域地质和地质调查等资料，目标区主要断裂有 5 条，其中北东向的幕集-刘集断裂由东西两支组成，北西向的废黄河断裂由北东、南西两支组成，且与幕集-刘集断裂没有直接相交；邵楼断裂是潘塘盆地的西北边缘断裂，对盆地的沉积具有控制作用；班井断裂、不老河断裂为徐宿弧形构造同生断层。

4.5　钻孔联合剖面探测

4.5.1　钻孔布置原则

钻孔联合剖面探测方法适用于第四纪沉积物覆盖区隐伏断层位置、上断点埋深探测及其活动性鉴定（中华人民共和国国家质量监督检验检疫总局和中国国家标准化管理委员会，2018）。对上断点埋深较深（一般>10m）的隐伏断层（段），通常采用跨断层钻孔联合剖面探测方法，进行钻孔岩心精细分层描述、系统采集并测定^{14}C或释光年龄、综合测井和第四纪地层各层序-构造层的划分，分析评价目标断层的活动性。

针对目标区5条主要断层分别开展了钻孔联合剖面探测。在每条断层的隐伏段落选择浅层地震勘探剖面显示清楚、有明显垂直断错位移的可靠断点，布置一排钻孔进行跨断层钻孔联合剖面探测。当发现断层的上断点断错到晚更新世地层时，应另外选择合适地段增加排钻的数量进行探测。考虑到浅层地震勘探断层平面定位误差和上断点地面投影的偏差，应以地震勘探剖面确定的上断点的地面投影为中心，向断层的两盘布置钻孔，每条钻孔联合剖面至少布置4~5孔，保证断层的两盘至少每盘有两个钻孔控制。

钻孔联合剖面长度宜按照90~120m来控制，以充分涵盖地震勘探叠加偏移误差、检波点测量误差及断点判定的误差。钻孔施工顺序，首先是应当以钻到断层为前提，以上断点为中心，在断层两侧各对称布置一个钻孔，孔间距控制在90~120m，两个钻孔之间基岩面存在明显落差、判断为断层所致情况下，再布置后续钻孔，后续钻孔布置可以采用等间距法或者对折逼近法。采用等间距布置钻孔时，孔间距取10~30m，沉积相复杂地段视需要适当增加钻孔数量，必要时在断层附近两孔之间加密钻孔，详细探测断层的断错特征；采用对折逼近法布置钻孔时（雷启云等，2011），在发现断层的两个钻孔的中心点位置布置下一个钻孔，再判断断层所在位置两侧最近距离钻孔，在这两个钻孔中心位置布置下一个钻孔位置，逐步实现钻孔逼近断层面。当钻孔发现断层面或者断层两盘有两个以上钻孔且断层两侧钻孔能够控制断层的垂直断距，通常当垂直断距大于钻孔孔间距离的10%时，则认为该剖面能够满足断层活动性鉴定的要求。

对于钻孔深度的控制，考虑到徐州目标区基岩埋深较浅、地层缺失严重、断层的活动性总体比较弱等因素，为了准确判定断层断错地层的特征，一般情况下，钻孔以进入基岩中风化层为控制深度。在徐州西北盆地内的钻孔则以穿透第四纪进入新近纪地层1~2m为控制深度。对于目标区来讲，上述钻孔控制深度能够有效揭示断层第四纪以来的断错地层特征和最新活动性质。

4.5.2　钻孔技术与编录要求

采用跨断层钻孔联合剖面开展隐伏断层活动性鉴定，其关键是钻孔、岩心样、岩心编录、测试和分析（邓起东等，2003；雷启云等，2008）。钻孔时，其孔位的定位要严格按照浅层地震勘探确定的位置布置，不在测线上施工需要平移孔位时，必须进行论证；钻孔应垂直钻进并随钻测定孔斜，孔斜小于1°；钻孔时应全程取心，每钻进深度2m至少提钻一次，孔深误差应控制在 0.2%以内；岩心总的采取率应大于 80%，重要标志层、淤泥层岩心采取率应大于 85%，黏土及粉砂心采取率应到达 90%，中-细砂达到 80%，松散粗砂不应小于 40%。厚层砾石应采取定深取样法，取样间隔为 1～2m。对每个钻孔的岩心样应按照深度排序、全程照相，并编制岩心样工程地质剖面图。

现场应对每个回次的岩心样仔细观察和详细分层，应划分出厚度 20cm 以上所有岩性地层层位。按照钻孔进度填写原始报表，遇到涌水、漏水、涌砂、掉块、坍塌、缩径、逸气、裂隙、溶洞及钻具掉落等异常现象时，应及时记录其深度。

岩心编录应全面反映钻孔岩心的岩性、颜色、物质组成、沉积结构、沉积旋回和接触界面形态等，包括：分层层序、厚度、深度、颜色；粒度及不同粒度成分的百分比含量、碎屑成分、形态与磨圆度、矿物结核和动植物化石；地层胶结程度、层理结构特征、分层接触关系；快速异常堆积层（地震事件层），如松散团块结构层、物质组成与上下不协调突变层等；年龄样品采集的位置、类型及其编号；剖面细微结构、断层镜面等。

对钻孔进行综合测井和力学参数进行测试，测定钻孔电阻率曲线、波速等。对钻孔岩样进行年龄测试，测年样品应以地层单元为单位系统采集，每层土层至少应有一个样品，采样间隔应为 0.1～2m，以采集含碳样品为主，微体古生物、孢粉和古地磁样品的采样间隔应控制在 0.5m 以内。

应绘制钻孔地层柱状图，比例尺应大于 1∶100。每一个钻孔岩心柱状图应厘定其详细的地层层序，标出具有断代意义的化石位置、孢粉图谱和古地磁磁性曲线、年龄数据和各种测井曲线，标明孔口地理坐标、海拔和终孔深度、采心率，以及施工单位、人员和钻探日期。

4.5.3　主要断层钻孔联合剖面探测

根据浅层地震勘探结果，选择合适的断点位置，对目标区范围内的幕集－刘集断裂北西支（F_1）、不老河断裂（F_2）、废黄河断裂北支（F_3）、班井断裂（F_4）和邵楼断裂（F_5）开展了跨断层钻孔联合剖面探测（图 4-24）。其中，幕集－刘集断裂北西支、不老河断裂、废黄河断裂北支、班井断裂各实施 1 排钻孔，邵楼断裂实施 2 排钻孔，共计实施 6 排、39 个钻孔，总进尺为 1387.2m（表 4-3）；对岩土样进行了测试，获得热释光（TL）和光释光（OSL）测年 20 件（表 4-4）；对 4 个场地的 10 个钻孔进行了综合测井，测定了钻孔的电位电阻率、自然电位、井斜（表 4-5）。

表 4-3　跨断层钻孔联合剖面基本参数表

断层名称	场地	钻孔数	孔间距/m	平均孔间距/m	钻孔深度/m	钻孔总进尺/m
幕集—刘集断裂北西支（F_1）	前鹿楼场地（XZ1）	5	37.36、30、30、30	31.84	159、50、50、50、50	359
不老河断裂（F_2）	前川场地（XZ2）	6	33、20、28、34、30	29	24、21.5、20.3、28.3、19、16.4	129.5
废黄河断裂北支（F_3）	大庙场地（XZ4）	5	25、15、10、25	18.75	52、47.5、38.1、36、39	212.6

续表

断层名称	场地	钻孔数	孔间距/m	平均孔间距/m	钻孔深度/m	钻孔总进尺/m
班井断裂（F₄）	营房场地（XZ5）	5+4	21、16、25、32；29、33、28.5	23.5/30.17	18.5、20、20.5、20.2、23；25、24、25、22.2	198.4
邵楼断裂（F₅）	毕庄场地（XZ6）	6	18.23、10.3、8.46、12.71、7.85	11.51	21.7、24.7、26.3、27.6、26.2、25.5	152
邵楼断裂（F₅）	郭店场地（XZ3）	8	112、65、55、34、28、28、28	50	36、41.5、53、42.3、38.5、44、37.4、43	335.7
合计	6	39		24.72		1387.2

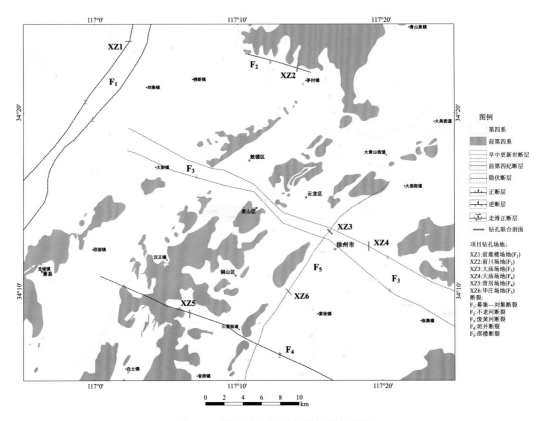

图 4-24　钻孔联合剖面探测场地位置图

表 4-4　场地样品测年数据统计表

钻孔号与年龄测试类型	实验室内号	野外编号	深度/m	年龄/ka	序号
前鹿楼场地 XZ1-4 孔（OSL）	11G-319	XZ1-4-1	14.8～15.0	83.9 ± 5.2	1
	11G-320	XZ1-4-2	19.8～20.0	94.6 ± 3.9	2
	11G-321	XZ1-4-3	24.8～25.0	119.3 ± 5.6	3
	11G-322	XZ1-4-4	29.8～30.0	128.0 ±5.6	4

钻孔号与年龄测试类型	实验室内号	野外编号	深度/m	年龄/ka	序号
前川场地 XZ2-3 孔（OSL）	11G-323	XZ2-3-1	5.1～5.3	1.9 ± 0.1	5
前川场地 XZ2-4 孔（OSL）	11G-324	XZ2-4-1	3.6～3.8	0.6 ± 0.0	6
	11G-325	XZ2-4-2	7.6～7.8	3.8 ± 0.2	7
	11G-326	XZ2-4-3	9.1～9.3	4.5 ± 0.2	8
	11G-327	XZ2-4-4	12.1～12.3	67.8 ± 2.7	9
	11G-328	XZ2-4-5	14.1～14.3	82.8 ± 3.8	10
大庙场地 XZ4-3 孔（TL）	998800	XZ4-3-T_1	4.0	19.04 ± 1.62	11
	998801	XZ4-3-T_2	13.6	28.54 ± 2.42	12
	998802	XZ4-3-T_3	20.5	59.44 ± 5.05	13
营房场地 XZ5-4 孔（OSL）	11-321	XZ5-4-1	2.6	19.6 ± 2.1	14
	11-323	XZ5-4-3	11.8	125.1 ± 13.5	15
	11-324	XZ5-4-4	13.3	140.4 ± 14.2	16
	11-325	XZ5-4-5	3.7	68.7 ± 8.5	17
毕庄场地 XZ6-5 孔（OSL）	11-326	XZ6-5-1	5.1	6.3 ± 0.7	18
	11-327	XZ6-5-2	8.5	46.7 ± 5.5	19
	11-329	XZ6-5-6	15.2	152.2 ± 21.9	20

表 4-5　场地综合测井工作量统计表

场地	序号	钻孔号	电位电阻率深度/m	自然电位深度/m	井斜深度/m
前鹿楼场地（XZ1）	1	XZ1-1	—	0～146	—
	2	XZ1-5	—	0～50	0～48
前川场地（XZ2）	3	XZ2-1	—	0～24.5	0～24.5
	4	XZ2-3	0～20	0～20	0～20
郭店场地（XZ3）	5	XZ3-1	—	0～38	0～39
	6	XZ3-2	—	0～39	0～38
	7	XZ3-4	—	—	0～40
	8	XZ3-5	0～39	0～39	0～39
大庙场地（XZ4）	9	XZ4-1	—	0～45	—
	10	XZ4-4	—	0～35	—
测量总深度			59	436.5	248.5

第5章 目标区主要断层特征与活动性

通过遥感、重力、航磁解译，现场地震地质调查以及浅层地震勘探等，对目标区内5条主要断裂进行综合定位，在此基础上，开展跨断层钻孔联合剖面探测，采用地层对比、岩土心样品年龄测试、综合测井等，确定断层断错的最新地层，研究断层的最新活动性和活动特征，编制目标区主要断层分布图（图5-1）。

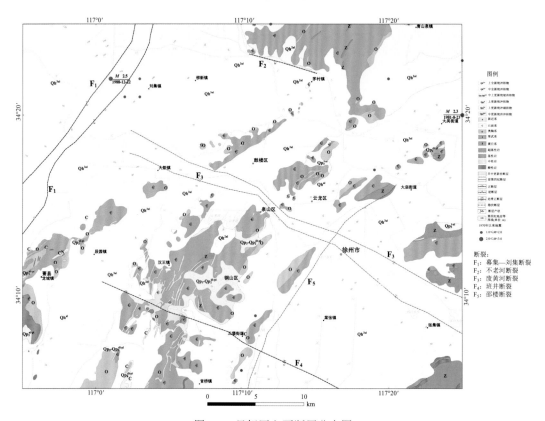

图 5-1 目标区主要断层分布图

5.1 幕集－刘集断裂

5.1.1 基本特征

幕集－刘集断裂又称孙庄断裂或淮阴山脉山前断裂，延伸于徐宿弧形构造西北边缘，总体走向北东。该断裂向南至萧县孙圩子村一带，向北至微山湖西南侧，总长度约为65km。该断裂西南段在徐宿弧形山前平原 N+Q 的 120m 等厚线附近通过，方向北北东；

东北段在白垩纪－古近纪（K-E）断陷盆地边缘通过，方向北东。在孙庄附近主断面倾向 NW，倾角变化大，断面表现为浅部陡、深部缓的铲形，其早期为铲形正断层，后期发生逆冲运动，上盘自北西向南东方向逆冲，形成现在见到的北西倾逆断层。

根据区域基岩地质资料，幕集－刘集断裂在基岩地质图上共有 3 条断裂组成，倾向 W，西侧和中间两支断裂属正断层性质，东侧边界断裂为逆断层。该断裂控制了二叠纪煤系地层的发育，断裂带内部为二叠纪煤系地层（P₂），两侧为古近系（E），基岩埋深在 155m 左右。

5.1.2　遥感解译

幕集－刘集断裂延伸于徐宿弧形构造西北边缘，在遥感 TM 影像图上线性特征明显（图 5-2）。断裂北段 TM 影像图显示，其控制了水陆地貌分界，使水域边界沿断层线发育，图像线性特征明显；断裂南段 TM 影像图显示，断裂两侧色差明显，呈现出弧形线性特征，该断裂控制了平原与山地的分界，地形地貌反映迹象明显。

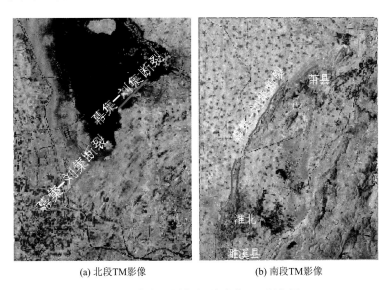

(a) 北段TM影像　　　　　　　　(b) 南段TM影像

图 5-2　幕集－刘集断裂遥感 TM 影像图

5.1.3　现场地震地质调查

根据该断裂遥感影像特征，从萧县西南部开始往东北方向进行现场调查，调查点见图 5-3。

（1）瓦口山瓦子口村北：于南侧山脚见到一断层，走向为 NE40°，倾角陡（图 5-4）。西侧为奥陶系厚层灰岩，东侧为白云质灰岩；断层内部充填坚硬的胶结物质和断层角砾。

由前一考察点向北继续追踪该断层，在山上见一断层面（图 5-5），断层走向 NE40°，倾角 70°～80°，倾向 SE，断层面上发育断层角砾岩和胶结物质。

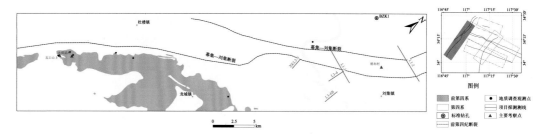

图 5-3　幕集－刘集断裂现场调查点与浅层地震勘探测线位置图

(a) 断层(镜向东)

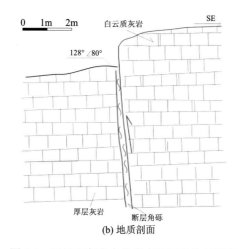

(b) 地质剖面

图 5-4　瓦口山灰岩中北东向断层及地质剖面

（2）沿弧形构造的山体西缘向北，在大演武村进行了考察，该处为厚层灰岩，节理发育，走向 NE35°，倾向 NW，倾角 55°。由此向东，在大演武村东部（图 5-6），该处为两山之间的凹谷，山前发育的洪积扇面无直接被断层错动迹象。

萧县一带沿山体西缘继续向北考察，未见北东向幕集－刘集断裂通过的地表形迹。据区域地质调查资料显示，该断裂主体隐伏于徐宿弧形山体西侧，为第四系所覆盖，地貌上无显示。

(a) 断层面(镜向东)

(b) 断层角砾

图 5-5　瓦子口村北部北东向断层面与断层角砾

　　（3）徐州西北的废黄河拐弯处，为遥感图上推测的断层通过地带。在丁孟村西，废黄河在此转弯，但两侧为平坦的平原，河流坡降无变化，地貌没有被错动的形迹。废黄河拐弯处东北方的棉布村西，在遥感图上存在暗色线性影像。经现场踏勘，该处为一系列水塘（图 5-7）。这些水塘原为张集煤矿开采后的沉降区，后被村民改造为水塘。该处北东向幕集－刘集断裂控制了煤矿分布，断裂带内基岩为二叠纪煤系地层，两侧为古近系，随着煤层的不断被开采，在断裂带内出现了与该断裂平行走向的采空塌陷区，并发展成一系列北东向的水塘。继续沿断层走向向东北追踪，至柳新镇新桥村西北，该处仍与棉布村考察点一致，为煤矿开采所造成的水塘。可见，这些水塘也指示了幕集－刘集断裂的位置。

图 5-6 大演武村东（镜向南）

图 5-7 沿幕集-刘集断裂煤矿采空区形成的水塘（镜向东）

综合现场调查结果显示，幕集-刘集断裂在基岩出露区断层内部充填坚硬的胶结物质和断层角砾，在覆盖区为第四系所覆盖，对地形地貌无控制作用。该断裂带内基岩为二叠纪煤系地层，两侧为古近系。沿该断裂发育一系列的煤矿采空塌陷区，表现为地表北东向的一连串水塘。

5.1.4　浅层地震勘探

1. 测线布设与断点特征

针对幕集－刘集断裂（F_1）布置了 2 条东西向的测线 L1-1、L1-2（图 5-3），邻近该断裂的测线有 L3-4、L3-4B 测线，共发现 7 个断点，分别为 f_{1-1}、f_{1a}、f_{1b}、f_{1-2}、f_{1-3}、f_{1c}、f_{1-4}。

（1）f_{1-1} 断点：位于 L1-1 测线 1276#CDP（2550 桩号）处（图 5-8）。由图 5-8 可见，断点附近基岩反射波组同相轴（P_3）明显被错断，东西两侧不连续，大约存在 7ms 的时差。断点倾向 W，视倾角较陡，约 60°，表现为上盘上升、下盘下降的逆断层。断点上方的新近系反射波组同相轴（P_2）连续，未见错断迹象。结合区域地质资料分析，上盘基岩岩性为二叠纪煤系地层，下盘为古近系砂岩，判断 f_{1-1} 断点为幕集－刘集断裂（F_1）的东边界断裂。

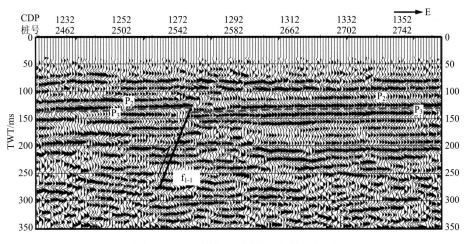

图 5-8　L1-1 测线 f_{1-1} 断点局部叠加剖面

（2）f_{1a} 断点：位于 L1-1 测线 1524#CDP（3036 桩号）处（图 5-9）。由图 5-9 可见，断点附近基岩反射波组同相轴（P_3）明显被错断，东西两侧不连续，大约存在 10ms 的时差，且可以看到较为清楚的疑似断面反射波。断点倾向 E，视倾角较缓，约 50°，表现为上盘下降、下盘上升的正断层。断点上方的新近系反射波组同相轴（P_2）连续，未见错断迹象。

（3）f_{1b} 断点：位于 L1-2 测线 304#CDP（606 桩号）处（图 5-10）。由图 5-10 可见，断点附近基岩内部反射波组同相轴（P_6）存在明显的转折，东西两侧不连续，大约存在 5ms 的时差。断点倾向 W，视倾角较陡，约 60°，表现为上盘下降、下盘上升的正断层。基岩反射波同相轴（P_5）也被断错，断点上方的新近系反射波组（P_3）连续，未见错断迹象。

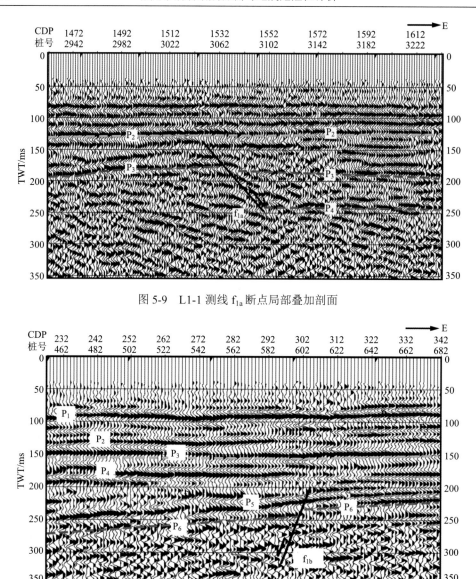

图 5-9　L1-1 测线 f~1a~断点局部叠加剖面

图 5-10　L1-2 测线 f~1b~断点局部叠加剖面

（4）f_{1-2}断点：位于 L1-2 测线 834#CDP（1666 桩号）处（图 5-11）。由图 5-11 可见，断点附近基岩反射波组同相轴（P_5）西侧（左边）能量强且稳定、东侧（右边）能量弱且不稳定，虽然没有明显被错断，但显然不连续，而且相应的基岩内部层位同样存在很大区别，西侧在 320ms 左右存在一组明显的反射波组同相轴（P_6），而东侧基岩面以下不存在可明显识别的反射波组，这是断裂存在的可靠依据。该断点倾向 W，视倾角较陡，约 65°，表现为上盘下降、下盘上升的正断层，基岩顶面视断距较小。断点上方的新近系反射波组（P_4）连续，能量稳定，未见错断迹象，据此判断该断裂为前第四纪（PreQ）断裂。依据区域地质资料分析，上盘基岩岩性为古近系砂岩，下盘为二叠系煤系地层，判断 f_{1-2}断点为幕集－刘集断裂（F_1）的西边界断裂。

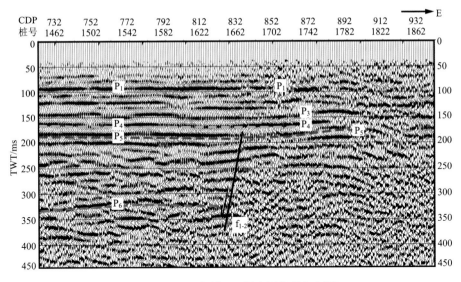

图 5-11 L1-2 测线 $f_{1\text{-}2}$ 断点局部叠加剖面

（5）$f_{1\text{-}3}$ 断点：位于 L1-2 测线 1773#CDP（3544 桩号）处（图 5-12）。由图 5-12 可见，$f_{1\text{-}3}$ 断点附近基岩反射波组同相轴（P_4）在 1773#CDP 两侧存在明显区别，西侧受煤矿采空区塌陷影响，基岩反射波组同相轴能量不稳定，呈断续展布；东侧基岩为古近系砂岩，同相轴能量较强且稳定，表明不存在塌陷问题。该断点倾向 W，视倾角较陡，约 65°，表现为上盘上升、下盘下降的逆断层，视断距约 2m。依据区域地质资料分析，上盘基岩岩性为二叠纪煤系地层，下盘为古近系砂岩，判断 $f_{1\text{-}3}$ 断点为幕集－刘集断裂（F_1）的东边界断裂。

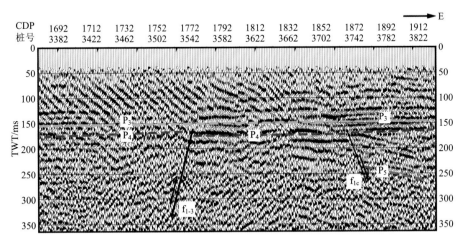

图 5-12 L1-2 测线 $f_{1\text{-}3}$、f_{1c} 断点局部叠加剖面

（6）f_{1c} 断点：位于 L1-2 测线 1866#CDP（3730 桩号）处（图 5-12）。由图 5-12 可见，f_{1c} 断点处基岩内部东西两侧同相轴（P_5）不连续，但基岩面反射波同相轴（P_4）连续。断点倾向 E，视倾角较缓，约 50°，表现为上盘下降、下盘上升的正断层。断点上方的新

近系反射波组（P₃）连续，未见错断迹象，据此判断该断裂为基岩内部断裂。

（7）f_{1-4}断点：位于 L3-4 测线 265#CDP（528 桩号）处（图 5-13）。由图 5-13 可见，f_{1-4}断点附近基岩反射波组存在明显的同相轴断错现象，且基岩反射波组以下可识别的同相轴也存在断错现象，为断裂判断标志。断点倾向 N，视倾角较陡，约 65°，表现为上盘上升、下盘下降的逆断层，视断距约 2m。

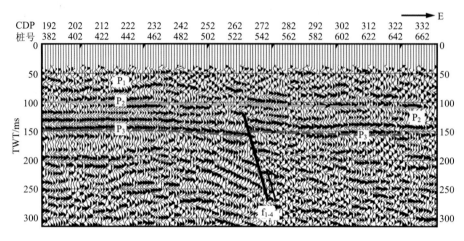

图 5-13　L3-4 测线 f_{1-4} 断点局部叠加剖面

2. 浅层地震勘探结果

本次浅层地震勘探共确认与幕集－刘集断裂（F₁）有关的断点 7 个，其中，f_{1-1}断点和 f_{1-3} 断点组成幕集－刘集断裂（F₁）的东边界断裂，f_{1-2} 断点为该断裂的西边界断点，这 3 个断点断错了基岩面，但是均没有断错新近纪地层的顶面；f_{1a}、f_{1b}、f_{1c} 和 f_{1-4} 断点断错了基岩面或基岩内的地层，但是均没有断错新近纪地层的顶面，属于幕集－刘集断裂的次生断裂。时间叠加剖面解释结果显示，幕集－刘集断裂（F₁）第四纪以来未见活动迹象，属前第四纪断裂。

5.1.5　钻孔联合剖面探测

1. 联合剖面钻孔布设

为了探测断裂活动性，在郑集镇前鹿楼村一带，对幕集－刘集断裂（F₁）北支断裂布置钻孔联合剖面进行探测，简称前鹿楼场地（XZ1）。

前鹿楼场地（XZ1）位于浅层地震勘探测线 L1-2 的 1666 桩号附近（图 5-14）。钻孔布置于前鹿楼村村南的东西向乡村水泥路附近，共实施钻孔 5 个，自西向东依次为 XZ1-1（1602 桩号）、XZ1-2（1632 桩号）、XZ1-3（1662 桩号）、XZ1-4（1692 桩号）、XZ1-5（1722 桩号），孔间距分别为 37.36m、30m、30m、30m（图 5-15）。

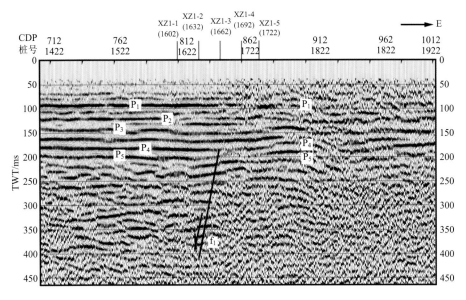

图 5-14　前鹿楼场地（XZ1）地震剖面钻孔布置图

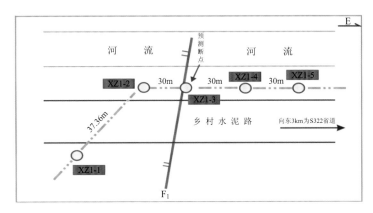

图 5-15　前鹿楼场地（XZ1）钻孔平面分布图

为了控制探测本场地地层特征和断层断错的最新地层层位，钻孔 XZ1-1 深度达到 159m，进入古近系，钻遇第四纪地层包括全新统连云港组、上更新统戚咀组、中更新统泊岗组、下更新统豆冲组、新近系宿迁组和下草湾组，以及古近系官庄组；其余 4 个钻孔深度为 50m，进入更新世中部地层，钻遇全新统连云港组、上更新统戚咀组、中更新统泊岗组层位。

2. 钻孔地层描述

选择 XZ1-1（1602 桩号）作为前鹿楼场地代表性钻孔。根据孔内岩心反映的地层岩性、颜色、结构、构造特征和接触界面形态等，将钻孔深度范围内的地层划分为 4 个大层和多个亚层，各地层基本特征分述如下。

全新统连云港组（Qh*l*）（厚 9.2m，2 个旋回）

第二旋回（Qh）（厚 4.7m）

1-杂色耕植土，松散，含少量植物根茎，以粉土为主，混粉质黏土团块，夹碎石块、砖块及混凝土块等。埋深 0～0.3m，厚度 0.3m。

2-黄褐色、褐黄色黏土，硬塑，干强度高，韧性较高，稍有光泽反应。埋深 0.3～1.8m，厚度 1.5m。

3-黄褐色、褐黄色泥质粉砂，干强度高，硬塑，韧性较高，稍湿，稍密，含有云母成分。埋深 1.8～3.0m，厚度 1.2m。

4-黄褐色、褐黄色粉砂质黏土，稍湿，稍软，稍密—中密，粉砂状结构，摇振反应迅速，无光泽，干强度低、韧性低，含有云母成分。埋深 3.0～4.7m，厚度 1.7m。

第一旋回（Qh）（厚 4.5m）

5-褐灰色、灰褐色黏土，可塑，含水量一般，无摇振反应，干强度中等，韧性中等，含有少量砂姜。埋深 4.7～6.7m，厚度 2.0m。

6-灰褐色、黄褐色黏土，可塑，含水量一般，局部含钙质结核和铁锰结核及少量砂姜，含有少量蓝绿色条带。埋深 6.7～9.2m，厚度 2.5m。

上更新统戚咀组（Qp₃q）（厚 28.5m，4 个旋回）

第四旋回（Qp₃）（厚 11.0m）

7-黄褐色黏土，可塑，含有少量砂姜及少量铁锰结核，有光泽反应，无摇振反应，干强度高，韧性高。埋深 9.2～10.0m，厚度 0.8m。

8-褐黄色黏土，可塑，含水量一般，干强度中等、韧性中等，无砂姜，顶部含有约 15cm 厚的蓝灰色黏土。埋深 10.0～11.0m，厚度 1.0m。

9-黄褐色黏土，可塑，局部含钙质结核，含有少量砂姜。埋深 11.0～14.0m，厚度 3.0m。

10-灰绿色黏土，硬塑，含水量一般，含有少量蓝绿色条带，干强度中等、韧性中等。埋深 14.0～15.0m，厚度 1.0m。

11-褐黄色黏土，硬塑，含水量一般，含有铁锰结核和蓝绿色条带，干强度中等、韧性中等。埋深 15.0～16.3m，厚度 1.3m。

12-黄褐色粉砂质黏土，含水量少，含有少量铁锰结核和蓝绿色条带。埋深 16.3～20.2m，厚度 3.9m。

第三旋回（Qp₃）（厚 4.8m）

13-棕褐色黏土，硬塑，含水量一般，含有少量蓝绿色条带。埋深 20.2～21.3m，厚度 1.1m。

14-灰褐色黏土，硬塑，含水量相对较多，含少量铁锰结核及少量砂姜。埋深 21.3～22.0m，厚度 0.7m。

15-黄褐色粉砂质黏土，硬塑，含水量一般，含有少量铁锰结核及少量砂姜。埋深 22.0～24.0m，厚度 2.0m。

16-褐红色粉砂质黏土，硬塑，含水量一般，含有少量铁锰结核及少量砂姜。埋深 24.0～25.0m，厚度 1.0m。

第二旋回（Qp₃）（厚 2.0m）

17-黄褐色黏土，硬塑，含水量少，含有少量砂姜。埋深 25.0～25.7m，厚度 0.7m。

18-黄褐色粉砂质黏土，可塑性弱，含水量一般，含有少量铁锰结核和铁锈斑点。埋深25.7～27.0m，厚度1.3m。

第一旋回（Qp₃）（厚 10.7m）

19-黄褐色黏土，硬塑，含水量一般，含有粉细砂夹层，层厚0.2m。埋深27.0～29.0m，厚度2.0m。

20-灰绿色黏土，硬塑，含水量少，含较多的钙质结核。埋深29.0～30.1m，厚度1.1m。

21-黄褐色含砂姜黏土，可塑性一般，含水量少，含有较多钙质结核和铁锰结核。埋深30.1～31.0m，厚度0.9m。

22-灰褐色黏土，硬塑，含水量少，含少量钙质结核和砂姜，含有蓝绿色条带。埋深31.0～32.0m，厚度1.0m。

23-灰绿色黏土，硬塑，含有少量铁锰结核及砂姜。埋深32.0～32.8m，厚度0.8m。

24-灰黄色，灰绿色黏土，可塑性一般，含水量少，含有大量砂姜和少量铁锰结核。埋深32.8～35.0m，厚度2.2m。

25-灰绿色黏土，可塑性一般，含水量少，含有少量砂姜，并含有少量铁锈斑点。埋深35.0～37.7m，厚度2.7m。

中下更新统泊岗组、豆冲组（Qp₂b、Qp₁d）（厚 51.3m，4 个旋回）

第四旋回（Qp₂、Qp₁）（厚 5.1m）

26-黄褐色粉砂质黏土，硬塑，含有较多铁锰结核及少量钙质结核，钙质结核直径为0.5～2.0cm，并含有丰富的蓝绿色条带。埋深37.7～39.4m，厚度1.7m。

27-灰褐色－灰绿色黏土，硬塑，含有少量铁锰结核及钙质结核，钙质结核直径为0.5～2.0cm。埋深39.4～40.9m，厚度1.5m。

28-灰白色－灰褐色砂姜层，可塑性弱，含水量一般，含有较多砂姜，粒径大小不一，含有少量铁锰结核。埋深40.9～42.8m，厚度1.9m。

第三旋回（Qp₂、Qp₁）（厚 15.2m）

29-黄褐色黏土，可塑性一般，含水量少，含有少量铁锰结核及少量砂姜。埋深42.8～44.2m，厚度1.4m。

30-灰白色－灰褐色砂姜层，可塑性弱，含水量一般，含有较多砂姜，粒径大小不一，含有少量铁锰结核。埋深44.2～45.1m，厚度0.9m。

31-灰绿色黏土，可塑性一般，含水量少，含有少量砂姜，并含有少量铁锈斑点。埋深45.1～46.0m，厚度0.9m。

32-黄褐色夹灰绿色黏土，可塑性一般，含水量少，含有少量铁锰结核，局部富集，有光泽反应，无摇振反应，干强度高，韧性高。埋深46.0～48.0m，厚度2.0m。

33-褐红色－棕褐色黏土，硬塑，含水量一般，含有少量钙质结核及少量铁锰结核。埋深48.0～50.0m，厚度2.0m。

34-棕褐色－灰褐色黏土，可塑性一般，含水量一般，含有少量钙质结核及少量铁锰结核，干强度较高、韧性较高。埋深50.0～52.2m，厚度2.2m。

35-褐红色黏土，底部约有30cm的灰褐色黏土，可塑性一般，含水量一般，偶见钙质结核和铁锰结核。埋深52.2～53.3m，厚度1.1m。

36-灰绿色黏土，可塑性一般，含水量一般，含有较多铁锰结核和少量钙质结核。埋深 53.3～55.0m，厚度 1.7m。

37-灰褐色黏土，可塑性一般，含水量少，含有较多蓝绿色条带，含有少量铁锰结核及少量砂姜。埋深 55.0～57.5m，厚度 2.5m。

38-灰褐色粉砂，无可塑性，含水量一般，含有铁锈斑点。埋深 57.5～58.0m，厚度 0.5m。

第二旋回（Qp₂、Qp₁）（厚 23.0m）

39-灰绿色夹灰褐色黏土，可塑性弱，含水量一般，含有钙质结核及少量铁锰结核，中间夹有约 20cm 的泥质粉砂层。埋深 58.0～60.1m，厚度 2.1m。

40-黄褐色－灰绿色黏土，可塑性一般，含水量一般，偶见铁锰结核。埋深 60.1～61.7m，厚度 1.6m。

41-灰褐色黏土，可塑性弱，含水量少，含有较多砂姜，含有少量铁锰结核。埋深 61.7～64.9m，厚度 3.2m。

42-褐黄色－灰褐色黏土，可塑性一般，含水量少，含有较多砂姜，粒径较大，在 1～3.5cm，并含有较多的铁锰结核。埋深 64.9～65.9m，厚度 1.0m。

43-灰绿色黏土，可塑性一般，含水量一般，含有较少铁锰结核和钙质结核。埋深 65.9～66.8m，厚度 0.9m。

44-灰黄色黏土，可塑性弱，含水量少，含有铁锰结核和钙质结核。埋深 66.8～69.0m，厚度 2.2m。

45-灰褐色黏土，可塑性一般，含水量少，含有粒径较大的铁锰结核，呈球状，含有钙质结核和铁锈斑点，并含有少量蓝绿色条带。埋深 69.0～70.1m，厚度 1.1m。

46-灰绿色黏土，可塑性一般，含水量一般，含有钙质结核和铁锰结核。埋深 70.1～71.9m，厚度 1.8m。

47-褐灰色黏土，可塑性一般，含水量一般，含有少量铁锰结核和钙质结核。埋深 71.9～75.0m，厚度 3.1m。

48-灰褐色黏土，质地较硬，可塑性弱，含水量一般，含有较多钙质结核和铁锈斑点，偶见铁锰结核。埋深 75.0～76.0m，厚度 1.0m。

49-灰绿色黏土，质地较硬，可塑性弱，含水量一般，含有较多钙质结核，局部富集，含有灰黄色条带。埋深 76.0～79.3m，厚度 3.3m。

50-灰褐色黏土，可塑性一般，含水量一般，偶见钙质结核。埋深 79.3～80.1m，厚度 0.8m。

51-灰褐色粉砂质黏土，可塑性弱，含水量多。埋深 80.1～81.0m，厚度 0.9m。

第一旋回（Qp₂、Qp₁）（厚 8.0m）

52-褐红色黏土，质地较硬，可塑性弱，含水量少，含有粒径较大的铁锰结核，呈球状，含有少量钙质结核。埋深 81.0～81.4m，厚度 0.4m。

53-灰绿色黏土，质地较硬，可塑性弱，含水量一般，含有铁锰结核和钙质结核。埋深 81.4～84.3m，厚度 2.9m。

54-灰褐色黏土，可塑性一般，含水量少，含有钙质结核。埋深 84.3～85.0m，厚度 0.7m。

55-灰黄色黏土，可塑性弱，含水量少，含有少量铁锰结核和钙质结核，含有少量粉砂。埋深 85.0～87.1m，厚度 2.1m。

56-灰黄色粉砂质黏土，可塑性弱，含水量少，偶见铁锰结核。埋深 87.1～88.0m，厚度 0.9m。

57-灰黄色粉砂，可塑性弱，含水量一般，偶见铁锰结核，含有白云母，底部含有约 20cm 厚的粉砂质黏土。埋深 88.0～89.0m，厚度 1.0m。

新近系上新统（N₂）（厚 50m，6 个旋回）

第六旋回（N₂）（厚 6.5m）

58-灰黄色中砂，无可塑性，含水量一般，含有较多钙质结核，含有少量黏土。埋深 89.0～89.8m，厚度 0.8m。

59-灰绿色－灰白色中粗砂，饱和紧实，主要由长石、石英组成，含有少量钙质结核。埋深 89.8～93.0m，厚度 3.2m。

60-灰绿色－灰褐色中粗砂，无可塑性，含水量一般，含石英、长石、岩矿碎屑等。埋深 93.0～95.5m，厚度 2.5m。

第五旋回（N₂）（厚 7.5m）

61-灰白色黏土，可塑性弱，含水量少，含有少量铁锰结核及少量砂姜。埋深 95.5～97.0m，厚度 1.5m。

62-灰绿色－灰白色黏土，并夹有部分灰褐色黏土，可塑性弱，含水量少。埋深 97.0～100.4m，厚度 3.4m。

63-灰褐色黏土，可塑性弱，含水量少，含有黑色结核。埋深 100.4～101.3m，厚度 0.9m。

64-灰绿色－灰白色中粗砂，含石英、长石、黏土颗粒。埋深 101.3～103.0m，厚度 1.7m。

第四旋回（N₂）（厚 3.5m）

65-灰黄色－灰白色黏土，可塑性弱，含水量少，含有少量砂姜。埋深 103.0～104.1m，厚度 1.1m。

66-灰褐色中砂，含石英、长石、黏土颗粒。埋深 104.1～105.0m，厚度 0.9m。

67-灰白色粉砂，含石英、长石、岩矿碎屑、黏土颗粒。埋深 105.0～106.5m，厚度 1.5m。

第三旋回（N₂）（厚 8.5m）

68-灰绿色－灰褐色黏土，坚硬，含有少量砂姜。埋深 106.5～109.6m，厚度 3.1m。

69-黑褐色夹灰黄色黏土，质地坚硬，含有少量砂姜及少量炭质结核。埋深 109.6～112.0m，厚度 2.4m。

70-黄褐色－灰白色含砾粗砂，含水量一般，中间夹有灰白色黏土。埋深 112.0～115.0m，厚度 3.0m。

第二旋回（N₂）（厚 5.0m）

71-灰绿色－黄绿色黏土，可塑性一般，含水量一般，含有钙质结核。埋深 115.0～118.0m，厚度 3.0m。

72-灰绿色－黄绿色砂质黏土，可塑性弱，含水量少，含有较多粒径较小的钙质结核，含有少量粒径较大的炭质结核。埋深 118.0～120.0m，厚度 2.0m。

第一旋回（N₂）（厚 19.0m）

73-灰绿色－黄褐色黏土，质地较硬，可塑性一般，含水量少，含有粒径较小的钙质结核，含有粒径较大的炭质结核，局部富集，并含有少量的中细砂。埋深 120.0～122.4m，厚度 2.4m。

74-黄褐色－灰绿色黏土，质地较硬，可塑性一般，含水量一般，含有粒径较大的炭质结核。埋深 122.4～123.0m，厚度 0.6m。

75-灰色－灰黄色黏土，含水量多，偶见铁锰结核，顶部和底部还有约20cm厚的粗砾砂。埋深 123.0～123.6m，厚度 0.6m。

76-灰黄色－黄绿色黏土，可塑性一般，含水量较多。埋深123.6～125.0m，厚度1.4m。

77-灰绿色－灰黄色黏土，质地较硬，可塑性一般，含水量一般，含有炭质结核和钙质结核。埋深125.0～126.5m，厚度1.5m。

78-黄褐色黏土，质地较硬，可塑性一般，含水量一般，含有少量粒径较小的钙质结核和少量粒径较大的炭质结核。埋深126.5～127.6m，厚度1.1m。

79-灰绿色夹黄绿色黏土，质地坚硬，可塑性一般，含水量一般，含有钙质结核，粒径较小，偶见炭质结核。埋深127.6～132.0m，厚度4.4m。

80-褐黄色黏土，可塑性一般，含水量一般，含有炭质结核。埋深132.0～132.9m，厚度0.9m。

81-灰绿色夹黄绿色黏土，质地坚硬，可塑性一般，含水量一般，含有钙质结核，粒径较小，并含有少量炭质结核。埋深132.9～135.0m，厚度2.1m。

82-灰褐色－灰绿色黏土，可塑性一般，含水量一般，偶见炭质结核。埋深135.0～136.6m，厚度1.6m。

83-灰绿色含砾粗砂，可塑性弱，含水量一般，偶见钙质结核，中间含有部分灰绿色黏土。埋深136.6～139.0m，厚度2.4m。

新近系中新统（N_1）（厚15.45m，2个旋回）

第二旋回（N_1）（厚11.0m）

84-灰褐色－灰绿色黏土，可塑性弱，含水量一般，含有炭质结核和钙质结核。埋深139.0～140.0m，厚度1.0m。

85-灰黄色－灰绿色黏土，可塑性弱，含水量一般，可见钙质结核，中下部含有约15cm厚的灰绿色中砂。埋深140.0～144.0m，厚度4.0m。

86-褐黄色夹灰白色黏土，可塑性弱，含水量一般，可见钙质结核和铁锰结核。埋深144.0～147.9m，厚度3.9m。

87-灰白色泥质粉砂，坚硬，含有较多姜石，粒径局部较大，达7～8cm。埋深147.9～149.0m，厚度1.1m。

88-褐黄色细砂，饱和密实，以长石、石英为主，级配一般，中间含有约15cm的中砂。埋深149.0～150.0m，厚度1.0m。

第一旋回（N_1）（厚4.45m）

89-青灰色－灰绿色粉砂质黏土，硬塑，含有较多砂姜，粒径不等。埋深150.0～151.0m，厚度1.0m。

90-黄褐色粉细砂，饱和密实，矿物成分以长石、石英为主，含少量云母碎片，级配一般。埋深151.0～152.0m，厚度1.0m。

91-青灰色砾石，饱和密实，颗粒形状为次圆状，粒径较均匀，颗粒成分主要为石灰岩等。埋深152.0～154.45m，厚度2.45m。

古近系砂岩（E_2g）（厚4.55m，终孔深度159m，未穿透）

92-紫红色砂岩，强风化，细砂结构，裂隙较为发育，为石英充填，岩心较为破碎，呈碎块状。埋深154.45～156.1m，厚度1.65m。

93-紫红色砂岩，中风化，细砂结构，裂隙较为发育，为石英充填，岩心较完整，呈长柱状。埋深

156.1～159.0m，厚度 2.9m。该层未穿透。

----

3. 沉积物颜色特征

钻孔深度 50m 以浅的 XZ1-2、XZ1-3、XZ1-4、XZ1-5 孔，其岩心总体以黄褐色、褐黄色、灰褐色、灰绿色、褐灰色、棕褐色为主，褐红色、灰白色次之，纵向上组合色调可以分为三大套，大约 9.5m 以上以黄褐色、褐黄色、灰褐色、褐灰色为主，9.5～35m 以黄褐色、褐黄色、灰绿色、灰黄色为主；35～50m 以褐红色为主，这几段大致对应于 Qh、Qp_3、Qp_2。

4. 沉积物岩性特征

XZ1-1 孔钻进较深（159m），钻孔岩心地层可划分为全新统连云港组（底界深度 9.2m，厚度 9.2m，包含 2 个旋回）、上更新统戚咀组（底界深度 37.7m，厚度 28.5m，包含 4 个旋回）、中下更新统泊岗组、豆冲组（底界深度 89.0m，厚度 51.3m，包含 4 个旋回）、新近系宿迁组、下草湾组（底界深度 154.45m，厚度 65.45m，包含 8 个旋回），下部基岩为古近系官庄组砂岩。

XZ1-2、XZ1-3、XZ1-4、XZ1-5 钻孔深度为 50m，主要揭示 Qh、Qp_3 层位，以见 Qp_2 地层为终孔。该场地所揭示的第四纪地层主要由湖相－河流相地层组成，沉积物主要为杂色耕植土、泥质粉砂、粉砂质黏土和粉砂等。沉积物中夹杂有泥质粉砂类和粉砂质黏土类标志层，在 XZ1-5 孔的 27.5m 处见贝壳类生物化石。整个沉积地层的旋回性和第四纪各地层主要对比特征明显（表 5-1）。

表 5-1　前鹿楼场地 XZ1-1 孔岩石地层单元划分和特征

地层（组）	底界深度/m	各段厚度/m	岩性描述
连云港组（Qh*l*）	9.2	4.7	黄褐色－褐黄色黏土和泥质粉砂为主，顶部为灰黄色耕作层，松散，含有少量植物根系；底部含有黄褐色粉砂质黏土层
		4.5	上部为褐灰色、灰褐色黏土，含有少量砂姜；下部为灰褐色、黄褐色黏土，局部含钙质结核和铁锰结核及少量砂姜
戚咀组（Qp_3q）	37.7	11.0	褐黄色黏土为主，含有铁锰结核，顶部含有少量砂姜；中部夹有灰绿色黏土；底部为黄褐色粉砂质黏土，含有少量铁锰结核和蓝绿色条带
		4.8	上部为棕褐色－灰褐色黏土；下部为黄褐色－褐红色粉砂质黏土，含少量铁锰结核及少量砂姜
		2.0	上部为黄褐色黏土，含少量砂姜；下部为黄褐色粉砂质黏土，含少量铁锰结核和铁锈斑点
		10.7	上部为黄褐色－灰绿色粉砂质黏土及黏土，含有粉细砂层；中部为灰绿色－灰褐色黏土；下部为灰黄色－灰绿色黏土，含有大量砂姜和少量铁锰结核

地层（组）	底界深度/m	各段厚度/m	岩性描述
泊岗组（Qp$_2$b） 豆冲组（Qp$_1$d）	89.0	5.1	上部为黄褐色砂质黏土；下部为灰白色－灰褐色砂姜层，含有较多砂姜，粒径大小不一，含有少量铁锰结核
		15.2	上部为黄褐色－灰绿色黏土，含有少量铁锰结核及少量砂姜，可见少量铁锈斑点；中部为褐红色－棕褐色黏土，含有少量钙质结核及少量铁锰结核；下部为灰褐色－灰绿色黏土，含有较多蓝绿色条带，含有少量铁锰结核及少量砂姜，底部有一层0.5m厚的灰褐色粉砂层
		23.0	中部－上部以灰褐色－灰绿色黏土为主；下部主要为褐灰色黏土，部分层位夹泥质粉砂层，含有铁锰结核及钙质结核；底部以灰褐色粉砂质黏土层结束，含有少量钙质结核和铁锰结核
		8.0	上部为灰褐色－灰绿色黏土；下部为灰黄色粉砂质黏土和粉砂，偶见铁锰结核，含有白云母
宿迁组（N$_2$s）	139.0	6.5	灰绿色－灰白色中砂－中粗砂，主要由长石、石英组成，含有少量钙质结核
		19.5	上部以黏土为主；中部夹有中砂、粉砂；中下部含有一层黑褐色黏土，含有少量砂姜及少量炭质结核；底部以含砾粗砂结束，中间夹有灰白色黏土
		24	黏土为主，为灰绿色、黄褐色、褐黄色，含有铁锰结核和钙质结核，偶见炭质结核；底部以含砾粗砂结束
下草湾组（N$_1$x）	154.45	15.45	上部为灰褐色－灰绿色黏土层；中下部为灰白色、褐黄色砂层，有泥质粉砂、细砂等；底部为青灰色砾石层
官庄组（E$_2$g）	159.0（未穿透）	4.55	为紫红色砂岩，强风化－中风化，细砂结构，裂隙较为发育，为石英充填

5. 地层断错特征

根据前鹿楼场地钻孔联合探测剖面的年代学和地层学结果，钻遇的中更新统至全新统为连续沉积，未见地层的断错（图5-16、图5-17）。地层基本特征如下。

1）全新统（Qh）

全新统连云港组（Qhl）层底平均深度为9.38m，自南西向北东5个钻孔的底界埋深依次为9.2m、9.3m、9.7m、9.1m、9.6m。没有断错迹象。

2）上更新统（Qp$_3$）

上更新统戚咀组（Qp$_3$q）层底平均深度为35.74m，平均厚度为26.36m。上部以灰黄色－灰绿色黏土为主，含有铁锰结核和钙质结核；下部为褐黄色－黄褐色粉砂质黏土及黏土，含有大量云母及少量铁锰结核和钙质结核。该层与下伏地层为整合接触，自南西向北东5个钻孔的底界埋深依次为37.7m、35.0m、34.6m、35.4m、36.0m。没有断错迹象。

3）中下更新统（Qp$_2$、Qp$_1$）

中更新统泊岗组（Qp$_2$b）和下更新统豆冲组（Qp$_1$d）层段完整见于XZ1-1孔，其他4个钻孔Qp$_2$均未见底。该层段在XZ1-1孔内的底界深度为89.0m，上部主要以褐黄色－黄褐色黏土为主，中间夹有砂姜层，部分层位含有铁锰结核和蓝绿色条带；下部以灰褐色－灰黄色黏土为主，含有铁锰结核、钙质结核和铁锈斑点，并含有少量蓝绿色条带，中间夹有粉砂质黏土层，从上到下颜色逐渐偏向灰色。

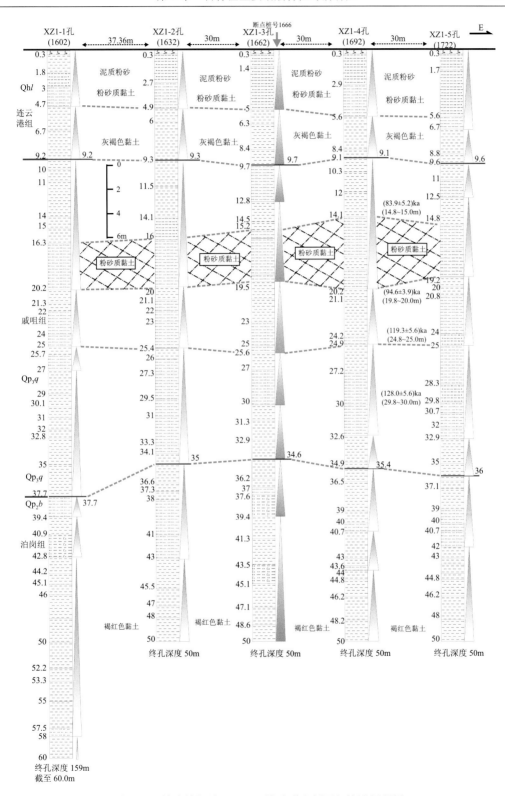

图 5-16　前鹿楼场地（XZ1）钻孔联合剖面与构造解释图

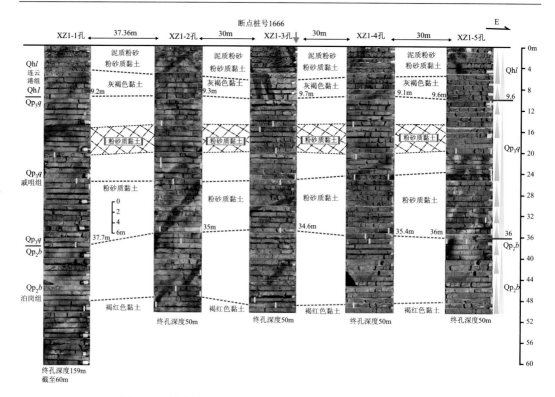

图 5-17　前鹿楼场地（XZ1）钻孔岩心对比与构造综合解释图

4）新近系（N）

新近系宿迁组（N_2s）层底深度为 139m，上部以灰白色－灰绿色中砂、中粗砂为主，中部以灰黄色－黄褐色黏土为主，下部含有泥质粉砂、细砂、粉细砂和砾石。整体看，该层上部和下部颜色相对偏灰、偏褐，中部相对偏黄。

新近系下草湾组（N_1x）层底深度为 154.45m，上部为黏土层，中下部为砂层，有泥质粉砂、细砂等，底部为青灰色砾石层。

5）古近系（E）

古近系官庄组（E_2g）呈紫红色，为强风化、中风化产物，裂隙较为发育，为石英充填，上部岩心破碎，呈碎块状，具塑性，下部岩心较为完整，呈长柱状，纹理垂直于岩心，产状水平。该层未钻透。

6）断错特征

前鹿楼场地 1 个钻孔钻至古近系官庄组，4 孔钻孔钻至中更新统内部层位。根据钻孔联合剖面探测结果，全新统的底界平均深度为 9.38m，上更新统的底界平均深度为 35.74m，未见断错迹象，表明幕集－刘集断裂（F_1）在本场地未断入更新统上部层位。

5.1.6　幕集－刘集断裂活动性鉴定结果

幕集－刘集断裂延伸于徐宿弧形构造西北边缘，经历了多期正断活动和逆冲活动。

现场调查显示，该断裂在基岩出露区表现为断层内部充填坚硬的胶结物质和断层角砾，在目标区则被第四系覆盖，对地形地貌无控制作用。浅层地震勘探结果表明，该断裂由东、西 2 条断裂组成，断裂带宽度自南西向北东方向逐渐变窄，边界断裂外侧附近发育有次生断裂。断裂带内基岩为二叠纪煤系地层，两侧基岩岩性为古近系砂岩。随着煤层被不断开采，在断裂带内出现了与该断裂走向平行的采空塌陷区条带分布，地表表现为北东向的一连串水塘。断裂带总体为中间抬升、两侧断陷，呈地垒状，基岩顶面视断距较小，表明断裂形成后已经历长时间的风化剥蚀，虽然两侧基岩岩性不同，但顶面已经基本夷平至同一高程，说明第四纪以来无活动迹象。钻孔联合剖面探测深度至更新统上部地层以下，未发现该断裂断入迹象。综合分析认为，幕集－刘集断裂活动性较弱，是一条前第四纪断裂。

5.2 不老河断裂

5.2.1 基本特征

不老河断裂又称为茅村断裂，沿徐州北部的不老河延伸，自西部张谷山，经茅村至上店子，走向北西西，约 285°，长度约 11km，为一条南西盘下降的左行张扭性隐伏断裂。不老河断裂与徐宿弧形构造体交切，在地表形成一条平直的地貌分界线，但断裂东部的江庄复背斜未被不老河断裂断错，认为不老河断裂在此终止，未再向东延伸。不老河断裂的北东盘为基岩出露区，南西盘为平原区，被第四纪沉积层覆盖。

5.2.2 遥感解译

遥感 TM＋ASAR 融合影像图（图 5-18、图 5-19）显示，断裂北东侧的线性纹理特征非常清晰，呈北东向蜂窝状、块状图像，该部位为徐宿弧形构造体褶皱带一翼的基岩出露区，线性纹理代表了地层出露的界线；断裂的南西侧为平原区，图像均匀、单一。不老河断裂在遥感图像上表现为线性条带分布特征，在地表上形成了一条平直的地貌分界线（图 5-19）。

图 5-18 不老河断裂遥感 TM＋ASAR 融合影像 　　图 5-19 不老河断裂遥感三维影像图

5.2.3　现场地震地质调查

根据遥感影像特征，沿不老河北侧的山前地区对不老河断裂进行野外调查，调查点见图 5-20。

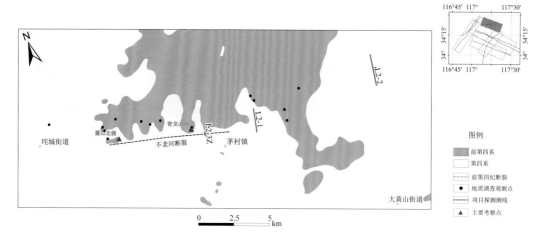

图 5-20　不老河断裂现场调查点与浅层地震勘探测线位置图

（1）大庄村西的青龙山南侧：见到近东西走向断层（图 5-21），断层面上擦痕清晰（图 5-22），走向 240°，断面近直立。断层破碎带宽约 3m，破碎带内发育东西向密集垂向节理。断层物质胶结程度高。

图 5-21　青龙山南侧近东西向的断层（镜向西）　　图 5-22　青龙山南侧近东西向断层面上的擦痕

在西侧的另一岩壁上，见一南北走向的断层面（图 5-23）。沿断层发育有断层角砾、擦痕及方解石晶簇。再向西的岩壁上，又见另一南北走向直立断层（图 5-24），该断层面西侧为灰岩，东侧发育石膏。断层物质胶结程度高。

（2）蔺山北侧采石场：该处出露基岩为薄层灰岩与厚层灰岩互层。岩壁上见近东西向断层，走向为 84°，倾向近直立（图 5-25 和图 5-26）。断层两侧灰岩倾角不同，东侧缓，断层破碎带胶结程度高，在断层面上发育水平方向擦痕，擦痕具多期滑动痕迹（图 5-27）。

图 5-23 青龙山南侧南北走向的断层面（镜向西） 图 5-24 青龙山南侧另一条南北走向的断层（镜向东）

图 5-25 蔺山北侧岩壁发育的近东西向断层（镜向南）

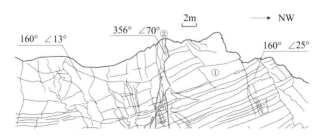

图 5-26 蔺山北侧岩壁发育的近东西向断层地质剖面图
①寒武系中厚层灰岩；②断层破碎带，固结程度高，断层上发育多组不同方向擦痕

在该断层西侧约 100m 处见到另一条南北向断层破碎带（图 5-28），发育于寒武系灰岩中，宽约 2m，断层破碎带内发育断层角砾岩和黄褐色胶结物质，固结程度高。该断层为平行于弧形构造的断层。

不老河北侧的季山、前川、路家坡等多处山前地带，包括不老河断裂东侧与其同方向的屯头断层的一些考察点，未发现东西向断裂出露及其新活动的证据。

根据区域地质调查资料，不老河断裂主体发育于不老河中，为一条南西盘下降的张扭性隐伏断裂。野外调查表明，在山体与平原过渡地带未见断层三角面及断层崖地貌；山

图 5-27　蔺山北侧岩壁断层面上发育的水平方向擦痕

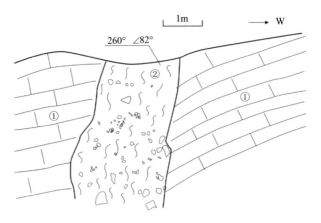

图 5-28　蔺山北侧岩壁出露的南北向断层地质剖面
①寒武系中厚层灰岩，灰黑色；②断层破碎带，黄褐色，由断层角砾岩和胶结物质组成，固结程度高

体南侧坡度都较为平缓，山前基岩未见被东西向断层断错迹象。野外所见的与不老河断裂走向相似的两条近东西向断层规模均很小，且为基岩内老断层。野外所见与之共轭的近南北向断层，规模也都很小，为基岩内的老断层。沿不老河断裂所开采的水井，水量大，水井深度不大。在茅村一带，沿不老河断裂的主干断裂发育一系列溶洞，是茅村电厂及大黄山一带的重要储水构造。

5.2.4　浅层地震勘探

1. 测线布设与断点特征

针对不老河断裂（F_2）布置了 2 条南北向的反射测线 L2-1、L2-2 和 1 条南北向的折射测线 L2-3Z（图 5-20），在 L2-3Z 折射测线上发现 1 个断点，在 L2-2 测线上发现了 f_{2-1} 断点。

（1）L2-3Z 断点：L2-3Z 折射测线布置于茅村镇西约 2km 处的前川附近，测线北端在季山至茅村公路南侧，测线横跨不老河，走向近南北向，采用相遇和追逐相结合的观测系统。原始记录在第 95 道附近可见较清晰的弧形同相轴[图 5-29（a）]，且能量衰减严重；时距曲线上基岩折射波存在 5ms 左右的时差[图 5-29（b）]，推测存在断点，但上覆层位的折射波没有断裂存在的迹象。

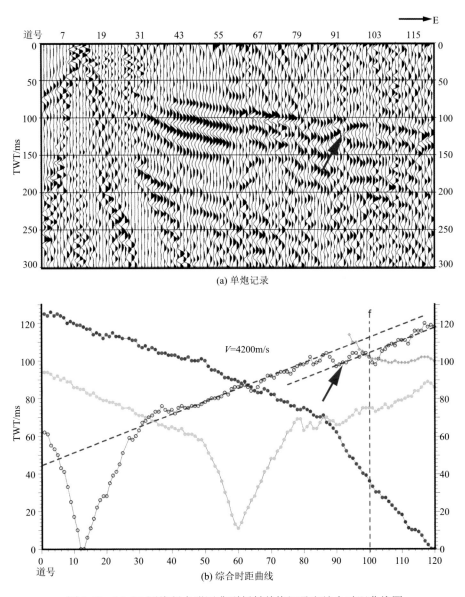

图 5-29　L2-3Z 测线断点附近典型折射单炮记录和综合时距曲线图

（2）f_{2-1} 断点：位于 L2-2 测线 1124#CDP（1720 桩号）处（图 5-30），由图 5-30 可见，f_{2-1} 断点附近基岩反射波组同相轴存在断裂迹象，断点倾向 S，视倾角较缓，约 45°，表现为上盘下降、下盘上升的正断层，视断距为 1～2m。断点处的基岩反射波组（P_1）呈缓坡状下倾，无明显棱角，为长期风化剥蚀作用所致。该断裂形成时期较早，后期没有新活动，判断为前第四纪断裂。

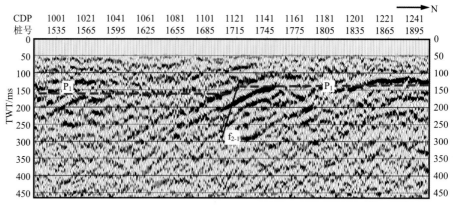

图 5-30　L2-2 测线 f_{2-1} 断点局部叠加剖面

2. 浅层地震勘探结果

浅层地震勘探结果表明，L2-3Z 测线发现 1 个断点，L2-1 测线不存在断裂迹象，L2-2 测线发现 1 个断点。以断裂空间展布与断点特征为基础，结合野外调查结果分析，认为测线 L2-3Z 发现的断点为不老河断裂，且没有向东延伸至 G104 国道以东的 L2-1 测线；东部青山泉附近 L2-2 测线发现的断点，推测不是不老河断裂，而是与野外所见的与不老河断裂共轭的近南北向断层。

5.2.5　钻孔联合剖面探测

1. 联合剖面钻孔布设

为了探测断裂活动性，在茅村镇前川一带，对不老河断裂（F_2）布置钻孔联合剖面进行探测，简称前川场地（XZ2）。

前川场地（XZ2）分布于 L2-3Z 测线的 300 桩号附近（图 5-31）。钻孔布置于前川西侧的村间小道上，共实施钻孔 6 个，自南向北依次为 XZ2-2（265 桩号）、XZ2-3（290 桩号）、XZ2-4（310 桩号）、XZ2-1（335 桩号）、XZ2-5（369 桩号）、XZ2-6（399 桩号），钻孔间距分别为 33m、20m、28m、34m、30m（图 5-32），平均孔间距为 29m，钻孔均进入基岩。

2. 钻孔地层描述

选择 XZ2-4（310 桩号）作为前川场地代表性钻孔。该钻孔位于断点的北侧 10m 处，孔深 20.3m，划分为全新统连云港组（底界深度 9.2m，厚度 9.2m，包含 3 个旋回）、上更新统戚咀组（底界深度 16m，厚度 6.8m，包含 2 个旋回）、中更新统泊岗组（底界深度 18.3m，厚度 2.3m，包含 1 个旋回），下伏基岩为寒武系灰岩（未见底）（终孔深度 20.3m，钻进 2m）。各地层基本特征分述如下。

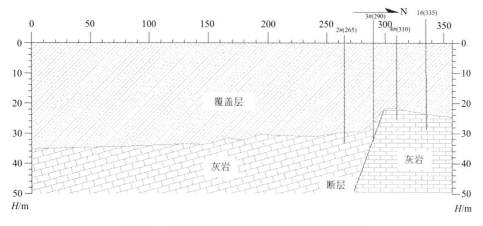

图 5-31　前川场地（XZ2）地震剖面钻孔布置图

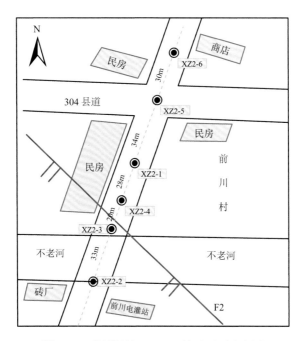

图 5-32　前川场地（XZ2）钻孔平面分布图

全新统连云港组（Qh*l*）（厚度 9.2m，3 个旋回）

第三旋回（Qh）（厚 2.5m）

1-杂色人工填土，松散粉土夹粉砂质黏土充填少量小石块，下部夹腐烂植物，厚度 2.5m。

第二旋回（Qh）（厚 2.5m）

2-灰黄色松软粉砂质黏土，软塑，韧性高，切面光滑，具触性，厚度 2.5m。

第一旋回（Qh）（厚 4.2m）

3-灰色松软淤泥质黏土，软塑，韧性高，切面光滑，具触性，并有一定的臭味，厚度 2.5m。

4-灰黑色粉砂质黏土，硬塑，韧性高，切面光滑，厚度 1.7m。

上更新统戚咀组（Qp₃q）（厚度6.8m，2个旋回）

第二旋回（Qp₃q）（厚1.4m）

5-灰黄色黏土，硬塑，干强度高，韧性高，切面光滑，含砂，小粒较多，厚度0.8m。

6-灰褐色粉砂质黏土，硬塑，干强度高，韧性高，切面光滑，含砂，小粒较多，厚度0.6m。

第一旋回（Qp₃q）（厚5.4m）

7-褐色黏土，硬塑，韧性高，切面光滑，含砂，小粒较多，厚度2.4 m。

8-灰褐色粉砂质黏土，硬塑，干强度高，韧性高，切面光滑，含砂，小粒较多，厚度3.0m。

中更新统泊岗组（Qp₂b）（厚度2.3m，1个旋回）

9-褐红色黏土，硬塑，干强度高，韧性高，含少量的铁锰结核，厚度2.3m。

基岩和风化壳（寒武系徐庄组$\in_3x$）（钻进2m）（未见底）

10-灰白色灰岩，微风化，岩石完整，块状及短柱状，裂隙弱发育，方解石充填，钻进2m未见底。

----

3. 沉积物颜色特征

总体以褐色、黄灰色、灰色－褐黄色、黄绿色、褐灰色为主，黄褐色、杂色次之，纵向上组合色调可以分为：深度9.2m以上以杂色、灰黄色、黄灰色为主；深度9.2~16.0m以褐色、灰褐、灰黄为主；深度16.0~18.3m以褐红色、黄褐色、褐黄色为主；深度18.3~20.3m以灰白色为主，这几段颜色界面大致对应Qh与Qp₃的界面、Qp₃与Qp₂的界面和Qp₂与$\in_3x$的界面。

4. 沉积物岩性特征

前川场地钻孔揭示的基岩为寒武系灰岩，第四系地层为全新统连云港组、上更新统戚咀组和中更新统泊岗组。第四纪地层主要由洪积-湖积物、冲积物、洪积-坡积物组成，沉积物以不同颜色的黏土、淤泥质黏土为主，主要标志层是淤泥质黏土和褐红色黏土。依据岩性和岩相特征，自上而下可以划分为6个旋回，其中全新统3个旋回、上更新统2个旋回、中更新统1个旋回（表5-2）。

表5-2　前川场地XZ2-4孔岩石地层单元划分和特征

地层单元	底界深度/m	各段厚度/m	各段特征
连云港组（Qhl）	9.2	9.2	以松散沉积物为主，含灰色淤泥质黏土
戚咀组（Qp₃q）	16.0	6.8	上部灰黄色、灰褐色黏土，下部褐色粉砂质黏土，并组成旋回层
泊岗组（Qp₂b）	18.3	2.3	褐红色黏土，硬塑，干强度高，韧性高，含少量的铁锰结核
徐庄组（$\in_3x$）	20.3	2.0	灰白色灰岩，微风化，岩石完整，块状及短柱状，裂隙弱发育，方解石充填

5. 地层断错特征

前川场地钻孔联合剖面显示，在 Qh 内各个层段的岩性及其底界埋深近乎相等，Qp₃ 和 Qp₂ 由南向北的埋深底界则依次升高，厚度也逐渐减小（图 5-33 和图 5-34），未发现明显的断错迹象，表现为斜坡。6 个钻孔组成的钻孔联合剖面探测结果如下。

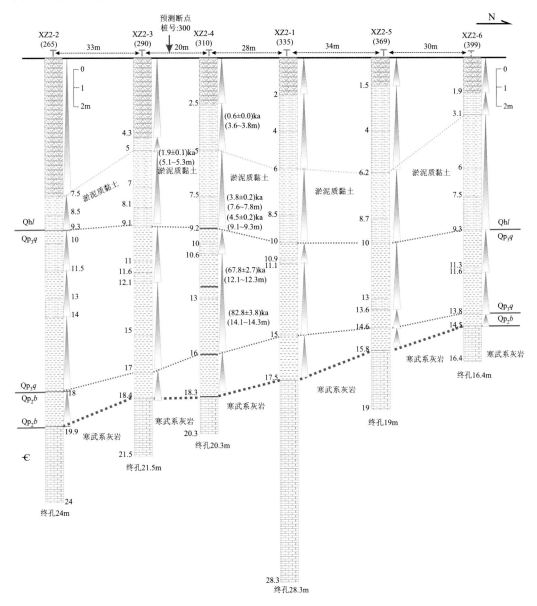

图 5-33　前川场地（XZ2）钻孔联合剖面与构造解释图

1) 全新统（Qh）

全新统连云港组（Qhl）平均层底深度为 9.48m，大部分为 9～10m。预测断点两侧钻孔的底界深度为 9.1m 和 9.2m，没有明显断错迹象。

2）上更新统（Qp_3）

上更新统戚咀组（Qp_3q）平均层底深度为15.74m，大部分为13～18m。在预测断点两侧钻孔的底界深度为17m和16m，没有明显断错迹象。Qp_3由南向北其层底深度依次抬升，相邻钻孔Qp_3底界深度依次落差1m、1m、1m、0.4m、0.8m，落差相对均匀，不存在明显的断层断错迹象。

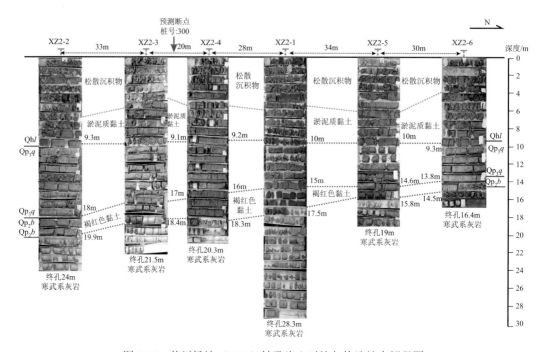

图5-34　前川场地（XZ2）钻孔岩心对比与构造综合解释图

3）中更新统（Qp_2）

中更新统泊岗组（Qp_2b）平均层底深度为17.62m，大部分为14～20m。预测断点两侧钻孔的底界深度为18.4m和18.3m，没有明显的断错迹象。Qp_2由南向北其层底深度依次抬升，相邻钻孔Qp_2底界深度依次落差1.5m、0.1m、0.8m、1.7m、1.3m，落差相对均匀，不存在明显的断层断错迹象。

4）断错特征

综合钻孔探测结果，Qh底界平均深度为9.48m，Qp_3底界平均深度为15.74m，Qp_2底界平均深度为17.62m。在Qh内各个层段的岩性及其底界深度近乎相等，Qp_3和Qp_2由南向北底界深度依次抬升，厚度也逐渐减小。各层段均未见明显断错迹象，预测断点两侧各层段岩性对比良好，为古沉积地貌的北高南低的缓坡特征，表明前川场地不老河断裂（F_2）未断入第四系。

5.2.6　不老河断裂活动性鉴定结果

不老河断裂大体沿北西西向的不老河延伸，地形地貌上表现为不老河北侧的北东向山体向南西延伸到不老河附近突然消失成平原。野外调查表明，现今沿不老河分布的小山山顶圆滑，呈馒头状，且山坡平缓。在山体与平原过渡地带，未见断层三角面及断层崖地貌；山体南侧坡度都较为平缓，山前基岩未见被东西向断层断错迹象。野外所见的与不老河断裂走向相似的两条近东西向断层规模均很小，且为基岩内老断层。野外所见与之共轭的近南北向断层，规模也都很小，为基岩内的老断层。浅层地震勘探显示，不老河断裂没有向东延伸至 G104 国道以东，跨断层钻孔联合剖面显示各岩土层段岩性对比良好，未见明显断错迹象，为北高南低的古地貌缓坡。综合分析认为，不老河断裂未断入第四纪地层，为前第四纪断裂。

5.3　废黄河断裂

5.3.1　基本特征

废黄河断裂西北起自大彭镇夹河村，向东南经苏山头、徐州市，沿废黄河经梁堂村至睢宁县王集镇以北，总体走向北西西，倾向 SW，全长约 75km。沿断裂发育一系列串珠状展布的小湖泊。

废黄河断裂在徐州市区附近截切了徐宿弧形构造体，断裂北侧北东向山体到断裂附近突然消失成平原，平原标高 35m 左右，山体标高约 100m，形成地貌上明显的断阶带，断裂两侧的山体普遍出现断头现象，梁堂、褚兰附近不同时代地层走向相抵，断裂北侧地层在梁堂一带明显相对向西移动，表现出左行走滑性质。据区域水文地质调查资料，断裂带内岩石破碎，寒武系和奥陶系灰岩溶蚀孔洞发育，规模较大，局部地段在岩层中发育的溶洞高度可达 40～42m，某些层段岩溶率达 50%以上，比断裂带外岩层的岩溶率高一倍以上。废黄河断裂东南段次级断裂和岩溶较为发育，为地下水提供了运移的通道和汇聚的场所，张集、七里沟、三官庙、丁楼等地区就是寒武系和奥陶系灰岩岩溶发育区，是徐州地区主要的供水水源，水量大，水质好。

废黄河断裂斜穿徐州市区，基本隐伏于覆盖层之下，其延伸方向基本与废黄河发育方向一致。

5.3.2　遥感解译

废黄河断裂的遥感解译标志为该断裂的北段引起了地貌形态的变化——徐宿弧形构造的收敛；中段在 MSS 影像中表现为北西向延伸的色调差异带；一系列的湖泊呈北西向串珠状发育，并且沿废黄河发育。

受废黄河断裂影响，断裂两侧的地形地貌表现出多种形式，包括山体错断、串珠状水系等现象。总体走向 NE 的徐宿弧形构造体在徐州市区附近被废黄河断裂截切，在地表形成一条走向北西西、宽约 2km 的地形错断带，断裂两侧山体普遍出现断头现象（图 5-35）。

根据遥感全段融合影像解译结果（图 5-36 和图 5-37），废黄河断裂存在明显的地形地貌特征，表现为具有两条边界断裂的断裂带，由 3～4 条断裂组成。其中北东侧边界断裂主要表现为山体延伸至该边界断裂附近时突然中止，直接断入地下，部分平原地带则发育少量的湖泊；南西侧边界断裂则主要表现为一系列的湖泊。

　　分析沿废黄河断裂的 TM 影像显示的线状水系展布特征（图 5-38），以废黄河断裂为界，北东侧和南西侧遥感影像差异显著，呈现出完全不同的水系体系，为明显的南北水系分界线。自徐州市区向南东方向，沿断裂发育了北西走向的一连串的串珠状分布的小湖泊，湖泊数量达 7 个以上，延伸至张庄东南地区，该现象逐渐消失。经野外考察，这些小湖泊是构造原因生成的，尽管后期接受了人工改造，但仍然能看出其受构造控制的迹象。

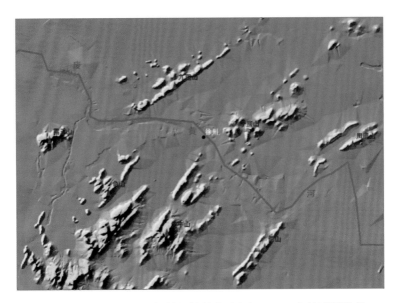

图 5-35　废黄河断裂两侧的山体断头现象与 NWW 向地形断错带

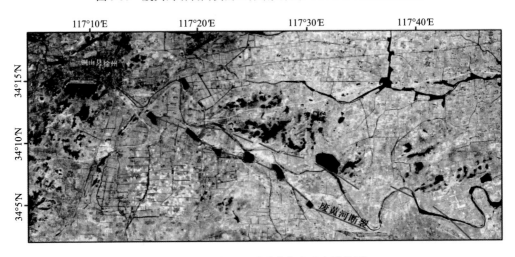

图 5-36　废黄河断裂遥感全段融合影像图

5.3.3　现场地震地质调查

　　目标区沿废黄河断裂的现场地震地质调查主要围绕邻近废黄河一侧的低山丘陵地段

及废黄河高河漫滩边界一带展开，重点调查区域是目标区东南段的梁堂、吕梁一带线性分布的低山丘陵边界，调查点见图 5-39。

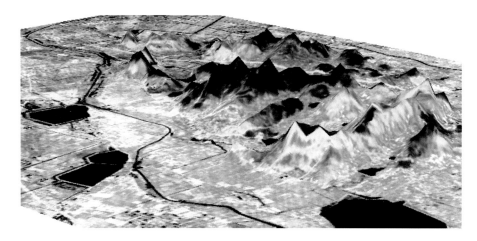

图 5-37　废黄河断裂三维影像图

图 5-38　沿废黄河断裂线状展布的水系（TM 影像）

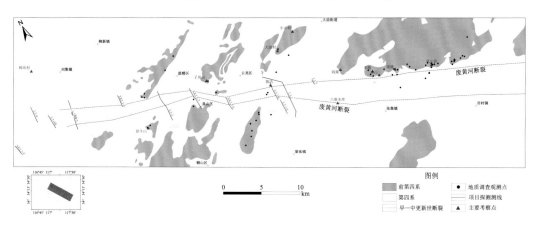

图 5-39　废黄河断裂现场调查点与浅层地震勘探测线位置图

（1）卧牛山西部山脚：该处见宽约 30m 的灰岩破碎带，带内灰岩中发育大量方解石晶脉（图 5-40），岩石破碎、变形严重（图 5-41）。该破碎带走向为 320°，与废黄河断裂走向基本一致。

图 5-40　卧牛山西部灰岩破碎带中发育的方解石晶脉（镜向东北）

(a) 灰岩破碎带(镜向东)　　　　　　　　　(b) 地质剖面

图 5-41　卧牛山西部灰岩破碎带及地质剖面

（2）子房山南麓：北西向岩壁上发育断层角砾岩，岩壁走向 320°，可见到大量的灰岩角砾胶结在灰岩层面上（图 5-42），胶结程度高。

（3）梁堂村西侧尖山上：该处泥页岩中发育走向 290°的北西向小褶皱，其变形强烈（图 5-43）。

（4）梁堂村北侧：山脚出露的灰岩中发育多组平行的北西向密集节理，且延伸较远（图 5-44），灰岩产状为 140°∠25°，北西向节理走向为 300°，倾角近直立。节理裂隙中充填了黄褐色淋滤的钙质胶结物（图 5-45），胶结程度良好。

图 5-42　子房山南麓岩壁（镜向西北）

图 5-43　梁堂村西侧尖山上泥页岩中发育的小褶皱（镜向东）

图 5-44　梁堂村北侧山脚灰岩中发育的北西向节理带（镜向北西）

图 5-45　梁堂村北侧山脚北西向节理中充填的钙质胶结物

（5）冠山村北侧凤山南麓：见一条北西西向断层，该断层为凤山－赵圩断层。据区域地质资料，凤山－赵圩断层总体走向 300°，北起顺山，向南东方向经凤山西坡、吕梁抗山头、龟山北，到赵圩村后被第四系覆盖。该断层使龟山北侧的辉绿岩体发生了左行扭动，具左行走滑性质。在赵圩村西面山坡上，可见该断层将赵圩组的叠层石灰岩左行错开一百多米；在龟山、赵圩一带，可见辉绿岩体及叠层石灰岩地层被该断层左行错断。该断层紧邻废黄河断裂，且与废黄河断裂走向一致，属同一套构造体系。

现场调查发现，凤山－赵圩断层通过地段，在地貌上表现为明显的负地形，沿该断层形成一条小型沟谷（图 5-46）。断层剖面现场清理的地质剖面揭示，以凤山－赵圩断层为界，南侧基岩为震旦系倪园组白云质灰岩，北侧为辉绿岩体（图 5-47）。

图 5-46　冠山村北侧凤山南麓沿凤山－赵圩断层发育的沟谷（镜向西）

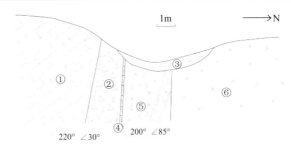

①震旦系白云质灰岩；②断层角砾岩，以灰岩角砾为主，呈棱角状，大小不一，胶结程度高；③地表填土；
④红褐色断层泥，发育垂直方向擦痕；⑤黄褐色辉绿岩体，高度风化，松软破碎，中间发育红棕色、青灰色泥质条带；
⑥褐色辉绿岩体，靠近断层带的南侧岩体发育密集垂向节理，北侧岩体多球形风化

图 5-47 冠山村北侧凤山南麓凤山－赵圩断层地质剖面

沿断层沟谷往东约 100m 附近，清理了一条横跨断层面的弧形断面（图 5-48）。对弧
形断面进行了清理、照片的镶嵌处理（图 5-49）和地质解释（图 5-50），南侧的白云质
灰岩层面上发育宽约 1.5m 的断层角砾岩，断层角砾由灰岩角砾组成，大小不一，呈棱
角状，固结程度高；北侧发育风化程度高的辉绿岩体，辉绿岩体由北向南，从发育较宽
的垂向节理逐渐过渡为密集的垂向节理带，表明越靠近断层，破碎变形程度越高。在灰
岩与岩体的接触部位，发育红褐色断层泥，断层泥中可见清晰的垂向擦痕（图 5-51），
该断层泥的新鲜面呈片理构造，松散易碎。断层泥样品热释光年龄测试结果为
（95.59±8.12）ka（考虑到断层样品采集时易受到曝光影响导致测年结果偏新，该结果的
可靠度差，仅供参考）。综合分析该地质剖面特征，认为凤山－赵圩断层经历了多期活动，
在辉绿岩体侵入前，断层活动形成了断层角砾岩，后期辉绿岩体沿断层带侵入，而断层
的最新一次活动又形成了宽约 5cm 的红褐色断层泥，新鲜且没有胶结，判断其最新活动
时代为中更新世中晚期。

图 5-48 凤山南麓凤山－赵圩断层剖面（镜向西南）

图 5-49　凤山南麓凤山－赵圩断层剖面照片镶嵌图

1m×1m 照片镶嵌图片，因剖面呈弧形，镶嵌照片有一定程度变形

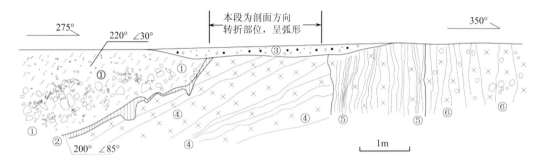

①断层角砾岩，角砾为白云质灰岩，呈棱角状，大小不一，胶结程度高；　②红褐色断层泥，新鲜面呈片理构造，松散易碎，层面上发育垂直方向擦痕；
③地表填土；④黄褐色辉绿岩体，高度风化，松软破碎，中间发育红棕色、青灰色泥质条带；⑤褐色辉绿岩体，发育密集垂向节理；
⑥黄绿色辉绿岩体，发育垂向节理，多球形风化

图 5-50　凤山南麓凤山－赵圩断层断面与地质剖面图

图 5-51　凤山南麓凤山－赵圩断层的断层泥垂向擦痕

　　（6）阎窝村东侧山头：见到北西向断层，产状为 250°∠18°，表现为寒武系灰岩与紫色、黄绿色页岩呈断层接触（图 5-52），断层南盘为下降盘。该断层为发育于基岩中的老断层，断层物质胶结程度高，无新活动迹象。在该处山体岩层中还发育多组平行的北西向节理。

(a) 断层(镜向东)

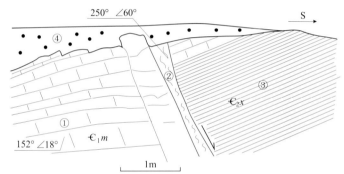

①灰色寒武系馒头组灰岩；②断层破碎带；③寒武系徐庄组紫色、黄绿色页岩；④坡积土

(b) 地质剖面

图 5-52　阎窝村东侧山头所见断层与地质剖面图

（7）邓楼山东侧：见到东西向断层，表现为北侧灰岩逆冲于南侧灰岩之上（图 5-53），岩性上部为黄绿色页岩与灰岩互层，下部为中厚层白云质灰岩。该断层为规模较小的老断层。

5.3.4　地质-地貌剖面测量

为进一步寻找废黄河断裂的最新活动证据，在遥感地貌解译的基础上，在冠山村北侧凤山南麓附近布置了 2 条北东向跨断层的地质-地貌高精度测绘剖面（图 5-54），目的是通过目标区地貌及阶地差异特征，研究废黄河断裂对第四纪地貌面的控制情况，判断其最新活动性。

地质-地貌剖面 1 长度为 13km，该剖面通过冠山村北侧凤山南麓地质考察点和辉绿岩体，该剖面西南段跨越废黄河、滨河浅滩和高河漫滩、决口扇，其东北段延伸到山间盆地沉积区；地质-地貌剖面 2 长度 4km，位于地质-地貌剖面 1 西侧约 2km 附近，两者平行分布，以相互验证结果。

(a)断层(镜向西)

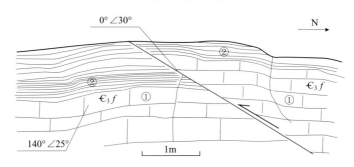

①寒武系凤山组灰色白云质灰岩；②寒武系凤山组黄绿色页岩与条带状灰岩互层

(b) 地质剖面

图 5-53　邓楼山东侧断层及地质剖面图

　　地质-地貌剖面 1 结果（图 5-55）显示，在废黄河断裂和凤山－赵圩断层之间发育的坡台地呈线性分布，延伸方向与断裂方向平行，坡台地为中－晚更新世残坡积棕色黏土组成，表明北西向断裂对该地区地貌具有一定程度的控制作用。废黄河断裂南侧的高河漫滩高程为 37～38m，北侧的高河漫滩高程为 39～40m，南北两侧略有差异。地质-地貌剖面 2（图 5-56）显示，废黄河断裂两侧高河漫滩高程基本一致，未见明显差异。

　　现场地质-地貌调查认为，废黄河断裂两侧的高河漫滩高程在地质-地貌剖面 1 上略有差异，而与之平行的地质-地貌剖面 2 上未见明显差异，这种单一剖面存在的落差不大的差异，不大可能是断裂活动造成的，不具备断裂活动造成的具有一定区段范围内整体差异的特征。因此认为，废黄河断裂对现代地貌的高河漫滩没有明显的控制作用。

　　该地区阶地不够发育，因此在目标区难以利用断裂两侧地貌面差异寻找到更多的有关废黄河断裂的地表活动性证据。

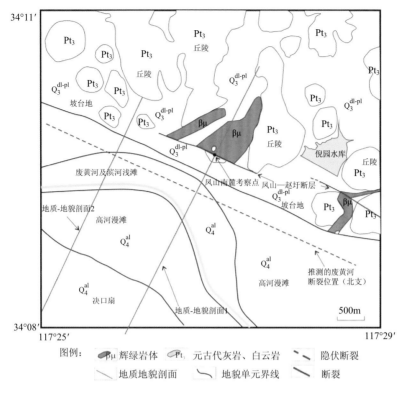

图例：
- $\beta\mu$ 辉绿岩体
- Pt_3 元古代灰岩、白云岩
- 隐伏断裂
- 地质地貌剖面
- 地貌单元界线
- 断裂

图 5-54　凤山－赵圩断层所在区域遥感解译地貌略图

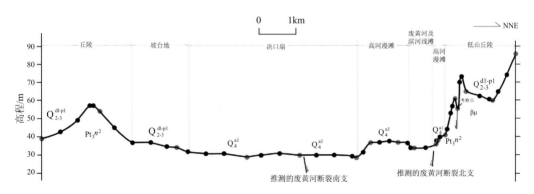

图 5-55　横切凤山南麓地质-地貌剖面 1

蓝色点为实际考察点；黑色点为高程控制点

5.3.5　浅层地震勘探

1. 测线布设与断点特征

鉴于废黄河断裂穿越整个徐州城区，控制着徐州市的地震地质构造，对徐州的经济发展具有十分重要的意义，是重点探测对象。因此，针对废黄河断裂布置浅层地震勘探反射测线 13 条，包括 L3-1（试验测线）、L3-1A、L3-1B、L3-2、L3-3、L3-3JM、L3-4、

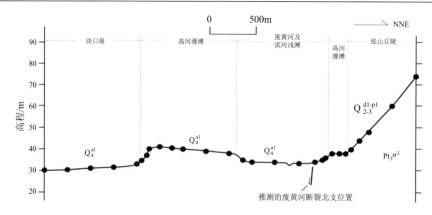

图 5-56　横切废黄河断裂地质-地貌剖面 2

L3-4B、L3-5、XKL3-6、XKL3-7、XKL3-8 和 XKL3-9，在 L3-1B 测线及邻近区段还布置了折射测线（图 5-39）。共发现与废黄河断裂（F₃）相关的断点 12 个，分别是 f_{3-1}、f_{3-2}、f_{3-3}、f_{3-4}、f_{3-5}、f_{3-6}、f_{3-7}、f_{3-8}、f_{3-9}、f_{3-10}、f_{3-11}、f_{3-12}。

（1）f_{3-1}断点：位于 L3-1B 测线 422#CDP（667 桩号）～552#CDP（858 桩号）之间（图 5-57）。由图 5-57 可见，f_{3-1}断点附近基岩反射波组同相轴（P_2）呈波浪状，且在 422、478、510 和 552 等多个 CDP 处同相轴明显不连续特征，鉴于该区间地表平坦，且 P_1 波组不存在相同起伏形态，判断为 f_{3-1} 断点。该断点具有明显的断裂特征，经 2m 点距的加密测线施工，同样反映出上述断裂特征，判断为废黄河断裂的南边界断裂。断层倾向 N，视倾角约 60°，总体表现为上盘下降、下盘上升的正断层，视断距约 2m。

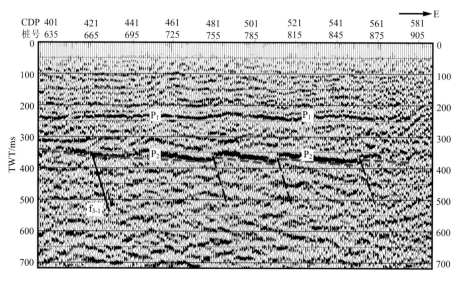

图 5-57　L3-1B 测线 f_{3-1} 断点局部叠加剖面

（2）f_{3-2}断点：位于 L3-1B 测线 1211#CDP（1850 桩号），由于钻孔联合剖面施工的定位需要，后期在 L3-1B 测线上进行了加密测线施工，取得了较原有 L3-1B 测线更为清晰、可靠的反射资料。图 5-58 是 f_{3-2} 断点附近加密测线的共偏移距道集，图 5-59 是局部叠加剖面。

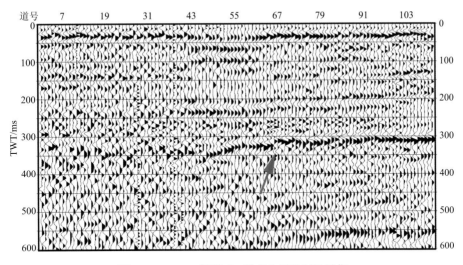

图 5-58　L3-1B 测线 f_{3-2} 断点共偏移距抽道集

由图 5-58 可以看出，在未经处理的原始记录共偏移距抽道集时间剖面上，基岩反射波组明显断开。图 5-59 基岩反射波组（P_3）在 1850 桩号处明显错断，判断为 f_{3-2} 断点，为废黄河断裂的北边界断裂。断层倾向 S，视倾角约 60°，总体表现为上盘下降、下盘上升的正断层，视断距约 2m。P_1 波组同相轴连续，未见错断迹象。

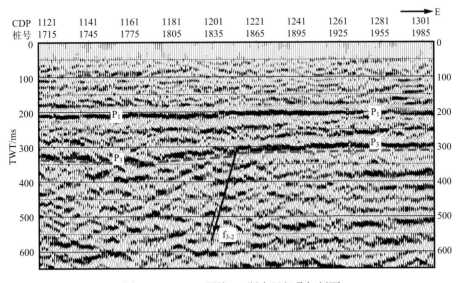

图 5-59　L3-1B 测线 f_{3-2} 断点局部叠加剖面

（3）f_{3-3} 断点：位于 L3-2 测线 883#CDP（2080 桩号）（图 5-60）。由图 5-60 可见，f_{3-3} 断点附近基岩反射波组（P_1）在 883#CDP 处同相轴明显不连续，在 942#CDP 处同样

存在不连续表现，这一特征与 L3-1B 测线上的 f_{3-1} 断点及其附近波组特征类似，判断为废黄河断裂的南边界断裂。断层倾向 N，视倾角约 60°，总体表现为上盘下降、下盘上升的正断层，视断距约 4m。

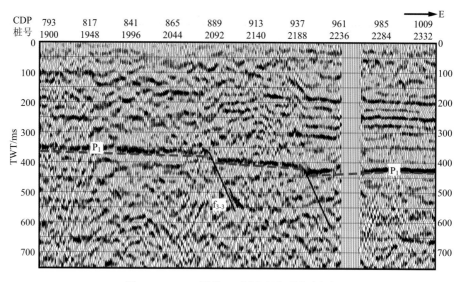

图 5-60　L3-2 测线 f_{3-3} 断点局部叠加剖面

（4）f_{3-4} 断点：位于 L3-2 测线 1682#CDP（3678 桩号）（图 5-61）。由图 5-61 可见，f_{3-4} 断点附近基岩反射波组（P_1）在 1530～1785#CDP 段同相轴呈三段结构，1530～1620#CDP 段起伏较小，双程走时在 460ms 左右；1621～1681#CDP 段同相轴双程走时由 480ms 上升至 400ms 左右；1682～1785#CDP 段同相轴双程走时稳定在 400ms 左右。

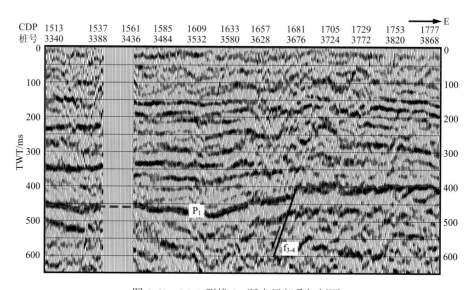

图 5-61　L3-2 测线 f_{3-4} 断点局部叠加剖面

1682#CDP 附近同相轴不连续，与 L3-1B 测线上的 f_{3-2} 断点类似，判断为废黄河断裂的北边界断裂。断点倾向 S，视倾角约 60°，总体表现为上盘下降、下盘上升的正断层，视断距约 3m。

（5）f_{3-5} 断点：位于 L3-3 测线 2185#CDP（1059 桩号）（图 5-62）。由图 5-62 可见，f_{3-5} 断点附近基岩反射波组（P_2）在 2185#CDP 处同相轴不连续，南部（左侧）整体双程走时较小，大致在 75～90ms；北部（右侧）稳定在 95ms 左右，这一特征在长剖面上尤为明显（图 5-63）。该断点特征与 L3-1B 测线上的 f_{3-1} 断点相似，判断为废黄河断裂的南边界断裂。断层倾向 N，视倾角约 60°，总体表现为上盘下降、下盘上升的正断层，视断距约 3m。

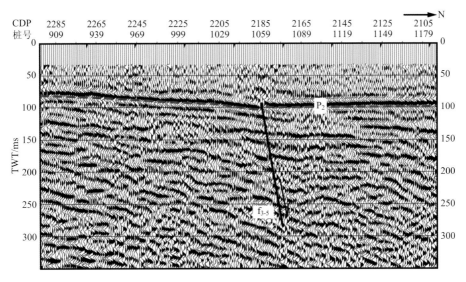

图 5-62　L3-3 测线 f_{3-5} 断点局部叠加剖面

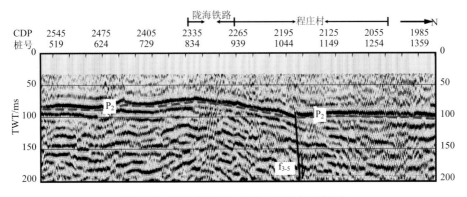

图 5-63　L3-3 测线 f_{3-5} 断点局部叠加长剖面

（6）f_{3-6} 断点：位于 L3-3 测线 798#CDP（3144 桩号）（图 5-64）。由图 5-64 可见，f_{3-6} 断点附近基岩反射波组（P_2）在 798#CDP 处同相轴明显错断，南部（左侧）整体双程走时较大，大致为 100ms；北部（右侧）稳定在 95～100ms，存在约 5ms 的时差。基岩内反射波组（200ms 左右）在左侧可较清晰地识别，右侧则较难对比。综合判断该断点为废黄河断裂的北边界断裂。断层倾向 S，视倾角约 65°，总体表现为上盘下降、下盘上升的正断层，视断距约 5m。

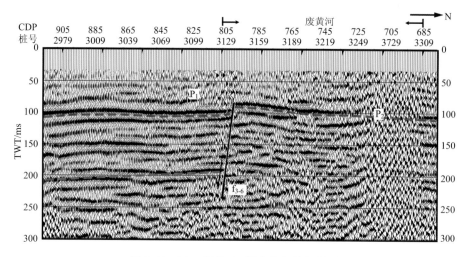

图 5-64　L3-3 测线 f_{3-6} 断点局部叠加剖面

（7）f_{3-7} 断点：位于 L3-5 测线 409#CDP（408 桩号）（图 5-65）。由图 5-65 可见，f_{3-7} 断点附近基岩反射波组（P_2）在 409#CDP 处同相轴明显错断，南部（左侧）整体双程走时较大，大致在 400ms；北部（右侧）在 330～350ms，存在 60ms 左右的时差。在该测线西侧约 150m 处京沪高铁工程勘察资料揭示了废黄河断裂断点。综合判断该断点为废黄河断裂的北边界断裂，其倾向 S，视倾角约 60°，总体表现为上盘下降、下盘上升的正断层，视断距约 7m。

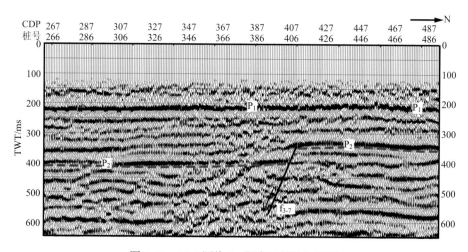

图 5-65　L3-5 测线 f_{3-7} 断点局部叠加剖面

（8）f_{3-8} 断点：位于 XKL3-6 测线 519#CDP（777 桩号）～579#CDP（867 桩号）处（图 5-66）。由图 5-66 可见，f_{3-8} 断点附近基岩反射波组（P_1）在上述区间内呈波浪状，在 519#CDP 和 579#CDP 处同相轴具明显不连续特征，这一特征与相邻的 L3-1B 上的 f_{3-1} 断点一致，判断为 f_{3-8} 断点，为废黄河断裂的南边界断裂。断点倾向 N，视倾角约 60°，总体表现为上盘下降、下盘上升的正断层，视断距约 2m。

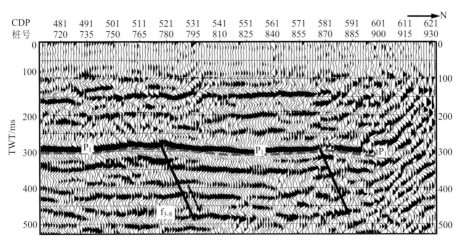

图 5-66　XKL3-6 测线 f_{3-8} 断点局部叠加剖面

（9）f_{3-9} 断点：位于 XKL3-6 测线 1147#CDP（1719 桩号）处（图 5-67）。由图 5-67 可见，f_{3-9} 断点附近基岩反射波组（P_1）在 1147#CDP 处同相轴具明显不连续特征，大约存在 40ms 的时差，这一特征与相邻测线 L3-1B 和 L3-2 上的 f_{3-2}、f_{3-4} 断点一致，判断为 f_{3-9} 断点，为废黄河断裂的北边界断裂。断层倾向 S，视倾角约 60°，总体表现为上盘下降、下盘上升的正断层，视断距约 4m。

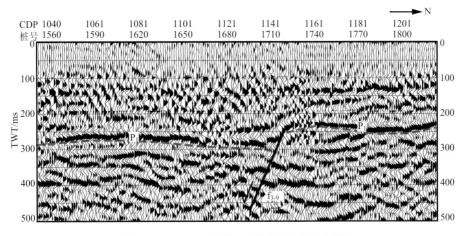

图 5-67　XKL3-6 测线 f_{3-9} 断点局部叠加剖面

（10）f_{3-10} 断点：位于 XKL3-7N 测线 100#CDP（1980 桩号）（图 5-68）。由图 5-68 可见，f_{3-10} 断点附近基岩反射波组（P_1）在 100#CDP ～210#CDP 区间内呈波浪状，在

100#CDP 处同相轴具明显不连续特征，这一特征与相邻测线 L3-1B 上的 f_{3-1} 断点一致，判断为 f_{3-10} 断点，为废黄河断裂的南边界断裂。断层倾向 N，视倾角约 60°，总体表现为上盘下降、下盘上升的正断层，视断距约 3m。

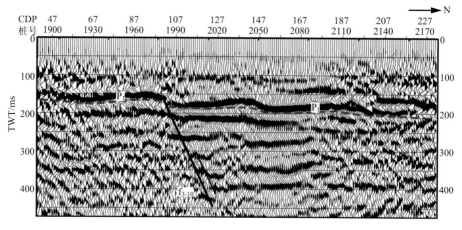

图 5-68　XKL3-7N 测线 f_{3-10} 断点局部叠加剖面

（11）f_{3-11} 断点：位于 XKL3-7N 测线 609#CDP（2746 桩号）处（图 5-69）。由图 5-69 可见，f_{3-11} 断点附近基岩反射波组（P_1）在 609#CDP 处同相轴具明显不连续特征，大约存在 25ms 的时差，这一特征与相邻测线 L3-1B 和 L3-2 上的 f_{3-2}、f_{3-4} 断点一致，判断为 f_{3-11} 断点，为废黄河断裂的北边界断裂。断层倾向 S，视倾角约 60°，总体表现为上盘下降、下盘上升的正断层，视断距约 3m。

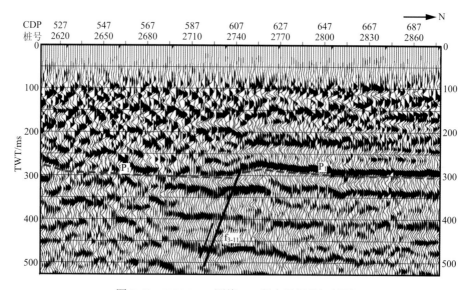

图 5-69　XKL3-7N 测线 f_{3-11} 断点局部叠加剖面

（12）f_{3-12} 断点：位于 XKL3-8 测线 259#CDP（387 桩号）处（图 5-70）。由图 5-70 可见，f_{3-12} 断点附近基岩反射波组（P_1）在 259#CDP 处同相轴具明显不连续特征，大约

存在 20ms 的时差，与相邻测线 L3-2、L3-3 具有相同的断裂特征，判断为 f_{3-12} 断点，为废黄河断裂的北边界断裂。断层倾向 S，视倾角约 60°，总体表现为上盘下降、下盘上升的正断层，视断距约 2m。

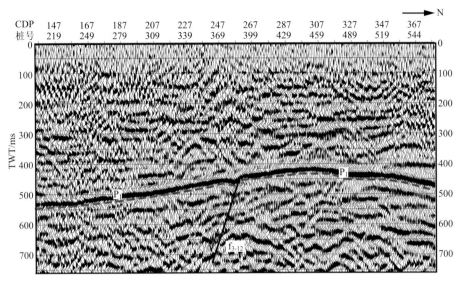

图 5-70　XKL3-8 测线 f_{3-12} 断点局部叠加剖面

2. 浅层地震勘探结果

依据浅层地震勘探解释断点所具有的共同特征和空间展布，认为废黄河断裂分为南北两支，其中断点 f_{3-1}、f_{3-8}、f_{3-10}、f_{3-3} 和 f_{3-5} 为废黄河断裂南支断裂的断点，该南支断裂总体走向约 290°、倾向 NE、视倾角约 60°；断点 f_{3-7}、f_{3-2}、f_{3-9}、f_{3-11}、f_{3-4}、f_{3-12} 和 f_{3-6} 为废黄河断裂北支断裂的断点，该北支断裂总体走向约 290°、倾向 SW、视倾角约 60°。南北两支断裂组成的废黄河断裂带总体为一地堑形结构，视断距为 3~7m，断裂宽度为 1~2km，呈现为东南较窄，西北接近幕集－刘集断裂处较宽，呈发散状的空间展布特征。

鉴于控制废黄河断裂的最西部 L3-4 和 L3-4B 测线未发现与废黄河断裂特征一致的断点，详细勘探布置的浅层地震勘探 XKL3-9 测线也未发现废黄河断裂，判定废黄河断裂没有与幕集－刘集断裂相交，而是尖灭于浅层地震勘探 L3-3 和 L3-4 测线之间。

5.3.6　钻孔联合剖面探测

1. 联合剖面钻孔布设

为了探测断裂活动性，在徐州市大庙附近，对废黄河断裂（F₃）布置钻孔联合剖面进行探测，简称大庙场地（XZ4）。

大庙场地（XZ4）位于浅层地震勘探测线 L3-5 的 415 桩号附近（图 5-71），共实施钻孔 5 个，自南向北依次为 XZ4-5（375 桩号）、XZ4-1（400 桩号）、XZ4-3（415 桩号）、XZ4-4（425 桩号）、XZ4-2（450 桩号），钻孔均进入基岩，深度 36~52m，总进尺 209.1m。

孔间距分别为 25m、15m、10m、25m（图 5-72）。

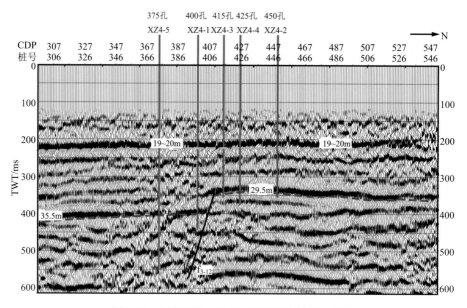

图 5-71　大庙场地（XZ4）地震剖面钻孔布置图

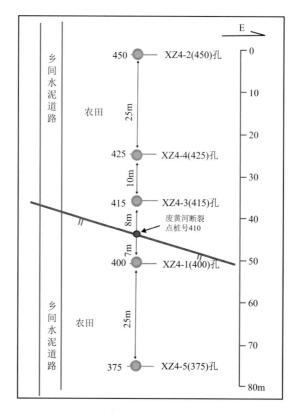

图 5-72　大庙场地（XZ4）钻孔平面分布图

2. 钻孔地层描述

根据 5 个钻孔岩心特征分析,由废黄河断裂两侧的钻孔得到的地层存在一定的差异。

1) 断点南侧(上盘)地层基本特征(XZ4-5 钻孔)

XZ4-5(375 桩号)孔位于断点南侧(上盘),孔深 52.0m。根据孔内岩心地层岩性、颜色、结构、构造特征和接触界面形态等,将钻孔深度范围内的地层划分为全新统连云港组(底界深度 16.3m,厚度 16.3m,包含 3 个旋回)、上更新统戚咀组(底界深度 25.5m,厚度 9.2m,包含 2 个旋回)、中更新统泊岗组(底界深度 41.6m,厚度 16.1m,包含 1 个旋回),下伏基岩为上侏罗统蒙阴组紫红色－杂色火山碎屑岩。岩性地层分述如下。

全新统连云港组(Qhl)(厚度 16.3m,3 个旋回)

第三旋回(Qh)(厚度 0.5m)

1-灰黄色耕植土,稍湿,松散,以粉土为主,含少量植物根系,厚度 0.5m。

第二旋回(Qh)(厚度 9.9m)

2-灰黄、褐灰－灰黑色粉砂质黏土,湿,稍密,摇振反应中等,无光泽,干强度低,韧性低,厚度 9.9m。

第一旋回(Qh)(厚度 5.9m)

3-褐灰、灰黑色粉砂质黏土,湿,稍密,摇振反应迅速,无光泽,干强度低,韧性低,厚度 5.9m。

上更新统戚咀组(Qp$_3$q)(厚度 9.2m,2 个旋回)

第二旋回(Qp$_3$)(厚度 4.6m)

4-灰黄、灰褐色黏土,软塑－可塑,稍有光泽,无摇振反应,干强度中等,韧性中等,厚度 3.1m。

5-褐黄色粉砂,稍密,饱和,颗粒成分主要为长石、石英及少量云母碎片等,厚度 1.5m。

第一旋回(Qp$_3$)(厚度 4.6m)

6-黄褐、灰黄色黏土,可塑－硬塑,含少量铁锰结核,稍有光泽反应,无摇振反应,干强度中等,韧性中等,厚度 3.1m。

7-黄褐色含砂姜黏土,局部混杂灰白色,硬塑,含较多砂姜,分布不均匀,局部富集,稍有光泽,无摇振反应,干强度高,韧性高,厚度 1.5m。

中更新统泊岗组(Qp$_2$b)(厚度 16.1m,1 个旋回)

8-黄褐色黏土,混杂灰绿色条带,硬塑,含少量铁锰结核,分布不均匀,有光泽,无摇振反应,干强度高,韧性高,厚度 9.3m。

9-褐红色黏土,硬塑,含少量铁锰结核,干强度高,韧性高,局部缺失,厚度 6.8m。

上侏罗统蒙阴组(J$_3$m)(钻进 10.4m,未穿透)

10-紫红色-杂色全风化火山碎屑岩,原岩结构已被破坏,风化成土状,局部夹杂少量原岩碎块,厚度 1.9m。

11-紫红色-杂色强风化火山碎屑岩、碎屑结构,块状构造,岩心较破碎,呈块状、碎块状,钻进

8.5m（未穿透）。

2）断点北侧（下盘）地层基本特征（XZ4-2 钻孔）

XZ4-2（450 桩号）孔位于断点北侧（下盘），孔深 39.0m。根据孔内岩心地层岩性、颜色、结构、构造特征和接触界面形态等，将钻孔深度范围内的地层划分为全新统连云港组（底界深度 15.8m，厚度 15.8m，包含 3 个旋回）、上更新统戚咀组（底界深度 25.0m，厚度 9.2m，包含 2 个旋回）、中更新统泊岗组（底界深度 31.6m，厚度 6.6m，包含 1 个旋回），下伏基岩为震旦系白云岩。岩性地层分述如下。

全新统连云港组（Qh*l*）（厚度 15.8m，3 个旋回）

第三旋回（Qh）（厚度 0.5m）

1-耕土：灰黄色，稍湿，松散，以粉土为主，含有少量植物根系，厚度 0.5m。

第二旋回（Qh）（厚度 9.5m）

2-粉土：灰黄、褐灰-灰黑色，湿，稍密，摇振反应中等，无光泽，干强度低，韧性低，T1 样品（4.0m，粉砂质黏土）热释光（TL）测年数据为（19.04±1.62）ka，厚度 9.5m。

第一旋回（Qh）（厚度 5.8m）

3-粉土：褐灰、灰黑色，湿，稍密，摇振反应迅速，无光泽，干强度低，韧性低，T2 样品（13.6m，泥质粉砂）热释光（TL）测年数据为（28.54±2.42）ka，厚度 5.8m。

上更新统戚咀组（Qp$_3$*q*）（厚度 9.2m，2 个旋回）

第二旋回（Qp$_3$）（厚度 5.0m）

4-黏土：灰黄、灰褐色，软塑-可塑，稍有光泽，无摇振反应，干强度中等，韧性中等，厚度 3.4m。

5-粉砂：褐黄色，稍密-中密，饱和，颗粒成分主要为长石、石英及少量云母碎片等，级配中等，T3 样品（20.5m，粉砂）热释光（TL）测年数据为（59.44±5.05）ka，厚度 1.6m。

第一旋回（Qp$_3$）（厚度 4.2m）

6-黏土：黄褐、灰黄色，可塑-硬塑，含少量铁锰结核，稍有光泽反应，无摇振反应，干强度中等，韧性中等，厚度 3.3m。

7-含砂姜黏土：黄褐色，局部混杂灰白色，硬塑，含较多砂姜，分布不均匀，局部富集，稍有光泽反应，无摇振反应，干强度高，韧性高，厚度 0.9m。

中更新统泊岗组（Qp$_2$*b*）（厚度 6.6m，1 个旋回）

8-黏土：黄褐色，混杂灰绿色条带，硬塑，含少量铁锰结核，分布不均匀，有光泽反应，无摇振反应，干强度高，韧性高，厚度 6.6m。

震旦系白云岩（钻进 7.4m，未穿透）

9-中风化白云岩：青灰、褐红色，中风化，碎屑结构，块状构造，岩心较完整，呈短柱状、块状。其中 32.5～33.0m、35.1～37.0m 为基岩破碎角砾。钻进 7.4m（未穿透）。

---

3. 沉积物颜色特征

该场地钻孔揭示的沉积物，其颜色总体为灰褐色、褐（黄）灰色、褐黄（黄褐色）、棕红色、紫红色。纵向上组合色调可分为三大套：深度 0～16m 段岩心以浅褐黄色、灰黄色、黄灰色、灰色为主；深度 16～25m 段岩心以褐色、黄灰色、灰黄色为主；25m 至基岩面段岩心以黄褐色、褐黄色、紫红色为主。这三段地层大致对应于 Qh、Qp₃、Qp₂。

4. 沉积物岩性特征

钻孔岩心揭示的地层主要为洪积相地层，沉积物主要为黏土、淤泥质黏土、粉土、粉砂和砂姜层等。根据沉积物岩性特征，本场地主要地层单元特征如下。

（1）全新统连云港组：可划分为三部分，与下伏地层为整合接触，沉积物主要为灰黄-黄褐色黏土。顶部为灰黄色耕植土，含少量根茎，厚度约 0.5m；中部为灰黄色松散状粉砂质黏土，含水量较多，呈软塑状态，厚度约 9.5m；下部为褐灰色淤泥质黏土，含水量很大，呈流塑状态，厚度约 5m。该层的 5 个钻孔岩性从南到北基本一致。

（2）上更新统戚咀组：可划分为两部分，与下伏地层为整合接触，整体上沉积物都是由黏土组成。上部以黄褐-灰黄色黏土层为主，含水量少，呈软塑性，厚度为 3～4m；下部则是以粉砂层为底界，颜色为灰黄色和褐黄色，每个钻孔的粉砂层底界均在 20m 深度左右，下部主体上以黏土为主，在底部黏土中均可见厚度约 1m 的含有钙质结核的砂姜层。

（3）中更新统泊岗组：可划分为两部分，上部主要为灰黄色黏土，见少量的钙质结核，厚度约 1m；下部以紫红色网纹状黏土为主，含丰富的铁锰结核，厚度约 10m。

（4）基岩：断点南侧（上盘）2 个孔（XZ4-5 孔和 XZ4-1 孔）为侏罗系蒙阴组火山碎屑岩及其风化壳，全风化紫红色-杂色残积土，含丰富的铁锰结核，下部为紫红色-杂色的火山角砾岩；断点北侧（下盘）3 个孔（XZ4-3 孔、XZ4-4 孔、XZ4-2 孔）则为震旦系白云岩及其风化壳，砖红色黏土，含较少铁锰结核。

5. 地层断错特征

本场地钻孔联合探测剖面（图 5-73、图 5-74）显示，基岩面和第四系下部地层层位存在明显断错。5 个钻孔组成的钻孔联合剖面探测结果如下。

1）全新统（Qh）

全新统连云港组（Qhl）平均层底深度为 15.58m，平均厚度为 15.58m，钻孔揭示该层的底界深度为 15～16m，底界埋深一致，没有断错迹象。

2）上更新统（Qp₃）

上更新统戚咀组（Qp_3q）平均层底埋深为 25.16m，平均厚度为 9.58m，钻孔揭示该层的底界深度为 25～25.5m，底界埋深一致，没有断错迹象。

该层中部存在 1～1.5m 厚的粉砂层标志层，5 个钻孔从南到北其厚度分别为 1.5m、1.4m、1.2m、1.3m、1.6m，其底界深度分别为 20.9m、20.6m、20.6m、20.4m、20.8m，表明界面埋深基本一致，地层对比良好，没有断错迹象。

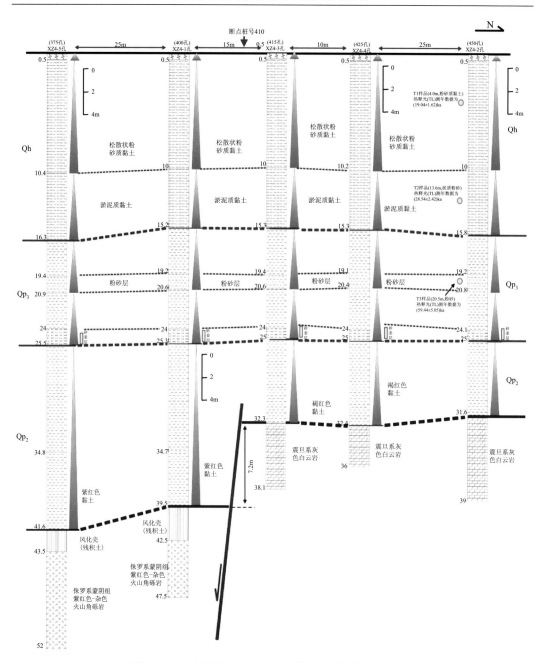

图 5-73　大庙场地（XZ4）钻孔联合剖面与构造解释图

　　该地层下部存在 1～1.5m 厚富集钙质结核的砂姜层标志层，5 个钻孔从南到北其厚度分别为 1.5m、1.3m、1.0m、1.0m、0.9m，其底界深度分别为 25.5m、25.3m、25.0m、25.0m、25.0m，表明界面埋深基本一致，地层对比良好，没有断错迹象。

　　3）中更新统（Qp₂）与基岩

　　中更新统泊岗组（Qp₂b）平均层底深度为 35.48m，平均厚度为 10.32m，下伏地层缺失下更新统等地层，直接与基岩接触。基岩顶界深度从南到北分别为 41.6m、39.5m、

32.3m、32.4m 和 31.6m，在第 2 个孔（XZ4-1）与第 3 个孔（XZ4-3 孔）之间存在 7.2m 的落差。

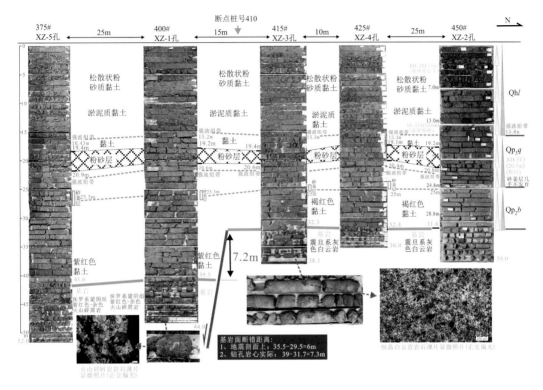

图 5-74　大庙场地（XZ4）钻孔岩心对比与构造综合解释图

岩性特征显示，Qp_2 地层，南侧的 2 个孔以紫红色、杂色、黄褐色黏土和斑纹状黏土为主，北侧的 3 个孔以黄褐色、褐黄色、砖红色黏土为主；基岩及其风化壳，南侧的 2 个孔为杂色和紫红色侏罗系蒙阴组火山碎屑岩及其风化壳，北侧的 3 个孔为灰色震旦系白云岩及其风化壳。

4）断错特征

依据地层断错以及岩性、基岩类型及其风化壳等特征，判断在第 2 个孔（XZ4-1）与第 3 个孔（XZ4-3 孔）间存在断点，基岩断错达 7.2m，上断点断错至第四纪中更新统地层内部，没有发现该层顶面被断错迹象。由于 Qp_2 为比较均一的黏土层，标志层和旋回性均不明显，只能划分出 1 个旋回，无法进一步细分出上断点断错了中更新统地层内的具体位置。由此判断，在本场地内揭示的废黄河断裂，其最新活动时代为中更新世中晚期。

5.3.7　废黄河断裂活动性鉴定结果

废黄河断裂在徐州市区截切了徐宿弧形构造体。现场调查显示，废黄河断裂两侧山体未见断层三角面及断层崖地貌，山体朝向废黄河断裂一侧坡度较为平缓。在阎窝、邓楼、梁堂一带废黄河断裂北侧的山体中，均发育密集的北西向节理。断裂带内岩石破碎，溶蚀孔洞发育，某些层段岩溶率达 50% 以上，加之徐州地区岩溶也较发育，这为地下水提供了运移的通道和汇聚的场所，为导水和富水构造。沿废黄河断裂分布着张集、七里沟、三官庙、丁楼等徐州市几个大型水源地，且水量大，水质好。

在凤山南麓见到发育在辉绿岩体与灰岩之间的北西向凤山－赵圩断层，该断层早期以左行走滑为主，第四纪以来为张性活动，在地貌上表现为负地形，发育的红褐色断层泥上垂向擦痕清晰可见，该断层泥的新鲜面呈片理构造，松散易碎，断层泥样品热释光测年结果为（95.59±8.12）ka。综合判断凤山－赵圩断层的最新活动时代为第四纪中更新世中晚期。该断层紧邻废黄河断裂，走向一致，属废黄河断裂北侧的一小段分支断裂，因其规模有限，不属于其主干断裂，但其活动性质和特征可以代表废黄河断裂的活动性质和特征。

据浅层地震勘探结果，废黄河断裂由南北两支断裂组成，总体表现为一地堑型结构，视断距在 3~7m，总体上北支断裂视断距较大，揭示的最大断距约 7m；南支断裂视断距较小，小于 5m，断裂带宽度在 1~2km，呈现东南较窄、西北接近幕集－刘集断裂处较宽的发散状。鉴于控制废黄河断裂的最西部浅层地震勘探 L3-4 和 L3-4B 测线未发现与废黄河断裂特征一致的断点，浅层地震勘探 XKL3-9 测线也未发现废黄河断裂，认为废黄河断裂没有与幕集－刘集断裂相交，而是尖灭于浅层地震勘探 L3-3 和 L3-4 测线之间。

跨断层钻孔联合剖面结果揭示，废黄河断裂北支断裂的断点，其南侧基岩为紫红色-杂色侏罗系火山碎屑岩，北侧基岩为灰色震旦系白云岩，基岩断距达 7.2m，断裂断错了中更新统层位，但中更新统顶面未被断错。综合分析认为，废黄河断裂最新活动时代为第四纪中更新世中晚期。

探测结果表明，废黄河断裂东南段终止于郯庐断裂带以西的王集附近，没有与郯庐断裂带相交。主要依据如下：

（1）沿废黄河断裂发育的北西向串珠状湖泊向南东延伸至双沟，过双沟后湖泊消失。

（2）废黄河断裂北侧的断头山地貌现象向南东延伸至张圩地区，过张圩后断头现象消失。

（3）布格重力异常小波细节 2 阶、3 阶解译结果显示，废黄河断裂带的东南端在王集附近被 NNE 向的重力异常体阻隔而终止继续向东延伸。

5.4　班　井　断　裂

5.4.1　基本特征

班井断裂又称班井－三堡断裂，位于徐州南铜山汉王一带，西起班井以西，经三堡至褚兰以北，断层走向北西，长约 50km。从班井地区火成岩体呈北西西向分布看，班井断裂是一个以格子状形态剪切裂隙组合形式出现的碎裂带，是北北东及北西西向两组扭性破裂追踪而成的张性破碎带。断裂带内岩石破碎，张节理发育，为地下水的富集带。

班井断裂作为中生代岩体侵入的通道，控制了北西向岩体的分布，其主断面被岩体所覆盖。据区域地质资料，班井断裂东段错断了北北东向弧形山体和永安－柳集断陷盆地,使得北东向的女娥山发生左旋错动。沿班井断裂在地貌上表现为北西向宽谷,北东向的山体在班井断裂附近突然中断形成沟谷。

5.4.2　遥感解译

遥感影像(图 5-75)显示,班井断裂线性特征明显,总体上为一片北东向展布的块状异常图像中存在的一北西向深色线状条带,在地貌上表现为一条走向北西西、宽约 1km 的线性宽谷,北东走向的山体延至班井附近突然中断成沟谷(图 5-76)。班井断裂的东段,遥感影像表现为断裂以北为块状异常图像,断裂以南为北东向的片状深色异常图像,班井断裂为这两种异常图像的分界线(图 5-77),地貌上表现为班井断裂切断了北东向山体,在地表形成了平直的地貌分界线(图 5-78)。

图 5-75　班井断裂遥感全段融合影像图

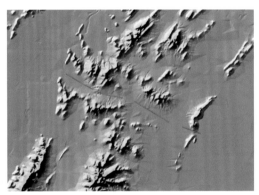

图 5-76　班井断裂 DEM 阴影图

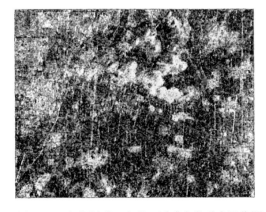

图 5-77　班井断裂(东段)遥感全段融合影像图

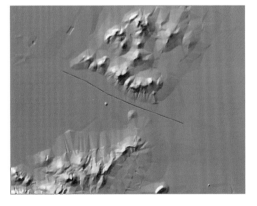

图 5-78　班井断裂(东段)DEM 阴影图

5.4.3　现场地震地质调查

野外地震地质调查主要沿班井断裂两侧的基岩出露地区开展,重点是调查闪长玢岩岩体与灰岩的接触地带。调查点位见图 5-79。

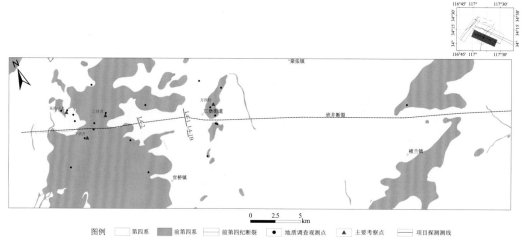

图 5-79 班井断裂现场调查点与浅层地震勘探测线位置图

（1）东沿村北：见闪长玢岩岩脉，北东走向（图 5-80），围岩为厚层灰岩与薄层泥岩互层，产状 110°∠40°。岩脉宽 3～5m，向北延伸 300m 后消失；沿该点向南追索至蛤针窝，灰岩及闪长玢岩岩脉已被第四系覆盖，无地貌显示。

图 5-80 东沿村北侧山脚的闪长玢岩岩体（镜向北西）

（2）上班井：见闪长玢岩岩体与灰岩的接触界面，该断面产状为 120°∠55°，岩体覆盖在灰岩之上（图 5-81），断面上的灰岩有一定程度的变质现象（图 5-82）。该点向东，又见到北北东向的岩体侵入灰岩之中。

（3）下班井：此处闪长玢岩大面积分布，在南侧山体的灰岩中，见到东西走向断层（图 5-83），产状为 350°∠50°。发育有数百米长的裂隙带（图 5-84），裂隙内部充填红棕色胶结物质，胶结程度较好，该裂隙呈线性延伸。

图 5-81　上班井闪长玢岩与灰岩的接触带

图 5-82　上班井闪长玢岩与灰岩接触带的灰岩被烘烤变质

(a) 断层(镜向西)

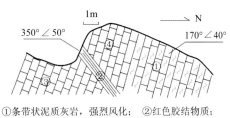

①条带状泥质灰岩，强烈风化；　②红色胶结物质；
③厚层灰岩；　④强烈挤压变形的厚层灰岩

(b) 地质剖面

图 5-83　下班井南侧灰岩中发育的东西向断层与地质剖面图

图 5-84　下班井灰岩中发育的东西向裂隙向西延伸（镜向西）

5.4.4　浅层地震勘探

1. 测线布设与断点特征

针对班井断裂（F₄）布置了 3 条测线 L4-1、L4-1B 和 L4-2，发现 4 个断点，分别是 f_{4-1}、f_a、f_{4-2}、f_{4-3}（图 5-79）。

（1）f_{4-1} 断点：位于 L4-1 测线 631#CDP（985 桩号）（图 5-85）。由图 5-85 可见，断点附近基岩反射波组同相轴（P_2）不连续，南侧（左侧）双程走时约 210ms；北侧（右侧）双程走时为 250～310ms，判断此处为班井断裂的断点。断点倾向 N，视倾角约 65°，总体表现为上盘下降、下盘上升的正断层，视断距约 5m。

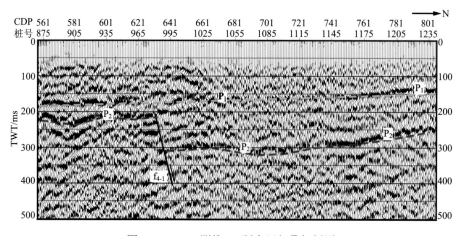

图 5-85　L4-1 测线 f_{4-1} 断点局部叠加剖面

（2）f_a 断点：位于 L4-1B 测线 173#CDP（293 桩号）（图 5-86）。由图 5-86 可见，断点附近的基岩反射波组（P_1）在 173#CDP 处同相轴不连续，南侧（左侧）双程走时约 270ms；北侧（右侧）双程走时约 250ms，判断为断裂作用所致。断点倾向 S，视倾角约 60°，总体表现为上盘下降、下盘上升的正断层，视断距约 2m。鉴于该断点与班井断裂其他断点特征不一致，不宜归入班井断裂，且断距较小，定义为 f_a 断点。该断点附近基岩面呈缓坡起伏，无棱角，为长期风化剥蚀作用所致，因此推测为基岩中的老断裂。

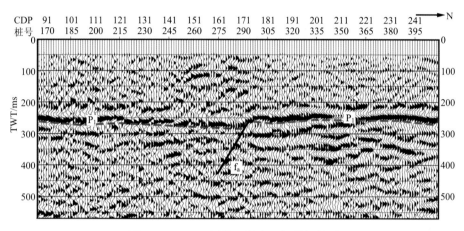

图 5-86　L4-1B 测线 f_a 断点局部叠加剖面

（3）f_{4-2} 断点：位于 L4-2 测线 119#CDP（212 桩号）（图 5-87）。由图 5-87 可见，断点附近基岩反射波组同相轴（P_2）不连续，南侧（左侧）双程走时为 145～155ms，北侧（右侧）双程走时约 165ms，判断为班井断裂的断点。断点倾向 N，视倾角约 65°，总体表现为上盘下降、下盘上升的正断层，视断距约 3m。该断点附近基岩面呈缓坡起伏，无棱角，为长期风化剥蚀作用所致。

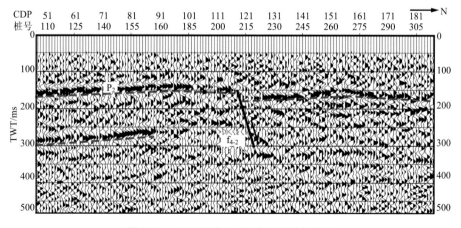

图 5-87　L4-2 测线 f_{4-2} 断点局部叠加剖面

（4）f_{4-3}断点：位于 L4-2 测线 399#CDP（632 桩号）（图 5-88）。由图 5-88 可见，断点附近基岩反射波组（左侧为 P_2 波组，为灰岩；右侧为 P_1 波组，为闪长玢岩）同相轴不连续，两侧双程走时差异较小，但同相轴的动力学特征差异较为明显，推测两侧岩性不同，为断裂接触，判断为班井断裂的断点。断点倾向 N，视倾角约 65°，总体表现为上盘下降、下盘上升的正断层，基岩面视断距不足 1m，显示沿断裂上涌的闪长玢岩顶面经长时间风化剥蚀后，与灰岩顶面基本夷平至同一高程，表明该断裂形成时代较早，后期无活动。

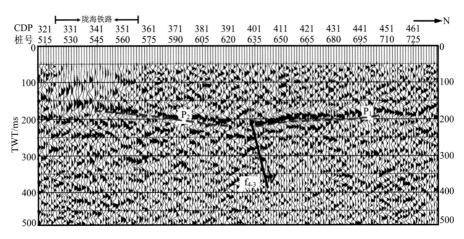

图 5-88　L4-2 测线 f_{4-3} 断点局部叠加剖面

2. 浅层地震勘探结果

依据浅层地震勘探结果，判断 f_{4-1} 断点和 f_{4-3} 断点为班井断裂的主断面，f_{4-2} 断点为班井断裂的次级断裂。断裂总体走向大约为 290°，倾向 NE，视倾角约 65°。L4-2 测线上断层两侧的灰岩和闪长玢岩顶面经长期风化剥蚀后已基本夷平至同一高程，基岩面视断距很小，判断班井断裂为前第四纪断裂。发现的 f_a 断点，其特征与班井断裂的断点特征不一致，断距较小且断点附近基岩面呈缓坡状起伏，推测为基岩中的一条次生断裂，不属于班井断裂。

5.4.5　钻孔联合剖面探测

1. 联合剖面钻孔布设

为探测班井断裂活动性及岩体发育特征，在徐州东南部的三堡营房村与汉王罗岗村之间乡村土路上布置钻孔联合剖面进行探测，简称营房场地（XZ5）。

营房场地（XZ5）位于浅层地震勘探 L4-2 测线上，其中班井断裂位于 L4-2 测线 212 桩号附近（图 5-89），岩体大概位于 810 桩号附近。本场地共计实施探测钻孔 9 个（图 5-90），以连霍高速公路为界，南段 5 个钻孔依次为 XZ5-2、XZ5-4、XZ5-3、XZ5-1、XZ5-5，北段 4 个钻孔依次为 XZ5-6、XZ5-7、XZ5-8、XZ5-9，钻孔深度均进入基岩，深度 18.5～

25m，孔间距南段钻孔依次为 21m、16m、25m、32m，北段钻孔依次为 29m、33m、28.5m，南段与北段之间距离约 480m。

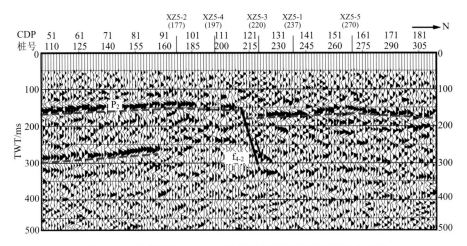

图 5-89　营房场地（XZ5）跨班井断裂地震剖面钻孔分布图

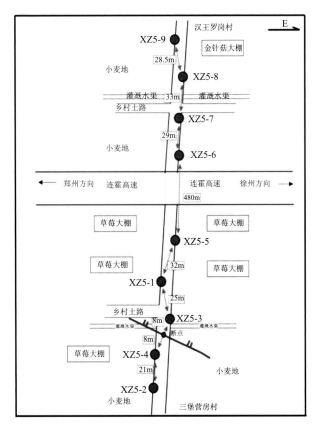

图 5-90　营房场地（XZ5）钻孔平面分布图

2. 钻孔地层描述

1）断点北侧附近钻孔地层基本特征（XZ5-3）

XZ5-3（220 桩号）孔最大钻孔深度为 20.5m，钻遇的第四纪地层可划分为全新统连云港组（底界深度 2.2m，厚度 2.2m，1 个旋回）、上更新统戚咀组（底界深度 14.0m，厚度 11.8m，2 个旋回）、中更新统泊岗组（底界深度 17.5m，厚度 3.5m，1 个旋回），下伏基岩为中寒武统张夏组灰岩。

全新统连云港组（Qhl）（厚度 2.2m，1 个旋回）

1-杂色人工填土，松散，0～0.4m 以碎石子、水泥块等人工路基为主，下部以粉砂质黏土为主，含少量碎石子，厚度 0.8m。

2-灰黄色粉砂质黏土，软塑—可塑，干强度中等，韧性中等，切面稍光滑，稍有光泽，局部夹薄层黏土，含少量铁锈斑点，含有云母成分，厚度 1.4m。

上更新统戚咀组（Qp$_3q$）（厚度 11.8m，2 个旋回）

第二旋回（Qp$_3q$）（厚度 7.9m）

3-灰褐色黏土，可塑—硬塑，含水量少，含有少量铁锰结核，干强度高，韧性高，切面光滑，厚度 1.8m。

4-黄褐色黏土，可塑—硬塑，含水量少，含有少量铁锰结核，偶见砂姜，干强度高，韧性高，厚度 3.0m。

5-灰黄色－黄褐色黏土，可塑—硬塑，含水量少，含有较多铁锰结核，局部比较富集，偶见砂姜，干强度高，韧性高，厚度 1.5m。

6-黄褐色粉砂质黏土，硬塑，含水量少，含有较多铁锰结核，偶见砂姜，粒径小，分布不均匀，干强度高，韧性高，厚度 1.6m。

第一旋回（Qp$_3q$）（厚度 3.9m）

7-褐黄色黏土，硬塑，含水量少，含有铁锰结核，局部富集，含有蓝绿色条带，干强度高，韧性高，厚度 3.9m。

中更新统泊岗组（Qp$_2b$）（厚度 3.5m，1 个旋回）

8-棕红色－棕褐色黏土，硬塑，含水量少，干强度高，韧性高，厚度 0.9m。

9-紫红色、褐红色强风化块状闪长玢岩，可塑性弱，含水量一般，含有蓝绿色条带，偶见铁锰结核，厚度 0.6m。

10-褐红色粉砂质黏土，可塑性弱，含水量一般，含有蓝绿色条带，偶见铁锰结核，厚度 2.0m。

中寒武统张夏组（ϵ_2z）（钻进 3.0m，未穿透）

11-青灰色石灰岩，中风化，鲕粒状细晶结构，中厚层构造，节理裂隙较发育，岩心呈短柱状，节长 5～20cm，在深度 18.5～19.4m 发育溶洞，少量黄褐色可塑状黏土充填，钻进 3.0m，未穿透。

2）连霍高速公路南侧钻孔地层基本特征（XZ5-5）

XZ5-5（270 桩号）孔最大钻孔深度 23.0m，钻遇的第四纪地层可划分为全新统连云港组（底界深度 2.4m，厚度 2.4m，1 个旋回）、上更新统戚咀组（底界深度 15.0m，厚度 12.6m，2 个旋回）、中更新统泊岗组（底界深度 16.9m，厚度 1.9m，1 个旋回），下伏基岩为中寒武统张夏组灰岩。

全新统连云港组（Qhl）（厚度 2.4m，1 个旋回）

1-灰色人工填土，松散，以粉砂质黏土为主，含有少量植物根系，厚度 0.6m。

2-灰黄色粉砂质黏土，软塑，干强度中等，韧性中等，切面稍光滑，稍有光泽，局部夹薄层黏土，含少量铁锈斑点，厚度 1.8m。

上更新统戚咀组（Qp$_3$$q$）（厚度 12.6m，2 个旋回）

第二旋回（Qp$_3$$q$）（厚度 7.6m）

3-黄褐色-褐黄色黏土，可塑-硬塑，含水量少，含有少量铁锰结核，干强度高，韧性高，厚度 3.6m。

4-灰黄色-黄褐色黏土，可塑-硬塑，含水量少，含有少量铁锰结核，偶见砂姜，干强度高，韧性高，厚度 2.8m。

5-褐黄色粉砂质黏土，硬塑，含水量少，含有较多铁锰结核，偶见砂姜，粒径小，分布不均匀，干强度高，韧性高，厚度 1.2m。

第一旋回（Qp$_3$$q$）（厚度 5.0m）

6-灰黄色黏土，硬塑，含水量少，含有铁锰结核，局部富集，粒径较大，厚度 5.0m。

中更新统泊岗组（Qp$_2$$b$）（厚度 1.9m，1 个旋回）

7-棕褐色-棕色黏土，硬塑，含水量中等，含有铁锰结核，干强度高，韧性高，厚度 1.9m。

中寒武统张夏组（$\in_2z$）（钻进 6.1m，未穿透）

8-青灰色石灰岩，中风化，鲕粒状细晶结构，中厚层构造，节理裂隙较发育，岩心呈短柱状，节长 5～25cm，岩性指标 RQD=80%。钻进 6.1m，未穿透。

3）岩体附近钻孔地层基本特征（XZ5-6）

XZ5-6（782 桩号）孔最大钻孔深度 25.0m，钻遇的第四纪地层可划分为全新统连云港组（底界深度 2.5m，厚度 2.5m，1 个旋回）、上更新统戚咀组（底界深度 16.5m，厚度 14.0m，4 个旋回），下伏基岩风化壳及燕山早期闪长玢岩。

全新统连云港组（Qhl）（厚度 2.5m，1 个旋回）

1-素填土，灰黄、灰黄色，松散，以粉质黏土为主，夹碎石子、混凝土块等人工填土，厚度 1.0m。

2-粉砂质黏土，灰黄色、灰褐色，软塑，含有少量的锈迹斑点，稍有光泽，无摇振反应，干强度中等，韧性中等，厚度 1.5m。

上更新统戚咀组（Qp₃q）（厚度 14.0m，4 个旋回）

第四旋回（Qp₃q）（厚度 4.0m）

3-黏土，灰黄色、黄褐色，软塑－可塑，含有少量的铁锰结核，有光泽，干强度高，厚度 3.5m。

4-泥质粉砂，灰黄色、灰褐色，软塑，含水量较高，稍有光泽，无摇振反应，干强度中等，厚度 0.5m。

第三旋回（Qp₃q）（厚度 3.5m）

5-黏土，黄褐色，软塑－可塑，有光泽，干强度较高，含有少量的铁锰结核，厚度 2.1m。

6-粉砂质黏土，褐黄色，软塑，含水量较高，无摇振反应，厚度 1.4m。

第二旋回（Qp₃q）（厚度 1.8m）

7-黏土，褐黄色，有光泽性，整体夹杂很多的泥质条纹，硬度较高，厚度 1.0m。

8-泥质粉砂，褐黄色，松软，软塑，含水量较高，无摇振反应，厚度 0.8m。

第一旋回（Qp₃q）（厚度 4.7m）

9-粉砂质黏土，黄褐色，软塑－可塑，有光泽，干强度较高，含有少量的铁锰结核，厚度 4.2m。

10-泥质粉砂，褐黄色，松软，含水量一般，无摇振反应，厚度 0.5m。

风化壳及燕山早期闪长玢岩（钻进 8.5m，未穿透）

11-黏土，灰黄色、黄褐色，软塑－可塑，含有少量的铁锰结核，有光泽，干强度高，厚度 1.5m。

12-泥质粉砂，灰黄色，含有较多水分，较松散，无摇振反应，厚度 1.9m。

13-闪长玢岩，褐黄色、灰绿色，全风化，矿物成分以斜长石、石英为主，含黑云母，原有的结构被破坏，岩心风化呈土状，钻进 5.1m，未穿透。

3. 沉积物颜色特征

该场地钻孔揭示的沉积物，其颜色主要为灰褐色、灰黄色、黄灰色、褐黄色、黄褐色、棕红色、棕褐色，整体看颜色没有很明显的层次变化。

4. 沉积物岩性特征

第四纪地层主要由洪积物、洪-湖积物、冲积物和洪-冲积物组成，沉积物主要由不同颜色的黏土、粉砂质黏土组成，主要标志是粉砂质黏土，旋回相对简单。

5. 地层断错特征

钻孔联合剖面探测（图 5-91、图 5-92）显示，班井断裂为发育于基岩中的前第四纪断裂，未断错第四系层位，岩体发育段未发现有断裂存在的迹象。钻孔联合探测剖面地层特征如下。

1）全新统（Qh）

全新统连云港组（Qhl）平均层底深度为 2.81m，2.5m 左右有一层粉砂质黏土层标志层，底界埋深较一致，没有断错迹象。

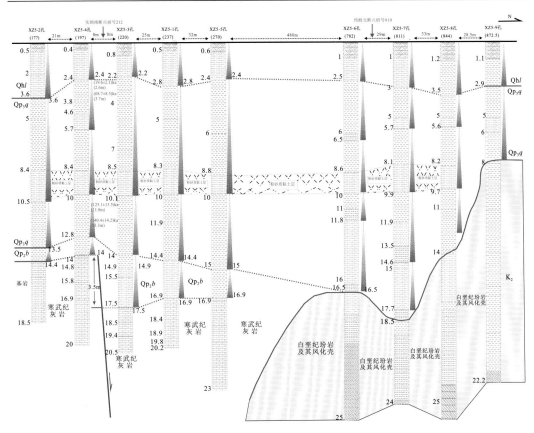

图 5-91　营房场地（XZ5）钻孔联合剖面与构造解释图

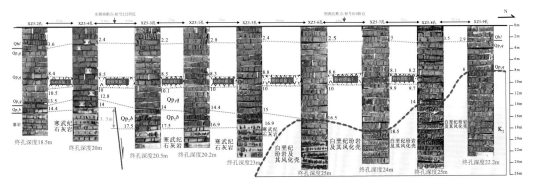

图 5-92　营房场地（XZ5）钻孔岩心对比与构造综合解释图

2）上更新统（Qp₃）

上更新统戚咀组（Qp₃q）地层在该场地普遍分布，自南向北 9 个钻孔的底界深度为 13.5m、12.8m、14.0m、14.4m、15.0m、16.5m、18.5m、14.0m、8.0m，平均底界深度为 14.08m，最浅埋深 8.0m，最深埋深 18.5m，底界深度相差较大，但是该层中并未见明显的断错迹象，主要表现为部分地段下伏基岩起伏，具体特征如下。

Qp₃³ 层段：上部层段为黏土层，自南向北 9 个钻孔底界深度为 8.4m、8.4m、8.5m、

8.3m、8.8m、8.6m、8.1m、8.2m、8.0m，埋深基本一致，可对比性较好，没有断错迹象。

Qp_3^2层段：中部层段为粉砂质黏土层，存在于 XZ5-2（177 桩号）至 XZ5-8（844 桩号）孔中，该粉砂质黏土层在自南向北的 8 个钻孔底界深度为 10.5m、10.0m、10.1m、10.0m、10.0m、10.0m、9.9m、9.7m，基本一致，可对比性较好，没有明显的断错迹象。XZ5-9（872.5 桩号）孔在此深度处为残积黏土夹砂层。

Qp_3^1层段：下部层段为黏土层，存在于 XZ5-2（177 桩号）至 XZ5-8（844 桩号）的 8 个钻孔中，底界深度分别为 13.5m、12.8m、14.0m、14.4m、15.0m、16.5m、18.5m、14.0m；XZ5-6（782 桩号）至 XZ5-8（844 桩号）底界为玢岩的顶面。显示该层底界埋深有比较大的变化，但是地层未见明显的断错迹象。

3）中更新统（Qp_2）与基岩面

中更新统泊岗组（Qp_2b）地层分布于该场地南侧的 5 个钻孔内，自南向北 5 个钻孔的底界深度分别为 14.4m、14.0m、17.5m、16.9m、16.9m，可见 XZ5-4（197 桩号）与 XZ5-3（220 桩号）孔之间深度相差较大，即基岩面存在 3.5m 的落差，判断为断层所致的地层断错。

4）断错特征

分析该断点附近地层特征认为，XZ5-4 孔与 XZ5-3 孔之间 Qp_3 底界深度分别为 12.8m 和 14.0m，相差 1.2m，孔间距 16m，没有明显的断错迹象；Qp_2 底界深度分别为 14.0m 和 17.5m（即基岩面顶界），相差 3.5m，孔间距 16m，基岩面落差 3.5m，可以判定存在断层。从 XZ5-3 孔 14.9～17.5m 段层位的主要岩性分析，该段为棕红色—棕褐色黏土、紫红色、褐红色强风化块状闪长玢岩，以及褐红色粉砂质黏土，表明该段物质主要为外来火山岩块及坡积相砂质黏土，且与北侧的 XZ5-1 孔岩性差异大，因此可以认为 XZ5-3 孔 14.9～17.5m 段岩性中部分物质来自沿断层面上涌外溢的闪长玢岩及其风化物和基岩坡积物等，钻孔也没有发现断层物质和断裂错动迹象。由此认为，该层位的厚度差异并不是由于该层位被断层断错，而是在断层形成 3.5m 高的基岩陡坎后，在其上堆积了坡积物，之后上部沉积了中更新统地层。因此认为，3.5m 断距为基岩断距，断层没有断错到上覆的中更新统地层内。

5.4.6　班井断裂活动性鉴定结果

班井断裂错断了北北东向弧形山体和永安—柳集断陷盆地，作为中生代岩体侵入的通道，控制了北西向岩体的分布。班井岩体在形成后被风化剥蚀，岩体与灰岩的接触带未再遭受明显的构造运动改造。现场调查表明，在其南侧发育与主断裂平行的次级断裂，其活动性不明显，表现为一系列的裂隙带或与闪长玢岩接触带，未见断层泥等物质，为基岩中的老断裂。浅层地震勘探结果表明，断裂两侧灰岩和闪长玢岩顶面经长时间风化剥蚀后已基本夷平至同一高程，基岩面视断距很小。跨断层钻孔联合剖面探测结果表明，断点两侧基岩面最浅约 14.0m，最深约 17.5m，基岩面存在 3.5m 的断错，其上直接覆盖的 Qp_2 地层无断错迹象。综合判定班井断裂为前第四纪断裂。

5.5　邵楼断裂

5.5.1　基本特征

邵楼断裂位于目标区的东南部，北部自大庙向南延伸，经柳集、棠张，到达永安附近，走向自北向南由 55° 逐渐转为 10°，断裂迹线呈弧形，长约 60km。该断裂是永安—柳集中—新生代断陷盆地（又称邵楼断陷盆地、潘塘断陷盆地）的西缘断裂，断面倾向 SE，倾角大于 45°。邵楼断裂在晚古生代末期—中生代早期作为大型徐宿弧形推覆构造的次级派生构造而生成，在推覆过程结束后，沿早期的推覆挤压面反向运移，形成晚侏罗世—白垩纪陆相拉伸半地堑的永安—柳集断陷盆地，盆地内堆积了厚达900m 的中生代王氏组砂岩和青山组火山碎屑岩。邵楼断裂早期具压扭性质，此后作为同沉积正断层继续活动，控制了盆地内中生代地层的沉积，为隆起、拗陷同时成生的同沉积断裂。

5.5.2　遥感解译

遥感图像（图 5-93）显示，永安—柳集断陷盆地具有很清晰的遥感影像特征，主要体现在色调和纹理特征方面。在 MSS 第 3、4、2 波段合成影像上，永安—柳集断陷盆地区域色调明显不同于两侧，盆地内部由于被沉积层覆盖，整体地形平坦，呈淡黄绿色，而两侧山体纹理特征比较发育，表现为深蓝褐色。在水系发育方面，盆地内部水系较两侧山体更为密集。

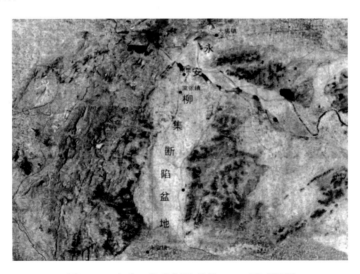

图 5-93　永安—柳集断陷盆地 MSS 遥感图像

5.5.3　现场地震地质调查

从野外地质考察来看，邵楼断裂作为盆地边界的同沉积断裂，上部为第四系所覆盖，地表没有发现其活动的直接地质证据和地貌迹象，西侧弧形山体中普遍发育与邵楼断裂平行的断裂，这些断裂均是基岩中的老断裂。野外主要考察了邵楼断裂西侧与邵楼断裂平行的弧形山体（图5-94）。以下由北向南分别论述各观测点的现象。

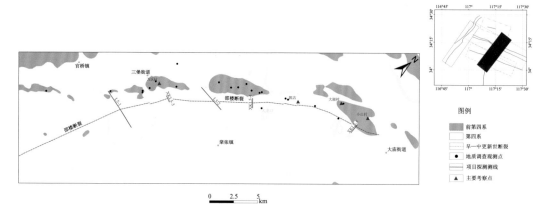

图 5-94　邵楼断裂现场调查点与浅层地震勘探测线位置图

（1）小山村三官庙南：该处基岩极其破碎，遭受北北东向强烈挤压、变形，灰岩、泥岩等变质程度高（图5-95）。层面上发育波痕。

图 5-95　小山村强烈变形的泥岩（镜向北）

（2）大湖村西侧山上：山顶岩壁北侧见断层面。该断层两侧均为灰岩，断层沿灰岩层面发育，为顺层滑动断层。断层走向为60°，断面直立，见大量水平方向擦痕、阶步，为左旋走滑（图5-96）。该断层走向与邵楼断裂一致，从邵楼断裂西侧1km附近通过。

图 5-96　大湖村西侧北东向断层断面与发育的擦痕（镜向西南）

（3）三堡街道东北、女娥山北侧：在万沃村西北山脚采石场北侧岩壁上，见一切穿山体的较大规模断层（图 5-97），走向 30°，与邵楼断裂走向一致。断层破碎带宽 2～3m，倾角陡，断面近直立。该断层向南一直延伸至对面的女娥山北，在女娥山北岩壁上发现断层走向及特征与此处一致。断层破碎带内发育方解石脉、断层角砾及红褐色胶结物。角砾大小多在 2～5cm，呈棱柱形、椭圆状，胶结致密。在断层两侧灰岩中，发育许多与之平行的小型次级断层，以及与之配套的北西向张裂隙。在该断层东侧岩壁，可见同方向的断层面（图 5-98），断面东侧为黄褐色薄板状灰岩，西侧为灰黑色厚层灰岩；断层面上发育近水平方向的擦痕和黑色铁质薄膜。据区域地质调查资料，该断层为女娥山断裂，压扭性，长约 6km，为邵楼断裂同方向次级断裂。沿该考察点横切邵楼断裂方向的第四纪地质-地貌剖面（图 5-99）显示，邵楼断裂对两侧地貌面发育无明显影响。

(a) 断层(镜向北)

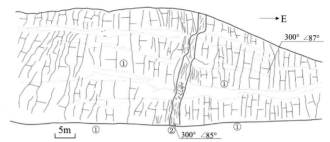

①灰黑色灰岩，垂直节理发育；②红褐色断层破碎带，由断层角砾及胶结物质、碎裂岩组成

(b) 地质剖面

图 5-97　女娥山北侧切穿山体的北东向断层及地质剖面图

图 5-98　女娥山东侧岩壁的断层面上发育擦痕和黑色铁质薄膜（镜向东）

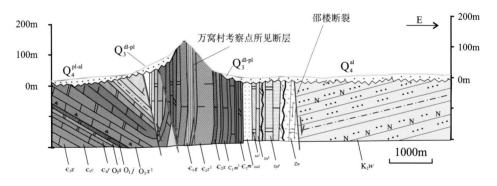

图 5-99　跨邵楼断裂第四纪地质-地貌剖面图

根据江苏省地矿局第五地质大队．1985．1∶50 000 徐州市幅、大庙幅、桃山集幅、房村幅区域地质调查报告编绘

5.5.4　浅层地震勘探

1. 测线布设与断点特征

针对邵楼断裂（F_5）布置了 6 条测线，分别是 L5-1、L5-2、L3-1B、XKL5-3、XKL5-4 和 XKL5-5，发现 6 个断点，即 f_{5-1}、f_{5-2}、f_{5-3}、f_{5-4}、f_{5-5}、f_{5-6}（图 5-94）。

（1）f_{5-1} 断点：位于 L5-1 测线 1203#CDP（1839 桩号）（图 5-100）。由图 5-100 可见，

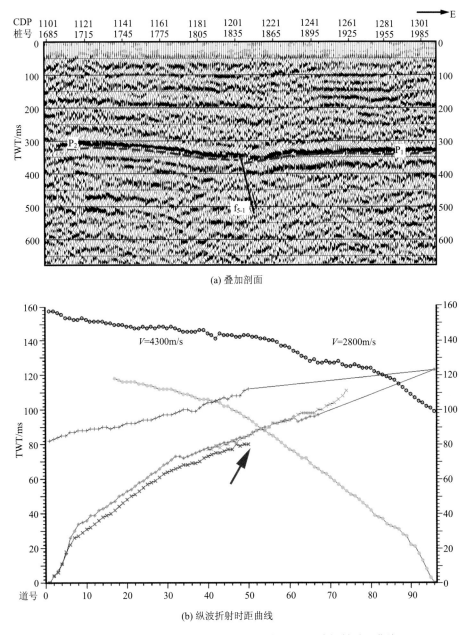

(a) 叠加剖面

(b) 纵波折射时距曲线

图 5-100　L5-1 测线 f_{5-1} 断点附近叠加剖面和纵波折射时距曲线

f5-1 断点附近基岩反射波组（左侧为 P₂ 波组，基岩岩性为灰岩；右侧为 P₁ 波组，基岩岩性为古近纪砂岩）在 1203#CDP 处同相轴不连续，两侧双程走时差异较小，但同相轴的整体形态差别较为明显，左侧呈稳定的逐步下倾状，右侧则较为平坦，这一点在完整的 L5-1 测线时间剖面上更为清楚。在 1203#CDP 处同相轴形成转折点，转折点附近有同相轴能量减弱现象，符合断裂破碎带特征。纵波折射勘探时距曲线断点两侧基岩折射波速度差异大，左侧速度为 4300m/s 左右，右侧速度为 2800m/s 左右，显然两侧岩性不同，符合邵楼断裂的基本特征，钻孔联合剖面证实了该断裂的存在。断面倾向 E，视倾角约 65°，总体表现为上盘下降、下盘上升的正断层，基岩面视断距约 1m。

（2）f5-2 断点：位于 L5-2 测线 1039#CDP（1592 桩号）（图 5-101）。由图 5-101 可见，f5-2 断点附近基岩反射波组（左侧为 P₂ 波组，基岩岩性为灰岩；右侧为 P₁ 波组，基岩岩性为古近纪砂岩）在 1039#CDP 处同相轴不连续，1039～1055#CDP 段具断裂破碎带特征。纵波折射勘探时距曲线对应断点两侧基岩折射波速度差异大，左侧速度为 4200m/s，右侧速度为 2600m/s，表明两侧岩性不同，符合邵楼断裂作为岩性分界的基本特征，在 L5-2 测线施工的钻孔联合剖面也出现了断裂破碎带。断面倾向 E，视倾角约 65°，总体表现为上盘下降、下盘上升的正断层，基岩面视断距约 2m。

（3）f5-3 断点：位于 L3-1B 测线 897#CDP（1495 桩号）（图 5-102）。由图 5-102 可见，f5-3 断点附近基岩反射波组（左侧为 P₂ 波组，基岩岩性为古近纪砂岩；右侧为 P₃ 波组，基岩岩性为灰岩）在 897#CDP 处同相轴不连续，与 L5-2 的 f5-2 断点类似。纵波折射勘探时距曲线对应断点两侧基岩折射波速度存在很大差异，左侧速度为 2800m/s，右侧速度为 4200m/s，表明两侧岩性不同，符合邵楼断裂作为岩性分界的基本特征，钻孔联合剖面 1445 桩号和 1535 桩号两个钻孔岩心也证实了断层两侧岩性的差异。断面倾向 S，视倾角约 65°，总体表现为上盘下降、下盘上升的正断层，基岩面视断距约 2m。

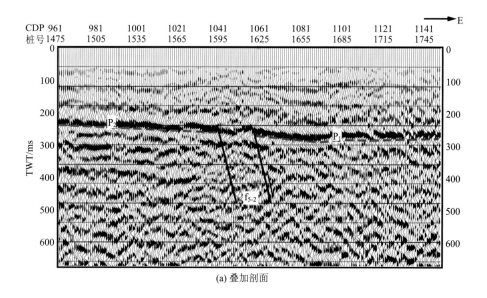

(a) 叠加剖面

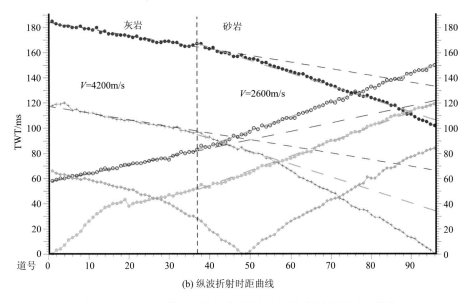

(b) 纵波折射时距曲线

图 5-101　L5-2 测线 f_{5-2} 断点附近叠加剖面和纵波折射时距曲线

（4）f_{5-4} 断点：位于 XKL5-3 测线 L5-3-1 排列的 87 道（522 桩号）（图 5-103），该断点在折射记录上有清晰的运动学和动力学特征显示。从折射波的运动学特点分析，断点两侧基岩折射波速度存在很大差异，左侧（西侧）速度为 5000m/s，右侧（东侧）速度为 2750m/s，表明两侧岩性不同，分别对应灰岩和砂岩，符合邵楼断裂的基本特征；从动力学特点分析，无论在断点的哪一侧激发，在经过断点后，折射波能量都明显减弱，显示断裂附近有破碎带存在，对弹性波造成了强烈吸收。

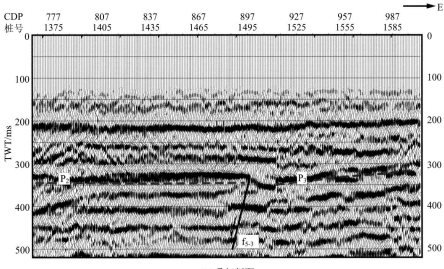

(a) 叠加剖面

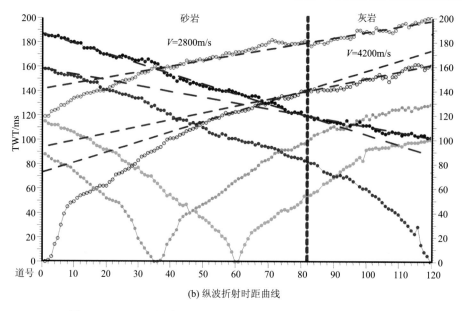

(b) 纵波折射时距曲线

图 5-102　L3-1B 测线 f$_{5-3}$ 断点附近叠加剖面和纵波折射时距曲线

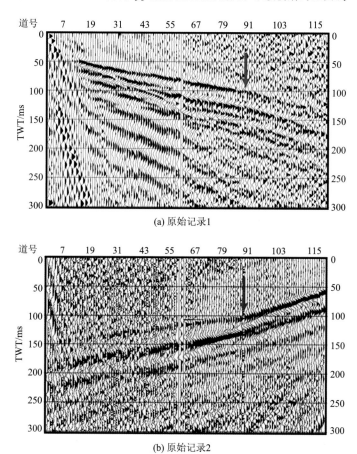

(a) 原始记录1

(b) 原始记录2

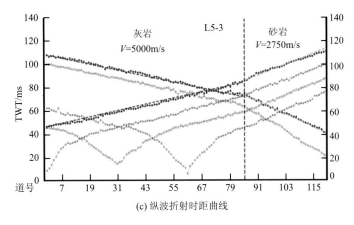

(c) 纵波折射时距曲线

图 5-103　XKL5-3 测线 L5-3-1 排列 f_{5-4} 断点典型原始记录和纵波折射时距曲线

（5）f_{5-5} 断点：位于 XKL5-4 测线 L5-4-2 排列的 35 道（459 桩号）附近（图 5-104），该断点在折射记录上有清晰的运动学和动力学特征显示。从折射波的运动学特点分析，断点两侧基岩折射波速度存在很大差异，右侧（北西侧）速度为 5000m/s，左侧（南东侧）速度为 3100m/s，表明两侧岩性不同，分别对应灰岩和砂岩，符合邵楼断裂作为岩

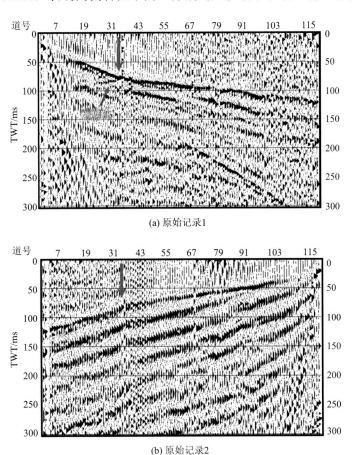

(a) 原始记录1

(b) 原始记录2

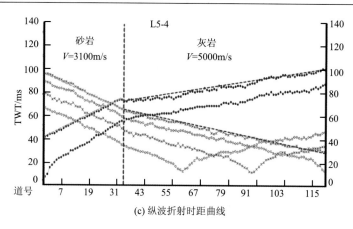

(c) 纵波折射时距曲线

图 5-104　XKL5-4 测线 L5-4-2 排列 f_{5-5} 断点典型原始记录和纵波折射时距曲线

性分界的基本特征；从动力学特点分析，小号端的端点炮记录有较明显的断点绕射波存在，同时无论在断点的哪一侧激发，在经过断点后，折射波能量都有较明显减弱，显示断裂附近有破碎带存在，对弹性波造成了强烈吸收。

　　（6）f_{5-6} 断点：位于 XKL5-5 测线 L5-5-3 排列的 49 道（834 桩号）（图 5-105），该断点在折射记录上有清晰的运动学和动力学特征显示。原始记录中的 7～24 道位于桥梁影响段，记录波形较凌乱，但其处于断裂的南侧，不影响对断点的判断。断点两侧基岩折射波速度存在很大差异，左侧（南侧）速度为 2750m/s，右侧（北侧）速度为 4750m/s，表明两侧岩性不同，分别对应砂岩和灰岩，符合邵楼断裂作为岩性分界的基本特征；从动力学特点分析，无论在断点的哪一侧激发，经过断点后，折射波能量都有一定的减弱，显示断裂附近有破碎带存在，对弹性波造成了一定的吸收，但这种吸收显然较 XKL5-3 测线要弱，反映在该测线断点附近基岩破碎带范围小、破碎程度降低，这一特点与该测线处于邵楼断裂东北末段附近有关。

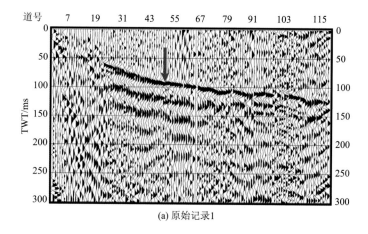

(a) 原始记录1

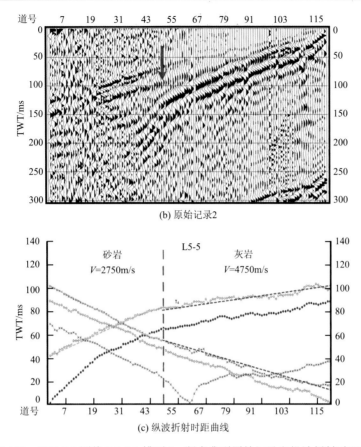

图 5-105　XKL5-5 测线 L5-5-3 排列 f_{5-6} 断点典型原始记录和纵波折射时距曲线

2. 浅层地震勘探结果

浅层地震勘探发现了邵楼断裂的 6 个断点，查明了该断裂总体走向约为 30°，呈自南向北逐步向偏东方向偏转的弧形展布特点，断面倾向 SE，视倾角约 65°，视断距为 1～2m。断裂最大的特征就是两侧岩性不同，西北侧为寒武纪灰岩，东南侧为古近纪砂岩。

5.5.5　钻孔联合剖面探测

1. 联合剖面钻孔布设

为了探测断裂活动性，在徐州东部毕庄以东的珠江西路南侧的绿化带上，对邵楼断裂（F_5）布置钻孔联合剖面进行探测，简称毕庄场地（XZ6）。

毕庄场地（XZ6）位于浅层地震勘探 L5-2 测线上（图 5-106）。本场地共施工 6 个钻孔，自西向东依次为 XZ6-2（1563 桩号）、XZ6-6（1583 桩号）、XZ6-5（1593 桩号）、XZ6-3（1603 桩号）、XZ6-4（1616 桩号）、XZ6-1（1623 桩号），钻孔深度均进入基岩，深度为 21.7～27.6m，孔间距依次为 18.23m、10.3m、8.46m、12.71m、7.85m（图 5-107）。

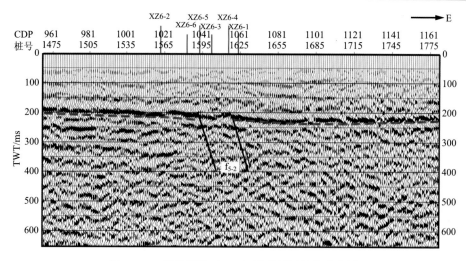

图 5-106　毕庄场地（XZ6）地震剖面钻孔分布图

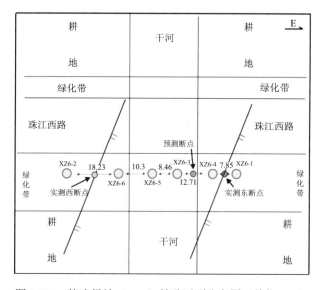

图 5-107　毕庄场地（XZ6）钻孔平面分布图（单位：m）

2. 钻孔地层描述

以钻孔 XZ6-3 作为代表，该钻孔深度为 27.6m，钻遇的第四纪地层可划分为全新统连云港组（底界深度 8.1m，厚度 8.1m，2 个旋回）、上更新统戚咀组（底界深度 17.7m，厚度 9.6m，2 个旋回）、中更新统泊岗组（底界深度 22.0m，厚度 4.3m，1 个旋回），下伏基岩上部为震旦系白云岩，下部为上白垩统王氏组砂岩。

全新统连云港组（Qh*l*）（厚度 8.1m，2 个旋回）

第二旋回（厚度 4.8m）

1-杂色耕植土，松散，含少量植物根茎，以粉土为主，混粉质黏土团块，夹碎石块、砖块及混凝土块等，厚度 1.40m。

2-灰黑色泥质粉砂，局部混浅灰色，软塑，含有云母成分，并含有少量铁锰结核，稍有光泽，无摇振反应，干强度中等，韧性中等，厚度 1.90m。

3-灰黄色、灰褐色泥质粉砂，软塑—可塑，稍湿，稍密，含有云母成分，局部夹黏土薄层，稍有光泽，无摇振反应，干强度中等，韧性中等，厚度 1.50m。

第一旋回（厚度 3.3m）

4-灰黑色、灰褐色淤泥质黏土，湿度较大，水分过饱和，稍密，软塑，有光泽，含有少量铁锰结核，以粉土为主，约 70%，含有云母成分，厚度 2.1m。

5-黄褐色黏土，硬塑，有光泽，含铁锰结核，少量砂姜充填，最大粒径 3.0cm，厚度 1.2m。

上更新统戚咀组（Qp$_3$q）（厚度 9.6m，2 个旋回）

第二旋回（厚度 4.1m）

6-灰黄色、黄褐色砂姜层，硬塑，有光泽，含铁锰结核，含有姜石块，呈球状，深度 9.0～9.3m、10.3～11.3m 和 11.3～12.0m 处含较多砂姜，直径 0.1～0.7cm，钻进困难，进尺较慢，厚度 4.1m。

第一旋回（厚度 5.5m）

7-黄褐色黏土，局部夹杂灰色，可塑—硬塑，含少量铁锰结核，含较少砂姜，呈球状，粒径较小，分布不均匀，含有灰白色条带，有光泽，无摇振反应，干强度高，韧性强，厚度 2.8m。

8-褐黄色黏土，硬塑，含有较多铁锰结核，呈球状，有光泽，含少量姜石，含有丰富的灰白色条带，无摇振反应，干强度中等，韧性中等，厚度 2.7m。

中更新统泊岗组（Qp$_2$b）（厚度 4.3m，1 个旋回）

9-砖红色、褐黄色黏土，硬塑，含铁锰结核，呈球状，含少量砂姜，粒径大小不等，分布不均匀，含灰白色条带，有光泽反应，无摇振反应，干强度高，韧性高，厚度 1.8m。

10-黄褐色黏土，软塑，含少量铁锰结核，呈球状，含较少砂姜，粒径大小不等，分布不均匀，有光泽反应，无摇振反应，干强度高，韧性高，含灰白色条带，厚度 2.5m。

基岩和风化壳（钻进 5.6m）

11-灰白色白云岩，弱风化，为震旦系白云岩（Z），厚度 4.7m。深度 22.7～23.2m 为溶洞岩心，黄褐色黏土充填；深度 23.2～24.0m 为溶洞岩心，溶蚀块状，黄褐色黏土充填；深度 24.0～24.5m 岩心柱状，节长 10～18cm，RQD=30%；深度 24.5～24.9m 为溶洞岩心，黄褐色黏土充填，溶蚀块状碎块；深度 24.9～25.0m 为白云岩，岩心短柱状；深度 25.0～25.3m 为溶洞岩心，溶蚀块状；深度 25.3～25.5m 为白云岩，溶蚀块状；深度 25.5～25.7m 为溶洞岩心，黄褐色黏土充填，白云岩；深度 25.7～26.3m 岩心呈碎块状，短柱状，节长 8～10cm；深度 26.3～26.7m 为紫红色岩心，呈溶蚀状，夹杂碎块。岩溶充填物主要成分为黏土，黄褐色、褐黄色，可塑—硬塑，混岩石碎屑或碎块。

12-砂岩，紫红色，中风化，粉细砂结构，层理构造，岩心呈碎块状，短柱状，为上白垩统王氏组（K$_2$w），钻进 0.9m（未穿透）。深度 27.5～27.6m 为溶洞岩心，溶蚀状，灰黑色黏土充填。

----

3. 沉积物颜色特征

该场地沉积物颜色主要为灰褐色、灰黑色、灰黄色、黄灰色、褐灰色、褐黄色、黄褐色和砖红色，纵向上组合色调可以分为三大套，深度 8.0m 以上段以灰黄色、灰黑色、黄褐色为主，深度 8.0～17.7m 段以灰黄色、黄褐色、褐黄色为主；深度 17.7～22.0m 段以砖红色、黄褐色、褐黄色为主。这三段地层划分与前人划分的 Qh、Qp_3、Qp_2 层段基本一致。

4. 沉积物岩性特征

毕庄场地第四系划分为全新统连云港组、上更新统戚咀组、中更新统泊岗组，缺少下更新统地层，与下部的震旦系及上白垩统王氏组基岩地层呈不整合接触。第四纪地层主要由洪积物、洪-湖积物、冲积物和洪-冲积物组成，沉积物主要为不同颜色的黏土、粉砂质黏土、淤泥质黏土和泥质粉砂，主要标志是淤泥质黏土和砂姜层，旋回相对简单，自上而下可以划分为 5 个大旋回。

5. 地层断错特征

本场地钻孔联合剖面探测发现 2 个断点，其中西断点位于 XZ6-2 孔与 XZ6-6 孔之间，东断点位于 XZ6-4 孔与 XZ6-1 孔之间。两个断点均显示基岩面和第四系下部层位明显断错（图 5-108、图 5-109）。地层断错特征如下。

1）全新统（Qh）

全新统连云港组（Qhl）地层平均层底深度为 8.17m，自西向东 6 个钻孔的底界深度为 7.8～8.6m，层底埋深基本一致，起伏不大，没有断错迹象。

2）上更新统（Qp_3）

上更新统戚咀组（Qp_3q）地层平均底界深度为 17.68m，自西向东 6 个钻孔的底界埋深分别为 17.4m、17.8m、17.3m、17.7m、17.6m、18.3m，底界埋深基本一致，没有断错迹象。该层上部层位有以钙质结核富集为标志的砂姜层，该标志层自西向东 6 个钻孔的厚度别为 5.8m、4.2m、5.5m、4.1m、4.1m、5.6m，埋深基本一致，没有断错迹象。

3）中更新统（Qp_2）与基岩面

中更新统泊岗组（Qp_2b）地层层段存在两套不同颜色的黏土层，上层为褐黄色黏土层，下层为砖红色黏土层，但界线不是十分清楚。下伏基岩面出现东西 2 处明显断错。西断点位于 XZ6-2 孔（1563 桩号）与 XZ6-6 孔（1583 桩号）之间，钻孔间距 18.23m，基岩面落差 2.0m；东断点位于 XZ6-4 孔（1616 桩号）与 XZ6-1 孔（1623 桩号）之间，钻孔间距 7.85m，基岩面落差 2.2m。

6. 断裂带内基岩岩心特征

本场地除剖面两侧的 XZ6-1、XZ6-2 孔较为完整外，中间 4 个孔的基岩岩心均较为破碎，且多见挤压变形、透镜体等构造现象，对采集的钻孔基岩岩心进行了实验室薄片和分析对比鉴定。

1）XZ6-1 孔中的基岩岩心

为紫红色块状，含岩屑，碎屑结构，块状构造。部分岩屑呈条带状排列，表明曾受到挤压作用（图 5-110）。

对 XZ6-1 孔中深度 25.3～25.4m 段基岩岩心进行了镜下薄片鉴定。鉴定结果表明，该段岩石主要由砂屑和砾屑组成，砂屑主要是棱角状的石英和燧石，少量长石；砾屑为棱角状的岩屑，蚀变强烈，根据其变余结构推测可能是火山岩类岩石。胶结物为钙质、铁质和泥质，基底式胶结。岩石中可见弱的近于平行的破碎裂隙，并被后期的方解石充填。室内薄片鉴定定名为钙质细粒岩屑石英砂岩。

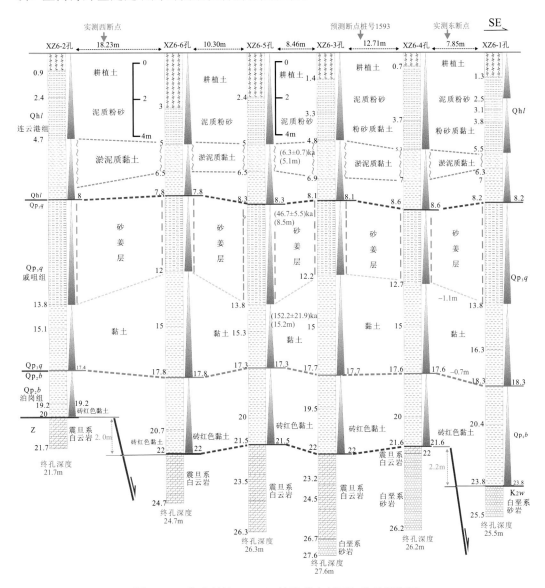

图 5-108　毕庄场地（XZ6）钻孔联合剖面与构造解释图

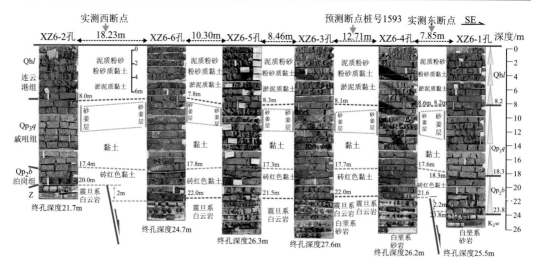

图 5-109　毕庄场地（XZ6）钻孔岩心对比与构造综合解释图

图 5-110　XZ6-1 孔中的基岩岩心

2）XZ6-2 孔中的基岩岩心

为灰白色块状，含较多角砾，有褐红色胶结充填裂隙。岩石以碎砾为主，为原地刚性破裂，表明是受挤压作用的产物。由于碎裂角砾没有明显位移，说明剪切作用不明显（图 5-111）。

对 XZ6-2 孔中深度 20.4~20.5m 段基岩岩心进行了镜下薄片鉴定。鉴定结果表明，该段岩石为碎裂、碎裂角砾结构，有较强的构造破碎，主要是由碎裂结构向碎裂角砾结构过渡，后期沿部分裂隙有方解石脉充填，原岩为粉晶灰岩。室内薄片鉴定定名为粉晶灰岩。

3）XZ6-3 孔、XZ6-5 孔、XZ6-6 孔和 XZ6-4 孔中的基岩岩心

这 4 个钻孔的基岩中夹大量杂色断层物质，含有泥质物质、角砾岩等，发育明显的透镜体及片理。断层角砾岩中矿物有定向排列，表明存在剪切作用。断层角砾物质总体为塑性变形，无明显破裂。

图 5-111　XZ6-2 孔中的基岩岩心

　　XZ6-5 孔中的基岩段岩心，含大量泥质物质，说明断层破碎程度高（图 5-112）；XZ6-4 孔中的基岩段岩心，可见明显的破裂面及透镜体（图 5-113）；XZ6-6 孔中的基岩段岩心，破裂面被泥质物质所充填（图 5-114）。

图 5-112　XZ6-5 孔中的基岩岩心

图 5-113　XZ6-4 孔中的基岩岩心（侧面，见破裂面及透镜体）

图 5-114　XZ6-6 孔中的基岩岩心（侧面，见破裂面被泥质物质充填）

4）基岩岩心鉴定结果分析

基岩岩心鉴定对比结果显示，位于东、西两个断点之间的 XZ6-3 孔、XZ6-5 孔、XZ6-6 孔、XZ6-4 孔基岩中夹大量杂色断层物质，含有断层泥、角砾岩和断层镜面等，且发育透镜体及片理，判断为断裂作用所致，属于邵楼断裂的断层破碎带。由此判断，邵楼断裂是宽约 30m 的断层带。

7. 郭店场地钻孔联合剖面探测

郭店场地（XZ3）位于浅层地震勘探 L3-1 测线邵楼断裂与废黄河断裂交会处，在地理位置上位于徐州市云龙区郭店村附近。郭店场地（XZ3）钻孔联合剖面共实施 8 个钻孔（图 5-115）。探测发现了邵楼断裂（F_5），没有发现废黄河断裂的存在。钻孔联合剖面探测结果如下（图 5-116、图 5-117）。

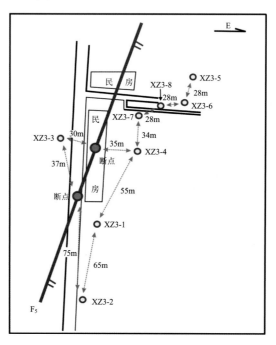

图 5-115　郭店场地（XZ3）钻孔平面分布图

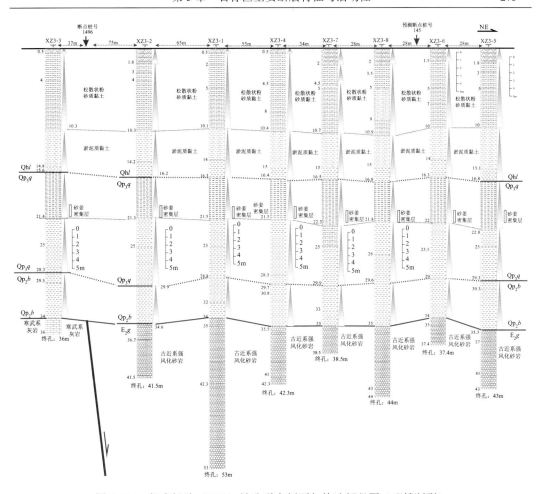

图 5-116　郭店场地（XZ3）钻孔联合剖面与构造解释图（邵楼断裂）

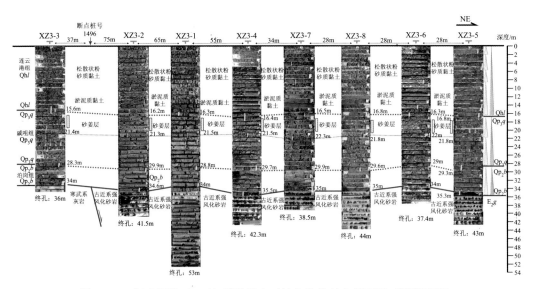

图 5-117　郭店场地（XZ3）钻孔岩心对比与构造综合解释图（邵楼断裂）

（1）全新统连云港组（Qh*l*）：底界埋深基本一致，自南西向北东 8 个钻孔的底界深度依次为 15.6m、16.2m、16.3m、16.4m、16.5m、16.8m、16.3m、16.8m，平均深度为 16.36m，没有断错迹象。

（2）上更新统戚咀组（Qp₃*q*）：底界埋深基本一致，自南西向北东 8 个钻孔的底界深度依次为 28.3m、29.9m、28.8m、29.7m、29.9m、29.6m、29.0m、29.3m，平均深度为 29.31m，没有断错迹象。

（3）中更新统泊岗组（Qp₂*b*）：底界埋深基本一致，自南西向北东 8 个钻孔的底界深度依次为 34.0m、34.6m、34.0m、35.5m、35.0m、35.0m、34.0m、35.3m，平均深度为 34.67m，没有断错迹象。缺失下更新统，中更新统直接覆盖在基岩面之上。

（4）基岩：8 个钻孔基岩岩性不同，西北侧的 XZ3-3 孔基岩为寒武系灰岩，东南侧的 7 个孔基岩为古近系强风化砂岩，表现出寒武系灰岩和古近系砂岩两种岩性直接接触，判断为邵楼断裂断点。由于基岩面落差不大，夷平迹象明显，断裂活动性弱，推测该断裂为第四纪早更新世或前第四纪断裂。

5.5.6 邵楼断裂活动性鉴定结果

邵楼断裂为徐宿弧形推覆构造的次级派生构造，控制了永安－柳集中－新生代断陷盆地沉积，为盆地的西缘边界断裂。野外调查发现，邵楼断裂为第四系所覆盖，西侧弧形山体与邵楼断裂平行的断裂均为基岩中的老断裂。浅层地震勘探查明了该断裂总体走向约 30°，自南向北具有呈逐步向偏东方向偏转的弧形展布特点，倾向 SE，视倾角约 65°，视断距为 1～2m。断裂两侧岩性不同，西北侧为寒武纪灰岩，东南侧为古近纪砂岩。

跨断层钻孔联合剖面探测结果表明，毕庄场地发现 2 个断点，西断点基岩顶界面相差 2.0m，东断点基岩顶界面相差 2.2m，两个断点之间 4 个钻孔均发现基岩中夹大量杂色断层物质，含有泥质物质、角砾岩和发育透镜体及片理，为断层破碎带，宽约 30m。岩心中所见破裂面为泥质所充填，断层泥未完全固结，更新世中部地层没有发现断错迹象；郭店场地钻孔揭示的第四纪地层与基岩面比较平坦，断层两侧不同基岩岩性直接接触，其南西侧为寒武系灰岩，北东侧为古近系强风化砂岩，基岩面夷平迹象明显。

综合分析，邵楼断裂为宽约 30m 断层带，中更新统未见明显的地层断错迹象，断层破碎带物质岩样含有明显的断层镜面、角砾岩和断层泥，岩心中所见破裂面为泥质所充填，现场发现断层泥未完全固结，判断邵楼断裂最新活动时代为第四纪早更新世。

5.6 主要断层活动性总体评价

目标区主要断层有 5 条，分别为幕集－刘集断裂（F₁）、不老河断裂（F₂）、废黄河断裂（F₃）、班井断裂（F₄）和邵楼断裂（F₅）。它们均属横切或平行徐宿弧形构造发育的断裂构造，对徐宿弧形构造的早期形成和后期改造都起到了重要作用。

目标区的北东－北北东向断裂构造走向与徐宿弧形构造的弧形褶皱平行，多具压扭性活动特征，主要发育在背斜、向斜的翼部和向斜的核部。中生代，沿北东向邵楼断裂（F₅）东侧发育了永安－柳集中－新生代断陷盆地，盆地内沉积了巨厚的青山组（K₁*q*）

和王氏组（K_2w）地层，沉积厚度自东向西加大，表明邵楼断裂（F_5）在形成后又发生了强烈的继承性活动，控制了永安－柳集断陷盆地的发育。

北西－北西西向断裂力学性质则为张性、张扭性，以垂直升降运动为主，兼具左行走滑活动。北西向断裂为弧形构造的配套构造，与弧形构造同期形成，并在后期活动中左行错断了弧形构造。目标区内的废黄河断裂（F_3）切割了永安－柳集断陷盆地，表明北西向断裂具多期活动性质。

目标区古近纪以来以上升运动为主，局部出现差异性断块沉降。晚新生代以来，新构造运动既有对老构造的继承，又有新构造的行迹，总体以不均衡的升降运动为主，包括继承性断陷沉积作用和不均衡的抬升作用。在新构造运动下，废黄河断裂（F_3）继续活动，断裂带内堆积洼地相对缓慢下降，而两侧低山丘陵继续抬升，沿废黄河断裂形成了地堑式的构造格局。

经过对 5 条主要断层的地震地质调查、浅层地震勘探和钻孔联合剖面探测等工作，3条断裂判断为前第四纪断裂，另外 2 条断裂为规模较大、活动性较强的北西向的废黄河断裂和北东向的邵楼断裂，其最新活动时代分别为第四纪中更新世中晚期和早更新世。5条主要断层的性质、规模和最新活动时代判断结果见表 5-3。

表 5-3　目标区主要断层特征一览表

编号	断裂名称	产状			出露情况及长度	性质	最新活动时代
		走向	倾向	倾角			
F_1	幕集－刘集断裂	45°	NW	40°～60°	隐伏，65km，由东、西 2 条边界断层组成的断层带	正断/逆断	前第四纪
F_2	不老河断裂	285°	S	40°～60°	隐伏，11km	左行张扭	前第四纪
F_3	废黄河断裂	300°	S/N	85°	隐伏，75km，由南、北 2 条边界断层组成的断层带	左行张扭	中更新世中晚期
F_4	班井断裂	295°	S	60°～80°	隐伏，50km	左行张扭	前第四纪
F_5	邵楼断裂	10°～55°	SE	40°～70°	隐伏，60km	压扭/正断	早更新世

第6章 目标断层地震危险性评价

本章从地震构造、目标断层几何结构与分段活动性差异及地震学与地球动力学等角度，分析研究徐州地区构造活动特征与发震构造，判定目标断层的最大发震能力和发震位置，进而估计未来特定时间段内地震发生的危险程度。

6.1 活动断层地震危险性

活动断层地震危险性主要研究地震孕育和发生的物理机制及地震复发规律。早在1910年 Reid 总结 1906 年加利福尼亚地震机制时，提出了地震发生的"弹性恢复"理论：当活动断层的应力积累达到某一固定上限时就会发生地震，随即断裂的应力降低到一个固定的极低水平并开始下一个循环，也就是一个断层段一次大震所释放的应变需要经过一定的时间间隔才能恢复，以孕育下一次大震。该理论已被越来越多的地质及地震学家所接受，并成为活动断层地震危险性分析的基础理论（闻学泽，1995）。

随着地震孕育、发生的物理机制和地震复发规律的深入研究（丁国瑜，1992；闻学泽，1998；冉勇康等，2001；邓起东，2002；张永庆和谢富仁，2007；M7 专项工作组，2012），大震地震危险性的研究方法和建立的模型已经相对成熟，人们认识到大地震往往沿着规模较大的活动断层或某一特殊的活动段落呈现出一定的规律原地重复发生，这些研究主要基于大地震在地表产生明显的地表破裂带特征。历史破坏性地震记录和现代破坏性地震现场调查资料表明，通常只有达到一定震级大小的地震才有可能产生地表破裂。震级与地表破裂带的规模存在一定的正相关关系，一般是震级越大，地表破裂带规模越大，表现为震级与地表破裂带的长度、垂直位移量和水平位移量等参数之间具有一定的统计关系。如果能够准确判定活动断层的位置和断层的活动段落，以及地震发生的规律和最后一次地震的离逝时间，就可以预测该活动断层或活动段落未来发生大地震的可能性和地震的最大震级，以及未来地震的地点。

研究认为，我国大陆地区板内地震只有震级在 $M6\frac{1}{2}$ 以上的地震才有可能产生地表破裂带，小于这一震级的地震均可以不考虑地表破裂和位错带发生的可能性（邓起东，2002）。据此可以推论，位于具有一定厚度第四纪覆盖层的盆地或平原区的大中城市，当发生 6.5 级及以下震级的地震时，不大可能产生一定长度的肉眼可分辨的地表破裂，也就是说，6.5 级及以下级别的地震，其发震断层的上断点一般不可能出露地表，而是位于第四纪地层内。

全球破坏性地震与发震断层关系研究（邓起东，2002；M7 专项工作组，2012）表明，在大的构造板块边界，全新世断层常具备发生 7 级以上地震的能力；块体内部具有较大规模的全新世断层，具备发生 7 级及以上地震的能力；晚更新世断层通常具备发生6.5 级及以上地震的能力；早—中更新世断层则具备发生 5~6 级地震的能力。

中国大陆东部地区广泛分布着两类与破坏性地震相关的断层，一是中等或偏低速率活动的全新世断层，有强震发生，这一类断层属于活动断层；另一类是无全新世甚至晚更新世活动的地质地貌证据的断层，但发生过非地表破裂型的中一强震甚至强震，可称为弱活动断层（闻学泽等，2007），这类断层通常在晚更新世早期仍有活动，或者在早中更新世活动。从破坏性地震震级分级，我国大陆东部地区破坏性地震震级通常不超过 6.5级，6 级及以下震级破坏性地震居多，为该地区的特征地震，如 1995 年山东苍山 5.2 级地震、2005 年江西瑞昌 5.7 级地震、2012 年江苏高邮 4.9 级地震、2014 年湖北秭归 4.5级和 4.9 级等，这些地震往往与该地区的弱活动断层具有相关性（王志才和晁洪太，1999；刘建达等，2007，2012；吴海波等，2015；罗丽等，2016），通常这些地方被称为地震中一强活动区或中一弱活动区。一是孕育该类地震的间隔周期很长，都是千年或数千年，中强地震样本少；二是雨水多、自然改造影响大，以及人为改造频繁等，几乎无法直接观察到震后的地震断层活动迹象；三是多数断层都在隐伏区，不出露，以往工作关注程度低，研究程度较差，对这些断层普遍缺乏定量甚至定性研究的资料，对断层分段、活动速率、古地震期次、复发间隔等更是缺少资料，造成对中一弱地震活动区甚至中一强地震活动区的最新构造活动研究显得很不足（宋新初等，2014）。因此，对现今构造活动较弱，但仍可能发生中等强度地震（如 5~6 级）的地区，特别是我国大陆东部地区，开展构造活动特征与发震构造研究，具有重要意义，同时这也是一项难度较大的工作，必须开展专题性研究（邓起东和闻学泽，2008）。

对于徐州来讲，历史上没有发生 7 级及以上大震，但发生过多次 6 级以下的破坏性地震，且存在早中更新世断层，属于中一强地震活动区。因此，针对徐州的特殊地震构造条件及中一强地震活动的实际情况，根据主要断层几何结构、历史地震破坏区展布、现今地震震中分布、地球物理场、深浅构造关系等，划分具有发生中等以上地震危险的断层段，综合评估潜在地震的最大震级，同时根据区域地震时空迁移、震级-时间图像、活跃与平静阶段等资料，综合评价目标区主要断层的地震发震危险程度。

6.2　目标区主要断层发震能力比较

徐州市目标区 5 条主要断层活动性鉴定结果表明，幕集一刘集断裂走向北东，由两条断裂组成，长约 65km；不老河断裂走向北西，长度约 11km；班井断裂走向北西，长度约 50km，这 3 条断裂都是前第四纪断裂。废黄河断裂走向北西，由两条断裂组成，长度约 75km，其最新活动时代为中更新世中晚期；邵楼断裂走向北北东一北东，长度约 60km，其最新活动时代为早更新世。根据强震孕育、发生的构造条件特征，区域及目标区深部构造环境与孕震能力和特征的分析，徐州地区不存在大的活动构造块体和全新世活动的构造块体边界断裂，对比中国大陆 7 级以上大地震发生的条件和结果（M7专项工作组，2012），认为徐州地区不存在发生 7 级及以上大地震的深部构造条件。按照对中强地震发震特征比较一致的认识，第四纪早、中更新世断裂具备发生中强地震的可能，据此推测，目标区具备发生中强地震的能力，其最大地震震级可以按照震级 7 级小一个震级档，即 $M6.5$ 量级的地震震级进行估计。

断层活动性鉴定结果表明，幕集－刘集断裂、不老河断裂和班井断裂为前第四纪断裂，不具备发生破坏性地震的能力，因此可以不考虑其发生破坏性地震的危险性。废黄河断裂在中更新世中晚期仍然有活动，活动性相对较强，规模相对较大，是目标区内主要的控制性断层，认为该断层具备发生中强地震的能力；邵楼断裂在早更新世有活动，尽管该断裂中更新世没有活动迹象，但是在第四纪早期仍然有一定的新活动性，且有一定的规模，认为该断层具备发生中强地震的能力。从这两条断层本身的规模和活动性推测，邵楼断裂的发震能力应弱于废黄河断裂。因此，将废黄河断裂与邵楼断裂确定为需要进行地震危险性评价和地震危害性评价的目标断层，且重点是废黄河断裂。

6.3　目标区地震孕震条件分析

6.3.1　地壳深部结构特征

深部地震构造条件研究表明，徐州地区地壳深部结构呈现出纵向分层结构和横向分块结构特征，且废黄河断裂与邵楼断裂向下延伸至中上地壳。

1. 地壳纵向分层结构

由地表至上地幔顶部，可将徐州地区地壳分为三层，即上地壳、中地壳及下地壳。上地壳底部深约 11km，可细分为覆盖层和基底两层；中地壳底部深 20～22km，可细分为两层；中地壳底部至上地幔顶部为下地壳，下地壳底部深约 32km。

2. 地壳横向分块结构

徐州地区地壳介质结构表现出明显的横向非均匀性，且上地壳、中地壳及下地壳横向非均匀性程度有所差异。上地壳横向非均匀性相对较强；中地壳横向非均匀性相对较弱，除受延伸至中地壳的断裂切割导致的横向非均匀性外，中地壳横向非均匀性多数受到下地壳和上地幔物质上涌的影响；下地壳横向非均匀性相对较强，地幔隆起、岩浆上涌及局部低速异常体的存在，导致下地壳具备较强的横向非均匀性。以徐州目标区为中心沿东经 117°切片（图 6-1）显示，在北纬 33.5°～34.5°范围内，存在明显的上地幔局部隆起或上地幔物质上涌现象；沿北纬 34°切片（图 6-1）显示，在东经 116.5°～117.5°范围内，同样存在上地幔局部隆起或上地幔物质上涌现象，且速度值相对较高，呈现为相对高速异常体特征。因此，该地区局部地段，在深部存在上地幔局部隆起或上地幔物质上涌现象，并发育有高速异常体，具备孕育地震的深部环境和发生地震的深部动力来源。

6.3.2　目标断层的深部特征

地震层析成像结果及重磁延拓结果显示，废黄河断裂发育至中地壳上部，邵楼断裂发育至上地壳。废黄河断裂无论从断裂发育规模，还是断裂切割深度，均比目标区其他断裂大且深。

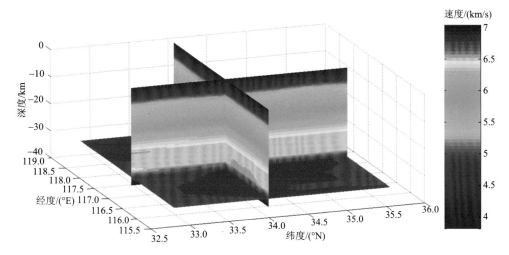

图 6-1　目标区及附近地区地壳三维速度结构模型

速度结构显示，废黄河断裂上、下盘横向速度变化明显。对于中、上地壳，废黄河断裂上盘（断裂东北侧）速度明显高于下盘（断裂西南侧），上盘纵波平均速度约 5.35km/s，下盘纵波平均速度约 5.2km/s。研究表明，速度梯度带通常为岩性的分界线，或受构造运动引起的空间物质分布不均匀地带。废黄河断裂两侧纵波平均速度的差异表明，断层两侧及其附近，上、中地壳物质在空间分布、物质结构与物质组成方面存在差异，推测这种差异性可能是受到了废黄河断裂运动和作用的影响引起的。

6.3.3　应力差异特征分析

研究表明，徐州地区中地壳主压应力场与上地壳主压应力场存在一定的差异。中地壳主压应力优势方向为 112°，而上地壳主压应力优势方向为 252°。中、上地壳主压应力的差异有利于深部物质的相对运移流动和深部应力的向上传递，并在相应的高速块体或构造薄弱环节逐步积累。

采用双力偶模型分析构造应力场结果（图 6-2），徐州及附近地区在现今构造应力场作用下，废黄河断裂的断层面大致平行于 P 轴方向且垂直于 T 轴方向。在这样的应力条件下，断裂因为同时受到拉张与平行于断层的剪切作用，易于产生与正断层运动相关联的走滑运动；邵楼断裂的走向与废黄河断裂走向近垂直，断层面垂直于 P 轴方向受压，平行于 T 轴方向。在这样的应力条件下，断裂可能因压扭产生与逆断层运动相关联的走滑运动。由于邵楼断裂被北西向断裂错断成数段，其最大震级不仅受到断层最新活动性控制，还受到发震断层破裂长度的制约。

6.3.4　应力集中位置估计

对于应力易于集中位置的估计，分别从地震与构造相关性、发震构造特殊性和深部特征差异等方面进行分析。

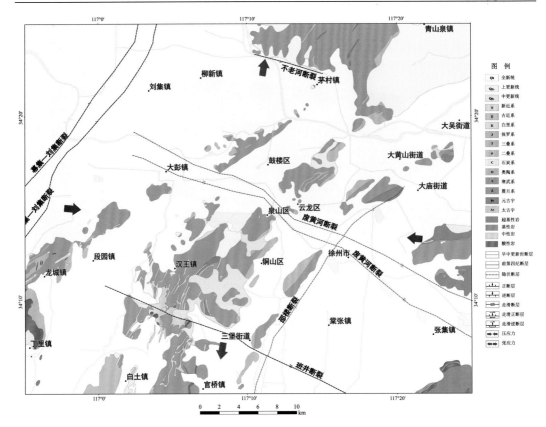

图 6-2　目标区现今构造应力场的双力偶模型

1. 地震震中与构造关系

依据国内外大震现场考察结果，地震容易在不同方向断裂交会的地区或地段发生。目标区北西向的废黄河断裂和北北东－北东向的邵楼断裂在目标区内相交，在本地区应力场背景下，废黄河断裂和邵楼断裂交会地段及附近应力易于集中。

2. 控盆构造关系

邵楼断裂控制了永安－柳集断陷盆地的形成和发展，是控制盆地发育的边界断裂。现代地震资料研究表明，盆地内地震往往与盆地边界断裂有关，盆地内应力通常往边界断裂集中。因此，当永安－柳集断陷盆地与邵楼断裂作为孕震构造共同体时，应力易于在盆地边界的邵楼断裂薄弱地段集中，邵楼断裂与废黄河断裂交会地带自然就成为应力易于集中地段。

3. 深部构造差异性

徐州地区地壳深部纵向上分层、横向上分块，层内、块内介质不均匀，以及主要断层延伸至中上地壳，将中上地壳分割成规模相对较小的不同构造块体。构造块体的边界断层附近往往是局部应力易于集中的地方。废黄河断裂是断至中地壳的断层，邵楼断裂是断至上地壳的断层，这两条断裂在第四纪早、中期仍然具有一定的活动性。这两条断裂的交会地段及附近，具有构造复杂、介质结构差异大、不均匀性强等特点，属于构造薄弱部位，易于局部应力集中。

6.3.5　孕震可能性分析

徐州地区不存在大的活动构造块体和大的构造边界活动断层，按照废黄河断裂和邵楼断裂的规模、活动性及深部地震构造背景，目标区不具备孕育和发生大地震的构造条件。

徐州地区深部结构纵向分层、横向分块的特征，以及废黄河断裂、邵楼断裂延伸至地壳中部和上部形成了规模较小的构造块体。这些构造块体的深部，存在上地幔局部隆起或上地幔物质上涌的动力来源，发育有高速异常体，且废黄河断裂两侧上、中地壳物质在空间分布、物质结构与物质组成方面存在差异，邵楼断裂控制了邵楼盆地发育，因此，徐州地区具备深部动力来源和深部应力传递聚集条件，在构造应力场和分层差异应力的作用下，这种介质物质结构的差异性可能导致应力向构造块体边界和构造薄弱部位局部集中。综合判断，废黄河断裂和邵楼断裂深部交会地段及附近为构造薄弱位置，具备孕育和发生中强地震的可能性。

6.4　徐州及邻区地震活动性参数

6.4.1　徐州及邻区郯庐地震带地震活动性参数统计分析

为定量分析徐州及邻区的地震活动性参数，采用统计分析方法，研究郯庐地震带在本地区分段的地震活动性参数。

1. 郯庐地震带地震统计区的确定

采用统计方法定量分析地震活动性参数，主要依据两条基本原则，一是地震构造相似原则，二是地震活动性相似原则。具有相似原则的统计区的选择，将直接影响到统计结果是否具有实际意义，也是确定地震活动性参数的关键所在，因此地震统计区的选取至关重要。

选择地震统计区时，首先基于公认结果选择统计区。通常采用全国地震区划研究成果中的地震区带划分结果确定统计区范围，也可以选择基于较为公认的地质构造分区结果确定地震统计区范围。其次，在选择统计区范围时，应充分考虑地震资料的完整性和可靠性，地震活动期、幕特征及统计区内地震活动是否符合古登堡定律等。

徐州及邻区位于郯庐地震带内，因此在选择统计区时，基于地震区带划分中郯庐地震带划分结果，结合郯庐断裂带地震构造和地震活动特征，将区域内郯庐地震带细分成不同的地震统计区，研究徐州及邻区地震活动性参数。

郯庐地震带是一个完整的地震活动性统计单位，且郯庐地震带上的地震活动具有明显的分段性，因此适当划分地震活动段，统计各个分段的地震活动性参数是可能和合适的。由此，根据地震统计区的划分原则，将郯庐地震带划分为三个地震活动性统计区段，分别是北段的下辽河－莱州湾段（III段）、中段的鲁苏沂沭段（I段）和南段的大别山－广济段（II段）。区段分布见图6-3，图6-3中所示为1480年以来发生的 $M \geq 4.7$ 级破坏性地震资料。

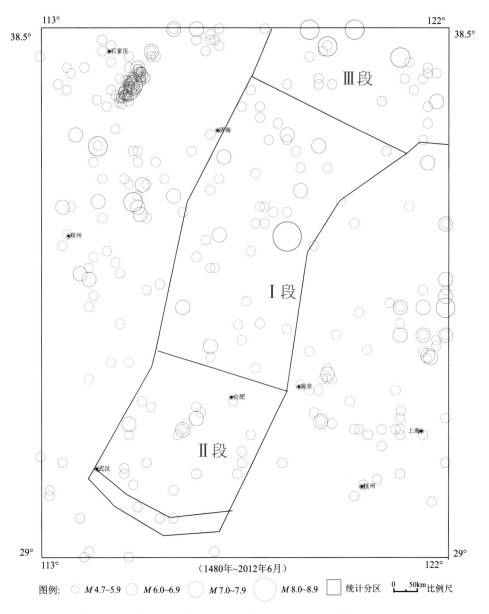

图6-3　地震活动参数统计分析区域示意图

2. 统计样本的确定

徐州及邻区的郯庐地震带按照地震构造与地震活动特征划分为三个区段（图6-3），

但是这并不代表可以直接采用三个区段的地震资料统计确定徐州地区的地震活动性参数。为了更为科学和客观地分析徐州地区的地震活动性特征，在确定统计样本时，分别依据地震活动特征采用单区段样本和多区段组合样本。统计样本确定如下。

样本 1：取郯庐地震带中段为统计区，即鲁苏沂沭段（Ⅰ段），该段直接涵盖了徐州目标区，即样本 1 为Ⅰ段。

样本 2：将范围适当扩大，取郯庐地震带中段（Ⅰ段）和南段（Ⅱ段）的组合为统计区。南段的地震活动相比徐州地区来讲其量级相当，将其组合起来具有一定的可行性，即样本 2 为Ⅰ段+Ⅱ段，代表鲁苏沂沭段及其以南地区。

样本 3：将范围进一步扩大，取徐州及邻区涵盖的郯庐地震带中段（Ⅰ段）、南段（Ⅱ段）和北段（Ⅲ段）的三段组合为统计区，即样本 3 为Ⅰ段+Ⅱ段+Ⅲ段，为徐州及邻区的大区段组合。

3. M-T 图

对 3 个统计样本区域的破坏性地震和现代地震进行统计分析，分别给出不同样本区域内 1480 年以来发生的 $M \geqslant 4.7$ 破坏性地震的 M-T 图（图 6-4）和 1970 年以来发生的 $M \geqslant 2.0$ 现代地震的 M-T 图（图 6-5）。

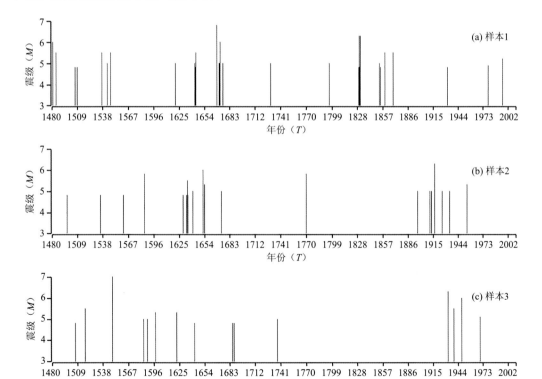

图 6-4　破坏性地震 M-T 图（1480 年以来，$M \geqslant 4.7$）

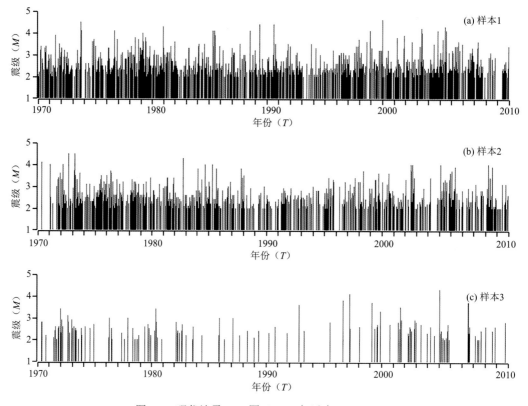

图 6-5　现代地震 M-T 图（1970 年以来，$M \geqslant 2.0$）

4. 地震蠕变曲线

对 3 个统计样本区域的破坏性地震和现代地震释放的能量进行分析，分别给出不同样本区域内 1480 年以来 $M \geqslant 4.7$ 破坏性地震的地震蠕变曲线（图 6-6）和 1970 年以来 $M \geqslant 2.0$ 现代地震的地震蠕变曲线（图 6-7）。

5. 震级–频度关系的统计拟合与比较

采用不同样本统计方案对震级–频度关系进行拟合计算，并对不同方案拟合结果进行比较。

1）采用破坏性地震拟合震级–频度关系

考虑到历史上 $M4\frac{3}{4}$ 地震的记录不够完整，取 0.5 级为一档，分别按照 $M5.2 \sim 6.7$ 段（4 点拟合）和 $M4.7 \sim 6.7$ 段（5 点拟合）两种区段，拟合计算震级–频度关系。

表 6-1 为按照两种拟合方法，对 3 个样本统计区进行拟合得到的震级–频度关系计算结果。可以看出，3 个样本的 4 点拟合相关系数普遍高于 5 点拟合结果，表明 $M5.2 \sim 6.7$ 段拟合结果优于 $M4.7 \sim 6.7$ 段拟合结果。由此可见，3 个样本的历史地震资料在 $M4.7$ 级档附近完整性不好。

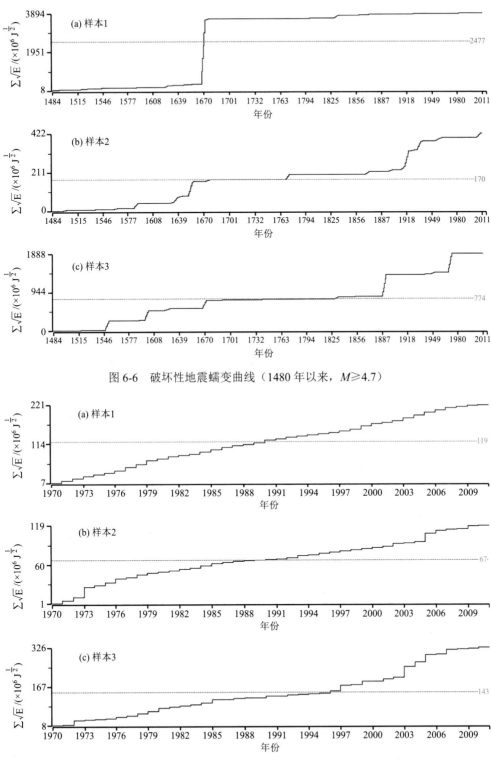

图 6-6　破坏性地震蠕变曲线（1480 年以来，$M \geqslant 4.7$）

图 6-7　现代地震蠕变曲线（1970 年以来，$M \geqslant 2.0$）

表 6-1　破坏性地震统计拟合计算结果

样本	4 点拟合法			5 点拟合法		
	a	b	r（相关系数）	a	b	r（相关系数）
1	6.324 16	0.922 579	0.968 78	5.159 7	0.734 768	0.946 2
2	7.232 2	1.050 59	0.957 154	5.858 0	0.828 95	0.934 538
3	7.374 47	1.072 42	0.960 273	5.977 674	0.847 135	0.937 24

2）采用现代地震拟合震级-频度关系

采用 M 2.0 级以上的现代记录地震，以 0.5 级为一档进行分档，对 3 个样本统计区的地震记录拟合震级-频度关系。对于样本 1 和样本 2，分别采用 6 点拟合（$M2.7\sim5.2$）和 7 点拟合（$M2.2\sim5.2$）方法；对于样本 3，采用 7 点拟合（$M2.7\sim5.7$）和 8 点拟合（$M2.2\sim5.7$）方法。

表 6-2 为按照两种拟合方法，对 3 个样本统计区的震级-频度关系拟合得到的计算结果。可以看出，样本 1 和样本 2 的 6 点拟合相关系数略低于 7 点拟合结果，样本 3 的 7 点拟合相关系数略低于 8 点拟合结果，且相关系数都达到 0.99 以上，表明现代地震资料完整性比较好。

表 6-2　现代地震统计拟合计算结果

样本	6 点拟合法			7 点拟合法		
	a	b	r（相关系数）	a	b	r（相关系数）
1	3.919 80	0.717 70	0.992 035	4.044 6	0.746 27	0.994 17
2	4.502 70	0.824 41	0.996 39	4.558 09	0.837 10	0.997 62

样本	7 点拟合法			8 点拟合法		
	a	b	r（相关系数）	a	b	r（相关系数）
3	4.328 8	0.751 69	0.998 19	4.410 11	0.768 98	0.998 34

3）以现代地震折算历史地震 $M4.7$ 级档地震拟合震级-频度关系

历史地震资料在 $M4.7$ 级档附近完整性不好，因此采用现代地震记录，按照弱地震活动区域 b 值统计的方法，将现代地震折算成历史地震 $M4.7$ 级档地震进行统计，将 8.5 级地震归入最高震级档的处理方法，对 3 个样本区域进行了震级-频度关系的拟合计算，结果列于表 6-3。该结果相关系数明显优于仅依据破坏性地震统计拟合结果，比较接近地震台网仪器记录的现代地震统计拟合计算结果（表 6-2），a 值方差（S_a）和 b 值方差（S_b）均较小，达到了较高的精度，由此认为该拟合结果可信度较高。

表 6-3　现代地震折算法统计拟合计算结果

样本	a	S_a	b	S_b	r（相关系数）
1	4.977 06	0.3035	0.685 03	0.0505	0.989 31
2	5.730 02	0.4123	0.789 69	0.0685	0.985 24
3	6.102 86	0.3316	0.846 08	0.0552	0.991 61

6. 震级-频度关系的综合确定

为了尽量消除理论计算得到的 b 值误差影响，根据 $M \geqslant 4.7$ 的地震频次有实测资料，采用对 b 值增加 1 个方差（S_b）和减少 1 个方差的办法，进行 b 值的敏感性分析，并采用计算得到的理论地震频次（$N_{理}$）结果与实测地震频次（$N_{实}$）结果进行对比分析，综合确定 b 值和 $M4.7$ 级的地震年平均发生率 $v_{4.7}$。

从样本的选取上可以看到，样本 1 统计区域与徐州及邻区的范围最相关；样本 3 代表的统计区，无论是现代地震的统计分析结果还是现代地震折算法统计结果，相比样本 1 和样本 2，其相关系数都是最高的。因此，采用以现代地震折算历史地震 $M4.7$ 级档方法的拟合结果，选择样本 1 和样本 3 进行相关性检验分析（表 6-4），可以得出以下结论。

表 6-4　统计结果的相关性检验

样本	a	b	S_b	r（相关系数）	$N_{实}$	b / $b+S_b$ / $b-S_b$	$N_{理}$	$v_{4.7}$
1	4.977 06	0.685 03	0.050 58	0.989 31	34	0.685 03	57	0.732 49
						0.735 53	33	0.145 73
						0.634 53	99	0.471 94
3	6.102 86	0.846 08	0.055 16	0.991 61	60	0.846 08	134	0.668 3
						0.901 24	74	0.392 1
						0.790 92	243	1.051 9

注：表中 $N_{实}$ 为 1480 年以来实测 $M \geqslant 4.7$ 频次；$N_{理}$ 为同期 $M \geqslant 4.7$ 的理论频次。

（1）b 值是十分敏感的，即使相关系数已经很高，方差很小，在增加 1 个方差或减少 1 个方差的有效取值范围内（$b-S_b \sim b+S_b$），不同的取值对于频次的计算结果影响仍然很大。

（2）对于样本 1，当增加 1 个方差时，$M \geqslant 4.7$ 理论计算的地震频次 $N_{理}$ 为 33，与实测地震频次 $N_{实}$ 的结果 34 最为接近，吻合程度远比没有方差和减少 1 个方差的结果要高，该结果具有合理性。

（3）对于样本 3，当增加 1 个方差时，$M \geqslant 4.7$ 理论计算的地震频次 $N_{理}$ 为 74，与实测地震频次 $N_{实}$ 的结果 60 最为接近，吻合程度远比没有方差和减少 1 个方差的结果要高，因此该结果具有合理性。

根据上述相关性检验结果，综合确定以郯庐地震带徐州及邻区为统计区时，震级-频度关系取 $b=0.735\ 53$，$a=4.977\ 06$；以郯庐地震带徐州及邻区更大范围为统计区时，震级-频度关系取 $b=0.901\ 24$，$a=6.102\ 86$。图 6-8 为综合确定的郯庐地震带徐州及邻区震级-频度关系曲线。

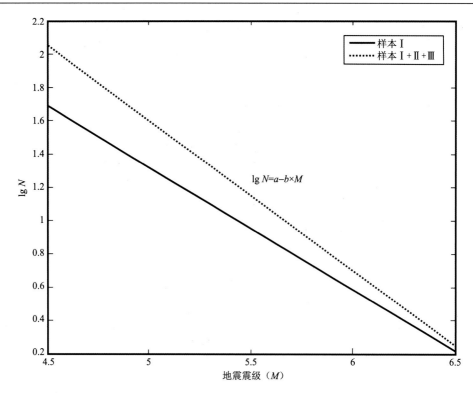

图6-8　郯庐地震带徐州及邻区震级-频度关系曲线

6.4.2　目标区及邻区地震活动性参数统计分析

从区域地震构造和地震活动特征分析，目标区处在一个与四周具有明显差别的特殊地区。目标区东侧是郯庐断裂带，为全新世断层，发生过多次7级及以上大地震；目标区北侧为活动性较强的一系列北西向断裂发育区，且这些断裂大多在晚更新世以来仍然具有较强的活动性，也是南华北与北华北的分界地段，地震活动强烈；目标区西侧和南侧都发育了一系列的近东西向和近南北向两组断裂，组成了西侧地区和南侧地区的断裂构造格局。因此，勾画了目标区及邻区地震构造与地震活动具有较为一致的区域作为地震活动性参数统计区（图6-9），进行地震活动性参数的统计分析。该区域的地震构造与周边存在明显区别，其断裂构造格局主要表现为北北东向和北西向两组断裂，且都为早－中更新世断裂或前第四纪断裂。

确定的目标区及邻区地震活动性参数统计区为北西向展布的四边形（图6-9），4个角点坐标分别是：西北角（116.701°E，35.078°N）、东北角（118.139°E，34.662°N）、东南角（117.724°E，33.718°N）和西南角（116.308°E，34.121°N）。该统计区东侧边界为北东向，距离郯庐断裂带约15km，避开了郯庐断裂带的影响；北侧边界为北西向，距离苍山－尼山断裂约15km，避开了与目标区断裂性质完全不同的活动断裂；南侧边界为北西向，大致平行于废黄河断裂，包括了邵楼断裂及目标区南界部分；西侧边界为北东向，包括了丰县以东的破坏性地震。可以认为，此范围是一个能够代表徐州目标区基本构造特征与地震活动特征的相对合理的地震活动性参数统计区域。

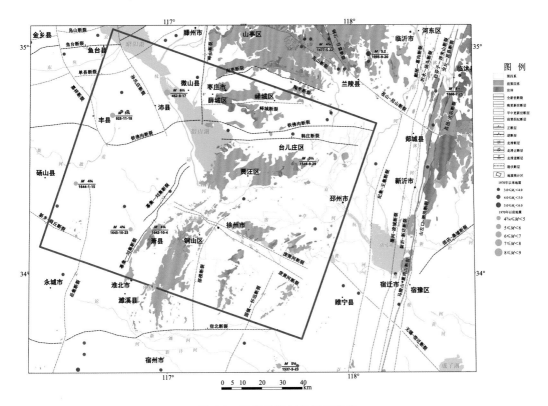

图 6-9　地震统计区位置示意图

据统计，该地震统计区自 462 年以来共发生破坏性地震 6 次，其中 1480 年以来 4 次（图 6-10）；1970 年以来共记录到 $M \geqslant 2.0$ 现代地震 20 次，最大震级 $M3.8$（图 6-11），均小于 4.0 级。

分析该地震统计区内发生的破坏性地震可知，其震级范围为 $M4.7 \sim 6.0$，以 0.5 级为分档间隔，则地震分布明显不符合古登堡定理。统计区 1970 年以来现代地震资料相对比较丰富，因此采用现代地震与历史破坏性地震资料相结合的办法，将现代地震资料推测出的 $M4.7$ 和 $M5.2$ 震级档的理论频次进行折合处理，参与破坏性地震的震级-频度关系拟合计算。通过折合处理，得到 $M4.7$ 震级档的地震频次约为 8 次，$M5.2$ 震级档的地震频次约为 7 次。采用最小二乘法拟合计算，得到了该地震统计区的震级-频度关系（图 6-12），结果为：$a=5.3578$，$b=0.8577$，相关系数 $r=0.9908$，$S_a=0.4546$，$S_b=0.0830$。

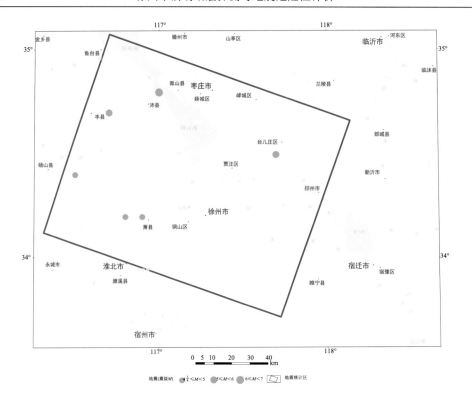

图 6-10　地震统计区破坏性地震分布图（$M \geqslant 4.7$，462 年以来）

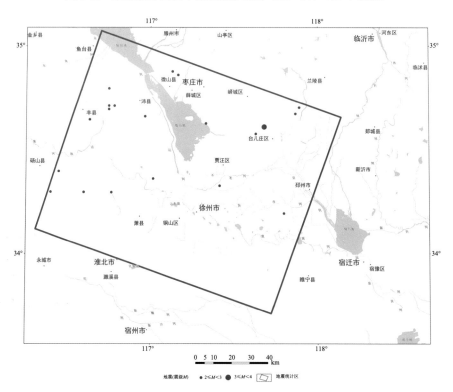

图 6-11　地震统计区现代地震分布图（$M \geqslant 2.0$，1970 年以来）

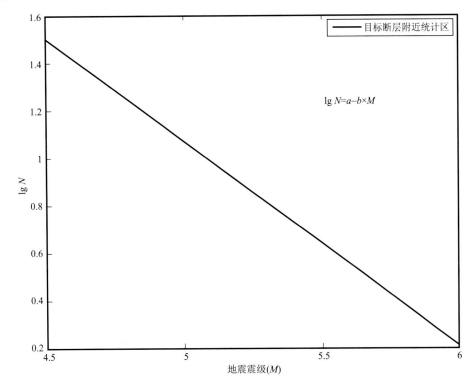

$$\lg N = a - b \times M$$

图 6-12 地震统计区震级-频度关系曲线

6.5 目标断层的发震能力评价

目标区内废黄河断裂的最新活动时代是中更新世中晚期，邵楼断裂的最新活动时代是早更新世，这两条断裂都不是晚更新世以来的活动断裂，都属于具有弱活动性质的非活动断裂。这一类弱活动断裂的最大潜在地震震级的确定是比较困难的。本书从区域地震活动背景下最大地震发震可能性、地震构造类比、震级-频度关系、断层破裂模型等多个方面，综合分析和评价目标断层的最大地震震级。

6.5.1 徐州及邻区发震能力的宏观判断

华北地区在大地构造上划分为北华北地区和南华北地区，徐州位于南华北的北部地区。从南北方向来看，历史地震资料显示北华北地震活动强度明显强于南华北地区，呈现出明显的北强南弱特征；从东西方向来看，徐州所在郯庐地震带内的地震活动特征，表现为大地震主要沿郯庐断裂带发生，断裂带西侧地震强度明显变弱，呈现东强西弱的特征。

从地震活动差异性分析，徐州及邻区郯庐断裂带从北到南可划分成三段，北段为下辽河－莱州湾段，表现为地震强度大、频度高，是 7 级以上强震的高发区；中段为鲁苏沂沭段，表现为强震频度低、强度最高，发生过郯城 8½ 级大地震和安丘 7 级地震；南段为大别山－广济段，表现为地震强度相对较弱，最大震级为 $M6\frac{1}{4}$ 级。距离徐州最近的为郯庐断裂带中段南部地区和南段北部地区，该区段属于地震活动高强度区向中等强度区的过渡地区，即地震震级由 $M8\frac{1}{2}$ 级向 $M6\frac{1}{4}$ 级过渡区段。

对于徐州来讲，东部为郯庐断裂带，能孕育发生 $M8\frac{1}{2}$～$6\frac{1}{4}$ 级地震；徐州以北的北华北南侧附近，发生的地震大多为 $M4\frac{3}{4}$～$6\frac{1}{2}$ 级；徐州所在的南华北北部，发生的地震大多为 $M4\frac{3}{4}$～6 级。郯庐断裂带以西徐州的附近区域，大多为 $M4\frac{3}{4}$～$5\frac{1}{2}$ 级，徐州的北部最大地震可达 $M6\frac{1}{2}$ 级（462 年山东兖州南），南部最大地震可达 $M6$ 级（1481 年安徽涡阳县）。综合上述分析认为，徐州及邻区属于南华北与北华北的过渡地段（$M6$～$6\frac{1}{2}$ 级）、郯庐断裂带的影响范围（由东到西 $M7$～$5\frac{1}{2}$ 级）的交会区域，因此判断徐州地区最大地震可能的震级范围为 $M5\frac{1}{2}$～$6\frac{1}{2}$ 级，具有合理性。

6.5.2　构造类比法估计目标断层最大震级

表 6-5 列出了位于徐州及附近地区的具有一定构造特征的破坏性地震。由于郯庐断裂带的活动性与目标断裂有显著差别，不具有可比性，因此没有列出与郯庐断裂带直接相关的地震。

表 6-5　目标区及附近地区破坏性地震一览表

发震日期			震级	参考地名	精度
年	月	日			
462	08	17	$6\frac{1}{2}$	山东兖州南	4
925	11	18	$5\frac{3}{4}$	江苏徐州西北	4
1481	03	18	6	安徽涡阳县	4
1537	05	23	$5\frac{1}{2}$	安徽灵璧	2
1546	09	29	$5\frac{1}{2}$	江苏邳州寨山	3
1642	10	04	$4\frac{3}{4}$	安徽萧县	2
1643	10	23	$4\frac{3}{4}$	安徽萧县西北	3
1644	01	15	$4\frac{3}{4}$	安徽砀山东	3
1979	03	02	5	安徽固镇（震源深度 11km）	1

注：表中精度含义 1 类震中误差≤5km，2 类震中误差≤25km，3 类震中误差≤50km，4 类震中误差≤100km。

1. 构造类比法估计废黄河断裂最大震级

废黄河断裂的北侧，与其有相似地震地质条件的断裂主要是孙氏店断裂。该断裂在历史地震震中附近的段落与废黄河断裂有大致相同的走向和倾向（表 6-6），以及类似的构造应力场背景，且该断裂和废黄河断裂一样，也没有与郯庐断裂带相连。462 年山东兖州南 $M6\frac{1}{2}$ 级地震的震中在孙氏店断裂的南端向南延伸到微山湖附近的位置，由此推测 462 年兖州南 $M6\frac{1}{2}$ 级地震可能与孙氏店断裂相关。

孙氏店断裂北段与郓城断裂相交，其东北侧距离苍山－尼山断裂走向发生拐折处也较近。注意到郓城断裂和苍山－尼山断裂都是晚第四纪活动断裂，孙氏店断裂是与晚第

表 6-6　废黄河断裂与其他断裂的主要构造特征对比

断裂名称	产状			性质	最新活动时代
	走向	倾向	倾角		
废黄河断裂	NWW	SW	约80°	正断层	Q_2
孙氏店断裂（南端）	NWW	SW	70°~80°	正断层	Q_{1-2}
宿北断裂	近EW	N	陡	正断层	PreQ

四纪活动断裂相交的断裂，则该断裂的地震危险性较一般的早中更新世断裂要强。与废黄河断裂可比较的为孙氏店断裂南段，尽管其地震危险性较北段会弱一些，但相比而言其地震危险性应比废黄河断裂强。因此，依据孙氏店断裂类比推测，废黄河断裂的潜在地震的最大震级应当不会超过 462 年山东兖州南 $M6\frac{1}{2}$ 级地震的震级大小。

废黄河断裂以南，与目标断裂走向相近的断裂基本是近东西向，如宿北断裂（表 6-6）和利辛－五河断裂。这些断裂的最新活动时代比废黄河断裂更早。该地区的宿北断裂与利辛－五河断裂之间，发生过 3 次破坏性地震，其中 1481 年安徽涡阳县 $M6$ 级地震发生在宿北断裂与阜阳断裂交会区附近；1537 年安徽灵璧 $M5\frac{1}{2}$ 级地震和 1979 年安徽固镇 $M5$ 级地震发生在宿州断裂、利辛－五河断裂与淮南－固镇断裂的交会区附近。这三次地震可能与近东西向的宿北断裂、利辛－五河断裂和北北东向的阜阳断裂、淮南－固镇断裂相关，同时还反映了在郯庐断裂带以西地区，从山东的孙氏店断裂往南至宿北断裂、利辛－五河断裂一带，表现为地震震级逐渐降低、地震活动逐步减弱的特征，而徐州则位于中间的过渡地带。相比为前第四纪的宿北断裂和利辛－五河断裂而言，废黄河断裂的地震危险性要强，其潜在地震最大震级应该与安徽涡阳县的 $M6$ 级地震类似或稍大。

综上所述，采用构造类比法分析废黄河断裂潜在地震的最大震级，应当不会超过 462 年山东兖州南 $M6\frac{1}{2}$ 级地震，可能会接近南侧 1481 年安徽涡阳县的 $M6$ 级地震，或者处在二者之间，即废黄河断裂潜在地震的最大震级估计为 $M6$~$6\frac{1}{2}$ 级。

2. 构造类比法估计邵楼断裂最大震级

目标区及附近地区与邵楼断裂可类比的有幕集－刘集断裂、阜阳断裂和淮南－固镇断裂，这几条断裂在历史地震震中附近的段落与邵楼断裂有大致相同的走向、倾向（表 6-7）和构造应力场背景。郯庐断裂带与邵楼断裂有相同的走向，但是断层的构造体系完全不同，规模与活动性相差悬殊，不具备可比性。

表 6-7　邵楼断裂与其他断裂的主要构造特征对比

断裂名称	产状			性质	最新活动时代
	走向	倾向	倾角		
邵楼断裂	NNE	SE	40°~70°	压扭/正断	Q_1
幕集－刘集断裂	NNE	NW	40°~60°	正断/逆断	PreQ
阜阳断裂	NNE	W	约80°	正断	Q_{1-2}
淮南－固镇断裂	NNE	SE	陡	张扭/正断	Q_{1-2}

　　幕集－刘集断裂附近于 1642 年和 1643 年在安徽萧县附近分别发生了 2 次 4¾ 级地震。幕集－刘集断裂为前第四纪断裂，邵楼断裂为第四纪早更新世断裂，相比而言，邵楼断裂的活动性较幕集－刘集断裂强，其发生地震的能力应比幕集－刘集断裂强，由此推断邵楼断裂潜在地震最大震级应该大于 M4¾ 级。

　　阜阳断裂附近于 1481 年发生过安徽涡阳县的 M6 级地震。阜阳断裂为第四纪早中更新世断裂，相比而言，该断裂的活动性较邵楼断裂强，规模也明显更大，因此其发震能力应该较邵楼断裂强，由此推断邵楼断裂潜在地震最大震级应该小于 M6 级。一般情况下，可以采用小一个震级档进行估计，为 M5.5 级。

　　淮南－固镇断裂附近发生过 1537 年安徽灵璧的 M5½ 级地震和 1979 年安徽固镇的 M5 级地震，该断裂为第四纪早中更新世断裂，其活动性可能比邵楼断裂稍强或接近，但其规模要更大，相比而言邵楼断裂的发震能力要弱于淮南－固镇断裂。考虑到淮南－固镇断裂发生的最大地震震级 M5½ 可能偏小，因此推断邵楼断裂的潜在地震的最大震级按照 M5.5 级估计具有合理性。

　　综合邵楼断裂及其附近其他相似断裂的地震地质构造与地震发生特征的分析对比，推断邵楼断裂的最大地震震级应当在 M4¾～6 级，可能更接近 M5.5 级。

6.5.3　破裂模型经验关系估计最大震级

　　断层活动性通常依据断层与第四纪地层的切覆关系确定，这是断层活动时代鉴定的最直接方法，也是最可靠的证据。对于震级超过 6.5 级的地震断层通常会造成地表断错，采用上述鉴定方法是非常有效的。但是针对位于有一定厚度土层覆盖地区且没有发生过最大震级在 6.5 级以上地震的断层，尽管该断层有活动且发生破坏性地震，但其活动强度不足以直接影响到地表使上覆土层断错。采用断层与土层切覆关系的方法判定该类断层的活动性，因没有明显的土层断错迹象，通常判定为早中更新世断裂或晚更新世早期断裂，该类断裂属于地表弱活动断裂（陈立春等，2013）。事实上，针对弱活动断裂开展活动性鉴定，目前的探测手段是很有限的，采用地层切覆关系确定断层活动性还是存在一定的鉴定误差，这是由于断层活动很弱，形成的第四纪地层错动的位移量非常小，以至于在野外无法用肉眼分辨出来，或者没有被地质记录保存下来，造成活动性判断结果的误差和不准确，这类断层通常会被鉴定为第四纪早中更新世断裂。

　　基于以上分析，鉴定为早中更新世断裂，或地表弱活动断裂，可以判定该断层不会发生 6.5 级以上的强震，但是也可能发生地表小位错量或无明显位错的中强地震，因此这类断层的最大震级与断层的延伸长度没有直接的相关关系，可以采用破裂模型中地表位移的下限值估计断层的最大潜在地震震级。

　　目标区废黄河断裂、邵楼断裂为第四纪早中更新世断裂，采用小位移量分析的破裂模型估计断层的最大潜在地震震级。

　　（1）邓起东等（1992）提出了中国板内地震震级与同震位错 D（单位：m）之间的经验关系式：

$$M=7.43+0.52\lg D \qquad\qquad (6\text{-}1)$$

根据这一关系式推测，发生约 2cm 同震位错的地震震级约 $M6.5$，5cm 同震位错的地震震级约 $M6\frac{3}{4}$，10cm 同震位错的地震震级约 $M6.9$，20cm 同震位错的地震震级约 $M7.1$。

（2）美国学者 Wells 和 Coppersmith（1994）建立了矩震级 M_w 与同震位错 AD（单位：m）经验关系式：

$$M_w=6.93+0.82\lg AD \tag{6-2}$$

根据式（6-2）推算 M_w 后，依据 $M=1.13M_w-1.0461$ 将 M_w 转化为面波震级 M，可以得到，发生约 2cm 同震位错的地震震级约 $M_w5.5$（$M5.2$），5cm 同震位错的地震震级约 $M_w5.9$（$M5.6$），10cm 同震位错的地震震级约 $M_w6.1$（$M5.9$），20cm 同震位错的地震震级为 $M_w6.4$（$M6.1$）。

分析上述两个由破裂模型估计断层最大潜在地震震级的关系式，可以发现，由于采用的统计区域样本不同和表述的震级类型不同，造成了在相同的同震位错量下，其归化为震级 M（面波震级）的数值存在一定的差异，但是该差异具有较好的规律性。图 6-13 给出了两个模型下随同震位错变化得到的震级-同震位错关系曲线，两者的形态基本一致，只是在小同震位错时差距较大，随着同震位错的增大，两条曲线逐渐接近。因此，为了避免因采用的破裂模型不同造成结果的明显偏差，采用邓起东等（1992）及美国学者 Wells 和 Coppersmith（1994）的模型，取相同同震位错下得到的面波震级 M 平均值，讨论在破裂模型下废黄河断裂和邵楼断裂的最大潜在地震震级大小。

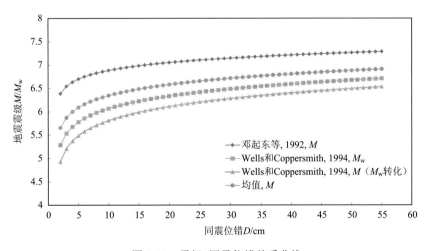

图 6-13　震级-同震位错关系曲线

根据古地震探槽研究，一般认为 20cm 以内属于小位错量结果（陈立春等，2013），Wells 和 Coppersmith（1994）模型以 5cm 为位移下限值。由此可以推测，5～10cm 同震位错应当属于微弱的断错，目前的探测方法可能无法准确分辨出来，即可见一些断错但是量级很小，该类同震位错量级断层的活动性较弱，可以与目前探测确定的中更新世断裂相比对；1～2cm 同震位错属于现场无法分辨的断错，该类同震位错量级的断层活动性微弱，可以与目前探测确定的早更新世断裂相比对。

采用基于上述假设的破裂模型估算断层的潜在地震震级，可以得到：

（1）中更新世的废黄河断裂，发生 5～10cm 同震位错的震级为 $M6.2～6.4$，2～5cm 同震位错的震级为 $M5.9～6.2$。

（2）早更新世的邵楼断裂，发生 1～2cm 同震位错的震级为 $M5.6～5.8$。

综合考虑废黄河断裂、邵楼断裂活动性结果和古地震探槽同震位错的可分辨量级，在采用破裂模型时，废黄河断裂的同震位错取 5cm、邵楼断裂的同震位错取 2cm 具有一定的合理性，由此可以估计废黄河断裂和邵楼断裂的潜在最大地震震级分别为 $M6.2$ 和 $M5.8$。

6.5.4 震级-频度关系估计最大震级

采用震级-频度关系外推方法估计中－弱活动断层潜在地震最大震级已经得到广泛认可（中国地震局，2005；闻学泽等，2007）。该方法就是基于古登堡和里希特由大区域的地震活动性统计发现的震级-频度关系（简称 G-R 关系），反映的是区域性的大于震级 M 的地震的累积次数 N 是震级 M 的指数函数（Gutenberg and Richter，1956）：

$$N(M)=10^{a-bM} \tag{6-3}$$

根据 G-R 关系，a 和 b 为与区域有关的经验常数，其比值反映了大小地震的比例。常数 b 还能刻画震源区的应力及介质条件；常数 a 是与时间有关的发生率因子，能刻画特定时段的地震活动水平。因此 a 和 b 值反映了构造背景与断层活动性、介质条件与应力水平。a 和 b 的比值（a/b），也称为"最大截距震级"，常用于估计研究区在特定时段的最大地震期望震级（闻学泽等，2007）。

表 6-8 列出了采用不同地震统计区方法得到的徐州地区地震活动性参数。由表 6-8 可见，郯庐地震带中段为统计区的结果，较以郯庐地震带北段+中段+南段为统计区的 a、b 值相对小，这反映出中段的地震活动水平较三段的平均水平相对要弱，震源区的应力和介质条件相对来讲应力集中程度要高，但两个统计区得到的最大截距震级是一致的，也就是说两个统计区具备发生的最大地震没有因为统计区的变化发生明显变化。

表 6-8 地震活动性参数结果表

地震统计区	a	b	a/b
郯庐地震带中段	4.977 06	0.735 53	6.8
郯庐地震带三段	6.102 86	0.901 24	6.8
目标区及附近	5.357 8	0.857 7	6.2

根据郯庐地震带徐州附近地震统计区（样本 1）得到的 $M4.7$ 级以上的地震年平均发生率为 0.1457，较三段（样本 3）的地震年平均发生率（0.3921）明显低，可以判断郯庐地震带中段区域目前的地震活动并不活跃。同时，徐州目标区处于郯庐地震带西侧，目标区内的断层均没有与郯庐断裂带相连，主要断裂为第四纪早中更新世断裂或前第四纪断裂，不是晚更新世以来的活动断裂；目标区内没有破坏性地震的记录，现代地震也很少。由此可以推断，目标区属于郯庐地震带边缘附近地震活动不强烈的地段。

根据郯庐断裂带地震地质、活动构造和地震活动分析的郯庐地震带的两个统计结果可以推断，该统计结果得到的 G-R 关系更多的是受到了郯庐断裂带内地震孕育与地震活动水平特征的控制和影响，郯庐断裂带以外的统计区，包括徐州目标区的地震活动水平和应力状态理应较上述统计得到的水平要低。由此得到的最大截距震级 $M6.8$，对于徐州目标区来讲显然偏高，采用减小一个震级档（0.5 级）的处理办法估计其最大潜在震级，即取 $M6.3$ 左右具有一定的合理性。

以目标区及附近的地震统计区得到的 G-R 关系，排除了徐州所在的目标区及附近地震构造明显不同的地区，特别是目标区东侧的郯庐断裂带的影响，更多的是体现了目标区所在区域地震孕育与地震活动水平特征，其最大截距震级为 $M6.2$，相对而言，该结果具有较高的合理性，与郯庐地震带统计判定的徐州目标区最大潜在地震震级也基本一致。

6.5.5　目标断层最大潜在地震震级估计

采用宏观判断法、构造类比法、破裂模型法和不同统计区的 G-R 关系等方法，分别研究了目标区具备的最大发震能力及废黄河断裂、邵楼断裂的最大潜在地震震级（表 6-9）。可以看出，取废黄河断裂最大地震震级 $M_{max}6.2$、邵楼断裂最大地震震级 $M_{max}5.8$ 作为设定地震震级，符合该地区地震的宏观判断结果及震级-频度关系的统计结果，同时也充分体现了两条断裂活动性差异、规模差异可能造成的发震能力的差异，符合目标区的地震地质构造背景和地震活动实际，具有合理性。

表 6-9　目标断层最大潜在地震震级判别结果表

确定方法	最大震级（M_{max}）	
	废黄河断裂	邵楼断裂
宏观判断	5½～6½	
G-R 关系（郯庐地震带统计区）	6.3	
G-R 关系（目标区及附近统计区）	6.2	
构造类比法	6～6½	5.5（4¾～6）
破裂模型	6.2	5.8
综合判定	6.2	5.8

徐州目标区属于中－弱地震活动区，现有探测手段能够判定的废黄河断裂、邵楼断裂又属于第四纪早中更新世断层，且本地区地震活动较少，可供研究的样本也较少，因此，在综合判定给出基于最大特征地震模型的最大地震震级 M_{max} 结果的基础上，同时还考虑了遭遇极罕遇地震作用的影响。为此，将废黄河断裂、邵楼断裂潜在最大地震震级，按照目标区宏观判断的发震能力范围，适当上提震级，其中废黄河断裂提至构造类比和本地区宏观判断最高值，邵楼断裂上提至目标区统计得到的截距震级值，即取废黄河断裂 $M6.5$ 级、邵楼断裂 $M6.2$ 级，作为这两条断裂的最大极罕遇地震震级，用于估计极罕遇地震作用下的地震危害性风险。

6.6　潜在地震的发震位置估计

6.6.1　潜在地震的震中位置估计

从徐州目标区现代地震震中分布特征分析,废黄河断裂和邵楼断裂附近的小震活动很少,没有发现明显的小震活动集中点。采用连续介质中的裂纹组合模型的应力集中位置类比办法,推测废黄河断裂和邵楼断裂应力集中的位置主要集中在两组断裂的交会地段,该地段应力易于积累,属于有利于孕育地震和发生地震的构造部位。因此,将潜在最大地震的震中位置确定为废黄河断裂与邵楼断裂的交会地段。

6.6.2　潜在地震的震源深度估计

根据目标区及附近地区现代地震资料分析,该地区主要以 3 级以下地震为主。对通过徐州的纬向剖面切割出的目标区及附近的地震震源深度分布结果(图 6-14)进行分析,该地区地震震源深度与区域地震震源深度分布一致,具有明显的优势分布特征,其优势分布深度为 10~25km,其中优势面可分为两个,分别是 10~11km 和 15km 附近。

考虑到废黄河断裂是延伸至中地壳的断裂,以地震震源优势分布深度 15km 作为该断裂的最大潜在地震的震源深度;邵楼断裂是延伸至上地壳的断裂,则以地震震源优势分布深度 10~11km 作为该断裂的最大潜在地震的震源深度。以上确定的废黄河断裂和邵楼断裂潜在最大地震的震源深度位于区域内的第一孕震层深度范围内。

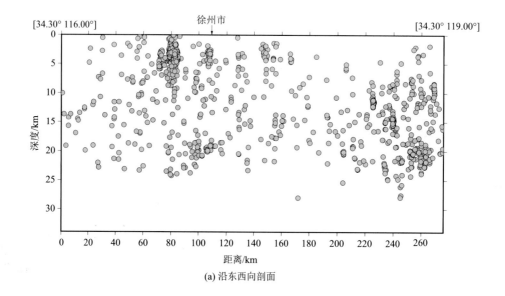

(a) 沿东西向剖面

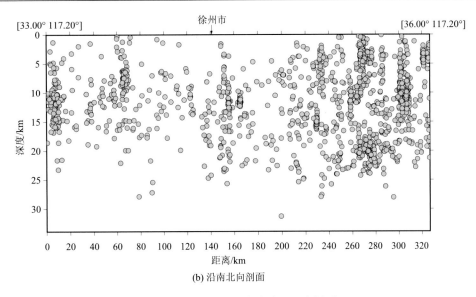

(b) 沿南北向剖面

图 6-14　徐州地区地震震源深度剖面

6.7　目标断层的地震危险性概率估计

目标区内历史上没有发生过破坏性地震，现代小地震活动也比较少，缺少时间相依模型（对数正态模型、布朗过程时间模型等）所需要的离逝时间和变异系数等参数，采用地震消逝率描述地震危险性的方法难以实现。因此，采用概率模型，即非时间相依的泊松模型，计算弱活动断层未来不同时段的破坏性地震的发震概率，对目标断层进行地震危险性估计。

目标区及邻近地区地震统计得到的震级-频度关系的系数分别是 $a=5.3578$、$b=0.8577$。当统计数据取震级在 $[4.7,6.2]$ 区间内，时间 T 在 $264 \sim 2011$ 年时，$M4.7$、$M5.8$ 和 $M6.2$ 级地震的年平均发生率分别为

$$v_{4.7} = (10^{a-b\times4.7} - 10^{a-b\times6.2}) / (2011 - 264) \tag{6-4}$$

$$v_{5.8} = v_{4.7} \times 10^{b(4.7-5.8)} \tag{6-5}$$

$$v_{6.2} = v_{4.7} \times 10^{b(4.7-6.2)} \tag{6-6}$$

将 $a=5.3578$、$b=0.8577$ 代入式（6-4）、式（6-5）和式（6-6），可以得到 $v_{4.7}=0.0115$、$v_{5.8}=0.001\,31$、$v_{6.2}=0.000\,595$。

按照地震时间过程符合分段的泊松过程，设统计区内在 t 年内的地震年平均发生率为 v，则

$$P_{kt} = \frac{(vt)^k}{k!} e^{-vt} \tag{6-7}$$

式中，P_{kt} 为统计区内未来 t 年内发生 k 次地震的概率。

分别取 $t=50$ 年、100 年与 200 年和 $k=1$，可以得到废黄河断裂和邵楼断裂不同时间

内最大地震震级 M_{max} 发生的概率结果（图 6-15，表 6-10），未来 50 年、100 年、200 年废黄河断裂发生 M6.2 地震震级的概率为 0.592%、1.18%和 2.33%，邵楼断裂发生 M5.8 地震震级的概率为 0.544%、1.08%和 2.14%，表明废黄河断裂和邵楼断裂是地震活动水平比较弱的断裂，在未来 50~200 年发生地震的危险性较小，其地震危险性等级为低。

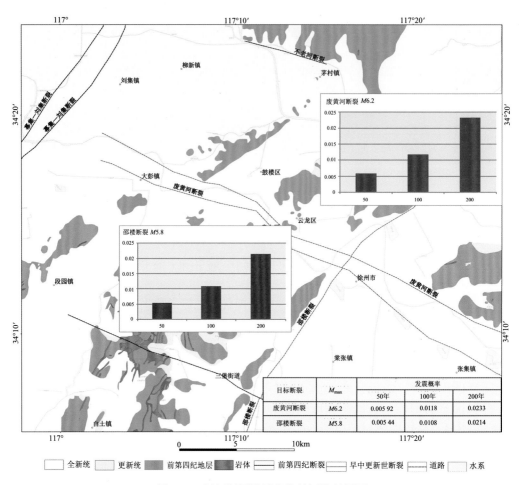

图 6-15　目标断层地震危险性评价结果图

表 6-10　目标断裂不同时间范围内最大地震的发震概率

目标断裂	最大震级（M_{max}）	发生概率		
		50 年	100 年	200 年
废黄河断裂	6.2	0.005 92	0.0118	0.0233
邵楼断裂	5.8	0.005 44	0.0108	0.0214

第7章　目标断层地震危害性评价

7.1　地震危害性评价理论与方法

城市地震灾害主要表现为强地面运动和地震地表破裂对建筑物及基础设施的大量破坏。震害调查表明，地震产生的强地面运动对建筑物的破坏范围之广、危害之大，是城市直下型地震灾害的主因，而近断层强地面运动对震害的影响则更为剧烈且复杂。

1994年1月17日美国加利福尼亚州洛杉矶北岭 $M7.1$ 级地震造成了地面建筑的严重破坏，震害调查的结果表明，严重破坏地带与强地面运动的空间分布有非常好的一致性。1995年1月17日日本阪神 $M7.2$ 级地震对神户市造成了巨大破坏，近断层的强地面运动是造成严重震害的重要原因之一。两次地震发生后，美日两国科学家对近断层强地面运动进行了详细研究，其主要结论认为，近断层的强地面运动与地震的震源机制和地壳的详细三维结构具有非常密切的关系，其近断层强地面运动分布形态与用传统的衰减关系预测的结果相去甚远。1999年9月21日的台湾集集地震给我们留下了大量的强震记录。此次地震由一逆冲断层引起，断层上盘由东向西逆冲，近断层强地面运动与断层出露地表的迹线具有强烈的不对称性，断层上盘的地震地面运动明显高于下盘。另外，此次地震的破裂是由南向北扩展的，地面运动的分布也体现出对震中的南北不对称性。地面运动场的空间分布不规则性，显然是与断层面破裂的非均匀性和地震波传播路径上的地壳结构有关（久田俊彦，1978；大崎顺彦，1980；胡聿贤，1988）。

在地震监测预报特别是短临预报尚未过关的今天，根据已有的地震记录研究已经发生的地震的强地震动特征，进而确立与验证模拟方法，进行将来可能发生的大地震的强地震动预测（prediction），从而有针对性地制定可能的减轻地震灾害的对策是现实可行的路线。

在预测将来可能发生的地震时，最好的方法是通过建立符合地震学和地质学的接近真实的地震计算模型，利用计算机进行地震的发生（断层的破裂过程）和波动的模拟，进而系统地分析和评价强地震动的计算结果，把握强地震动的性质和特征；同时可以通过比较模拟结果与地震记录，验证、改良计算模型和提高模拟方法的精度。随着计算机性能的飞跃发展，地震的研究成果及地震资料的积累，数字地震台网的健全，通过科学的手段精确地确定地震断层的活动机理，研究基于大地震的近场强地震动，以及进行基于活动断层的城市与特定场地的地震动预测已经变得可能。

基于活动断层的强地震动预测的核心内容是通过建立合理准确的三维震源模型和三维地下构造模型，利用三维计算理论根据地震学和数理方程进行地震波的空间传播与分布的数值模拟。同时对于现有条件不能通过理论计算解决的高频地震动进行基于统计学和概率论原理的解析。而地震危害性评价是基于强地震动预测结果，对城市和目标区进行潜在震动响应可能性的综合评估。美国、日本、中国等国的科学家所建立的强地面运动数值计算方法已进入实用化阶段。

7.1.1　强地震动预测方法

基于大量强震动观测和地面运动空间分布特性的研究，一般认为低频地震动（<1Hz）是确定性的，它与震源的主要特征和大尺度地下介质结构相关性较强，而高频地震动（>1Hz）由于受震源破裂细节和介质小尺度构造复杂性的影响，是随机的。

一方面，当前地震学采用确定的震源模型和真实的地下介质模型，用有限元或有限差分等数值模拟方法模拟地震波的传播过程，可以再现近断层低频地震动的空间分布特点。另一方面，基于随机振动理论的方法，同时吸收地震学中关于震源谱的研究成果，采用基于有限断层震源模型的随机方法可以模拟近断层高频地震动。融合上述两类方法的优点，更真实地模拟近断层的强地面运动的特性，对于评价近断层的危害性有重要的工程意义。

1. 低频地震动计算方法

计算模拟地震波的传播，必须求解地震动的控制方程，对于三维各向同性、任意非均匀介质中的弹性波动满足如下的运动方程：

$$\nabla \cdot \boldsymbol{\tau} + \boldsymbol{f} = \rho \ddot{\boldsymbol{U}} \tag{7-1}$$

其中有本构关系：

$$\boldsymbol{\tau} = \lambda \theta \boldsymbol{I} + 2\mu \boldsymbol{\varepsilon} \tag{7-2}$$

还包括几何方程：

$$\boldsymbol{\varepsilon} = \frac{1}{2}(\nabla \boldsymbol{U} + \boldsymbol{U} \nabla) \tag{7-3}$$

对本构关系式（7-2）两端取时间导数，可以将上述基本方程表示成速度-应力一阶偏微分方程组形式：

$$\rho v_{i,t} = \tau_{ij,j} + f_i \tag{7-4}$$

$$\tau_{ij,t} = \lambda v_{k,k} \delta_{ij} + \mu(v_{i,j} + v_{j,i}) \tag{7-5}$$

同二阶位移形式的波动方程相比，一阶速度-应力方程组形式的地震波波动方程在有限差分计算过程中不需要对介质参数计算差分，对复杂介质的适应性好，计算稳定，并且自由表面条件实现更为准确。

三维有限差分法是一种采用数学网格将控制系统运动状态的偏微分方程在时空域直接离散为差分方程求解的方法，直观地说，就是将地下结构分配到模型网格上予以表现，通过对震源部分的网格施加外力，然后对震源部分激发的波动沿网格逐次追踪，从而完成整个模型内分布地震动计算的方法。

本节对于常用的 Staggered-Grid（交错网格）三维有限差分法，依据 Graves（1996）、Pitarka（1999）的理论进行概要说明。

图 7-1 表示规则网格的差分网格的概念。计算对象的领域可以通过图中的网格集合得到表现。实际上，由于波动场随着时间变化的因素，是具有时空描述的物理量，有必要

加上 x、y、z 以外的第四轴：所谓假想的时间轴。每个网格点上都给出相应的弹性系数 (λ, μ, ρ)，这些常数（分别表示拉梅常数和密度）与介质的 P 波速度、S 波速度相关联：

$$V_P = \sqrt{(\lambda + 2\mu)/\rho} \tag{7-6}$$

$$V_S = \sqrt{\mu/\rho} \tag{7-7}$$

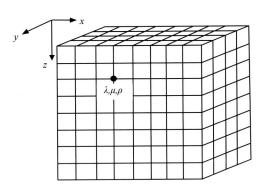

图 7-1　差分网格的概念

1）运动方程

以下方程描述了波在三维各向同性线弹性介质中传播的过程。

动力平衡方程：

$$\rho\partial_{tt}u_x = \partial_x\tau_{xx} + \partial_y\tau_{xy} + \partial_z\tau_{xz} + f_x$$
$$\rho\partial_{tt}u_y = \partial_x\tau_{yx} + \partial_y\tau_{yy} + \partial_z\tau_{yz} + f_y \tag{7-8}$$
$$\rho\partial_{tt}u_z = \partial_x\tau_{zx} + \partial_y\tau_{zy} + \partial_z\tau_{zz} + f_z$$

应力应变关系（胡克定律）：

$$\tau_{xx} = (\lambda + 2\mu)\partial_x u_x + \lambda(\partial_y u_y + \partial_z u_z)$$
$$\tau_{yy} = (\lambda + 2\mu)\partial_y u_y + \lambda(\partial_x u_x + \partial_z u_z)$$
$$\tau_{zz} = (\lambda + 2\mu)\partial_z u_z + \lambda(\partial_x u_x + \partial_y u_y) \tag{7-9}$$
$$\tau_{xy} = \mu(\partial_y u_x + \partial_x u_y)$$
$$\tau_{xz} = \mu(\partial_z u_x + \partial_x u_z)$$
$$\tau_{yz} = \mu(\partial_y u_z + \partial_z u_y)$$

式中，(u_x, u_y, u_z) 是位移分量；$(\tau_{xx}, \tau_{yy}, \tau_{zz}, \tau_{yx}, \tau_{zx}, \tau_{yz})$ 是应力分量；(f_x, f_y, f_z) 是体力分量；ρ 是密度；λ 和 μ 是拉梅常数；∂_x、∂_y、∂_z、∂_{tt} 是微分符号 ∂/∂_x、∂/∂_y、∂/∂_z 和 $\partial^2/\partial t^2$ 的简写。

用速度 (v_x, v_y, v_z)，即 $\partial_t(u_x, u_y, u_z)$ 和应力来描述上述方程，可将其转化为一阶微分方程：

$$\partial_t v_x = b(\partial_x\tau_{xx} + \partial_y\tau_{xy} + \partial_z\tau_{xz} + f_x)$$
$$\partial_t v_y = b(\partial_x\tau_{yx} + \partial_y\tau_{yy} + \partial_z\tau_{yz} + f_y) \tag{7-10}$$
$$\partial_t v_z = b(\partial_x\tau_{zx} + \partial_y\tau_{zy} + \partial_z\tau_{zz} + f_z)$$

式中，∂_t 为对时间微分 1 次；$b=1/\rho$ 是浮力系数，并且

$$\partial_t \tau_{xx} = (\lambda + 2\mu)\partial_x v_x + \lambda(\partial_y v_y + \partial_z v_z)$$

$$\partial_t \tau_{yy} = (\lambda + 2\mu)\partial_y v_y + \lambda(\partial_x v_x + \partial_z v_z)$$

$$\partial_t \tau_{zz} = (\lambda + 2\mu)\partial_z v_z + \lambda(\partial_x v_x + \partial_y v_y) \tag{7-11}$$

$$\partial_t \tau_{xy} = \mu(\partial_y v_x + \partial_x v_y)$$

$$\partial_t \tau_{xz} = \mu(\partial_z v_x + \partial_x v_z)$$

$$\partial_t \tau_{yz} = \mu(\partial_y v_z + \partial_z v_y)$$

2）有限差分的引入

式（7-10）和式（7-11）可以容易地用交错网格的有限差分法来解决（Virieux，1986；Levander，1988；Randall，1989）。波场的变量和介质参数的交错网格分布如图 7-2 所示，交错网格最吸引人的特色是无论是对时间、还是对空间而言，所有的操作都可以自然而然地集中到同一点。系统不但在空间意义上网格是交错的，并且是即时的，所以速度的更新可以从应力中独立出来。这就给我们提供了一种非常有效和间接的途径。

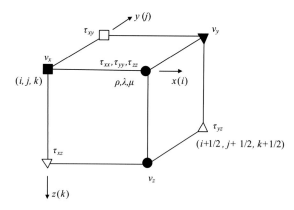

图 7-2　Staggered-Grid（交错网格）的基本概念

式（7-10）和式（7-11）的离散化表达，速度为

$$v_{x\,i+1/2,j,k}^{n+1/2} = v_{x\,i+1/2,j,k}^{n-1/2} + [\Delta t \overline{b}_x(D_x\tau_{xx} + D_y\tau_{xy} + D_z\tau_{xz} + f_x)]\Big|_{i+1/2,j,k}^{n}$$

$$v_{y\,i,j+1/2,k}^{n+1/2} = v_{y\,i,j+1/2,k}^{n-1/2} + [\Delta t \overline{b}_y(D_x\tau_{yx} + D_y\tau_{yy} + D_z\tau_{yz} + f_y)]\Big|_{i,j+1/2,k}^{n} \tag{7-12}$$

$$v_{z\,i,j,k+1/2}^{n+1/2} = v_{z\,i,j,k+1/2}^{n-1/2} + [\Delta t \overline{b}_z(D_x\tau_{xz} + D_y\tau_{yz} + D_z\tau_{zz} + f_z)]\Big|_{i,j,k+1/2}^{n}$$

应力为

$$\tau_{xx\,i,j,k}^{n+1} = \tau_{xx\,i,j,k}^{n} + \Delta t[(\lambda + 2\mu)D_x v_x + \lambda(D_y v_y + D_z v_z)]\Big|_{i,j,k}^{n+1/2}$$

$$\tau_{yy\,i,j,k}^{n+1} = \tau_{yy\,i,j,k}^{n} + \Delta t[(\lambda + 2\mu)D_y v_y + \lambda(D_x v_x + D_z v_z)]\Big|_{i,j,k}^{n+1/2}$$

$$\tau_{zz\,i,j,k}^{n+1} = \tau_{zz\,i,j,k}^{n} + \Delta t[(\lambda + 2\mu)D_z v_z + \lambda(D_y v_y + D_x v_x)]\Big|_{i,j,k}^{n+1/2}$$

$$\tau_{xy\,i+1/2,j+1/2,k}^{n+1} = \tau_{xy\,i+1/2,j+1/2,k}^{n} + \Delta t[\mu_{xy}^{-h}(D_y v_x + D_x v_y)]\Big|_{i+1/2,j+1/2,k}^{n+1/2} \tag{7-13}$$

$$\tau_{xz\,i+1/2,\,j+1/2,k}^{n+1} = \tau_{xz\,i+1/2,\,j+1/2,k}^{n} + \Delta t[\mu_{xz}^{-h}(D_z v_x + D_x v_z)]\Big|_{i+1/2,\,j+1/2,k}^{n+1/2}$$

$$\tau_{yz\,i+1/2,\,j+1/2,k}^{n+1} = \tau_{yz\,i+1/2,\,j+1/2,k}^{n} + \Delta t[\mu_{yz}^{-h}(D_y v_z + D_z v_y)]\Big|_{i+1/2,\,j+1/2,k}^{n+1/2}$$

在以上公式中，下角标表示空间指标，上角标表示时间指标。因而，当空间步长为 h、时间步长为 Δt 时，$v_{x\,i+1/2,j,k}^{n+1/2}$ 表示空间坐标为 $x=[i+(1/2)]h$, $y=jh$, $z=kh$ 的点在 $t=(n+1/2)\Delta t$ 时 x 方向的速度分量。在这些公式中，我们对空间微分用了二阶近似，用 D 表示（Graves，1996）。其中：

$$\bar{b}_x = \frac{1}{2}[b_{i,j,k} + b_{i+1,j,k}]$$

$$\bar{b}_y = \frac{1}{2}[b_{i,j,k} + b_{i,j+1,k}] \tag{7-14}$$

$$\bar{b}_z = \frac{1}{2}[b_{i,j,k} + b_{i,j,k+1}]$$

$$\mu_{xy}^{-h} = \left[\frac{1}{4}(1/\mu_{i,j,k} + 1/\mu_{i+1,j,k} + 1/\mu_{i,j+1,k} + 1/\mu_{i+1,j+1,k})\right]^{-1}$$

$$\mu_{xz}^{-h} = \left[\frac{1}{4}(1/\mu_{i,j,k} + 1/\mu_{i+1,j,k} + 1/\mu_{i,j,k+1} + 1/\mu_{i+1,j,k+1})\right]^{-1} \tag{7-15}$$

$$\mu_{yz}^{-h} = \left[\frac{1}{4}(1/\mu_{i,j,k} + 1/\mu_{i,j+1,k} + 1/\mu_{i,j,k+1} + 1/\mu_{i,j+1,k+1})\right]^{-1}$$

3）矩张量源的表述方法

通过用等效体力偶来将矩张量引入速度的交错网格有限差分表述，以矩张量对 x 方向的体力 f_x 贡献为例：$M_{xx}(t)$、$M_{xy}(t)$、$M_{xz}(t)$ 是对 f_x 有贡献的力偶矩为 h 的力矩，那么

$$f_{x\,i+1/2,j,k} = \frac{M_{xx}(t)}{h^4}$$

$$f_{x\,i-1/2,j,k} = \frac{-M_{xx}(t)}{h^4}$$

$$f_{x\,i-1/2,j+1,k} = \frac{M_{xy}(t)}{4h^4}$$

$$f_{x\,i+1/2,j+1,k} = \frac{M_{xy}(t)}{4h^4} \tag{7-16}$$

$$f_{x\,i-1/2,j-1,k} = \frac{-M_{xy}(t)}{4h^4}$$

$$f_{x\,i+1/2,j-1,k} = \frac{-M_{xy}(t)}{4h^4}$$

$$f_{x\,i-1/2,j,k+1} = \frac{M_{xz}(t)}{4h^4}$$

$$f_{x\,i+1/2,j,k+1} = \frac{M_{xz}(t)}{4h^4}$$

$$f_{x\,i-1/2,j,k-1} = \frac{-M_{xz}(t)}{4h^4}$$

$$f_{x\,i+1/2,j,k-1} = \frac{-M_{xz}(t)}{4h^4}$$

当考虑断层震源时，沿断层面上的网格点布置复数的点源，根据断层破裂的过程对这些网格施加强制外力。此时，可以引入凹凸体模型表现断层震源。差分方法中直接对网格施加外力而表现震源的方式，便于更加直观地理解震源的概念。

进行差分法计算时，将计算区域全部纳入模型进行网格剖分，根据震源和场地之间的关系不同，有时模型可能很大，成为自由度非常多的大型模型，因此，需要特大容量的高速计算机，并且需要很长的计算时间。目前，由于模型化的精度和计算机性能的限制，在实用性范畴内，通常进行有效频率 1Hz 左右的低频地面运动计算，然后采用混合计算方法与其他方法得到的高频地面运动合成工程需要的宽频地面运动。

2. 高频地震动计算方法

1）随机有限断层法的概念

计算高频地面运动，通常采用随机方法。随机有限断层法模拟近断层高频强地震动的基本步骤是将发震断层划分成一系列小子源，将每个子源作为点源，利用地震动随机合成方法（Boore, 1983）合成每个子源的地震动，再基于小震合成大震的原则合成有限移动源的地震动。

一个场地的地震动傅氏谱定义为震源、路径传递函数、场地传递函数及地震动类型转换函数的乘积。

在有限断层模型中，断层面被分成 N 个大小相等的矩形子断层，每个子断层即为一个子点源。每个子点源引起的地震动用随机点源模型计算，所有子点源在场点引起的地震动在时域中以适当的延迟时间叠加，可获得整个地震动时程 $a(t)$：

$$a(t) = \sum_{i=1}^{N_L}\sum_{j=1}^{N_W} a_{ij}(t + \Delta t_{ij}) \tag{7-17}$$

式中，N_L 和 N_W 分别是沿着断层走向和倾向的子断层数，$N_L \times N_W = N$ 为子源总数；Δt_{ij} 包括破裂传播到第（i,j）个子源引起的时间滞后和从第（i,j）个子源到场地间由于传播距离的不同引起的时间滞后，则 a_{ij} 为第（i,j）个子源引起的场地地震动。

在断层破裂过程中，涉及一个随时间变化的破裂面积，最初为零，最后等于断层的全部面积。拐角频率与破裂面积成反比，由下式计算：

$$fc_{ij}(t) = 4.9 \times 10^6 \beta (\Delta\sigma / M_{\mathrm{oave}})^{1/3} \cdot N_R(t)^{-1/3} \cdot S \tag{7-18}$$

式中，$fc_{ij}(t)$ 是第（i,j）个子断层的动力学拐角频率；β 是剪切波波速；$\Delta\sigma$ 是应力降；t 是第（i,j）个子源被触发的时刻；$N_R(t)$ 是在 t 时刻已经破裂的子断层数；M_{oave} 是子断层的平均地震矩；S 是表示子断层辐射强度的一个常数。随着破裂的发展，破裂子断层数增加，子断层动力学拐角频率减小，第（i,j）个子断层的加速度谱用下式计算：

$$A_{ij}(f) = \frac{CM_{oij}H(2\pi f)^2}{1 + (f/fc_{ij})} \tag{7-19}$$

式中，M_{oij} 为第（i,j）个子断层的地震矩，且有

$$M_{oij} = M_o \frac{\overline{D}_{ij}}{\sum\limits_{i=1}^{N_L}\sum\limits_{j=1}^{N_W}\overline{D}_{ij}} \tag{7-20}$$

式中，$\overline{D}_{ij}$ 是第（i,j）个子断层的平均滑动。其中，使总能量守恒的标度因子 H 如下计算：

$$H = \sqrt{N \frac{\sum\left\{\dfrac{f^2}{1+(f/fc)^2}\right\}}{\sum\left\{\dfrac{f^2}{1+(f/fc_{ij})^2}\right\}}} \tag{7-21}$$

对于非均匀滑动分布，地震矩可以写成

$$M_o = \sum\limits_{i=1}^{N_L}\sum\limits_{j=1}^{N_W} M_{oij} \tag{7-22}$$

则有

$$M_o = \left(\sum\limits_{i=1}^{N_L}\sum\limits_{j=1}^{N_W} M_o \overline{D}_{ij}\right)\bigg/\left(\sum\sum\overline{D}_{ij}\right) \tag{7-23}$$

这意味着在子断层矩不等的情况下，地震矩也是守恒的。应用上述方法计算高频地震动，可以更好地反映断层面上滑动分布的不均匀性，就可以采用与三维有限差分法相同的震源断层破裂过程模型（Aoi and Fujiwara, 1999）。

2）统计学的格林函数合成法

将小震作为格林函数进行求解，再由小震合成大震的思路作为模拟地震波的基本手段，已经有比较充实的理论基础和研究积累（Hatzell, 1978），但是由于缺乏在目标断层区域可以作为小地震的观测记录，使用实际地震记录进行地震合成的格林函数方法的使用受到限制。

基于中小型规模的地震记录的模拟计算而得到的统计学格林函数方法，主要运用于没有地震记录的地区，该方法的理论基础和思路已经被提出（Boore, 1983）。本项目的目标区内没有符合标准的小地震记录，因此采用了统计学的格林函数方法进行地震动预测（Bouchon, 1981）。这种使用人工地震波代替观测地震波，根据 Irikura（1986）的方法进行大地震合成的方法被称为"统计学的格林函数合成法"（Kamae and Irikura, 1992, 1998, Kamae et al., 1998）。使用"统计学的格林函数合成法"，可以不受观测记录的约束，使在任意地点而且任意断面进行假想地震动的评价成为可能。本项目使用的统计学的格林函数合成法基于以上理论和思路进行了实用化改良。

统计学的格林函数合成法基于震源理论的波谱特性对白色噪声时间序列进行处理，生成震源波形，采用的是人工生成小地震记录的方法，并且在此基础上通过叠加传播路径及场地效应合成场地的地震动。该方法的优点之一就是在每个地震要素上采用了不同

的地震波放射特征模式及考虑场地效应的方位依存性。场地的放大特性（增幅）可以依靠在模型中直接设定场地条件通过理论计算获得，也可以根据地震观测记录采用经验的方法获得特征性放大效应，本项目采用直接设定场地条件并利用模型进行理论计算的方式。

有若干个描述震源波谱形状的数学公式可以选择，本书采用了 Boore（1983）提出的公式。根据 Boore（1983）的公式，采用加速度的傅氏波谱表示震源波谱：

$$S_A(f) = R_{\theta\phi} \cdot \text{PRTITN} \cdot \frac{\pi}{\rho} \frac{M_o}{V^3} \frac{f^2}{1 + \left(\dfrac{f}{f_c}\right)^2} \frac{1}{\sqrt{1 + \left(\dfrac{f}{f_{\max}}\right)^{2n}}} \tag{7-24}$$

式中，M_0 为地震矩；ρ 为地震发生（震源区）介质的密度；f 为频率；f_c 为拐角频率；V 为地震波的速度，当 V 采用 S 波速度时则表示 S 波的震源波谱；$R_{\theta\phi}$ 表示由震源处激发的地震波放射特性的系数；PRTITN 表示水平方向两个分量的能量分配系数。一般来讲，在名称为 $f_{\max}$ 的特征频率以上的高频带域，震源波谱的振幅趋于减小。在上式中也考虑了其效果。当 f_c 采用下式表达时，可以看到 f_c 与地震矩呈三次方的关系：

$$f_c = 4.9 \times 10^6 V_s \left(\frac{\Delta\sigma}{M_o}\right)^{1/3} \tag{7-25}$$

高频带域的滤过处理，其滤过器的形状采用 Boore 提示的公式：

$$P(f) = \frac{1}{\sqrt{1 + \left(\dfrac{f}{f_{\max}}\right)^{2s}}} \tag{7-26}$$

式中，s 反映高频衰减的系数，一般可取 4。

以下，基于 Boore（1983）的方法介绍地震波形的合成过程。首先，基于乱数产生白噪声时间序列，该噪声的傅氏波谱在全带域为定值。对于白噪声实施以下函数的时间视窗：

$$W(t) = a \cdot t^b \cdot e^{-ct} \cdot H(t) \tag{7-27}$$

$$a = \left[\frac{(2c)^{2b+1}}{\Gamma(2b+1)}\right]^{1/2}$$
$$b = -\varepsilon \ln\eta \big/ [1 + \varepsilon(\ln\varepsilon - 1)] \tag{7-28}$$
$$c = b/\varepsilon$$

式中，$W(t)$ 为白噪声时间序列的视窗函数，公式中各变量的含义参见 Boore（1983）。该时间窗的傅氏谱呈 ω^{-2} 法则的形状。将此波谱根据地震矩的大小进行振幅的调整，傅氏逆变换后，即可得到满足 ω^{-2} 法则的理论地震波形。

将设定的震源波形传播到场地下方的基岩就可获得场地的基岩震源波形，此时的传播路径特性由下式给出：

$$R_A(f) = S_A(f) \cdot \frac{1}{x} \cdot \exp\left(\frac{-\pi f \cdot x}{Q(f) \cdot V}\right) \tag{7-29}$$

式中，x 表示震源距离；$1/x$ 表示实体波的几何衰减；$Q(f)$ 表示相对每个频率的衰减系数（Q 值）；$S_A(f)$ 为加速度的傅氏波谱，表示震源波谱；$R_A(f)$ 为传播路径特性；V 为地震波的波速，使用 S 波速度时得到的是 S 波的衰减，使用 P 波速度时得到的是 P 波的衰减。式（7-29）虽然只表示了振幅的变化，但通过传播距离的时间延迟调整波形的相位，即可得到混入传播路径效应的场地下方的人工地震波。

根据对象震源要素与场地之间的几何位置关系，可以严密地表现地震波放射特性的方位特性（radiation pattern）。如果设定断层的几何学形状和滑动方向，以及对象小地震要素至场地的波线方向，辐射（radiation）系数 R 可以通过数值的方式给出。震源与场地的几何关系如图 7-3 所示的场合，S 波的 SH 波、SV 波以及 P 波的辐射特性应根据科研成果使用主流方法确定。

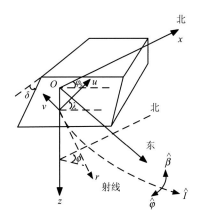

图 7-3 断层与场地的空间几何关系

以上介绍的地震波理论放射特性在高频带域时，由于波动散乱反射的影响，其特性趋于钝化，使得放射模式表现出几乎近似于各向同性。这种性质已经得到经验性的证明。所以，为了让这种放射模式（现象）在模拟计算中得到有效的反映，依据 Kamae 和 Irikura（1992）提出的思路使用了频率依存型放射特性的模型。

使用的统计学的格林函数合成法在低频带域（长周期）考虑震源的方位特性，并且考虑表层地层的响应，保证了在宽频带域（通常工程问题涉及的频带宽度为 0.1～10Hz）的预测效果。综上所述，可以通过所介绍的方法体系求解得到具有一定精度的地震动波形，统计学的格林函数合成法的概念如图 7-4 所示。

3. 混合计算方法

三维差分法适合长周期计算而不能进行短周期计算，经验格林函数法或统计学的格林函数法虽然原理上可以合成宽频地动，但不利于表现三维效应和放射方位特性显著的长周期地震动。将两者进行复合合成的混合方法（hybrid method）是有效地进行宽频带地震动预测的唯一手段。该方法尽最大可能地发挥了每一种计算方法的长处，同时最小限度地回避各自的短处，可以达到集约型利用各种方法的优点的效果。

具体做法是，分别对同一场点三维有限差分计算的长周期地震波和随机有限断层模型方法计算的短周期地震波在频带 P_1 与 P_2（一般取为 1～2Hz）之间进行交叉滤波，然后再在频域内将分别滤波后的低频地震波和高频地震波进行叠加组合，再经傅里叶变换形成同一场点宽频带的地震动时程。获得近断层不同场点宽频带的地震动时程之后，就可分析近断层地震动峰值的空间分布特性。在迁移周期带域（途中 P_1～P_2）实施相互补偿性的滤过（多功能滤过方式），保持合成后的振幅不发生变化。

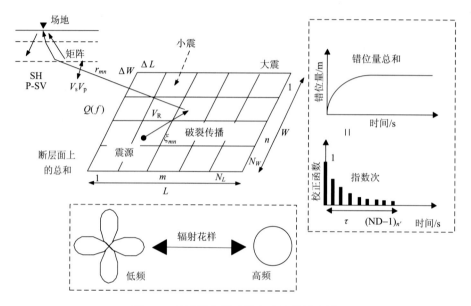

图 7-4 统计学格林函数合成法的概念图

ND 为主震断层划分为细小子断层的特征数；n' 为主震合成的叠加系数

采取理论计算方法的计算界限一般在 0.5～2s 附近，加之周期在 0.5s（2Hz）以上的高频（短周期）带域的地震波具有的统计学性质趋于显著，因此使用混合法时的迁移周期定义在 0.5～2s 之间的场合居多。

7.1.2 有限断层震源模型

1. 断层离散化

建立断层震源模型为近断层强地面运动影响场的数值模拟确定合理的地震荷载输入机制，是近断层强地面运动影响场数值模拟的重要基础和关键环节。通过震害的宏观调查、地形变测量和地震波的观测研究等结果确认，天然构造地震主要是地下岩层的突然剪切错动引起的。发生剪切错动的岩层称为地震断层。实际地震断层的几何形状可能很复杂，作为初级近似，通常将地震断层简化为具有三维空间的矩形平面，即有限断层假定。技术上可以建立具有曲面三维构造的有限震源模型。

近年来，日本、美国及中国台湾地区的破坏性大地震的近断层观测资料、震源过程反演和近断层强地震动数值模拟都表明，在近断层区域（一般指断层距不大于 10km 或 15km）内，震源因素对强地面运动及其特征的影响不可以简化为单一震级参数的影响，而是应考虑为断层的空间展布、错动方式、凹凸体的数量、大小、位置、破裂传播速度等多种参数的综合影响。这就意味着在研究近断层强地面运动时，必须要采用基于有限断层假定的震源模型。

断层震源模型原则上可以分为运动学模型和动力学模型两大类，二者的根本区别在于：①前者要求给出离散化断层所有离散节点在每一离散时刻的节点运动（如位移、速度、加速度）作为输入地震荷载（图 7-5），称为运动学地震荷载；后者则要求给出断层所有离散节点在每一离散时刻的节点力作为输入地震荷载，称为动力学地震荷载。②在运动学地震荷载作用下，可以无须考虑上下盘断层面之间的摩擦本构关系（通常为非线性），即可直接实现近断层强地面运动影响场的数值模拟；在动力学地震荷载作用下，则必须考虑（做出不确定性很大的假定）上下盘断层面之间的非线性摩擦本构关系，而且需要在逐步积分过程中将断层所有离散节点的运动作为未知量进行求解，才可以实现近断层强地面运动影响场的数值模拟。建立有限断层震源动力学模型所需面对的困难和不确定性远大于建立有限断层震源运动学模型，因此，应将有限断层运动学震源模型作为近断层强地面运动影响场有限元数值模拟的首选模型。

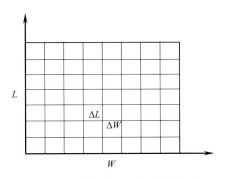

图 7-5　离散化有限断层示意图

建立基于有限断层假定的震源模型包括三项主要内容：其一是确定断层全局震源参数；其二是确定局部震源参数；其三是基于全局和局部震源参数近似确定震源时空破裂过程。全局震源参数指主要影响和控制震源及近断层强地面运动的低频和长波分量，对高频分量仅产生次要和非控制性影响的参数。全局震源参数包括有限断层空间展布和错动方式的 6 个独立参数，分别是走向角 ϕ_s、倾向角 δ、滑动角 λ、矩形断层沿走向的边长 L（断层长度）、矩形断层沿下倾方向的边长 W（断层宽度）和断层的上界埋深 H。其中，断层走向角 ϕ_s 和倾向角 δ 规定了断层的产状，断层滑动角 λ 规定了断层的错动方式，边长 L 和 W 规定了断层的破裂面积。除以上 6 个独立参数外，全局震源参数还应包括矩震级 M_w、断层上下盘之间的平均位错 $\overline{D}$ 或平均应力降 $\Delta\sigma$ 及断层平均破裂速度 V_r。局部震源参数指主要影响和控制震源及近断层强地面运动高频和短波分量，对低频和长波分量仅产生次要和非控制性影响的参数。这些参数与震源时空破裂过程的不均匀性密切相关，如凹凸体（asperity）的数量及位置、各子震源破裂起始和终止的时间、破裂起始点和终止点的位置与破裂方向等，都是重要的局部震源参数。震源时空破裂过程一般指断层面滑动的时空过程（运动学模型）或断层面应力降的时空过程（动力学模型）。震害调查表明，通常靠近断层的工程及城市的地震破坏主要是由强地面运动的高频和短波分量引起的。因此合理确定局部震源参数、建立包含足够丰富高频和短波分量的有限断层震源模型对于城市和工程减灾具有举足轻重的作用。

2. Asperity model（凹凸体模型）

对于断层的最新研究成果表明，断层面全体不是均一形式的平均破裂，而是在几个区域产生较大的破裂，释放出较多的地震能量产生地震矩，这个区域称为"凹凸体"。考虑这种凹凸体的有限震源模型被称为 Asperity model（可翻译为凹凸体模型、黏着体模型或障碍体模型，为了不与其他模型混淆，使用本书英文标记）。目前，对于凹凸体模型的研究已经取得了很大的进展，例如，Somerville 等（1999）、Irikura（2002）对于典型（代表）性的地震事件的震源反演解进行了特征性统计解析，得到以下结论：

（1）Asperity 的平均数量约为 2.6 个（与断层的数量相关）；
（2）Asperity 的平均数量根据地震的规模为 1～3 个；
（3）Asperity 的面积比约为 0.22；
（4）最大 Asperity 的面积比约为 0.16；
（5）Asperity 的滑动量比值约为 2.01；
（6）背景区域的滑动量比值约为 0.71；
（7）Asperity 的应力降约为 10.5MPa；
（8）背景区域的应力降约为 Asperity 区域的 20%。

凹凸体特征震源理论是目前学术界公认的近场强地震动研究中的主流震源计算模型。在模型中，凹凸体区域与背景区域的形式合理地表现了断层面上应力或滑动的不规则空间分布。

7.1.3　地下速度结构模型

1. 地下速度结构模型概念

由于采用的预测体系为三维地震动模拟体系，震源区域和目标区域包含在同一地下构造模型之中，以实现真正的三维模拟计算，所以要求模型由包括震源区在内的地壳模型和地震基岩顶面至工程地层（剪切波速 V_s 为 300m/s 左右的地层）的地下速度结构模型组成。另外，作为建立三维地下速度结构模型的辅助方法，采用基于高密度地脉动的结果补充没有物探等数据的地区，实现更加全面、连续的三维结构模型。

根据国际上的研究趋势，本书使用表层 V_s=300～500m/s 的三维地下速度结构模型对在该速度范围内稳定且横向连续的地层进行地震动模拟。详细震害需要详尽的资料和高精度的表层模型，由于目前缺乏详尽的资料，在一般的场合，不具备建立三维速度模型来进行盆地范围三维震害预测的条件。通常的做法是在使用表层 V_s=300～500m/s 的三维模型完成地震动模拟之后，根据具体工程的要求，通过建立对象地点的详细一维模型进行地震波计算和各土层的响应分析，包括非线性效应解析。建立三维地下速度结构的关键技术在于确立高精度的计算模型，如实反映地下的物理构造特征，同时建立的模型必须适合于强地震动的模拟计算，且要非常方便数据的补充和模型的修订。

2. 建模技术方法

建立合理准确的地下速度结构三维模型是模拟准确性的必要保证。建立接近真实的三维速度模型不仅需要详尽的深、浅部勘探资料和钻孔等资料来揭示盆地的内部结构，还需要建立复杂不规则速度模型的技术和经验。本书借助丰富的探测资料完成了复杂结构三维速度模型的建立并取得了一定的成果，建模的各种方法也一直在探索和完善中。三维速度结构模型的建立综合了多种软件和技术手段进行。使用 ArcGIS 完成了计算区的准确定位和不同地质体、地质界线、断层、地形数据的采集和编辑，使用三维显示软件进行了盆地结构的三维演示、修改和校准，通过编程技术划分了有限单元网格并赋予介质参数，为数值模拟提供了单元信息和基础数据，对于空间不均匀分布的数据则通过开发的程序进行了必要的内插处理。

建模的步骤大体可分为数据采集、模型数据处理、三维建模及模型的修改和完善等部分。在数据的数量和质量等条件许可的情况下，应该进行三维结构模型的强地震动实际模拟，以检验模型的可用性和精度。下面主要对数据的采集和建模数据的处理进行说明。

建立三维地下速度结构模型的关键技术在于确立高精度的计算模型，以如实反映地下的物理结构特征。同时建立的模型必须适合强地震动的模拟计算，且要方便数据的补充和模型的修订，而通过小地震的模拟结果及大深度钻孔进行模型的检验和修正是保证建立精确模型的重要环节。具体建模流程如图 7-6 所示。

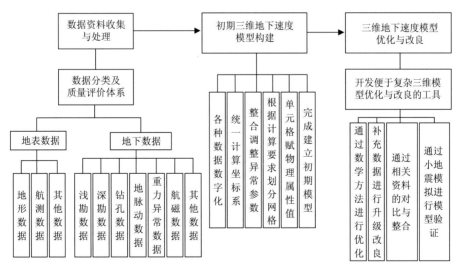

图 7-6　地下结构模型建模流程图

3. 建模数据

建模主要是综合各种地质、地球物理资料，建立可靠的区域三维模型。建立三维模型就是根据地下地质各层构建出一个数字化空间模型，建模的首要任务是数据采集。模型数据主要来源于目标区的地形数据、浅层地震勘探数据、深层地震勘探数据、钻孔数据及地下各地质层的等值线数据等。各种常见的数据资料形式及数据的物理含义归纳如下。

1）地形数据

地形数据是描述地表相对于海平面的等高线数据。常见的地形图比例尺有：1∶1万、1∶5万、1∶25万等。在建模时，将地表高程及各层的深度数据全部换算成以计算深度为参考的相对高程。可根据建模区域的地形，将大面积平坦地区的海拔定义为地表零平面，高于零平面的相对高程为正值，低于零平面的为负值。

地形数据参数为坐标及海拔和地表零平面海拔。地形图在基岩露头的地区可直接作为模型的一部分，地形图数据是建立三维地下结构模型最为重要的数据之一。

2）航测数据

在建立模型时，验证地形或者确定断层的位置时，需要用航测数据。航测图同时反映了其他信息，例如居民区的分布、山脉的分布、断层的地表特征信息。这些信息有助于进行模型的构筑。

3）区域地质图

综合表示各基本地质现象的地质图及着重表示某一方面地质现象的专门地质图件，如反映第四系地层的成因类型、岩性和生成时代以及地貌成因类型和形状特征的地貌及第四系地质图，以及综合表示各种工程地质条件的工程地质图，这类地质图均有助于建模工作。

4）钻孔数据

钻探数据是构建地下模型的最为直接和可靠的数据，主要包括如下几类：①地质普查或勘探类钻孔，主要用于了解地质构造、找矿或探明矿产储量；②水文地质类钻孔，勘查地下水文地质情况；③水源类深井，为工业、农业、国防及生活而开发利用或补给地下水资源并有充实水文地质资料作用；④工程地质类钻孔，勘察或为建筑厂基、坝址、水库、桥梁及道路等探明工程基础状况；⑤石油类钻井，勘查和开发石油、天然气；⑥地热类钻孔，勘探和开发地下热水和蒸汽资源；⑦开发资源类钻孔等。

作为建模的最为重要的数据之一，钻孔数据用于确定地质层深度和地层参数，应尽量全面收集钻孔数据。由于原始钻孔数据的目的不同，所以收集到的钻孔数据有可能存在如下问题需要加以进一步处理：①层序的命名与地质层名称对应不上；②钻孔的坐标不明确，或者是相对参照物的坐标；③工程钻孔在深度上具有限制性。

5）浅层地震勘探数据

浅层地震勘探可以探测地下介质的波阻抗差异面、土质纵横向变化与分层、断裂发育等。探测方法主要包括浅层地震勘探反射波法、折射探测法、瑞利面波法、地质雷达等，各方法的探测深度及分辨率是不同的，可根据实际需要选择不同的探测方法或多方法的组合探测。

6）深部地震勘探数据

深部地震勘探是相对于浅层地震勘探而言，主要为了解较深地层（深度通常在500m以上）的信息时开展的工作。深部地震勘探数据可以提供非常丰富的信息，比如主要构造层和断层的剖面分布等。

7) 地质层等深线图

在勘测资料中，第四系等值线图是最为常见的数据表现形式，也是地质调查的重要数据形式。等值线是表示地理事物空间分布的重要手段，而其物理意义是：基于地表面，特定地质层相对于地表面在地下空间的埋深值，即数值相同的点连接在一起所构成的曲线。

在地质学中，第四系的形成占有重要地位；在地震工程学中，土的形成也是在第四系时期，尤其是冲积土的形成，场地效应非常明显。因此对地震动的数值模拟，第四系资料是非常重要的。

同类数据包括新近系等深线、白垩系等深线、古生代等深线、中元古代等深线、深层磁性体深度图和地区布格重力异常图等。但是，由于各个地质层埋深的不同，大部分数据可能不是直接数据，建模时应该对其进行必要的甄别和取舍。

4. 数据分类

三维模型是利用各种数据进行描述的，并且不同的数据在描述模型时作用程度是不同的，所以根据数据的种类进行分类是必要的。在建模时，依据数据的可信度大小，可分为以下四类：

第一类为通过常规勘测手段获得的地面或地下各地质地层的重要信息数据。

第二类为通过其他勘测手段反演得出的地质地层信息数据。

第三类为通过已有地层数据合理推断得出的地层信息数据。

第四类为通过原来的数据，根据计算方法的需要而增加或调整的模型数据。

例如，地形数据和钻孔数据可归为第一类数据，浅层地震勘探与深部地震勘探数据及地脉动探测数据可归为第二类数据，各地质层的等值线数据可归为第三类数据。根据以上各类数据间接推导出的数据可归为第四类数据。采集数据的原则是把可信度较高的数据尽可能多地提取出来。采集数据的过程是在统一的坐标系中将区域性分布的等深线类面数据通过数字化转化为点数据，将断续性分布的测线类线数据通过数字化转化为点数据，将离散分布的如钻孔类点数据进行数字化的过程。而建立三维地层模型的过程则相当于将收集到的点数据进行合理内插和外插，获得比较均匀的空间面分布数据的过程。

面数据，是能控制区域深度趋势的数据，如目标区内的第四系基底等值线数据。对于这种数据的提取可使用通用数字化软件，如利用 ArcGIS、R2V 等进行数字化工作。提取数据时，应定义数据属性，统一数据格式。数据格式可采用 X、Y、Deep-Q_1，其中 X 为数据横坐标，Y 为数据纵坐标，Deep-Q_1 为第四系基底埋深值（字母的含义以下一致）。

线数据，是在某区域沿某些控制测线采集的数据。这些数据的来源也是基于不同的方法，如利用人工震源反演方法勘测的浅层地震探测数据。对于浅层地震探测资料，提取数据的原则是依据数据的数量和质量，在测线上等间距提取数据 P_1、P_2、P_3、…。从浅层地震探测资料中提取的数据格式一般为 X、Y、Deep-Qh、Deep-Q_3、Deep-Q_2 等，其中 Deep-Qh、Deep-Q_3、Deep-Q_2、…为每个地层基底的埋深值。

点数据，是在某区域中为了进行必要的控制，在数据收集时利用特定设备钻取一定深度分析样品得到的数据，如钻孔数据。对于钻孔数据的提取，可根据要收集的资料的形式而采取不同的方式。

通过上述数字化方法，就可以将其他形式的资料转化为数字化的资料。完成数字化工作后，下一步需要对模型区域内的数据分布有一个定性的分析。如果建模区内的数据不够充分，还需要进行数据补充。数据补充的目的是增加数据的数量，更重要的是使数据能较均匀地分布在建模区内。图 7-7 的左图表示数据较少的例子，中间的图表示数据较多但分布不十分均匀的例子，右图为数据多且分布较为均匀的例子。

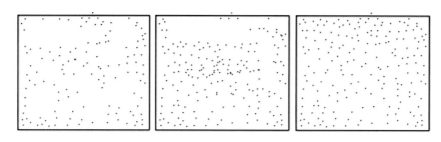

图 7-7　数据扩展前后的分布比较图

在各种常用的插值计算方法中，如果样本点充分，且样本数据分布均匀，得到的插值数值是较为准确的。对于数据分布非常不均匀的情况，还需要通过特殊的技术手段进行高精度的数据补充。为解决数据分布不均的问题而开发的二元三次 B 样条函数（B-spline）建模方法，可以通过拟合空间随机分布的深度数据来构造一个曲面，同时利用最小二乘的原理保证了最小的误差。

5. 地下结构成层建模方法

建立三维盆地速度结构模型时，要把每一层数据进行整合。那么对某一层数据就有可能含有该地的地形数据、该层的地下数据（如等值线数据）、钻孔数据、浅层地震勘探数据（或深部地震勘探数据）等。建立三维盆地模型时，在某区域内，大部分地质层空间分布是近似平行的。因为地层在形成的时候，通过沉积等作用得到的地层是近似平行的，所以利用地层空间分布平行原则是可行的。

从收集的资料中按上述方式把面数据、线数据、点数据按照统一的数据格式进行整理。由于资料来源不同，有可能在整理出的数据中坐标不统一，需要统一坐标。将数据的坐标统一后，把每层数据按以下的格式处理：X、Y、Deep，其中 Deep 为当前层的埋深值。接着把地形数据与当前层的等值线数据、钻孔数据、浅层地震勘探数据或深部地震勘探数据等合并到一起。

在采集数据时，应当充分采集每一地质层的数据。如果在工作中某一层数据较少，而且没有充分的物力与财力去采集数据时，可利用地层空间分布平行原则。在数据较多的地层上，进行区域划分。对划分出的小区域，依据具体情况，做上下平行推移，从而得到某地层的数据。比如当前有 Q_1 等值线数据，而没有 E_1 的等值线数据，可以在 Q_1 层的深度值上乘以一个系数 a，从而得到 E_1 层的等值线数据。

而系数 a 主要采用数理统计方法进行求解。例如，在某小区域内，假定已知第四系基底等值线数据（Q_1 的埋深数据），若求新近纪基底等值线数据（新近纪底界深度 G 的埋深数据），可在此区内，找到大量的具有 Q_1、G 的点，将其深度值相比，得到一些比值。这些比值一般可认为服从正态分布，即

$$\varphi(x) = \frac{1}{\sqrt{2\pi}\sigma} e^{-\frac{(x-a)^2}{2\sigma^2}} \tag{7-30}$$

式中，a 和 σ 为未知量。然后用最大似然估计法求出其中的 a 和 σ 两个未知量，a 即为所求。图 7-8 为两地质层埋深比值的折线图，虚线表示 a 值的大小。

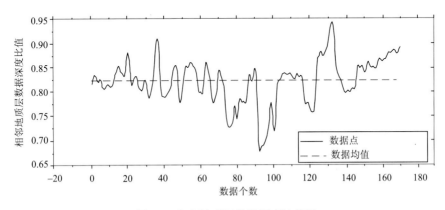

图 7-8 相邻地质层数据深度比值图

数据整理完成之后，应该详细周到地检查分析建模数据的合理性。由于采用的建模数据的可信度（质量）不同，在某些区域内会有异常的数据出现，处理异常数据的原则与方法有：根据数据的性质，查找异常数据，然后根据数据的可信程度进行数据调整。例如，在某处有四五个点出现异常，查看数据的可信后，如果数据是第一类数据时，需调整这几个点周围的数据，使之与其相匹配。

建模重要的一步工作就是优化模型，划分网格。优化模型就是对模型的结果进行过滤调整。在利用模型进行数值模拟计算时，如果模型中有异常点，会对计算结果有很大的影响。鉴于此，需对模型进行优化。国外一些科研人员，利用 spline 函数对数据进行优化（Kagawa et al., 2004）。而当前通过改进后的 B-spline 函数可以更好地拟合模型数据。对优化处理后的模型数据，根据计算的方法和要求的精度进行网格划分。在划分完的网格中输入物理参数，如 S 波波速、P 波波速、弹性模量、介质的 Q 值、密度 ρ 值。最后完成三维盆地速度结构模型的建立。

7.1.4 地脉动探测的应用方法

目前关于地脉动的基础研究和应用在国际上取得了显著进展。地脉动记录在某些方面与地震记录具有良好的相似性，可以通过地脉动研究在地震时场地所反映出的地震动特性。地脉动的最大特点在于可以随时随地开展观测，与地震观测和地震物理探测等方法相比，具有非常显著的经济性和便利性，是一种适合大面积场地动力学参数探测调查的有效手段。地脉动的应用涉及的方面较多，在国家"十五"活动断层项目中得到部分

应用，但目前为止在国内应用还比较少。

地脉动探测应用就是利用三分量速度型地震计进行目标区范围的高密度地脉动观测和多点同时观测，推导目标区范围的地震动参数和地下结构深度分布，分别可为区划，以及基于地震勘探资料、地质资料和钻孔资料为主的地震危害性评价的三维预测建模提供辅助数据。

1. 地脉动的概念

地脉动也称微动，是地球表面每时每刻都发生的一种比较规则的、周期性的连续振动现象。其振幅通常只有十几分之一微米（μm）到几微米，其频带短的通常在几十分之一秒，长的能达到 1min 以上。目前，通常从地震动观测的角度把地面微动分为两类：一类是短周期的地脉动，又称为常时微动，周期小于 1s，主要由人类活动、交通运输、机械振动等人工振动源产生；另一类是长周期的地脉动，又称为地面脉动，周期大于 1s，主要是由海浪、风、气候等自然现象的变化引起的微动。

地脉动波在传播过程中经过多重折射、反射后携带了大量的反映场地土层固有特性的信息，而土层的固有特性是稳态的、不随时间变化并且存在于地脉动频谱中。因此，对短周期地脉动信号进行解析，过滤掉其他因素的影响，就可以获得有关场地的地基参数；对长周期地脉动信号的解析，可以进行场地影响估计，推测地下构造。也正是因为地脉动没有特定源，在任何时间、任何地点都可以观测到它的存在，为人们研究地脉动的传播特性和地脉动的场地影响特性提供了可能。又因为地脉动观测和解析相对容易且经济、高效，用地脉动代替地震动来描述地震时的地震场地响应吸引了越来越多的研究者（Kagami et al., 1986; Akamastu et al., 1992; 時松孝次他, 1996; 石田寬他, 1998）。

从地脉动出发研究地基土层构造与地脉动卓越周期的关系及不同场地类别的卓越周期的特征，对地基土层场地放大系数、传递系数评价，有选择地选用基础结构及埋深都具有重要的理论及实际意义。同时，可利用地脉动的测试结果推测波速，进行场地类别划分或综合评价场地的工程力学性质。基于地脉动的方法具有如下显著优点：①地脉动存在于任何地域，故观测可以随时随地进行；②地脉动观测仪器简便，分析处理过程简单；③观测过程对环境没有影响（如噪声、振动）。

2. 地脉动的应用方法

迄今为止，地脉动用于场地动力特性分析和推测地下构造在世界各地受到越来越多的地震工程研究者重视。其应用主要集中在用短周期地脉动观测结果推导场地卓越周期和放大因子，用长周期地脉动观测结果推导地下速度构造。地脉动的应用方法主要集中在对单点水平分量和竖向分量的 H/V 谱做比（又称 Nakamura 方法）这一方法的理论依据探讨和可行性研究上。大量实际观测表明，H/V 谱做比方法比直接使用水平分量得到的解析结果更准确，更能真实地反映场地卓越周期。

目前应用地脉动进行场地动力特性分析和结构深度探测的方法可分为四大类：

（1）直接傅里叶谱分析法。这种方法是直接对非岩性土场地上测得的地脉动记录进行傅里叶变换来求地脉动记录的功率谱，将谱分析的结果直接作为场地的传递函数以求得场地卓越周期和放大因子.这意味着非岩性土场地的输入为一杂乱无章的白噪声运动，这种方法没有考虑消除地脉动源的影响。最近的研究表明，该方法具有一定的不确定性而影响其分析精度。

（2）观测点与参考点的谱比法（两点谱比法）。该方法在观测场地周围的基岩或坚硬非岩性土场地上取一参考点，计算非岩性土场地测得的地脉动谱与参考场地地脉动谱比作为场地传递函数，将这个波谱比的最大值作为场地放大因子，与最大值对应的周期作为场地卓越周期。最近的研究表明，在一定的范围（微动源相同）内，这种方法可以较好地消除源和传播路径的影响。

（3）水平分量与竖向分量谱比法（单点谱比法）。该谱比法简称单点地脉动谱比法或Nakamura 方法，这个谱比的第一个峰值对应的频率即为场地基本频率，最高波峰对应的频率为场地卓越频率，这个峰值表示场地放大因子。该方法有效地消除了脉动源对场地动力特性分析结果的影响，但是，对于推导场地放大因子的确切性，学术界还有所争论。

（4）通过台阵观测反演场地速度构造。应用表面波的频散特性通过阵列观测获取波的频散曲线，再利用计算模型的频散曲线反演观测曲线，获得场地的速度结构。进一步可以根据获得的速度资料用理论法计算场地传递函数，进而进行场地动力特性分析。

根据徐州探测的需要，本书采用单点谱比法进行地脉动反演地下地层结构。

3. 单点谱比法

早期研究地脉动卓越频率与区域场地条件关系存在两种分歧：一部分研究者认为，地脉动卓越频率是由场地地质条件控制的；还有一些研究者认为，主要由地脉动源和传播途径决定（Sekiguchi et al., 2002; Irikura et al., 2004; Ding et al., 2004）。这种不一致说明，场地地质条件、地脉动源和传播途径对地脉动信号的影响随观测场地变化而变化（Horike et al., 2001; 堀家正则, 1993）。要获得可信的地震场地响应特征就必须剔除源和传播路径的影响，一种方法是对地脉动两个水平分量谱做比，另一种办法就是将同一地点的水平分量与垂直分量相比（Nakamura, 1988）。

单点地脉动谱比法是 20 世纪 90 年代日本学者 Nakamura 提出的，即利用同一测点地脉动的水平分量与竖向分量的谱比方法表示场地传递函数。所以这种方法也被称为H/V 法。Nakamura 提出了以下假设：

（1）基岩上地震动或地脉动谱在各个方向上都相同，所以水平分量也等于竖向分量（考虑到地脉动是由各种无定向振源激发的各种波随机集合而成的,在埋藏基岩上表面是以各种角度入射的，因此，Nakamura 法假定基岩顶面振动水平分量与竖向分量的谱比为1，基本是合理的）。

（2）地表地脉动的竖向分量与下伏基岩面地脉动竖向分量谱比表示测点附近振动源产生的瑞利（Rayleigh）波对地脉动的影响，场地对竖向振动无放大。

（3）测点附近振动源产生的瑞利波振动对地脉动的影响在水平分量和竖向分量上相同。

同一地点的地脉动是同源并经同一途径传播的，单点谱比法避免了参考点谱比法所面临的难题（即同时性的要求）。

在以上这些假设条件下，Nakamura 提出单点地脉动谱比法的过程如下：

（1）在基岩上 $\dfrac{S_{HB}}{S_{VB}} \cong 1$，$S_{HB}$ 和 S_{VB} 分别表示基底入射到非岩性土层振动的水平向和竖向谱。

（2）瑞利波对地脉动水平向谱和竖向谱的影响均为 $E_S = \dfrac{S_{VS}^*}{S_{VB}}$，其中 E_S 表示瑞利波对竖向振动的影响，S_{VS}^* 表示包含瑞利波影响的地表地脉动竖向谱。

（3）地脉动观测的水平向传递函数是

$$S_T \frac{S_T^*}{E_S} = \frac{S_{HS}^*}{S_{HB}} \frac{1}{E_S} = \frac{S_{HS}^*}{S_{HB}} \frac{S_{VB}}{S_{VS}^*} = \frac{S_{HS}^*}{S_{VS}^*} \frac{S_{VB}}{S_{HB}} = \frac{S_{HS}^*}{S_{VS}^*} \times 1 = \frac{S_{HS}^*}{S_{VS}^*} \qquad (7\text{-}31)$$

式中，S_T^* 是包含瑞利波影响的场地水平方向传递函数；S_{HS}^* 是受瑞利波影响的地表水平振动谱；S_T 是地脉动观测求得的场地水平方向传递函数。式（7-31）表示场地表层传递函数可以仅用地表地脉动振动的水平分量谱和竖向分量谱求得。

但是，近年的研究已经发现，地脉动的主要成分特别是在城市地区是由表面波构成的，而 Nakamura 的假设是定义为体波的。迄今为止，对于应用其方法直接推导传递函数仍存在疑问。然而，其他研究者通过使用同一测点地脉动的水平分量与竖向分量的谱比方法直接推导场地的卓越周期的应用研究得到了极大的发展（Field and Jacob, 1995; Konno and Ohmachi, 1998）。Nogoshi 和 Igarashi（1971）指出，H/V 曲线极大值对应的最低频率与场地基阶共振频率相同。Zhao 在日本各地通过地震动和地脉动的阵列观测（Zhao et al., 1996, 2000, 2004; Zhao and Horike, 2003），直接将地脉动推导的卓越周期和地震动进行比较，得到同一地点的地脉动的卓越周期与地震记录获得的卓越周期基本一致的成果。这就为进一步应用这种方法简便地获得场地的卓越周期和抗震设计提供了基础依据。图 7-9 为地脉动单点谱比法和参考点谱比法的示意图。图 7-9 中黑色三角表示

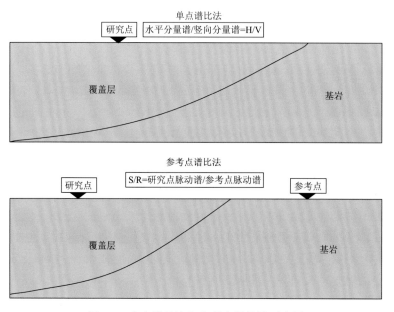

图 7-9　单点谱比法和参考点谱比法示意图

观测点。单点谱比法只需要一点观测数据就可推导其下方地层的动参数，进而获得地下结构的深度等数据。参考点谱比法需要在两个地点同时进行观测，以便获得两个地点之间的动参数变化量等数据。

4. 地脉动的精度问题

地脉动作为一种很微弱的振动信号客观存在于任何地区，根据其震源的不同，推测为城市附近的人类活动产生了短周期的地脉动，海浪、风、气压等因素产生了长周期的地脉动。因此从震源的角度看，不同地区的地脉动分布强度有所不同。另外，对于地脉动中携带的地下结构的信息也会因地下结构的性质有所不同，地层之间的模量比值越大，其响应信号越强烈。对于地层构造变化明显和埋深较浅的堆积盆地，由于其脉动周期比较长，更有利于开展应用。

除以上环境方面的因素，提高地脉动的精度有两个方面的内涵，其一是准确地捕捉地脉动，保证观测数据的准确性；其二是对地脉动进行合理的解析，保障提出物理量过程的精度。对于第一个问题，可以采用专门为地脉动开发的观测系统，同时根据观测环境制定周密严谨的观测路线，保证观测数据的质量。对于第二个问题，采用关于地脉动的最新研究成果和方法进行解析，并结合其他调查资料和理论方法对地脉动结果进行检验，以提高地脉动的可靠性，同时保证地脉动结果与各种数据之间的相关性和连续性。在进行理论方法检验时，根据场地钻孔资料的条件，参照附近的钻孔资料建立初始计算模型，通过基于计算模型的理论地脉动与实际观测地脉动的比较，确定地下模型的深度指标。地脉动作为一种非常简便的方法，适用于推导大面积场地的地下结构，但是在使用时应该从地脉动的环境、地下结构的特征及观测与解析等诸多方面开展细致的调查分析和综合判断。在保障精度的前提下，运用地脉动数据结合其他建模数据，可以建立具有较高精度的三维地下速度结构模型。

5. 地脉动现场观测

具体观测点的选定一般根据现场实际情况进行判定，基本原则是保证选择具有代表性的地点进行观测。观测点一般尽量布设在比较开阔的场地上，像学校操场、打谷场等；尽量避开近处的强烈干扰源，如机械加工设备、棉纺厂、面粉厂、电锤、电焊机、鼓风机等；同时还要注意避开地下构筑物，如电缆沟、暖气沟、地下洞室等，不要在高压输电线路下布设测点。在城区内观测时，可能会因为建筑物众多，很难找到合适的开阔场地，此时，观测点尽量选在远离高大建筑物 20～30m 的宽敞场地上。观测时避开雨天等非良好气象条件，以确保观测数据的准确可靠。

由于地脉动频率较低，所以要求测试系统的低频特性良好。在现有记录仪器中，记录方式一般采用信号采集分析仪进行实时采集分析。该方法记录的是数字化信号，在现场就能进行初步的数字信号分析，这有利于提高记录信号的质量。如观测点附近有较强的特定震源，地脉动观测时还须备有滤波器，以便排除高频干扰信号。为了在现场监视记录实况，以便在室内选用干扰较小的波形记录进行分析处理，地脉动测试系统中也可配备示波器。

地脉动是一种震动很微弱、震动频率较低的随机震动，它对测试与分析技术要求非常高。除了观测时要减少干扰外，还对测试仪器、测试技术及分析处理技术有很高的要求。地脉动测试工作包括信号接收、信号放大采集、资料分析处理三个环节，一个环节处理不当都会严重影响测试结果的准确性。

6. 地脉动解析

观测时统一设定数据采样率为 100Hz。考虑到研究目的是推导盆地地下构造深度和卓越周期等动参数，因此对高频部分（高于 10Hz）做滤波处理，然后解析数据。解析前考察原始地脉动波形，从中提取未受到交通等噪声影响的数据，共抽取 8 段。第一步先对每一段数据做自相关函数计算，通过自相关分析剔除地脉动信号中可能含有的周期干扰信号，以确保计算结果的正确性；第二步给数据加一波宽为 8s 的 Barttlet 形滞后窗（lag window）；第三步对数据做平滑处理；第四步进行傅氏谱变换，求得功率谱；第五步将 8 段解析后的数据平均，获得该点的平均功率谱；第六步将水平向解析值和垂直向解析值相除得到 H/V 值。在计算过程中还考察了不同长度数据在做傅氏谱分析计算时是否会影响计算结果，对比分析结果表明，不同长度的数据不会影响计算结果。地脉动解析流程参见图 7-10。

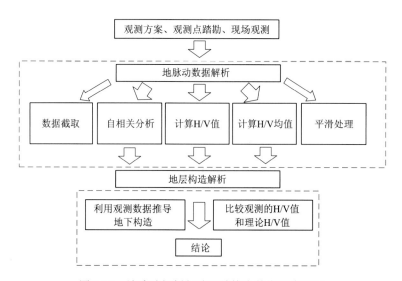

图 7-10　地脉动解析与地下结构参数推导流程图

对于某一数据系列，研究波形的一个采样值与下一个采样值之间的相关，即 x_m 与 x_{m+1} 之间的相关，以及该采样值与再下一个采样值，即 x_m 与 x_{m+2} 之间的相关。以此类推，当函数的采样值为 x_m（$m=0$, 1, 2, $\cdots$, $N–1$）时，按照下面的公式：

$$R_j = \frac{1}{N} \sum_{m=0}^{N-1} x_m x_{m+j} \qquad (7-32)$$

算得的数列 R_j（$j=0$, 1, 2, $\cdots$, $N–1$）叫作自协方差系数，两个点 m 和 $m+j$ 之间的时间间隔 $j\Delta t$ 叫作时滞。

把式（7-32）改写为

$$R_j = \frac{1}{N\Delta t}\sum_{m=0}^{N-1} x_m x_{m+j}\Delta t, \quad j\Delta t = \tau \tag{7-33}$$

保持 $T = N\Delta t$ 不变，令 $N \to \infty$，$\Delta t \to 0$，就得到了连续函数的自相关函数：

$$R(\tau) = \frac{1}{T}\int_{-T/2}^{T/2} x(t)x(t+\tau)\mathrm{d}t \tag{7-34}$$

式中，τ 为时滞。设函数 $x(t)$ 的持续时间为有限长，且在 $t < -\dfrac{T}{2}$ 与 $\dfrac{T}{2} < t$ 时，其值为 0，这样就可以把积分上下限分别扩展到 $\pm\infty$，如果再把式（7-34）中的 $x(t)$ 换为 $f(t)$，就可以写成

$$R(\tau) = \frac{1}{T}\int_{-\infty}^{\infty} f(t)f(t+\tau)\mathrm{d}t \tag{7-35}$$

对式（7-35）求傅里叶变换，就得到

$$\begin{aligned}
\int_{-\infty}^{\infty} R(\tau)\mathrm{e}^{-\mathrm{i}\omega\tau}\mathrm{d}\tau &= \int_{-\infty}^{\infty}\left[\frac{1}{T}\int_{-\infty}^{\infty} f(t)f(t+\tau)\mathrm{d}t\right]\mathrm{e}^{-\mathrm{i}\omega\tau}\mathrm{d}\tau \\
&= \frac{1}{T}\int_{-\infty}^{\infty} f(t)\left[\int_{-\infty}^{\infty} f(t+\tau)\mathrm{e}^{-\mathrm{i}\omega(t+\tau)}\mathrm{d}\tau\right]\mathrm{e}^{\mathrm{i}\omega t}\mathrm{d}t
\end{aligned} \tag{7-36}$$

由傅里叶变换 $F(\omega) = \displaystyle\int_{-\infty}^{\infty} f(t)\mathrm{e}^{-\mathrm{i}\omega t}\mathrm{d}t$ 可知，上式中的 [ ] 内等于 $F(\omega)$，因此，

$$\int_{-\infty}^{\infty} R(\tau)\mathrm{e}^{-\mathrm{i}\omega\tau}\mathrm{d}\tau = \frac{1}{T}F(\omega)\int_{-\infty}^{\infty} f(t)\mathrm{e}^{\mathrm{i}\omega t}\mathrm{d}t = \frac{1}{T}F(\omega)F(-\omega) \tag{7-37}$$

$$F(\omega) = F^*(-\omega)$$

$$F(\omega)F(-\omega) = \left|F(\omega)\right|^2$$

$$\int_{-\infty}^{\infty} R(\tau)\mathrm{e}^{-\mathrm{i}\omega\tau}\mathrm{d}\tau = \frac{1}{T}\left|F(\omega)\right|^2 \tag{7-38}$$

根据帕塞瓦尔（Parseval）定理：

$$\frac{1}{T}\int_{-T/2}^{T/2} x^2(t)\mathrm{d}t = \sum_{k=-\infty}^{\infty}\left|C_k\right|^2$$

当 $T \to \infty$ 时，有

$$\frac{1}{T} \to \mathrm{d}f = \frac{1}{2\pi}\mathrm{d}\omega$$

$$\lim_{T\to\infty}(T\left|C_k\right|^2) = G(f) \tag{7-39}$$

依此来定义频率的函数，则得

$$\lim_{T\to\infty}\frac{1}{T}\int_{-T/2}^{T/2} x^2(t)\mathrm{d}t = \int_{-\infty}^{\infty} G(f)\mathrm{d}f \tag{7-40}$$

把 $x(t)$ 改写为 $f(t)$，把谱密度函数看成是圆频率的函数，则

$$\lim_{T\to\infty}\int_{-T/2}^{T/2} f^2(t)\mathrm{d}t = \frac{1}{2\pi}\int_{-\infty}^{\infty} G(\omega)\mathrm{d}\omega \tag{7-41}$$

$$TC_k \rightarrow F(f) \qquad (7\text{-}42)$$

将式（7-40）与式（7-37）相比较，得到傅里叶变换和功率谱之间的关系：

$$G(\omega) = \frac{1}{T}\left|F(\omega)\right|^2$$

将此结果代入式（7-36），得

$$G(\omega) = \int_{-\infty}^{\infty} R(\tau)\mathrm{e}^{-\mathrm{i}\omega\tau}\mathrm{d}\tau$$

$$R(\tau) = \frac{1}{2\pi}\int_{-\infty}^{\infty} G(\omega)\mathrm{e}^{\mathrm{i}\omega\tau}\mathrm{d}\omega \qquad (7\text{-}43)$$

即自相关函数与谱密度函数互为傅里叶变换：

$$R(\tau) \leftrightarrow G(\omega)$$

然后假定，第 j 个场地南北向的第 i 段数据的功率谱就用 $^i\mathrm{MP}_{\mathrm{NS}}^{j}$ 表示，东西向、垂直向与此类似，分别为 $^i\mathrm{MP}_{\mathrm{EW}}^{j}$ 和 $^i\mathrm{MP}_{\mathrm{UD}}^{j}$。每个场地的各分向平均功率谱，如第 j 个场地的南北向功率谱就用 $\mathrm{MP}_{\mathrm{NS}}^{j}$ 表示，东西向和垂直向的平均功率谱与此类似，分别表示为 $\mathrm{MP}_{\mathrm{EW}}^{j}$ 和 $\mathrm{MP}_{\mathrm{UD}}^{j}$：

$$\mathrm{MP}_{\mathrm{NS}}^{j}(f) = \frac{1}{4}\sum_{i=1}^{4} {}^i\mathrm{MP}_{\mathrm{NS}}^{j}(f) \qquad (7\text{-}44)$$

$$\mathrm{MP}_{\mathrm{EW}}^{j}(f) = \frac{1}{4}\sum_{i=1}^{4} {}^i\mathrm{MP}_{\mathrm{EW}}^{j}(f) \qquad (7\text{-}45)$$

$$\mathrm{MP}_{\mathrm{UD}}^{j}(f) = \frac{1}{4}\sum_{i=1}^{4} {}^i\mathrm{MP}_{\mathrm{UD}}^{j}(f) \qquad (7\text{-}46)$$

式中，f 为频率。

场地 j 的地脉动水平功率谱由下式计算：

$$\mathrm{MP}_{\mathrm{H}}^{j}(f) = \mathrm{MP}_{\mathrm{NS}}^{j}(f) + \mathrm{MP}_{\mathrm{EW}}^{j}(f) \qquad (7\text{-}47)$$

场地 j 的地脉动水平向与垂直向频谱比为

$$\mathrm{MHH}^{j}(f) = \frac{\sqrt{\mathrm{MP}_{\mathrm{H}}^{j}(f)}}{\sqrt{\mathrm{MP}_{\mathrm{UD}}^{j}(f)}} \qquad (7\text{-}48)$$

7.2　目标断层震源模型

7.2.1　目标断层设定条件

1. 确定发震断层

根据地震危险性分析，选定目标区内的主要断层中有潜在发震危险性的断层作为地震危害性评价的目标断层，建立有限震源计算模型进行模拟计算。因此，确定目标区的废黄河断裂和邵楼断裂作为目标断层，分别进行地震危害性估计。

2. 设定地震震级

废黄河断裂设定基本地震模型的震级为 6.2 级，同时为分析地震的不确切性，还设定参考地震模型的震级为 6.5 级；邵楼断裂设定基本地震模型的震级为 5.8 级，同时为分析地震的不确定性，还设定参考地震模型的震级为 6.2 级。以上均为各个断层带可能发生的最大设定震级，属于低超越概率事件。图 7-11 表示目标断层在目标区的空间分布位置，虚线方框表示废黄河断裂和邵楼断裂的可能发震区段。

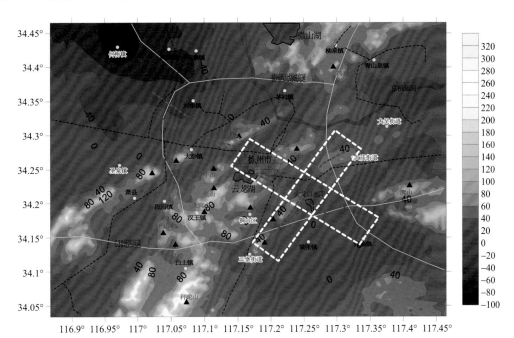

图 7-11　废黄河断裂和邵楼断裂上目标断层的空间分布位置图（等深线，单位：m）

3. 设定地震深度

考虑到废黄河断裂和邵楼断裂是正断层，而且废黄河断裂和邵楼断裂带终止在上地壳和中地壳分界面附近；现代小地震的震源深度平均值在 15km 左右，将废黄河断裂和邵楼断裂潜在的破坏性地震深度设定在上地壳和中地壳分界面附近，定为 15km。

4. 设定断层参数

断层破裂长度根据设定潜在地震的最大震级，由本地区的断层破裂长度与地震的关系，以及断裂在本地区的分布形态与产状综合确定。根据龙锋等（2006）建立的华北地区地震活动断层的震级-破裂长度、破裂面积的经验关系，华北地区的面波震级 M-破裂长度 L 的回归关系式和面波震级 M-破裂面积 A 的回归关系式为

$$M=3.821+1.860\lg L \tag{7-49}$$

$$M=4.134+0.954\lg A \tag{7-50}$$

可依据式（7-49）和式（7-50）计算得到不同震级时所对应的断层破裂长度 L 和断层破裂面积 A。

断层的走向、断层面的宽度、断层上界埋深和断层的倾角由本地区的野外调查结果和地震勘探资料综合确定。

5. 设定 Asperity 位置

按照凹凸体特征震源理论，考虑地震危险性评价和 Asperity model 的不确切性，进行了不同发震构造比较研究。断层上主次 Asperity 位置对于强地震动影响较大，因此对 Asperity 位置的不确定要素进行了不同的考察，在每个断层震源模型设定时均考虑了主次 Asperity 位置不同的两种震源设定方案。对于主次 Asperity 的断层上的位置的不确定性参数，基本原则是考虑主次 Asperity 进行空间调换的两种方案。以不同震源模型激励的地震动的比较考察断层一旦发生破裂时影响的变化范围。

6. 断层破裂开始位置

废黄河断裂和邵楼断裂附近的小震活动很少，也没有明显的小震活动集中点。根据连续介质中裂纹组合模型中应力集中位置类比确定了废黄河断裂和邵楼断裂应力集中的位置在两断裂的交点附近，这里也是孕育地震并易于发震的位置。因此，将未来地震的破坏开始位置确定在废黄河断裂与邵楼断裂的交点附近。在没有确切的数据和资料的情况下，按照震源反演的一般性结论，采取将破坏开始点布置于主要 Asperity 下缘的原则。另外，考虑到存在断层的前方破裂效应等近断层效应，因此同时兼顾将破裂开始点布置在相对于徐州市区较远的断层侧下缘，以模拟对于目标区最为不利的震源设定模型。计算时根据特征震源模型的具体建模方法在保证地震矩一定的条件下对断层的参数进行了必要的调整。

7.2.2 废黄河断裂震源模型

根据地震危险性评价结果，结合强地震动预测方法体系的内容，设定了废黄河断裂的发震断层段（图 7-12），其中实线代表 $M6.2$ 级震源模型，虚线代表 $M6.5$ 级参考震源模型。

依据设定地震的震源模型和参数的预测分析结果，废黄河断裂 $M6.2$ 级地震的震源模型为：断层总体走向 110°，整体倾向 NE，倾角为 60°，断层潜在最大震级为 $M6.2$。断层长度 L=19.0km，断层幅宽 W=9km，滑动角 260°～280°，破裂为正断层兼部分走滑类型。设定潜在最大震级为 $M6.5$ 的参考震源方案，除震级关联的参数以外，其他参数参照 $M6.2$ 级地震。

将地震危险性评价结果确定的破裂开始点位置设定在最大 Asperity 的下方（即断层的下缘）附近，同时考虑不同 Asperity 位置的变化设定，合计进行了 6.2 级和 6.5 级设定地震下各自两种 Asperity 特征震源模型的设定，建立了不同情况下的 Asperity 震源模型。图 7-13 和图 7-14 展示的是设定震级 6.2 级情况下的震源模型，图中红色部分表示第一 Asperity，深红色部分表示第二 Asperity，灰色部分为背景区域。七角星表示破裂开始点。

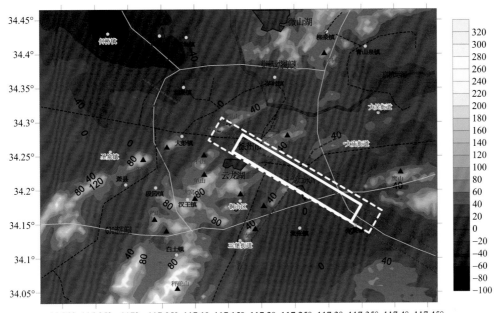

图 7-12 废黄河断裂设定发震断层段位置（等深线，单位：m）

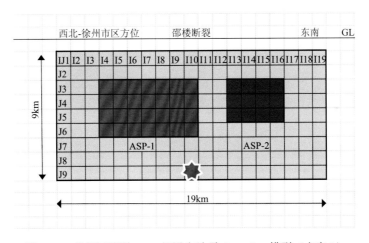

图 7-13 废黄河断裂 *M*6.2 级设定地震 Asperity 模型（方案 1）

考虑到不确定性因素，Asperity 均设定为矩形，并且按照相似于断层形状设定为空间能量均匀分布的模式。模型方案 1 考虑了发生断层的前方破裂效应，为对于徐州市区最为不利的情况设定。另外，模型方案 2 考虑了对于东部开发区最为不利的情况设定。空间破裂传播形式根据断层的类型和规模确定为依破裂开始点位置的同心圆破裂。断层均为接近平面分布，故破裂的发育设定为沿断层展布传播的模式，破裂速度设定为 2.7～3.0km/s。每个不同发震构造模型分别为由两个主要 Asperity 构成的矩形断层。废黄河断裂发生 *M*6.5 级地震时的两种不同 Asperity 震源模型分别见图 7-15 和图 7-16。

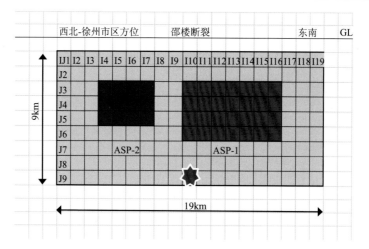

图 7-14　废黄河断裂 *M*6.2 级设定地震 Asperity 模型（方案 2）

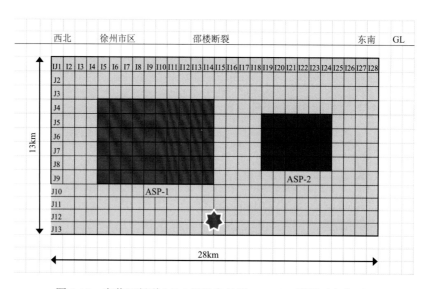

图 7-15　废黄河断裂 *M*6.5 级设定地震 Asperity 模型（方案 1）

　　根据板内地震的震源特性，依据三维差分法与统计学格林函数法的复合计算方法体系（hybrid method）的要求，推导了震源计算参数。通过断层长度、宽度、走向、倾角、滑动角（震源机制）、矩震级、破裂传播速度、上界埋深、上断点的坐标等各项参数，推导出了震源的宏观与微观震源参数，建立了不同设定地震下的震源模型，见表 7-1 和表 7-2。

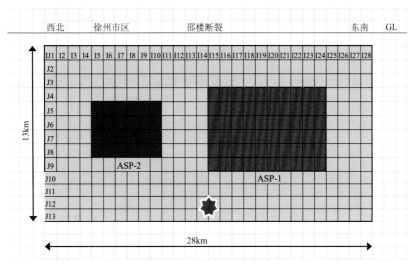

图 7-16　废黄河断裂 *M*6.5 级设定地震 Asperity 模型（方案 2）

表 7-1　废黄河断裂设定 *M*6.2 级地震震源参数表

参数	设定值	单位	设定依据
断层长度	19	km	活断层探测结果
断层宽度	9	km	孕震区
断层上断点	10～12	km	孕震区上端
断层下断点	17～19	km	孕震区下端
走向（strike）	110	°	北向顺时针旋转
倾角（dip）	60～70	°	走向顺时针方向
滑动角（rake）	260～280	°	正断层兼走滑
长度方向分割量（N_L）	19		
宽度方向分割量（N_W）	9		
断层要素的长度	1	km	
断层要素的宽度	1	km	
滑动方向分割数（N_D）	13		
叠加数量	2223		
样本频率	100	Hz	
再分割数量（n'）	4		
断层面积	171	km^2	断层长度×断层宽度
地震矩	2.1	10^{25}dyne[①]·cm	
断层要素平均地震矩	0.9	10^{22}dyne·cm	
最大 Asperity 面积	28	km^2	
第二 Asperity 面积	10	km^2	
破裂开始点位置	Asperity 下缘		断层探测结果
破裂速度	2.7～3.0	km/s	
破裂形式	同心圆		根据断层产状选定

参数	设定值	单位	设定依据
震源时间	0.56	s	
Asperity 平均滑动量比	2.01		
背景域平均滑动量比	0.73		
●Asperity 的位错量一定的场合			
最大 Asperity 的地震矩	0.7	10^{25}dyne·cm	
第二 Asperity 的地震矩	0.2	10^{25}dyne·cm	
背景 Asperity 的地震矩	1.2	10^{25}dyne·cm	
平均应力降	28.9	Bar②	
最大 Asperity 的应力降	115.1	bar	
第二 Asperity 的应力降	154.1	bar	
背景域的应力降	19.1	bar	
●Asperity 的应力一定的场合			
最大 Asperity 的地震矩	0.8	10^{25}dyne·cm	
第二 Asperity 的地震矩	0.2	10^{25}dyne·cm	
背景 Asperity 的地震矩	1.1	10^{25}dyne·cm	
平均应力降	22.9	bar	
最大 Asperity 的应力降	131.5	bar	
第二 Asperity 的应力降	154.1	bar	
背景域的应力降	17.5	bar	

注：①1dyne=10^{-5}N；②1bar=10^5Pa=1dN/mm^2。

表 7-2 废黄河断裂设定 *M*6.5 级地震震源参数表

参数	设定值	单位	设定依据
断层长度	28	km	活断层探测结果
断层宽度	13	km	孕震区
断层上断点	9～11	km	孕震区上端
断层下断点	20～22	km	孕震区下端
走向（strike）	110	°	北向顺时针旋转
倾角（dip）	60～70	°	走向顺时针方向
滑动角（rake）	260～280	°	正断层兼走滑
长度方向分割量（N_L）	28		
宽度方向分割量（N_W）	13		
断层要素的长度	1	km	
断层要素的宽度	1	km	
滑动方向分割数（N_D）	19		
叠加数量	6916		
样本频率	100	Hz	
再分割数量（n'）	4		

续表

参数	设定值	单位	设定依据
断层面积	364	km^2	断层长度×断层宽度
地震矩	6.3	10^{25}dyne·cm	
断层要素平均地震矩	0.9	10^{22}dyne·cm	
最大 Asperity 面积	60	km^2	
第二 Asperity 面积	24	km^2	
破裂开始点位置	Asperity 下缘		断层探测结果
破裂速度	2.7～3.0	km/s	
破裂形式	同心圆		根据断层产状选定
震源时间	0.81	s	
Asperity 平均滑动量比	2.01		
背景域平均滑动量比	0.73		
●Asperity 的位错量一定的场合			
最大 Asperity 的地震矩	2.1	10^{25}dyne·cm	
第二 Asperity 的地震矩	0.8	10^{25}dyne·cm	
背景 Asperity 的地震矩	3.4	10^{25}dyne·cm	
平均应力降	22.1	bar	
最大 Asperity 的应力降	110.1	bar	
第二 Asperity 的应力降	165.8	bar	
背景域的应力降	17.7	bar	
●Asperity 的应力一定的场合			
最大 Asperity 的地震矩	2.3	10^{25}dyne·cm	
第二 Asperity 的地震矩	0.6	10^{25}dyne·cm	
背景 Asperity 的地震矩	3.4	10^{25}dyne·cm	
平均应力降	22.1	bar	
最大 Asperity 的应力降	120.6	bar	
第二 Asperity 的应力降	124.3	bar	
背景域的应力降	17.7	bar	

7.2.3　邵楼断裂震源模型

根据地震危险性评价结果，设定了邵楼断裂的发震断层段（图 7-17），其中实线代表 $M5.8$ 级震源模型，虚线代表 $M6.2$ 级参考震源模型。

依据设定地震的震源模型和参数的预测分析结果，邵楼断裂 $M5.8$ 级地震的主要震源参数为：断层为矩形断层，断层长度 9km，断层幅宽 8km，总体走向 40°，倾向 SE，倾角 65°；断裂活动性质为正断层；潜在地震最大震级为 $M_{max}=5.8$；地震矩 $M_0=0.6\times10^{25}\,{\rm dyne\cdot cm}$；发震模型具有两个主要 Asperity，即一个 12km^2 的最大 Asperity，一个 4km^2 的第二 Asperity，Asperity 面积占断层总面积的 22.2%。设定潜在最大震级为

$M6.2$ 的参考震源方案，除震级关联的参数以外，其他参数参照 $M5.8$ 级地震。

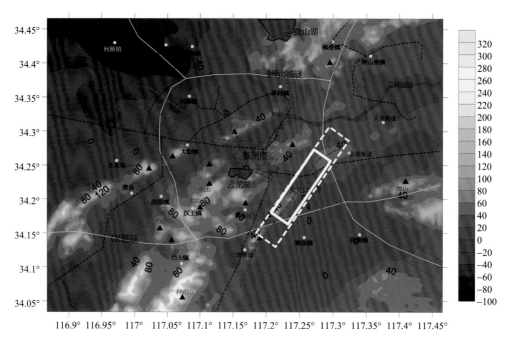

图 7-17　邵楼断裂设定发震断层段位置（等深线，单位：m）

邵楼断裂 $M5.8$ 级地震的震源模型设定为两种，发震模型方案 1 如图 7-18 所示，发震模型方案 2 如图 7-19 所示，每个不同发震构造模型分别为由两个主要 Asperity 构成的矩形断层，模型的参数如表 7-3 所示。同理，设定了邵楼断裂发生 $M6.2$ 级地震时的两种不同发震模型，分别如图 7-20、图 7-21 和表 7-4 所示。空间破裂传播形式根据断层的类型和规模确定为依破裂开始点位置的同心圆破裂。断层面上的破裂发育设定为沿断层展布传播的模式，破裂速度设定为 2.7～3.0km/s。

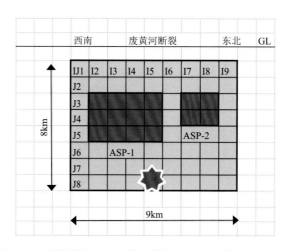

图 7-18　邵楼断裂 $M5.8$ 级设定地震 Asperity 模型（方案 1）

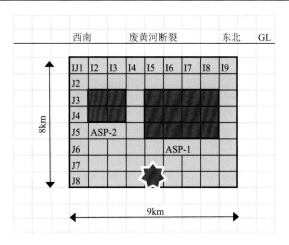

图 7-19　邵楼断裂 *M*5.8 级设定地震 Asperity 模型（方案 2）

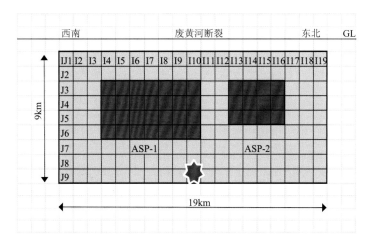

图 7-20　邵楼断裂 *M*6.2 级设定地震 Asperity 模型（方案 1）

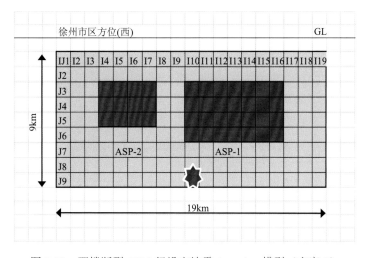

图 7-21　邵楼断裂 *M*6.2 级设定地震 Asperity 模型（方案 2）

表 7-3　邵楼断裂设定 M5.8 级地震震源参数表

参数	设定值	单位	设定依据
断层长度	9	km	活断层探测结果
断层宽度	8	km	孕震区
断层上断点	8	km	孕震区上端
断层下断点	14	km	孕震区下端
走向（strike）	40	°	北向顺时针旋转
倾角（dip）	65～75	°	走向顺时针方向
滑动角（rake）	260～280	°	正断层兼走滑
长度方向分割量（N_L）	9		
宽度方向分割量（N_W）	8		
断层要素的长度	1	km	
断层要素的宽度	1	km	
滑动方向分割数（N_D）	8		
叠加数量	576		
样本频率	100	Hz	
再分割数量（n'）	5		
断层面积	72	km²	断层长度×断层宽度
地震矩	0.6	10^{25}dyne·cm	
断层要素平均地震矩	1	10^{22}dyne·cm	
最大 Asperity 面积	12	km²	
第二 Asperity 面积	4	km²	
破裂开始点位置	Asperity 下缘		断层探测结果
破裂速度	2.7～3.0	km/s	
破裂形式	同心圆		根据断层产状选定
震源时间	0.37	s	
Asperity 平均滑动量比	2.01		
背景域平均滑动量比	0.64		
●Asperity 的位错量一定的场合			
最大 Asperity 的地震矩	0.2	10^{25}dyne·cm	
第二 Asperity 的地震矩	0.1	10^{25}dyne·cm	
背景 Asperity 的地震矩	0.3	10^{25}dyne·cm	
平均应力降	23.9	bar	
最大 Asperity 的应力降	117.2	bar	
第二 Asperity 的应力降	304.5	bar	
背景域的应力降	17.4	bar	
●Asperity 的应力一定的场合			
最大 Asperity 的地震矩	0.2	10^{25}dyne·cm	
第二 Asperity 的地震矩	0.1	10^{25}dyne·cm	
背景 Asperity 的地震矩	0.3	10^{25}dyne·cm	

续表

参数	设定值	单位	设定依据
平均应力降	23.9	bar	
最大 Asperity 的应力降	117.2	bar	
第二 Asperity 的应力降	304.5	bar	
背景域的应力降	17.4	bar	

表 7-4　邵楼断裂设定 M6.2 级地震震源参数表

参数	设定值	单位	设定依据
断层长度	19	km	活断层探测结果
断层宽度	9	km	孕震区
断层上断点	10～12	km	孕震区上端
断层下断点	17～19	km	孕震区下端
走向（strike）	40	°	北向顺时针旋转
倾角（dip）	65～75	°	走向顺时针方向
滑动角（rake）	260～280	°	正断层兼走滑
长度方向分割量（N_L）	19		
宽度方向分割量（N_W）	9		
断层要素的长度	1	km	
断层要素的宽度	1	km	
滑动方向分割数（N_D）	13		
叠加数量	2223		
样本频率	100	Hz	
再分割数量（n'）	4		
断层面积	171	km^2	断层长度×断层宽度
地震矩	2.1	10^{25}dyne·cm	
断层要素平均地震矩	0.9	10^{22}dyne·cm	
最大 Asperity 面积	28	km^2	
第二 Asperity 面积	10	km^2	
破裂开始点位置	Asperity 下缘		断层探测结果
破裂速度	2.7～3.0	km/s	
破裂形式	同心圆		根据断层产状选定
震源时间	0.56	s	
Asperity 平均滑动量比	2.01		
背景域平均滑动量比	0.73		
●Asperity 的位错量一定的场合			
最大 Asperity 的地震矩	0.7	10^{25}dyne·cm	
第二 Asperity 的地震矩	0.2	10^{25}dyne·cm	
背景 Asperity 的地震矩	1.2	10^{25}dyne·cm	

参数	设定值	单位	设定依据
平均应力降	22.9	bar	
最大 Asperity 的应力降	115.1	bar	
第二 Asperity 的应力降	154.1	bar	
背景域的应力降	19.1	bar	
●Asperity 的应力一定的场合			
最大 Asperity 的地震矩	0.8	10^{25}dyne·cm	
第二 Asperity 的地震矩	0.2	10^{25}dyne·cm	
背景 Asperity 的地震矩	1.1	10^{25}dyne·cm	
平均应力降	22.9	bar	
最大 Asperity 的应力降	131.5	bar	
第二 Asperity 的应力降	154.1	bar	
背景域的应力降	17.5	bar	

7.3　地脉动观测与解析

本节采用地脉动观测与解析的方法推导目标区地震动参数和地层深度。利用三分量强震仪沿设置的观测测线进行目标区范围的高密度地脉动观测，根据地脉动的理论和应用方法，开展观测测线所在地区的地震动参数和地下结构深度分布的推导，为地震危害性评价的三维地下结构建模提供必要数据。

7.3.1　目标区地脉动观测

1. 观测点布置原则

目标区域内大部分为平原，中部和东部部分地区为丘陵地带。根据目标区的地理地质条件和主要断层分布情况，考虑既有钻孔数据等地下结构数据的分布情况，在目标区内规划了三个区域开展地脉动观测。第一部分设置为沿废黄河断裂的西北－东南测线，该测线贯穿目标区，并且通过不同的地质构造环境；第二部分在西部区域布置了两条南北向测线，该测线可以改善西部严重缺乏地下结构数据的状况；第三部分在东南区域布置了两条测线，该测线可以丰富和提高开发区等平原地区的数据数量和质量。观测点间距设定为1～2km，除江河、山地、湖泊区域外，合计布置了68个地脉动观测点（图7-22）。具体观测点的选定根据现场实际情况进行判定，保证选择具有代表性的地点进行观测，同时确保观测数据的准确可靠。

2. 观测系统

由于地脉动频率较低，要求测试系统的低频特性良好，测试工作所使用的仪器为美国 Kinemetrics 公司生产的 K2 数字地震仪（24 位数字信号处理器）及其内置 EpiSensor

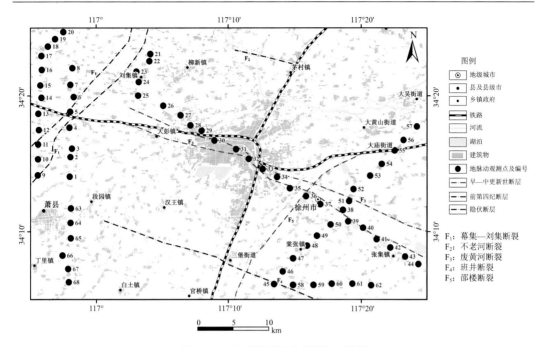

图 7-22　目标区地脉动观测点布置图

ES-T 力平衡式地震加速度计，测试系统频率范围为 DC-80Hz，动态范围达 108dB，具有观测精度高，自持力长，系统稳定可靠的特点。观测系统主要由速度型数字地震仪、地震计、放大器、数据采集器、直流电源和笔记本计算机组成。每次测试前均对仪器进行试运行和自检，以确保仪器能正常工作。

现场数据采集时，一般采用信号采集分析仪进行实时采集和初步分析，随时跟踪检查记录信号的质量。如观测点附近有较强的特定震源，地脉动观测时还须备有滤波器，以便排除高频干扰信号。现场观测时统一设定数据采样率为 100Hz。

现场观测选择环境噪声水平比较平稳的时间段，按照观测点布置图进行三分量的移动观测，每个观测点的观测时间为 15~45min。考虑到城区和城乡接合地区白天车辆多、人为干扰因素多，观测时间都是在晚上 10 点准备，待环境条件许可时开始观测，持续到次日凌晨。郊区人为干扰因素相对少，考虑到交通和安全因素，选择合适的时段进行观测。总之，现场观测因地制宜地挑选了周围环境相对比较安静的情况下进行。

7.3.2　地脉动解析简介

考虑到研究目的是推导盆地地下构造深度和卓越周期等参数，因此对高频部分（高于 10Hz）做滤波处理，然后解析数据。

现场观测的地脉动波形（图 7-23）显示，观测波形是非常复杂的，其记录真实反映了地脉动的周期性和振幅与场地的结构和环境具有关联的特性。地脉动的震源很难确定又极易受到微环境的特定影响（非平均响应），因此需要在数据解析时特别慎重地判断并提取合格的数据进行解析。图 7-23 中方框区域可以选择作为解析的数据段。一般情况下，解析前应考察原始地脉动波形,根据波形的质量从中提取未受到交通等噪声影响的数据,且应选择多个数据段进行解析。根据徐州现场测试情况,对每个观测点记录抽取 8 段记录数据,按照以下具体步骤进行解析分析:

(1) 对每一段数据做自相关函数计算,通过自相关分析剔除地脉动信号中可能含有的周期干扰信号,以确保计算结果的正确性;

(2) 给数据加一波宽为 8s 的 Barttlet 形滞后窗（lag window）；

(3) 对数据做平滑处理；

(4) 对数据进行傅氏谱变换求得功率谱；

(5) 将 8 段解析后的数据平均,获得该点的平均功率谱；

(6) 将水平向解析值和垂直向解析值相除得到 H/V 值。

在计算过程中还考察了不同长度数据在做傅氏谱分析计算时是否会影响计算结果,对比分析结果表明,不同长度的数据不会影响计算结果。

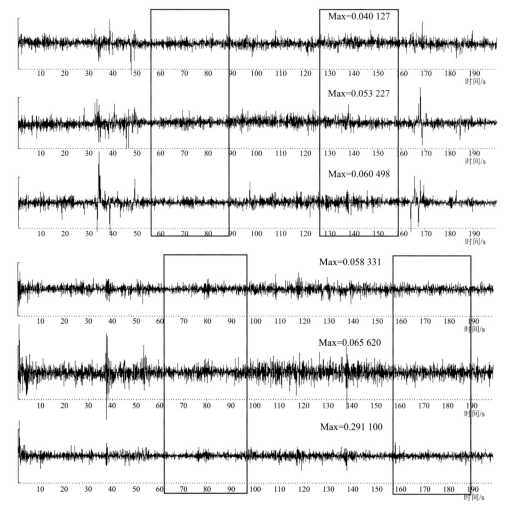

图 7-23　观测点波形和解析段选择示意

7.3.3　地脉动解析结果

1. 基本周期与卓越周期解析

为了比较基本周期与卓越周期的差异，选择目标区范围内西部、中部和东部各两个点数据进行解析加以说明。

在读取基本频率值和卓越频率值时，考虑到仪器的自振周期及工程利用频带范围等因素，考察的有效频率范围确定为 0.1～10Hz。基本频率的读取原则是将从 0.1Hz 之后出现的第一个峰值作为基本频率值，以红色实心圆表示；卓越频率的读取原则是将 0.1～10Hz 范围内最大峰值所对应的频率作为卓越频率值，以蓝色实心圆表示。图 7-24～图 7-29 为目标区西部、中部和东部 6 个观测点数据的解析结果，每幅图中上部 4 条曲线表示该点的水平功率谱，下部 4 条曲线表示该点的 H/V 谱比结果。

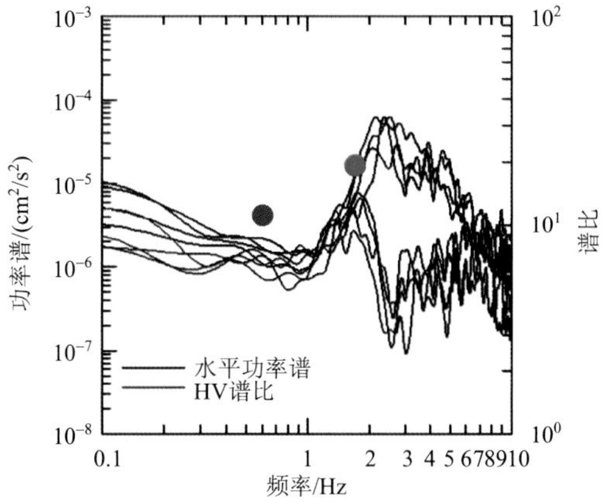

图 7-24　西部（T03）地脉动谱比解析结果

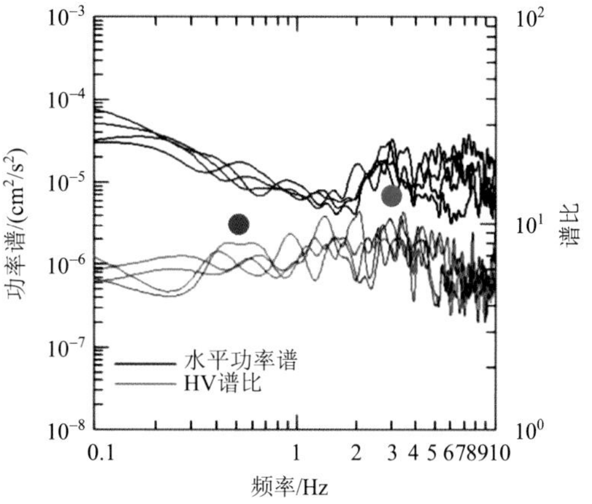

图 7-25　西部（T06）地脉动谱比解析结果

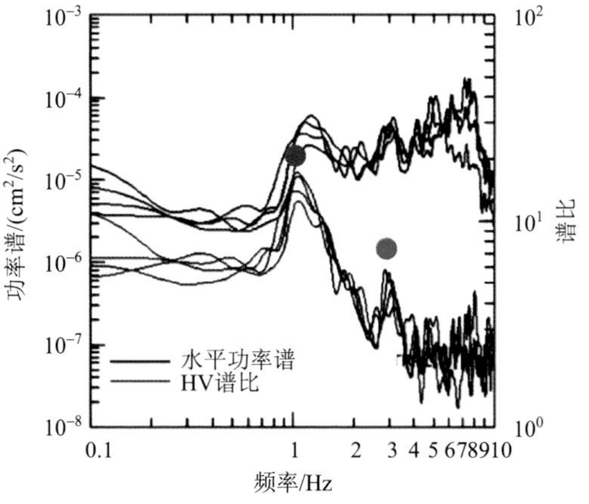

图 7-26　中部（T31）地脉动谱比解析结果

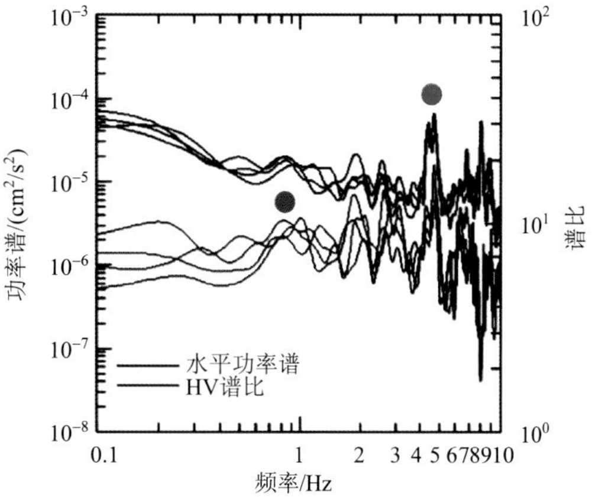

图 7-27　中部（T35）地脉动谱比解析结果

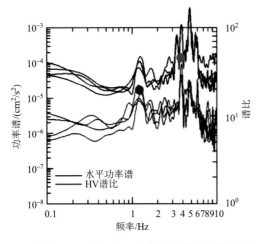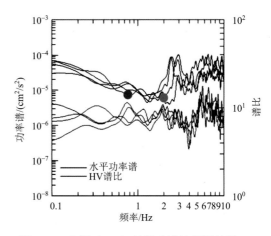

图 7-28　东部（T48）地脉动谱比解析结果　　图 7-29　东部（T60）地脉动谱比解析结果

分析 6 个观测点数据的解析结果可以发现，H/V 谱比的峰值位置与水平分量谱峰值基本相同，略有差异。在现行规范中划分工程场地类型时，常使用地脉动观测数据的卓越周期等参数进行场地地基土的划分，规范中所涉及的卓越周期都是地脉动水平分量谱的卓越周期。但是近年的研究发现，利用地脉动的 H/V 谱比得到的卓越周期比利用水平谱得到的卓越周期更接近地震发生时的实际卓越周期，因此在解析时充分考虑了两者的差异性，对比两者的结果，优先选择频谱比所示的峰值位置作为卓越周期。

2. 周期与深度关系曲线

地脉动的频谱特征受整个区域自然条件的制约，基本频率和卓越频率的分布情况也可以看出，观测点 T06 的卓越频率明显比其他观测点小，反映了目标区西北部地层特征及地层之间的抗阻变化不大，这一点可以通过标准孔等勘探资料验证。自西向东方向，卓越频率变化较大，反映出不同地域地质构造变化复杂。以各个观测点 4 组数据的矢量平均值作为每个观测点的 H/V 频谱分析结果，可以看出，不同区域的地质状况对应于不同的周期与深度关系（D-T 关系曲线）。因此，为了更准确地研究地脉动卓越周期与地层深度之间的关系，进行了地层深度的推导，需要根据目标区内山地和平原的形成和分布情况及地脉动的测线位置，将地脉动观测点所在区域划分为不同类型的区域，分别进行周期及周期与深度之间关系的讨论。

划分区域时充分考虑了地形地貌、地脉动观测地点与钻孔的相对位置和疏密关系，山区的观测点由于其地下结构以岩石为主、速度构造相近而单独分为一类，在确定观测方案时没有设计布置观测点。因此，在目标区内共划分为 6 类地区（图 7-30），其中 A-A′区域附近钻孔数据较多，可以作为参考卓越周期与土层深度关系的主要依据；F-F′为山区，基岩出露，在这里不予讨论；其余各个区域的 D-T 拟合曲线见图 7-31～图 7-35。

图 7-31 表示 A-A′的卓越周期与深度回归关系曲线，该测线共 17 个观测点，除个别观测点受环境干扰影响较大被剔除以外，整体看来，该区域内观测点的卓越周期与深度基本符合比例对应的关系；从观测点分布的位置也可以看出，观测点的卓越周期变化范

围较大，说明地下深度变化也比较大，由西北至东南方向经历了卓越周期逐渐减小，对应深度也逐渐减小的过程。由于地理位置不同，个别地点有较大的偏离性。

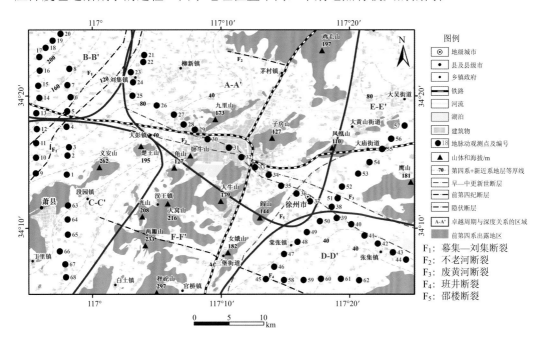

图 7-30　推导卓越周期与深度关系的区域划分

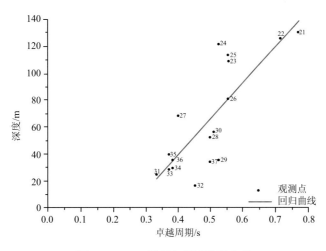

图 7-31　A-A′周期与深度关系曲线

D-D′、E-E′测线周围也有一些钻孔，在确定土层深度时，可以同时考虑测线的回归拟合结果与附近钻孔数据两者的比较关系，如果观测点处正好有钻孔，可以钻孔数据作为标准；B-B′、C-C′测线由于观测点附近钻孔数据不多，在确定土层深度时主要考虑测线的拟合结果，个别数据可以参照附近钻孔数据。以上四部分区域的观测点都比较集中，卓越周期变化范围不大，反映所在地区的相应地层深度变化不明显。

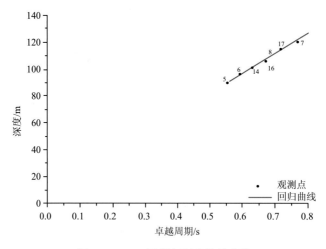

图 7-32　B-B′周期与深度关系曲线

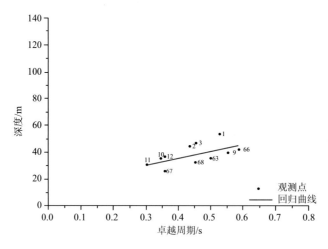

图 7-33　C-C′周期与深度关系曲线

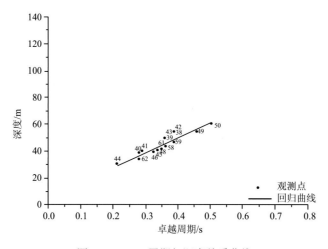

图 7-34　D-D′周期与深度关系曲线

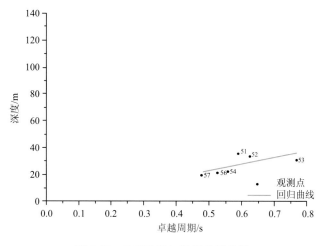

图 7-35　E-E′周期与深度关系曲线

分析上述五个区域的综合 *D-T* 曲线（图 7-36），B-B′区域的地层深度明显比较大；沿 A-A′测线的地层深度逐渐减小，而沿 C-C′、D-D′和 E-E′区域的地层深度都比较浅。这也反映出目标区西北部地层比较深，局部地区达到地下 130m 左右，而中东部地区都比较浅，深度集中在 20～60m。另外，发现 B-B′和 E-E′区域内的点卓越周期都比较大，且 A-A′偏北部方向的点也有这一特征，可以相信以废黄河断裂为界，北部地区土体比较软，主要体现在东北部大部分地区，而南部地区丘陵多，土体比较硬，反映出的周期也比较小，频谱峰值变化也不明显。

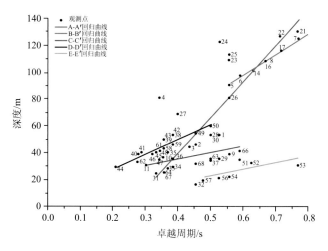

图 7-36　综合全部观测点的卓越周期与深度关系曲线

3. 推导的地层深度结果

根据以上的分析结果，通过观测数据的解析获得卓越周期，在此基础上通过建立的 *D-T* 曲线，推导得到全部观测点的第四系深度，并结合其他数据推导出新近系的地层深度，具体数据如表 7-5 所示。

表 7-5　观测点周期-深度分析结果表

观测点号	基本周期/s	卓越周期/s	第四系深度/m	新近系深度/m
T01	1.33	0.53	53.37	658.03
T02	0.83	0.43	44.09	491.42
T03	1.67	0.45	46.09	515.78
T04	0.67	0.34	80.89	603.50
T05	1.05	0.56	90.22	469.00
T06	1.52	0.59	95.53	603.50
T07	1.33	0.77	118.92	678.22
T08	1.11	0.67	108.26	491.42
T09	1.09	0.59	41.29	603.50
T10	0.91	0.34	34.97	420.09
T11	1.43	0.30	30.73	678.22
T12	0.63	0.36	36.21	469.00
T13	0.71	0.67	108.26	658.03
T14	1.11	0.63	101.50	722.18
T15	1.28	0.83	135.33	491.42
T16	1.32	0.67	108.26	620.74
T17	1.11	0.71	116.00	603.50
T21	1.09	0.77	130.25	603.50
T22	1.14	0.71	126.1	556.58
T23	1.28	0.56	108.50	469.00
T24	1.05	0.53	122.00	491.42
T25	1.37	0.56	113.10	479.98
T26	1.54	0.56	80.46	379.33
T27	1.37	0.40	68.38	420.09
T28	1.23	0.50	52.68	491.42
T29	1.67	0.53	35.68	678.22
T30	1.18	0.50	52.5	571.48
T31	1.67	0.33	24.54	458.45
T32	1.11	0.45	16.58	289.67
T33	1.82	0.37	28.5	469.00
T34	1.54	0.38	29.19	699.57
T35	1.20	0.37	39.95	267.25
T36	1.18	0.38	35.69	515.78
T37	1.43	0.50	34.27	891.71
T38	1.25	0.38	53.51	376.01
T39	1.22	0.36	49.69	178.37
T40	1.61	0.28	38.65	267.55
T41	1.00	0.29	39.75	309.17
T42	1.37	0.38	53.51	231.88

续表

观测点号	基本周期/s	卓越周期/s	第四系深度/m	新近系深度/m
T43	1.11	0.36	49.69	356.73
T44	1.61	0.21	28.98	231.88
T45	1.18	0.33	39.87	186.88
T46	1.09	0.32	38.58	239.20
T47	1.22	0.33	39.87	323.24
T48	1.23	0.34	41.24	166.11
T49	0.91	0.45	39.36	222.05
T50	1.11	0.50	44.80	190.64
T51	1.18	0.59	38.49	76.99
T52	1.28	0.63	34.96	124.31
T53	1.20	0.77	30.72	105.11
T54	0.77	0.56	22.19	68.86
T55	0.91	0.56	22.19	81.51
T56	1.00	0.53	21.02	81.51
T57	0.83	0.48	19.02	66.57
T58	1.25	0.36	42.71	284.76
T59	1.18	0.38	46.00	184.00
T60	1.28	0.36	42.71	199.33
T61	1.05	0.33	39.87	199.33
T62	1.25	0.28	33.22	239.20
T63	1.33	0.50	35.10	491.42
T64	1.39	0.36	25.07	515.78
T65	1.05	0.56	39.00	326.59
T66	1.14	0.59	41.29	394.79
T67	1.18	0.36	25.07	556.58
T68	1.49	0.45	31.91	394.79

7.3.4　解析结果的验证

1. 结合钻孔数据的验证

选取目标区内具有代表性的第一条测线开展了地脉动推测深度与根据钻孔数据确定的第四系深度的比较。选取的测线为西北－东南方向包含观测点数量最多、通过地质条件最为复杂的测线（A-A'测线）。比较结果如图 7-37 所示，图中绿色矩形表示钻孔柱状图，红色实线表示第四系深度分布，蓝色实线表示地脉动数据得到的深度。丘陵区域由于没有观测点数据，故用虚线连接。图中地脉动推导的地层深度虽然不能完全与第四系深度一致，但是两者偏差不大，沿深度变化趋势也比较相似，因此可以认为地脉动解析方法推测的地层深度比较可靠。

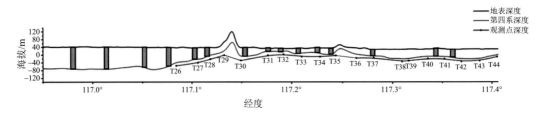

图 7-37　西北－东南方向地脉动深度与钻孔对比曲线

2. 结合理论计算的验证

为了进一步验证地脉动数据的准确性,在确定地下土层各层深度之后,通过各层土的分布情况,对地脉动进行反演来验证实测结果的正确性。研究结果表明,地脉动中的波成分主要由表面波构成,因此在这里用波动理论进行瑞利波发散计算,也就是将表面波水平分量与垂直分量的比值作为地脉动理论 H、V 比值并与实际的 H/V 值比较。本次选取了 20 多个观测点进行模拟计算,这里列举其中 4 个点的结果加以说明。为了便于理论计算,理论计算模型假定盆地沉积层为水平层状沉积。计算主要采用的方法是 Compound-Matrix 法,该方法比传统的 Thomson-Haskell 行列式法精度更高。

根据钻孔资料,将地下基岩以下的部分视为半无限弹性体,其上分为 5 层,分别是 Q3、Q2、Q1、Q、R,假定这 5 层是水平成层分布。借助地球物理勘探和钻孔结果给定各地层相应的层厚、密度、剪切波速度、纵波速度,考虑到目标区土体成层性比较好,并参照 5 个区域不同测线地脉动观测值推导出的各地点深度,建立了各观测点地下分层模型用于理论计算。表 7-6 给出了 4 个点的相关参数,包括沉积层分层、各层厚度、密度、剪切波波速 V_S 和压缩波波速 V_P。

表 7-6　理论模型计算参数

层号	层数	厚度/m	密度/（g/cm³）	V_S/（m/s）	V_P/（m/s）
No.1	1	6	1.75	230	1000
	2	12	1.85	470	1900
	3	50	1.9	690	3200
	4	104	2.2	1700	4500
	5	—	2.5	3200	5100
No.2	1	2	1.75	230	1000
	2	15	1.85	380	1900
	3	39	1.9	570	3200
	4	100	2.2	1000	4500
	5	—	2.5	3200	5100
No.3	1	5	1.75	200	1000
	2	22	1.85	320	1900

续表

层号	层数	厚度/m	密度/（g/cm³）	V_S/（m/s）	V_P/（m/s）
	3	40	1.9	470	3200
No.3	4	79	2.2	900	4500
	5	—	2.5	3200	5100
	1	5	1.75	230	1000
	2	10	1.85	460	1900
No.4	3	33	1.9	700	3200
	4	69	2.2	1700	4500
	5	—	2.5	3200	5100

图 7-38 为不同位置选取的 4 个典型观测点的地脉动理论计算值与观测值的对比结果，4 条变化趋势相似的曲线表示不同数据段的观测 H/V 谱比的结果，较粗的单条曲线表示地脉动理论计算的结果。计算结果表明，实际观测结果与基于地层结构模型的理论计算结果在峰值位置和变化趋势方面对应较好，反映了通过观测数据 H/V 谱比得到的地层深度是基本合理的。根据这种观测曲线与理论曲线的比较可以对观测结果的有效性进行佐证，同时可以通过两者的对应关系推导地下结构。

使用钻孔数据等其他探测数据，以及地脉动的理论计算与地脉动观测，可以更加准确高效地在推导地下结构方面应用地脉动理论。通过合理地布置观测阵列，并在观测点之间合理地插值和解析，可以获得地脉动观测阵列内部和外部较大区域的结果，在此基础上，结合其他探查方法可以比较简便地大面积推导目标区域的三维地下速度结构。

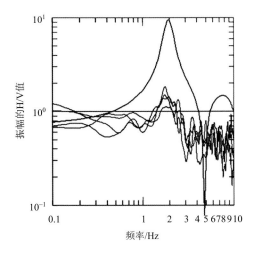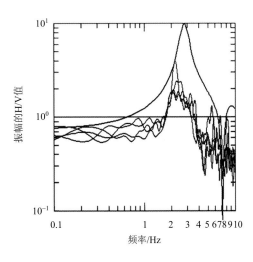

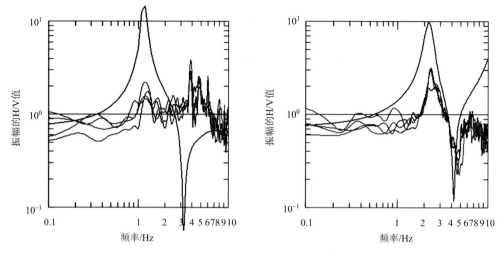

图 7-38   地脉动理论计算值与观测值的结果对比

7.4   目标区地下速度结构模型

综合利用徐州地区的浅层地震勘探结果、地质与地形资料、钻孔资料（用于第四系层序地层和物性分析）、各地层波速试验资料（剪切波速度 V_S 或纵波速度 V_P）、地脉动测试解析数据及其他调查资料，确定目标区典型地层的空间分布和物性参数。运用多功能商业软件处理海量数据及密度均匀地区的模型，在数据稀少和分布不均匀的地区运用 B-spline 函数建模方法联结空间随机分布的深度数据，建立符合地质学和地形学理论的三维不均匀地层结构模型。

综合探查和标准孔钻孔资料、收集的目标区及附近的钻孔等资料进行地层划分，细分为 Q4、Q3、Q2 地层对应层，第四系基底为 Q 层对应层，其下部层为 T 层对应层，以及岩石圈表层 R 层和地震孕育层等。这里使用"某 Q 对应层"的概念是为了表示根据波速确定的分层，区别于按照年代命名的地层。根据调查资料，目标区内 Q1 层不发育。对于各种不同的资料，按照其质量进行整理和分类，并根据强地震动预测的需要有选择性地使用。图 7-39 详细给出了徐州目标区及周边地区的钻孔资料分类图，图 7-40 则表示用于地下结构模型的主要数据类型与分布图。以此构建了目标区地下三维速度数据体。

地下速度结构模型为七层分层结构，各层参数 7 个，包括介质要素的空间坐标（x_j, y_j, z_j）、纵波速度 V_P、剪切波速度 V_S、密度 ρ、品质因子 Q 等（表 7-7）。其中，浅层结构模型的纵波速度 V_P、剪切波速度 V_S、密度 ρ 等参数参考本研究标准钻孔的动力特性测试、钻孔数据库的 800 余个钻孔资料和相关数据进行了设定。品质因子 Q 依据既有科研成果，通过其他物性值间接导出。深部结构根据地质和地球物理成果资料确定。在设定时，考虑三维数值模拟方法的特点，进行了适宜的数据调整。图 7-41～图 7-50 为主要速度层结构的平面图、三维鸟瞰图和剖面图，图 7-51 展示了目标区地下各主要速度结构地层分布的空间相关关系。

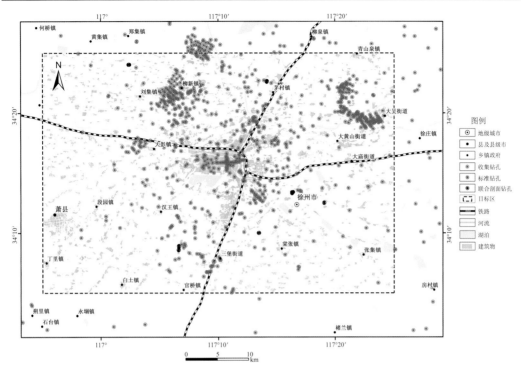

图 7-39 目标区及附近地区钻孔资料分类图

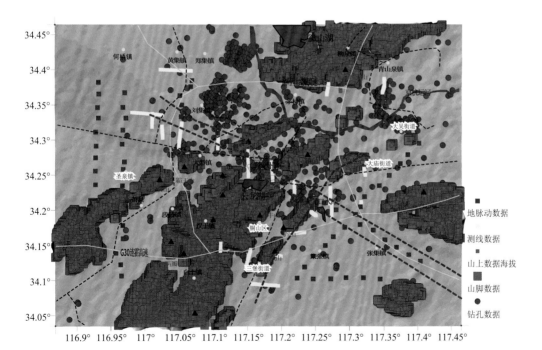

图 7-40 目标区地下结构模型使用的主要数据类型和分布图

表 7-7　目标区地下速度结构模型物理参数

序号	地层名称	P 波速度/（km/s）	S 波速度/（km/s）	密度/（g/cm³）	品质因子
1	Q4 对应层	0.90～1.00	0.25～0.30	1.85～1.90	50～60
2	Q3 对应层	1.10	0.35	1.95	80
3	Q2 对应层	1.50	0.50	2.00	100
4	Q 对应层	2.10～2.20	0.55～0.65	2.05～2.10	150～160
5	T 对应层	2.50～3.50	1.00～1.50	2.15～2.20	200～300
6	R 对应层	5.40～6.00	2.80～3.00	2.60～2.70	500～700
7	地震孕育层	6.20～7.80	3.20～3.60	2.80～2.90	>1000

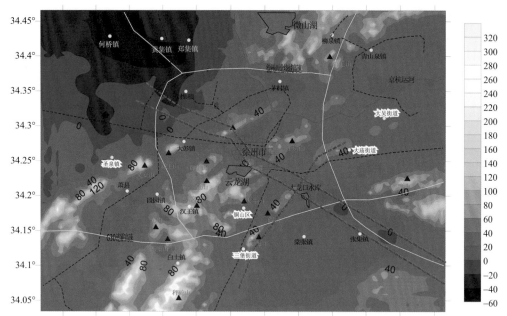

图 7-41　目标区地下速度结构模型与地形 Q3 对应层平面图（等深线，单位：m）

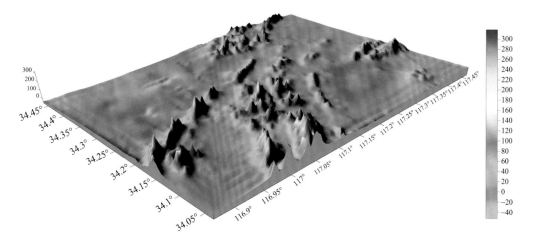

图 7-42　目标区地下速度结构模型与地形 Q3 对应层鸟瞰图（单位：m）

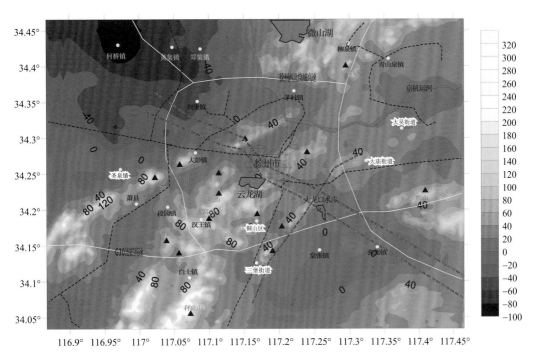

图 7-43　目标区地下速度结构模型与地形 Q2 对应层平面图（等深线，单位：m）

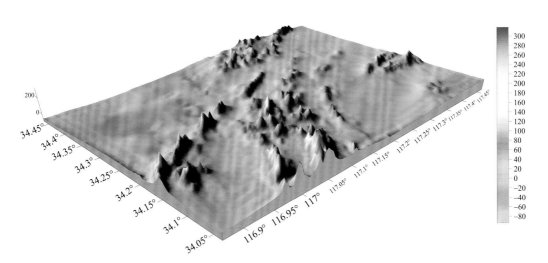

图 7-44　目标区地下速度结构模型与地形 Q2 对应层鸟瞰图（单位：m）

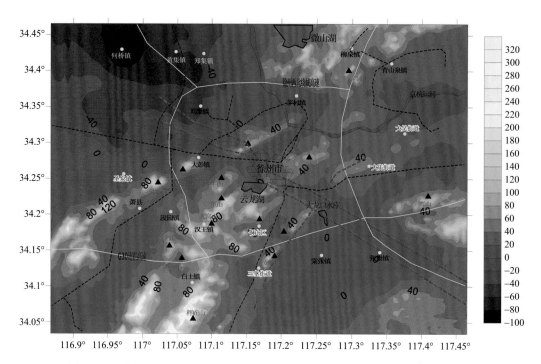

图 7-45　目标区地下速度结构模型与地形 Q 对应层平面图（等深线，单位：m）

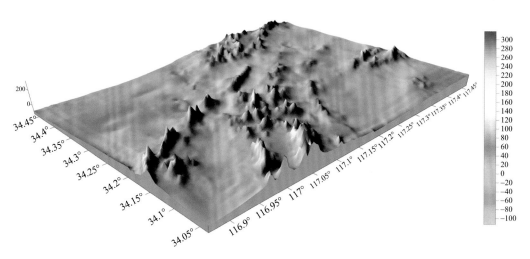

图 7-46　目标区地下速度结构模型与地形 Q 对应层鸟瞰图（单位：m）

图 7-47　目标区地下速度结构 Q 对应层东西向剖面图

图 7-48　目标区地下速度结构 Q 对应层南北向剖面图

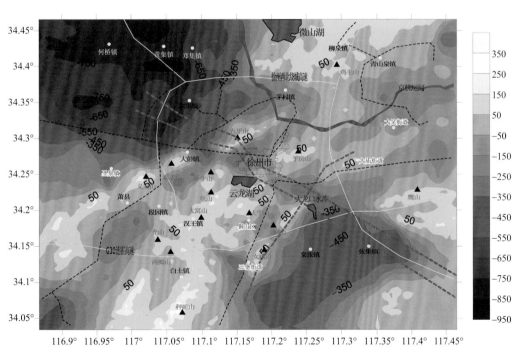

图 7-49　目标区地下速度结构模型与地形 R 对应层平面图（等深线，单位：m）

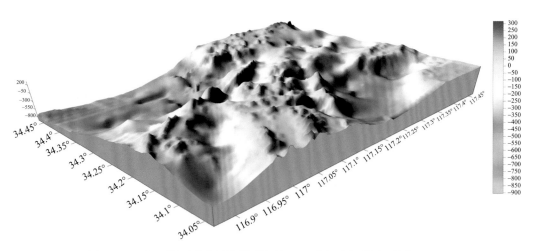

图 7-50　目标区地下速度结构模型与地形 R 对应层鸟瞰图（单位：m）

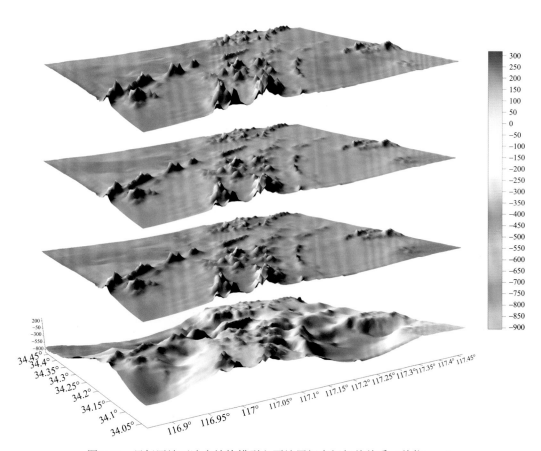

图 7-51　目标区地下速度结构模型主要地层间空间相关关系（单位：m）

7.5　强地震动计算与合成

7.5.1　短周期强地震动计算

本地区小于 1s 的短周期强地震动（高频）采用改良随机格林函数法计算。改良随机格林函数法是在 Boore（1983）的理论震源波谱模型的基础上，根据 Irikura 和 Kamae（1994）的方法进行大地震合成的方法。该方法考虑了表层地质效应确定要素地震（Kamae et al.，1990），包括断层破裂时的震源破裂放射特性和包括表层在内的堆积地层的场地效应等因素，是目前计算短周期强地震动最为有效的方法。计算使用了三维地下结构模型和 Asperity model 的参数。计算时选取三维地下结构建模范围中包括目标区在内的有效部分。为了保证目标区范围模型具有较高的精准度，按照目标区范围向外围扩张 5km 的条件建立了基本计算模型。

在基本计算模型中，长周期和短周期计算波形的输出地点设定为以 1km^2 为单位的单元，然后根据地震动强度区划的要求，进行其周围 4km^2 的平均计算，区划单元合计达到 2800 个。

7.5.2　长周期强地震动计算

在保证计算模型参数的合理化和效率化的前提下，基于不规则网格的三维有限差分法（3DFD staggered-grid finite differences with non-uniform spacing）进行有效周期为 1s 以上的长周期地震动场的理论计算。

采用有效实用的有限差分法等进行理论计算，预测长周期强地震动的时程，计算模型的地表层剪切波最小波速为 V_S=200～300m/s，同时覆盖表层的厚度在零至数千米之间变化，层厚复杂，为典型的山区－丘陵－平原地貌的地质结构。因此，在保证有效计算周期的条件下，尽可能地采取较密集的网格划分，以客观地反映地下模型形状的准确性。水平方向网格单元定为 50m，垂直方向采用变步长网格，在盆地深度内网格尺寸为 10～50m，基岩内网格采用 100～200m。目标区内断层计算模型的计算自由度约为 3000 万个，区域外断层的计算自由度约为 10 千万个。由于模型表层采用了密集间距的网格划分，要求计算的时间步距非常短，以满足计算精度的要求。当最大纵波波速 V_P=6000m/s、表层网格尺寸为 20m 时，计算时间步长要求不大于 0.002，即每计算 1s 的时程需要进行 500 次计算。

7.5.3　宽频带地震动合成

在完成长、短周期地震动计算的基础上，运用混合法（hybrid method）的宽频带模拟地震波的合成技术对于长、短周期的地震波同时实施相同特性的波段过滤处理，在频域合成后得到宽频带模拟地震波。

运用混合法合成宽频带大地震波，采用三维差分法计算长周期大地震波及采用改良随机格林函数法计算短周期大地震波的地震动参数，分别得到各个地震波 NS、EW、UD

分量的加速度、速度、位移的波形，以及相应的反应谱（阻尼常数 5%）。

7.6 目标断层地震动预测

目标区强地震动预测成果主要包括在废黄河断裂、邵楼断裂上发震断层段的设定震级下，目标区最大加速度（PGA）分布图（峰值加速度场）、最大速度（PGV）分布图（峰值速度场）和最大位移（PGD）分布图（峰值位移场），以及目标区 2800 个输出单元（每个输出单元面积约 1km^2）中心的南北分量、东西分量和垂直分量三个分量的地震动加速度、速度和位移时程曲线（波形）。

7.6.1 废黄河断裂 M6.2 级设定地震最大地震动分布特征

1. 最大地震动分布特征

图 7-52～图 7-54 分别表示废黄河断裂发生 M6.2 级设定地震（方案 1）时，在目标区范围内的最大加速度（PGA）分布图、最大速度（PGV）分布图及最大位移（PGD）分布图。

最大加速度（PGA）分布图（图 7-52）显示，最大加速度的影响范围基本上覆盖整个目标区。相对于目标区的尺度，接近 20km 的断层区段发生强烈破裂时所形成的影响是非常大的。加速度高值影响区的范围集中分布于发震断层的两侧，这里的高值影响区是指对该地区建筑物可能产生破坏效应的 100cm/s^2 以上的加速度分布区域。对于目标区内断层发震时的近断层地震动场，其最大特征是同时表现出强烈的震源特性效应和场地特性效应。废黄河断裂是正断层的破裂模式，其地震动将在上下盘形成较为集中的分布，而不显著向断层的两端辐射，因此该地震形成的具有较高幅值的地震动场在地表的分布形状接近于以发震点为中心、半径约 15km 的圆形区域。根据场地条件分析，震源附近地区的地质构造以平原与丘陵为主，平原地区具有比较松散的第四系覆盖层，堆积层厚度变化不剧烈，因此总体看，场地对于地震动的影响表现为山区、丘陵或岩石露头区域较小，堆积覆盖层区域较大。其地震动分布形状受到北东—南西向分布的弧形丘陵和堆积平原的显著影响，在平原与丘陵地带接壤区域的复杂地下构造也对地震动产生了复杂的放大（增幅）和聚焦等效应。近场地震动空间分布的主要影响因素是地震的震源机制和区域地质构造。震源的影响因素包括断层大小、展布形式和破裂方式等，地质构造的影响因素包括覆盖层的性质和厚度、盆地的大小和边缘形状等，因此综合考虑废黄河断裂的破裂模式、断层的空间展布和尺度、场地条件等因素，可以合理地解释发生破裂所形成的强地震动场的分布形态和特征。

在上述范围内的地震动幅值大部分都在 150cm/s^2 以上，其中极限最大加速度幅值达到 260～280cm/s^2。对于徐州市城区，则处于地震动发生空间急剧变化的区域，其东部局部地区地震动的幅值达到 200cm/s^2 以上，西部局部地区在 100cm/s^2 左右，其中间区域为 150cm/s^2 水平的区域。市区东北侧的子房山和南侧的大牛山的地震动较小。由于两座山脉的存在，影响了堆积平原的规模和深度，在山的西侧地区没有形成大面积的地震动高值区。

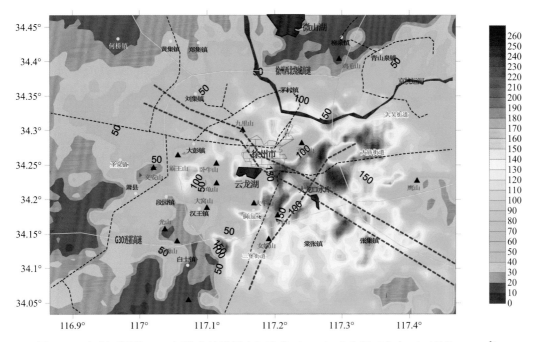

图 7-52　废黄河断裂 M6.2 级设定地震最大加速度（PGA）分布图（方案 1）（单位：cm/s^2）

红色虚线为目标断层迹线，下同

最大速度（PGV）分布图（图 7-53）显示，速度高值影响区具有沿断层的相对松散覆盖层分布的趋势，但是由于场地的影响，其主要高值影响区显著分布在大龙口水库北侧和东北侧区域、大牛山山前地区及大庙街道附近，在刘集镇和大彭镇之间也形成较大幅值的分布区域。

目标区内的极限最大速度值约为 24cm/s。最大速度（PGV）分布区域的机理对应于断层的破裂机理和断层的几何展布，同时对应于表面地质松散覆盖层的分布特征。震源附近的最大值分布对应于最大加速度所在区域，而在较远的区域，受到场地堆积层厚度的影响比较显著。

最大位移（PGD）分布图（图 7-54）显示，地震动位移峰值场的分布具有明显的集中和条带特征。最大位移的高值区域主要集中于破裂断层的端部和上盘区域，分别集中于市区、张集镇和大庙街道。

最大地震动的三分量分布情况（图 7-55）显示，三分量的加速度最大值分布具有不同的特征。其中，南北分量的最大值为 260～280cm/s^2，东西分量的最大值为 230～250cm/s^2，显示受北东－南西向分布的丘陵和堆积平原的影响较大。水平分量的最大值决定了目标区内最大地震动的分布状态和幅值。垂直分量相对水平分量幅值较小，约为其 1/4～1/3。

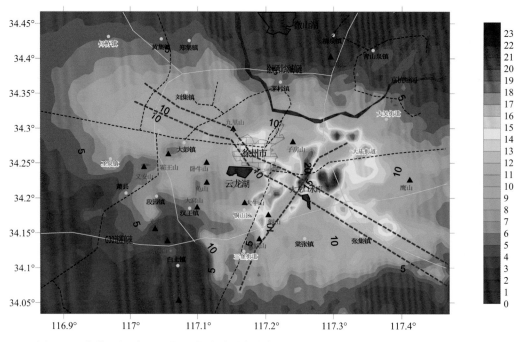

图 7-53　废黄河断裂 M6.2 级设定地震最大速度（PGV）分布图（方案 1）（单位：cm/s）

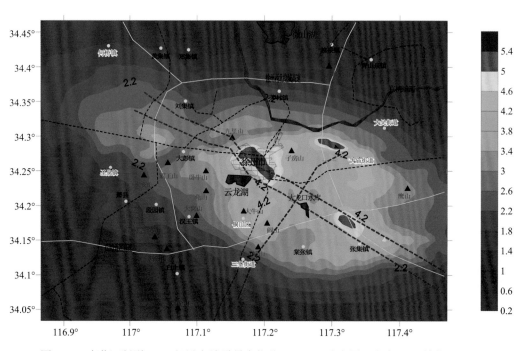

图 7-54　废黄河断裂 M6.2 级设定地震最大位移（PGD）分布图（方案 1）（单位：cm）

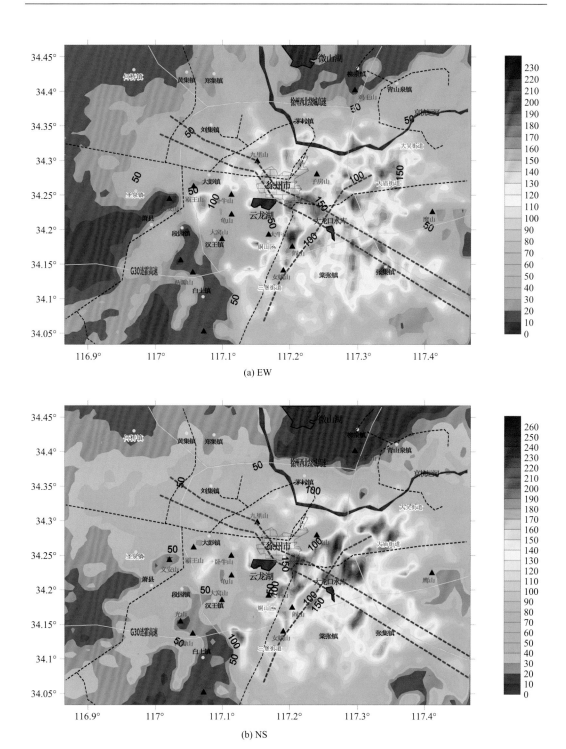

(a) EW

(b) NS

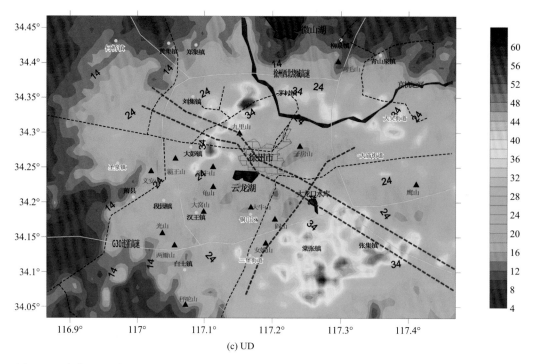

(c) UD

图 7-55　废黄河断裂 $M6.2$ 级设定地震最大加速度（PGA）三分量分布图（方案 1）（单位：cm/s^2）

2. 不同震源方案最大地震动分布特征比较

考虑到断层参数的不确定性，调整了 Asperity 位置的不同断层震源模型的设定，以考察不同参数条件下的地震动场分布情况，把握同一震级的地震可能发生的地震动场分布变化范围。该不同震源方案称为废黄河断裂 $M6.2$ 级地震震源方案 2。

图 7-56～图 7-58 分别表示废黄河断裂发生 $M6.2$ 级地震时震源方案 2 的计算结果。最大加速度（PGA）分布图（图 7-56）显示，加速度影响范围基本覆盖整个目标区，加速度高值影响区范围集中分布于断层的两侧，这里的高值影响区是指对建筑物可能产生破坏的 100cm/s^2 以上的加速度分布区域。与方案 1 一样，对于目标区内的断层发生的近断层地震动场，最大特征是同时表现出强烈的震源特性和场地特性。相对断层南侧，断层北侧区域的地震动分布范围更大。其地震动分布形状与方案 1 的不同之处在于其地震动场分布偏于东部，对于西部的较远地区的影响有所减弱。但是对于市区的地震动影响强度并没有明显的区别。断层附近区域的地震动幅值基本都在 150cm/s^2 以上，其中最大加速度幅值达到 280～290cm/s^2。市区东北侧的子房山和南侧的大牛山的地震动较小。

两种方案最大加速度的分布结果比较相似，速度分布结果相对变化较大。对于最大位移的分布，不同震源模型的结果相差较大，其分布状况依据 Asperity 空间位置的变化而显著不同，表现出比较明显的断层几何效应。

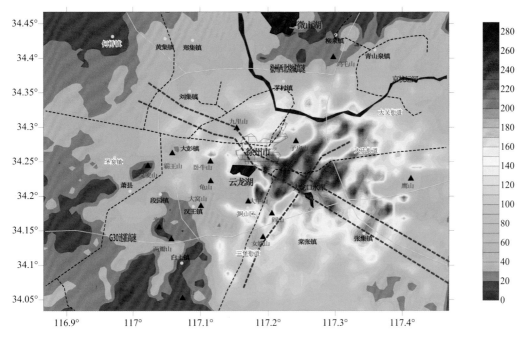

图 7-56　废黄河断裂 M6.2 级设定地震最大加速度（PGA）分布图（方案 2）（单位：cm/s^2）

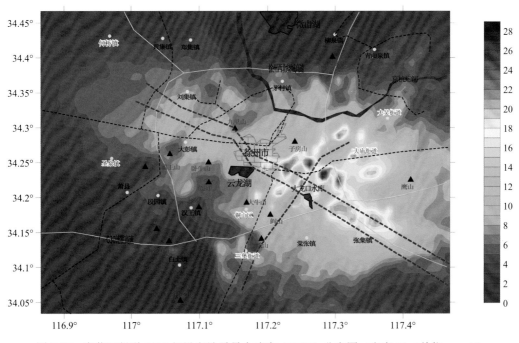

图 7-57　废黄河断裂 M6.2 级设定地震最大速度（PGV）分布图（方案 2）（单位：cm/s）

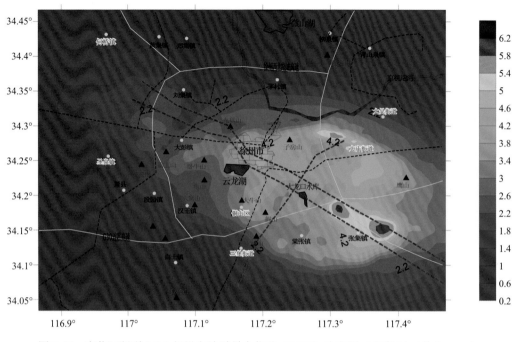

图 7-58　废黄河断裂 M6.2 级设定地震最大位移（PGD）分布图（方案 2）（单位：cm）

　　综上所述，不同断层模型方案的计算结果，在最大加速度的峰值上变化不大，在高值区的分布范围上有所不同，方案 1 偏向于西侧，方案 2 偏向东侧分布。两种方案对于远方区域的影响较为明显，但是对于断层展布空间附近的区域，其最大加速度的峰值和分布基本相同。考虑到震源的不确定性，Asperity 的空间布置较为平均，加之断层的展布范围（长度）较小，两种方案在外围的影响范围上差异性较大，在核心区域的差异性不十分明显。不同的方案为使用单位提供了选择条件，同时完善了地震断层发震时的各种可能性，对于把握该断层地震动的变动范围有所贡献。

　　对于近场地震动来讲，除震源效应以外，三维不均匀介质的松散地层产生的场地效应对地震动的空间分布有着非常复杂的影响，近断层区域（距离断层 10～15km 的区域）的地震动受断层和地下结构的影响比较强烈，而与断层具有一定距离的地震动则受到地下结构的支配性影响，这种现象已经在既往的地震观测记录中得到体现。影响近场地震动的最大值的因素很多，详细讨论最大值的问题需要精密的地下结构和丰富的观测资料，目前只能依赖于既有的资料尽可能建立相对精密的三维预测模型进行计算，以争取达到较高的精度。因此，本书侧重于考察地震动的空间分布形态，而对于最大地震动不进行更加深入的讨论。尽管在进行建筑物抗震防灾时主要依据最大加速度，但是地下结构的抗震需要以速度或位移作为主要指标，因此加速度、速度和位移均为重要的地震动参数，对三种不同量值的研究可以深入把握地震动的特性。同时为使用单位在考虑不同抗震对象时，提供了选择和参考的依据。

7.6.2　废黄河断裂 *M*6.5 级设定地震最大地震动分布特征

根据地震危险性评价结果假设极端情况时的设定地震 *M*6.5 级，对于废黄河断裂发生地震的地震动进行了预测分析。图 7-59～图 7-61 分别表示废黄河断裂发生 *M*6.5 级地震（方案 1）时，在目标区范围内的最大加速度（PGA）分布图、最大速度（PGV）分布图及最大位移（PGD）分布图。

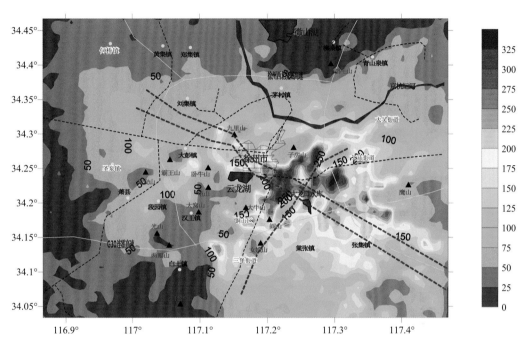

图 7-59　废黄河断裂 *M*6.5 级设定地震最大加速度（PGA）分布图（方案 1）（单位：cm/s²）

最大加速度（PGA）分布图（图 7-59）显示，加速度影响范围基本上覆盖整个目标区。该级别的地震断层长度达到 28km，宽度为 13km，因此断层在目标区内的展布空间和影响范围很大。加速度高值影响区范围集中分布于发震断层的两侧，而次级影响圈的分布范围很广泛。地震形成的具有较高幅值的强地震动场在地表的分布为沿断层长度方向约 40km、沿断层垂直方向约 30km 的区域。同样，对于这种直下型地震的近断层地震动场，其最大特征是同时表现出强烈的震源特性效应和场地特性。尽管该方案的主要 Asperity 的分布偏于断层的西侧，但是由于受到北东－南西向分布的弧形山脉及其东侧堆积平原的显著影响，加速度值 250cm/s² 以上的区域基本上分布于山脉的东侧地区。加速度值 250cm/s² 以上的地点大致分布在直径 10km 的区域，影响范围包括子房山和大牛山东侧、大庙街道南侧、鹰山西侧和张集镇北侧的共同区域。另外，位于丘陵南部东侧的铜山区附近达到 200cm/s² 左右。该影响圈内的极限最大加速度达到 340～350cm/s²。

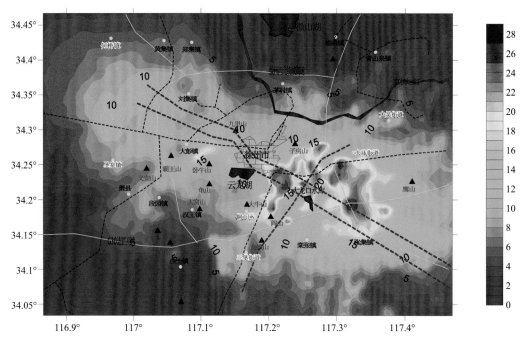

图 7-60　废黄河断裂 *M*6.5 级设定地震最大速度（PGV）分布图（方案 1）（单位：cm/s）

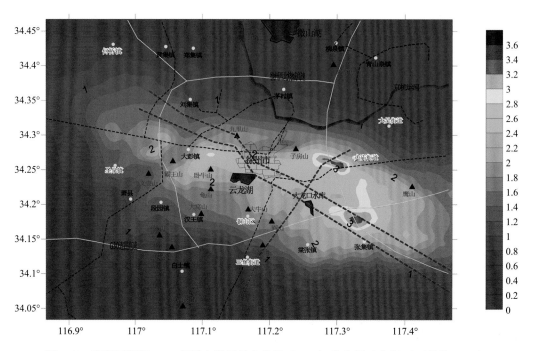

图 7-61　废黄河断裂 *M*6.5 级设定地震最大位移（PGD）分布图（方案 1）（单位：cm）

除上述大于 200cm/s^2 加速度幅值的影响区以外，在次级影响区（断层迹线延长方向 40km、断层迹线垂直方向 30km）范围内，地震动幅值基本都在 100cm/s^2 以上。对于徐州市区，其东南部局部地区地震动的幅值达到 250cm/s^2 以上，其他区域为 150cm/s^2 左右。市区东北侧子房山和南侧大牛山的地震动虽然较小，但是也可能达到 50～75cm/s^2。

最大速度（PGV）分布图（图 7-60）显示，速度高值影响区具有沿着断层相对松散覆盖层分布的趋势，但是受到北东一南西向分布的弧形山脉和堆积平原的显著影响，其分布范围相似于最大加速度的极值影响区，在子房山和大牛山东侧、大庙街道南侧、鹰山西侧和张集镇北侧的区域内呈块状集中出现。该地区的速度极限值约为 30cm/s。其中徐州市区的最大速度值约为 18cm/s。最大速度（PGV）分布区域的机理对应于断层的破裂机理，同时对应于浅表松散覆盖层的分布特征。震源附近的最大值分布对应于最大加速度所在区域，而在较远的区域，受场地堆积层厚度的影响比较显著。

最大位移（PGD）分布图（图 7-61）显示，地震动的位移峰值场的分布具有明显的集中和条带特征。最大位移的高值区域主要集中于破裂断层的端部和上盘区域相应的具有软弱覆盖层的区域。

图 7-62～图 7-64 分别表示废黄河断裂发生 M6.5 级地震时不同震源方案的计算结果（方案 2）。最大加速度（PGA）分布图（图 7-62）显示，加速度影响范围基本覆盖整个目标区，地震形成的具有较高幅值的强地震动场在地表的分布为沿断层长度方向约 40km、沿断层垂直方向约 30km 的区域。同样，对于直下型地震的近断层地震动场，其最大特征是同时表现出强烈的震源特性效应和场地特性效应。主要高值区域分布于北东一

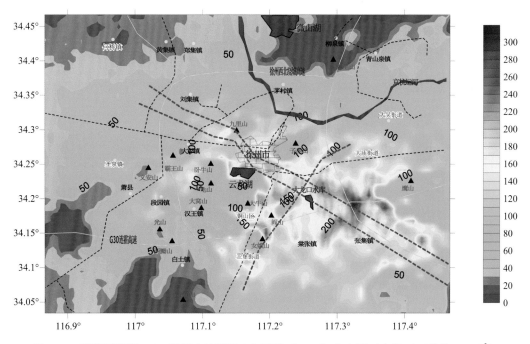

图 7-62 废黄河断裂 M6.5 级设定地震最大加速度（PGA）分布图（方案 2）（单位：cm/s^2）

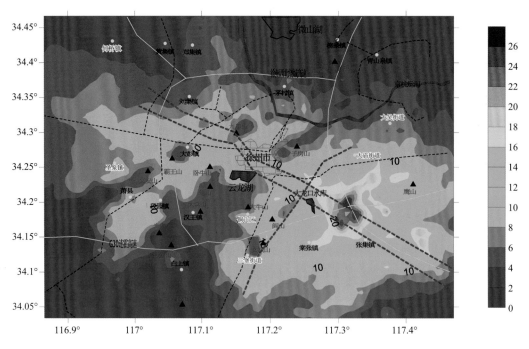

图 7-63　废黄河断裂 *M*6.5 级设定地震最大速度（PGV）分布图（方案 2）（单位：cm/s）

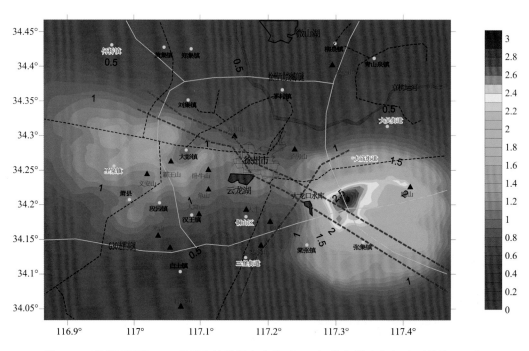

图 7-64　废黄河断裂 *M*6.5 级设定地震最大位移（PGD）分布图（方案 2）（单位：cm）

南西向分布的弧形山脉东侧的堆积平原地区。与基本震源模型不尽相同，加速度值 250cm/s^2 以上的地点分布比较零散，分布面积也较少。影响范围主要分布于鹰山西侧的平原地区。该影响区内的极限最大加速度达到 320~340cm/s^2。

同样，除上述大于 200cm/s^2 加速度幅值的影响区以外，次级影响区（断层迹线延长方向 40km、断层迹线垂直方向 30km）范围内，地震动幅值基本都在 100cm/s^2 以上。对于徐州市区，其东南部局部地区地震动的幅值达到 200cm/s^2 以上，其他区域地震动的幅值约为 150cm/s^2。

最大速度（PGV）分布图（图 7-63）显示，速度高值影响区具有沿断层相对松散覆盖层分布的趋势，但是更加显著集中于北东－南西向分布的弧形山脉东侧地区，分布范围相似于最大加速度的极值影响区，在局部软弱场地部分出现集中高值区。该地区的速度极限值约为 28 cm/s。在山的东侧，包括徐州市区的西侧地区的幅值较小，约为 10cm/s。在外围区域，最大速度（PGV）分布区域的机理受场地堆积层厚度的影响比较显著。

最大位移（PGD）分布图（图 7-64）显示，地震动位移峰值场的分布具有明显的集中和条带特征。最大位移的高值区域主要集中于破裂断层的东端具有软弱覆盖层的区域。

7.6.3　邵楼断裂 *M*5.8 级设定地震最大地震动分布特征

1. 最大地震动分布特征

邵楼断裂发生设定地震 *M*5.8 级（方案 1）时，目标区范围内的最大加速度（PGA）分布图、最大速度（PGV）分布图及最大位移（PGD）分布图分别表示于图 7-65~图 7-67。

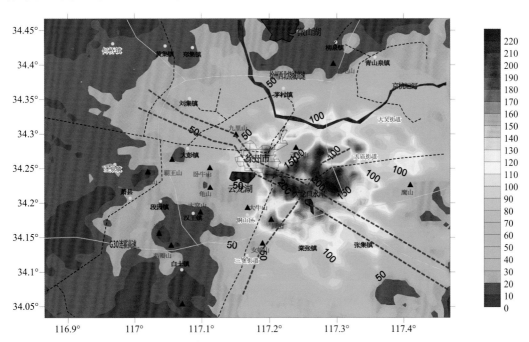

图 7-65　邵楼断裂 *M*5.8 级设定地震最大加速度（PGA）分布图（方案 1）（单位：cm/s^2）

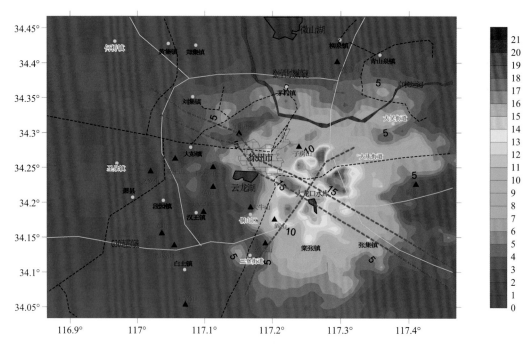

图 7-66　邵楼断裂 *M*5.8 级设定地震最大速度（PGV）分布图（方案 1）（单位：cm/s）

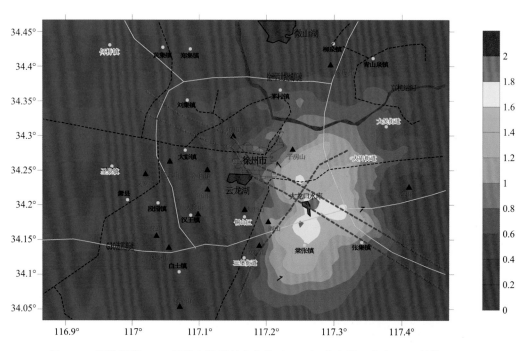

图 7-67　邵楼断裂 *M*5.8 级设定地震最大位移（PGD）分布图（方案 1）（单位：cm）

最大加速度（PGA）分布图（图7-65）显示，加速度影响范围局限于目标区的中东部地区，形成的具有较高幅值的强地震动场在地表的分布接近于以发震点为中心、半径10km的圆形区域。最大值分布均集中于断层的两侧，极限加速度值为220~230cm/s²，强地震动场的最大特征表现出震源特性和场地特性。由于断层的展布长度较短，涉及的场地在构造上变化不剧烈，在上述高值区域内，除山丘以外，地震动的基本分布趋势表现为更加集中和均匀，场地的影响使得地震动在空间上分布有所差异，但总体上在断层周围形成明显的圆形区域。

尽管该地震的震级较小，但是由于徐州市区处于震源区，其地震动幅值仍可达到150~200cm/s²。市区西侧及西北侧的平原地区所受影响较小，地震动幅值约为50cm/s²以下。

最大速度（PGV）分布图（图7-66）与最大位移（PGD）分布图（图7-67）显示，速度高值影响区、位移高值影响区分布范围相对集中于以发震点为中心的圆形区域，同加速度的分布性质相同，接近圆形分布。在峰值大小和分布特征方面均不同于废黄河断裂破裂发震造成的地震动场结果。

地震动最大加速度三分量的结果表示于图7-68。考察最大加速度三分量分布情况可知，南北分量和东西分量在峰值大小和分布上呈比较相似的特征，南北分量的高值地点分布相对广泛，且达到较高水平的地点较多。结果显示，地震动的方向依存性比较小。同样，水平分量的最大值决定了目标区内最大地震动的分布。垂直分量相对较小，约为水平分量的1/3。

邵楼断裂发生M5.8级地震时，其断层长度设定为8km，因此形成了Asperity集中于较小的空间内的状况。断层长度小意味着在较短暂的时间和较小的空间内释放了一定的能量，因此在断层附近的局部仍然可能形成相对集中的高值区，并且由于断层面集中，

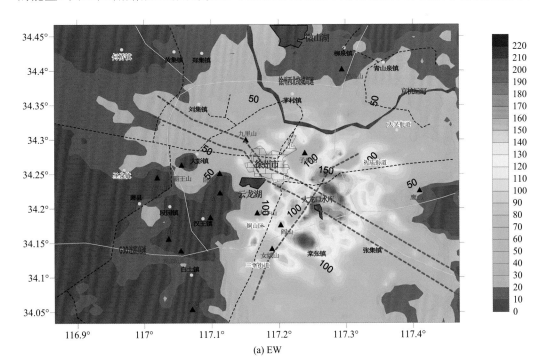

(a) EW

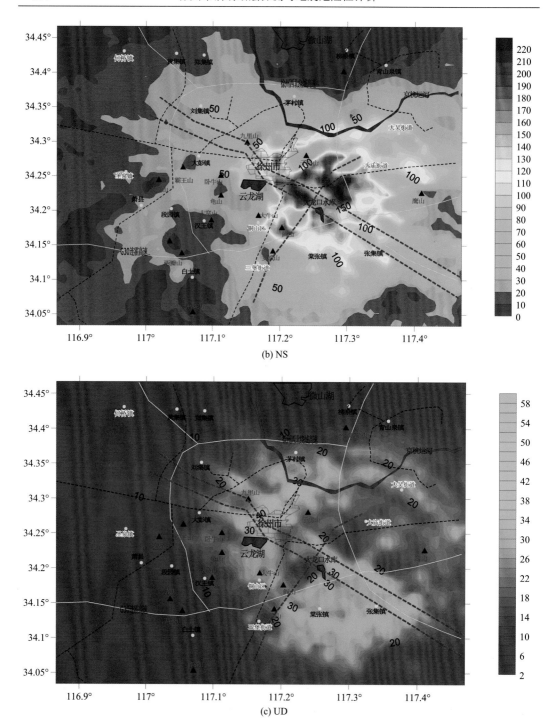

(b) NS

(c) UD

图 7-68　邵楼断裂 $M5.8$ 级设定地震最大加速度（PGA）三分量分布图（方案 1）（单位：cm/s^2）

场地条件比较平均，场地效应比之震源效应相对不明显。相比废黄河断裂发震，在峰值大小和分布特征方面不同于废黄河断裂破裂的结果，特点一是影响区域相对集中，特点二是高值区域相对集中。但是，在高值区域内的最大加速度幅值仍可达到较高的水平。

2. 不同震源方案最大地震动分布特征比较

邵楼断裂发生设定地震 M5.8 级，不同震源方案（方案 2）的最大加速度（PGA）分布图、最大速度（PGV）分布图及最大位移（PGD）分布图分别表示于图 7-69～图 7-71。比较不同震源模型方案（方案 2）和标准震源方案（方案 1），最大加速度分布形态相似于标准震源方案的结果，高值区的面积也基本相同。最大加速度值约为 220cm/s^2，相同于标准设定震源（方案 1）模型。由于两个方案在 Asperity 设置位置方面的变化，导致最大加速度的高值影响区域由东北向西南有所移动，但是总体上，最大加速度在目标区内的影响范围相对于基本模型方案的结果没有发生明显的变化。同样，最大速度分布和最大位移分布的不同震源模型方案的结果与标准模型区别不大。

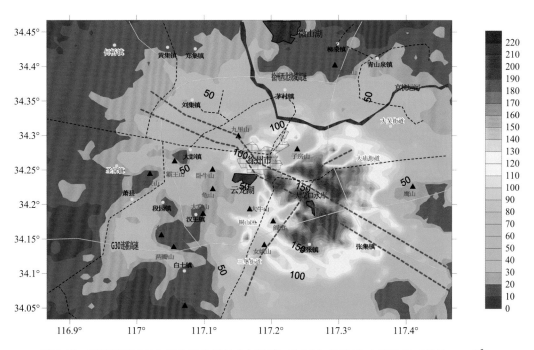

图 7-69　邵楼断裂 M5.8 级设定地震最大加速度（PGA）分布图（方案 2）（单位：cm/s^2）

7.6.4　邵楼断裂 M6.2 级设定地震最大地震动分布特征

假设邵楼断裂发生极端的设定地震 M6.2 级（方案 1）时，在目标区范围内的最大加速度（PGA）分布图、最大速度（PGV）分布图及最大位移（PGD）分布图分别表示在图 7-72～图 7-74。

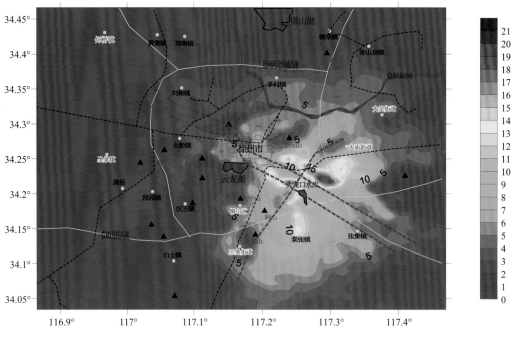

图 7-70　邵楼断裂 M5.8 级设定地震最大速度（PGV）分布图（方案 2）（单位：cm/s）

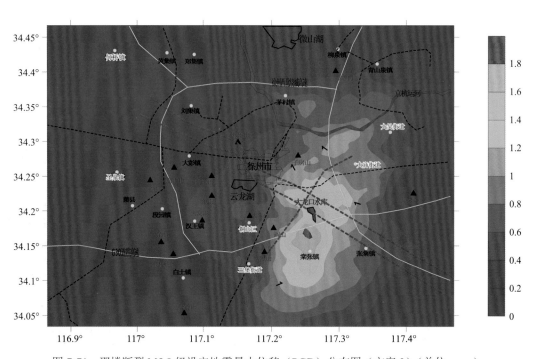

图 7-71　邵楼断裂 M5.8 级设定地震最大位移（PGD）分布图（方案 2）（单位：cm）

最大加速度（PGA）分布图（图 7-72）显示，加速度影响范围基本覆盖整个目标区，形成的具有较高幅值的强地震动场在地表的分布接近于以发震点为中心、半径 15km 的圆形区域，并且具有断层北部区域较大加速度值的范围较广的现象，最大值均集中于断层的两侧。对于目标区内断层发生的近断层地震动场，其最大特征是同时表现出强烈的震源特性和场地特性。邵楼断裂是正断层破裂模式，因此其地震动将在上下盘形成较为集中的分布。

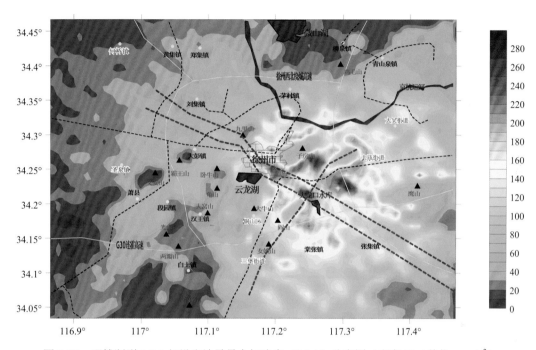

图 7-72　邵楼断裂 $M6.2$ 级设定地震最大加速度（PGA）分布图（方案 1）（单位：cm/s^2）

在上述范围内大部分区域的地震动幅值在 $150cm/s^2$ 以上，其中最大加速度幅值达到 $280 \sim 290cm/s^2$。对于徐州市区，地震动幅值达到 $200cm/s^2$ 以上水平。同样，市区东北侧子房山和南侧大牛山的地震动较小，两座山脉的存在，隔断了堆积平原的规模，因此在山的西侧地震动没有形成大面积的高值区。在峰值方面，比之废黄河断裂破裂的地震动场范围稍大，分布的范围偏于东侧。总体观察发现，两者的强地震动分布场除在小尺度区域上有所区别之外，没有特别明显的差异。最大速度（PGV）分布图（图 7-73）显示，速度高值影响区分布范围相对比较靠近断层附近，但是同废黄河断裂破裂相似，其高值分布的区域呈现不规则性，反映了断层附近复杂的地质结构的显著影响。目标区内的速度极限最大值约为 27cm/s。最大位移（PGD）分布图（图 7-74）显示，地震动的位移峰值场的分布具有比较明显的条带状特征。

最大加速度东西、南北和垂直三分量的结果表示于图 7-75。考察最大加速度地震动的三分量分布情况，南北分量和东西分量的加速度最大值分布具有不同的特征，东西分量的最大值为 $290cm/s^2$ 左右，决定了目标区内最大地震动的峰值，反映地震动受北东—南西向分布的丘陵和堆积平原的影响较大。与废黄河断裂发生同样级别地震类似，水平

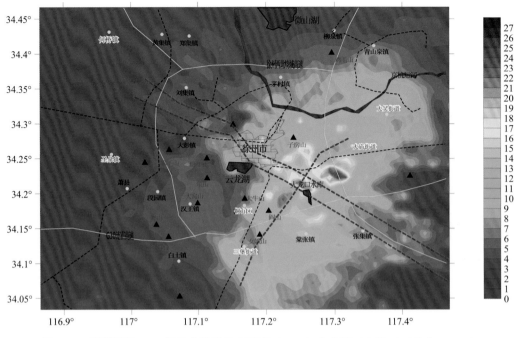

图 7-73　邵楼断裂 *M*6.2 级设定地震最大速度（PGV）分布图（方案 1）（单位：cm/s）

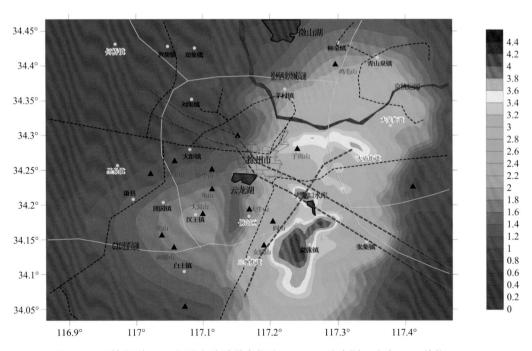

图 7-74　邵楼断裂 *M*6.2 级设定地震最大位移（PGD）分布图（方案 1）（单位：cm）

分量的最大值决定了目标区内最大地震动的分布。垂直分量相对水平分量幅值小，为其 1/4～1/3。

图 7-76～图 7-78 给出了震源模型方案 2 计算得到的最大加速度（PGA）分布图、最大速度（PGV）分布图及最大位移（PGD）分布图。比较不同震源模型方案结果，最大

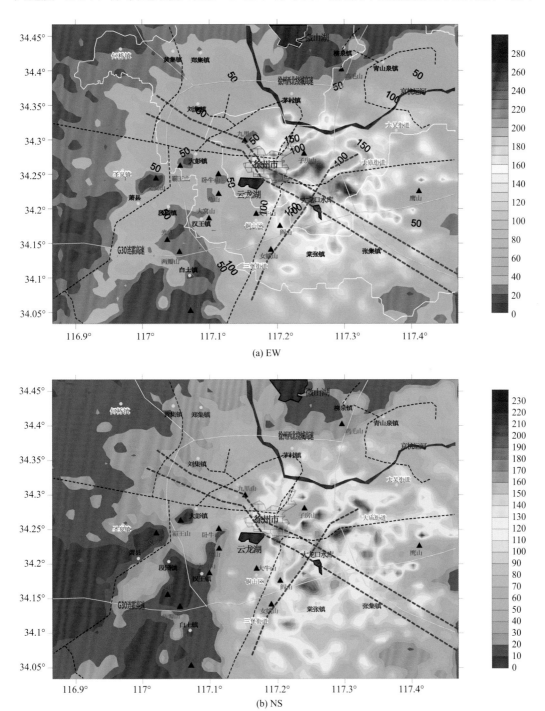

(a) EW

(b) NS

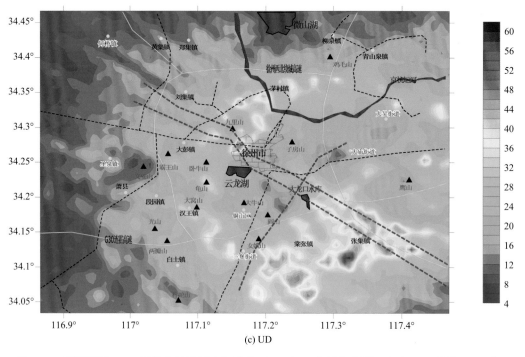

图 7-75　邵楼断裂 *M*6.2 级设定地震最大加速度（PGA）三分量分布图（方案 1）（单位：cm/s²）

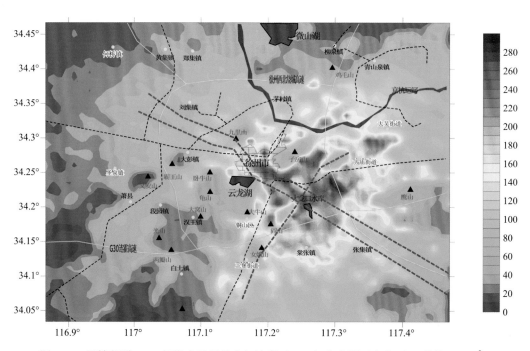

图 7-76　邵楼断裂 *M*6.2 级设定地震最大加速度（PGA）分布图（方案 2）（单位：cm/s²）

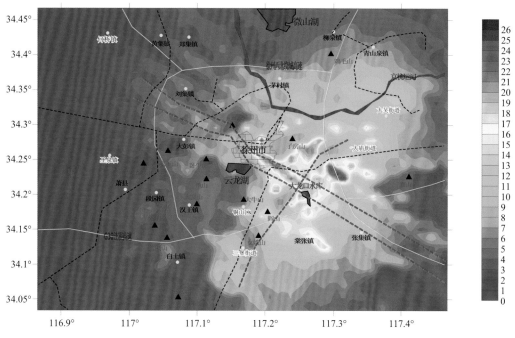

图 7-77　邵楼断裂 *M*6.2 级设定地震最大速度（PGV）分布图（方案 2）（单位：cm/s）

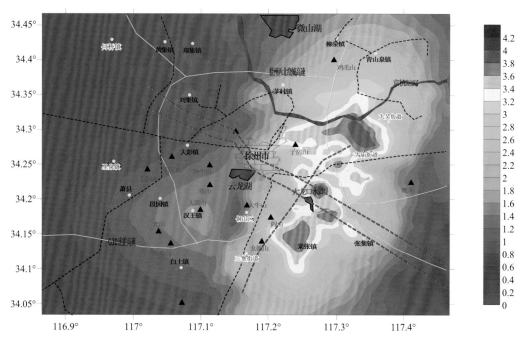

图 7-78　邵楼断裂 *M*6.2 级设定地震最大位移（PGD）分布图（方案 2）（单位：cm）

加速度分布形态非常相似于标准震源方案（方案 1）的结果，高值区出现的区域也相似。最大加速度值约为 290cm/s^2，相同于标准震源模型。Asperity 位置变化的结果显示，最大加速度分布区域由东北向西南地区发生偏移，总体上对于最大加速度场的影响不明显。最大速度分布和最大位移分布不同震源模型方案的结果与标准模型区别不大。

7.7　目标断层地震危害性评价与分析

7.7.1　设定地震的目标区地震动响应区划

在数值模拟和合成计算得出目标区地震动的最大加速度、最大速度及最大位移分布图之后，通过划分评价单元的方法对目标区进行了地震动响应（强度）区划。同时对各个区划单元提供最大加速度时程和反应谱（加速度、速度、位移）。

由于断层发震位置的不确定性，在强地震动预测时考虑了多种断层发震位置的设定方案，参照其结果确定了具有平均意义的计算结果作为地震动响应评价的基础方案。

本书作为普遍性指导结论，在进行地震动响应区划时是基于最大加速度分布的计算结果进行的。今后使用单位可以根据具体用途进行基于最大速度和最大位移分布图的相应区划。上述形式的区划为目标区提供了具有持续性的详细地震动强度区划。

开展目标区设定地震的地震动响应（强度）区划时，以东经 0.01°、北纬 0.009° 的网格面积单位为区划单元，经过详细划分后确定了 2800 个区划单元。根据单元内的计算最大加速度进行平均加速度值的计算，然后以平均加速度值的大小进行单元的潜在地震动危害性区划排序。

依据以上方法进行设定断层对目标区的地震动响应区划时，每个区域内均进行了多地点的强震动计算，剔除了震源断层附近具有特异振幅的点数后，采用各区域内的最大计算值和平均值作为评价指标。同时，规定将设定地震断层引起该区域的最大地震动作为该区域的预测地震动。最大地震动的抽取依据线性地震响应计算的地表面附近的地震波形，即复合计算（预测）方法合成的宽频带大地震波的平均强度为指标进行。模拟计算考虑了水平与垂直方向的三分量，预测地震动采用了其中地震动大的分量。图 7-79～图 7-82 分别为废黄河断裂 M6.2 级、M6.5 级设定地震方案 1 和方案 2 的目标区地震动响应（强度）区划图。图 7-83～图 7-86 分别是邵楼断裂 M5.8 级、M6.2 级设定地震方案 1 和方案 2 的目标区地震动响应（强度）区划。

考虑到地震震源等不确定因素的影响，可以根据具体的应用条件选择使用区划结果的各项参数，还可选择区划单元内的地震动最大峰值、时程或反应谱参数。

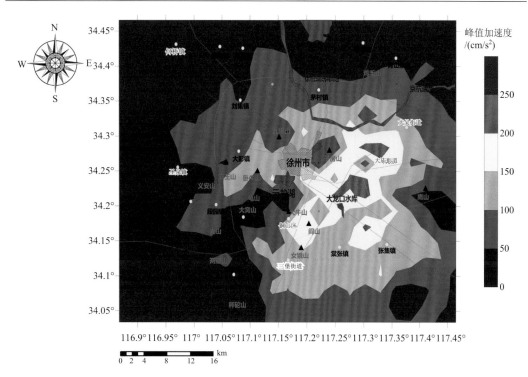

图 7-79　废黄河断裂 *M*6.2 级设定地震目标区地震动响应（强度）区划图（方案 1）

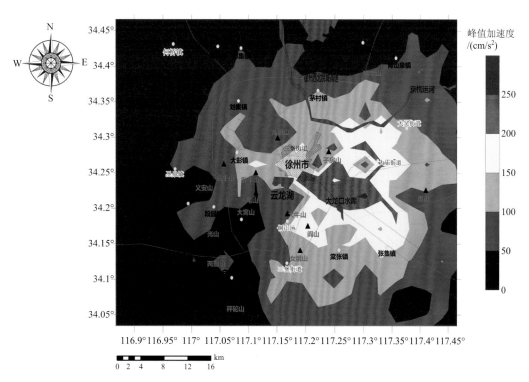

图 7-80　废黄河断裂 *M*6.2 级设定地震目标区地震动响应（强度）区划图（方案 2）

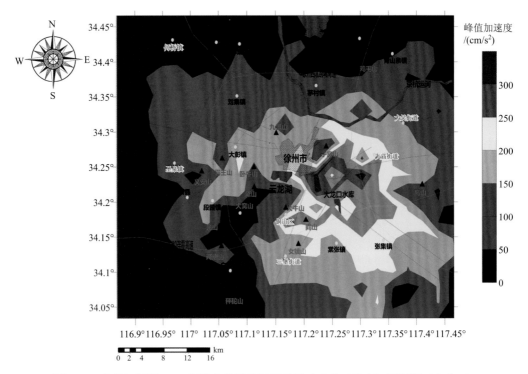

图 7-81　废黄河断裂 M6.5 级设定地震目标区地震动响应（强度）区划图（方案 1）

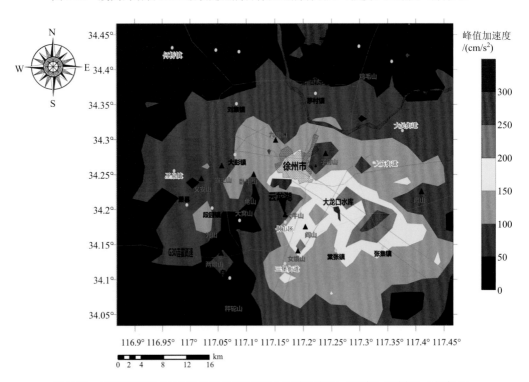

图 7-82　废黄河断裂 M6.5 级设定地震目标区地震动响应（强度）区划图（方案 2）

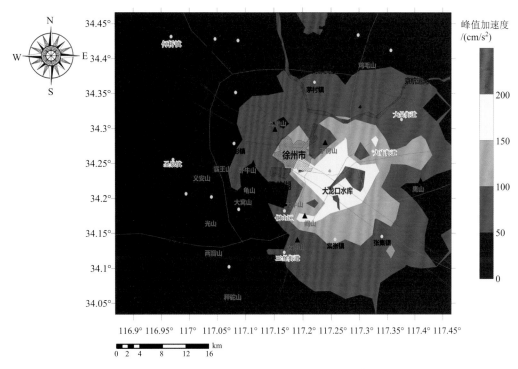

图 7-83　邵楼断裂 $M5.8$ 级设定地震目标区地震动响应（强度）区划图（方案 1）

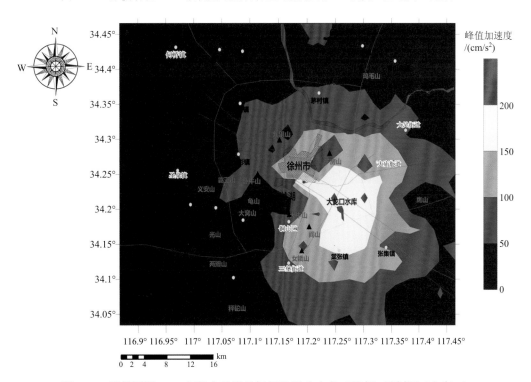

图 7-84　邵楼断裂 $M5.8$ 级设定地震目标区地震动响应（强度）区划图（方案 2）

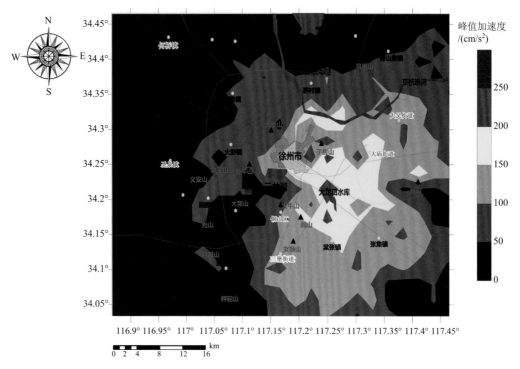

图 7-85　邵楼断裂 $M6.2$ 级设定地震目标区地震动响应（强度）区划图（方案 1）

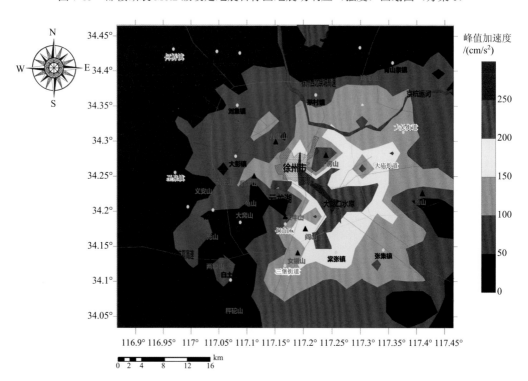

图 7-86　邵楼断裂 $M6.2$ 级设定地震目标区地震动响应（强度）区划图（方案 2）

7.7.2　目标区地震危害性评价结果

1. 废黄河断裂发生 *M*6.2 级或 *M*6.5 级地震

废黄河断裂发生 *M*6.2 级地震时，最大加速度影响范围基本覆盖整个目标区。加速度高值影响区分布于以发震点为中心、半径 15km 的近似圆形区域。这里的高值影响区是指对建筑物可能产生破坏的 100cm/s^2 以上的加速度分布区域。在上述范围内大部分地点的地震动幅值都在 150cm/s^2 以上，其中区划单元内的极限加速度幅值达到 250cm/s^2。对于徐州市区，其东南部局部地区最大地震动幅值可达 200cm/s^2，其余地区地震动为 $100\sim150\text{cm/s}^2$。

废黄河断裂发生 *M*6.5 级地震时，加速度高值影响区分布于沿断层迹线延伸方向约 40km、沿断层迹线垂直方向约 30km 的区域。在上述范围内大部分地点的地震动幅值都在 150cm/s^2 以上。加速度值 250cm/s^2 以上区域基本分布于山脉东侧，影响范围包括子房山和大牛山东侧、大庙街道南侧、鹰山西侧和张集镇北侧的区域。其中，区划单元内的极限加速度幅值达到 320cm/s^2 左右。对于徐州市区，其东南部局部地区地震动的幅值达到 250cm/s^2 以上，其他区域为 $150\sim200\text{cm/s}^2$。

2. 邵楼断裂发生 *M*5.8 级或 *M*6.2 级地震

邵楼断裂发生 *M*5.8 级地震时，最大加速度影响范围局限于目标区的中东部地区，加速度高值影响区分布于以发震点为中心、半径 10km 的近似圆形区域。最大值均集中于断层的两侧，极限加速度值为 200cm/s^2 以上。地震动呈集中分布特征。对于徐州市区的局部地区，其地震动幅值仍可达到 150cm/s^2 以上水平。

邵楼断裂发生 *M*6.2 级地震时，最大加速度影响范围基本覆盖整个目标区。加速度高值影响区分布于以发震点为中心、半径 15km 的近似圆形区域。在上述范围内大部分地点的地震动幅值都在 150cm/s^2 以上，其中区划单元内的极限加速度幅值达到 250cm/s^2 以上。对于徐州市区，其东部局部地区地震动幅值达到 200cm/s^2，其余区域地震动幅值为 $100\sim150\text{cm/s}^2$。

3. 地震动分布与对工程的影响

无论是废黄河断裂发震还是邵楼断裂发震，其地震动分布特征都受北东－南西向分布的丘陵地带和其东侧堆积平原的影响，空间上分布具有局部不均匀性。具有松散的覆盖层地区及平原与丘陵地带接壤区域的复杂地下构造对地震动产生了复杂的放大（增幅）和聚焦等效应。

废黄河断裂发生 *M*6.2 级（或 *M*6.5 级）或者邵楼断裂发生 *M*5.8 级（或 *M*6.2 级）破坏性地震时，依据地震的规模，在震源区附近一定的区域和一定的周期频带范围内，地震动水平都可能超过现行抗震设防标准中对于一般建设工程的设防水准（抗震设防烈度为 7 度，加速度为 100cm/s^2），加速度最大值可以接近或大于年超越概率 0.02% 的大震的设防水准，有可能造成按照当地一般建设工程抗震设防标准设计的具有相同或相近固有周期的建设工程发生损坏甚至被破坏。

7.7.3 地震危害性评价结果分析

1. 关于地震危害性的评价方法体系

采用的强震动预测方法体系考虑了震源特性-传播途径特性-场地放大特性，包含了强地震动模拟（预测）应该考虑的各种相关联特性，同时，在严格遵循震源机理的基础上，对于震源断层附近存在的地震动的影响，依据现在可能达到的科技水平尽可能地进行了考虑。

本方法的预测原则是基于已经查明的断层确定可能发生的地震或最大震级地震的前提下对该断层通过确定论的方法进行详细的地震动预测，是基于可能发生的、具体的最大地震的模拟实际场景。方法体系不同于现行的《中国地震动参数区划图》和地震安全性评价等抗震法规中使用的设计地震动的设定方法。

现行抗震规范的基本原则是将概率统计方法与地震危险度分析相关联，给出城市或场地的地震动区划参数。同时，现行抗震设防标准反映了当时的建筑技术和经济发展水平。

现行抗震设防标准没有考虑以下因素：

（1）城市直下型地震的特性。直下型地震的断层位于城市的下方或非常接近的地区。

（2）近场地震动的特性。近场地震动与断层的空间展布、断层的破裂形态、断层的特殊地震效应有密切关系。

（3）三维场地效应的影响。三维场地效应包括水平方向不均匀介质的影响、盆地的各种特殊效应等。

以上分析可知，由于本书采用的方法体系与区划图不同，给出的地震动参数也不尽相同，将两者进行直接比较缺乏科学依据。本书考虑的是目标区内潜在的最大震级的大地震，在这种意义上，发生频率较高的地震的设定地震动水平应该接近区划图的中震，而最大震级的地震则应该大于区划图中规定的罕遇地震动水平，甚至达到极罕遇地震动水平。本书不仅预测了在目标区内发生的直下型地震及其周边地区发生特大地震时的地震动空间分布，并根据模拟的结果进行了地震动响应区划，得到区划单元（东经 0.01°×北纬 0.009°，约 1km²）内的平均加速度值。

本书采用的方法体系与现行地震安全评价方法不同，给出的地震动参数也不尽相同。本书考虑目标区内将来可能发生的潜在最大震级的地震时，在这种意义上，超越概率和设定地震规模可能大于或近似于重大工程的设防水平。

根据美国、日本等国家的抗震法规的发展趋势和目前国际上倡导的"建筑物性态设计"的理念，今后依据本方法体系实施的通过强地震动预测确定城市的抗震评价和特定场地的土木工程抗震输入地震动的方法将逐步被吸收到抗震法规之中。

2. 关于评价结果的适用条件

大地震特别是城市直下型地震对城市所造成的灾害非常复杂，这在日本兵库县南部地震、美国旧金山地震等中已经明显体现。正如本书宗旨所强调的那样，大地震发生的时期不能预测，但是根据目前的科研水平，大地震造成的影响是可以在一定的精度范围内事先预测的。本书对徐州未来可能发生的地震进行了比较完整的描述，这种预测结果的意义不仅在于为土木建筑抗震法规的修订提供了科学依据，而且对现代城市系统的抗震防灾体系建设起到了推动和促进作用。该结果的适用条件如下：

（1）强地震动的计算结果是基于目标区内潜在最大震级的地震断层发生破裂时，目标区内产生的地震动空间分布。计算背景和计算方法不同于现行抗震规范。

（2）计算结果反映了目前的最新成果，相对于现行规范中具有平均意义的单值参数和统计时程，提供了具有一定精度的地震动的空间分布形态和时程结果。

（3）本书的设定地震事件作为低超越概率地震，相当或超出区划图中规定的大震或地震安全性评价对象的重要工程中使用的最不利地震的概率水平。

（4）计算结果为物理性质比较稳定的工程地层的强地震动分布，对于有局部特殊场地条件影响的区域，在进行抗震设计或抗震评价时，应根据具体工程的地基埋深和表层土质情况，基于一维模型进行表层覆盖土的等效非线性数值计算等必要的调整，以确定建筑物抗震或抗震评价的地震动。

（5）所给出的地震动参数为基于区划单元（东经 0.01°×北纬 0.009°，约 1km^2）面积单位内的平均地震动值，使用时可根据具体情况进行振幅和频带的合理调整。

（6）近场地震动的大小受到断层和场地效应的影响，具有非常复杂的性质。为了避免近场非规律性最大值的影响，本书在提供了最大值分布的同时，采用了单元内平均地震动的概念进行区划，并且配合区划提供了时程记录，供抗震工作阶段合理选用。

3. 关于评价结果的应用建议

根据本书给出的地震动强度分布和区划结果，在满足国家法律法规的要求下，有重点地加强城市抗震防灾体系建设，可有效提高防御地域性地震风险的能力。本书的预测地震波可看作是符合实际情况的一种最不利地震动，所谓最不利设计地震动是指在给定的烈度和场地条件下，能使结构的反应在这样的地震动作用下处于最不利的状况，即处于最高的危险状态下的真实地震动。因此，在这种意义上，建议该研究成果应用于以下工作：

（1）城市长期发展规划；

（2）城市地震应急准备和紧急救援；

（3）城市地震灾害风险识别、排查和治理；

（4）公共设施抗震化和住宅抗震化的加强；

（5）城市系统抗震化的加强；

（6）历史文物保护的加强；

（7）重大项目抗震设计与验证；

（8）防震减灾知识普及与宣传等。

第8章 郯庐断裂带中南段发震对徐州的影响估计

8.1 郯庐断裂带中南段断裂活动性

郯庐断裂带是我国东部最重要的一条巨型构造带，形成于元古代，主要由4～5条相互平行的北北东向主干断裂组成，并被一系列北西、北西西向断裂所切割，形成隆凹相间的格局。该断裂北起黑龙江，南至江西九江，纵贯中国大陆东部，绵延2400km。距离徐州最近的郯庐断裂带属于其中南段，称为沂沭断裂带，为两堑夹一垒的构造格局。在江苏省境内由5条断裂组成，分别为王庄－苏圩断裂（F_1）、大官庄－双庄断裂（F_2）、城岗－耿车断裂（F_3）、窑湾－高作断裂（F_4）和桥北镇－宿迁断裂（F_5），其中F_5断裂起于潍坊、止于嘉山，是郯庐断裂带晚第四纪活动的主要断裂，为1668年8½级郯城大地震的发震构造。新沂市、宿迁市活动断层探测与地震危险性评价最新研究成果（张鹏等，2015；许汉刚等，2016；曹筠等，2018）表明，F_5断裂在新沂、宿迁及宿迁南为全新世活动断层。姚大全等（2017）在淮河南岸到女山湖段也发现断裂断错的最新地层是晚更新世－全新世地层，该断层与山东郯城1668年8½级大地震的发震断层属于同一条。为了最大程度考虑郯庐断裂带地震危险性对徐州的影响，根据构造类比原则，可以认为该断裂江苏段具备发生大地震能力和发生大地震的危险，其最大潜在地震的震级设定为8.5级。考虑到目前研究成果还无法对江苏段做出更为详细的活动性分段，因此，将该地震的震源设定在距离徐州最近的F_5断裂段，并在此最不利的极限发震情况下估计该设定地震对徐州的地震危害性。

8.2 设定地震影响场及对徐州的影响估计

8.2.1 1668年郯城8½级地震影响场

1668年7月25日山东郯城8½级地震，震中位于山东郯城北。据记载（国家地震局震害防御司，1995），鲁、苏、浙、皖、赣、鄂、豫、冀、晋、辽、陕、闽诸省及朝鲜同时地震。山东郯城、沂州、莒州破坏最重。极震区内城郭、公廨、官民庐舍、庙宇等一时尽毁，郯城倒塌如平地，莒州百里无存屋，并伴有大规模的山崩地裂、地陷、涌水喷沙等现象。震时如舟覆，如桔槔上下，崩为堑，漩为渊，沙涌井湮，地侧树偃，百谷陷筲。震中烈度≥Ⅺ度。徐州震害表现为城垣、官署、台榭、民庐倾覆过半，远近压死人不可数计，地震对徐州的影响烈度达到Ⅷ度。高维明等（1988）研究认为，郯城地震的震中烈度达到Ⅻ度，对徐州的影响烈度为Ⅶ度。

8.2.2　以郯城大地震烈度资料估计设定地震对徐州的影响

采用 1668 年郯城 8½ 级大地震等震线资料，将震源沿郯庐断裂带向南平移至距离徐州最近的位置，当该位置发生 8.5 级大地震时，根据国家地震局震害防御司（1995）的烈度等震线资料，推算得到设定地震对徐州的影响烈度为Ⅸ度；采用高维明等（1988）研究得到的地震烈度等震线资料，推算得到设定地震对徐州的影响烈度为Ⅷ度，该结果等震线更多地反映出了场地效应对等震线的影响。由此，依据郯城大地震烈度资料，判定郯庐断裂带中南段 8.5 级设定地震对徐州可能的最大影响烈度为Ⅷ～Ⅸ度。

8.2.3　以衰减关系估计设定地震对徐州的影响

根据中国东部地区的基岩地震动衰减关系（俞言祥和汪素云，2006）：

$$\lg Y = C_1 + C_2 M + C_3 M^2 - C_4 \lg[R + C_5 \exp(C_6 M)] \tag{8-1}$$

式中，Y 为加速度；M 为震级；R 为震源距；式中的系数见表 8-1。

表 8-1　中国东部基岩地震动衰减关系中的系数（俞言祥和汪素云，2006）

轴向	C_1	C_2	C_3	C_4	C_5	C_6	σ
长轴向	2.027	0.548	0.000	1.902	1.700	0.425	0.240
短轴向	1.035	0.519	0.000	1.465	0.381	0.525	0.240

注：σ 指标准差。

考虑到设定地震为沿郯庐断裂带发生的 8.5 级大地震，且徐州位于断裂带的西侧，不在断裂的破裂方向上，因此，在估计设定地震对徐州的危险性时，可以采用短轴方向的衰减关系，通过计算得到设定地震对徐州的影响（表 8-2），其最大影响峰值加速度为 0.275g。

表 8-2　郯庐断裂带中南段设定地震的危险性概率计算结果

设定地震震级（M）	直线距离/km	衰减轴向	最大影响峰值加速度值（g）
8.5	80.0	短轴向	0.275

8.3　郯庐断裂带中南段发震对徐州的危害性估计

8.3.1　设定地震基本参数

考虑地震的最大危险性，按照历史地震重演原则，将郯庐断裂带郯城 8.5 级大地震设定为中南段的最大潜在地震的设定地震震级，设定地震的发生位置确定在距离徐州最近的地段，即郯庐断裂带宿迁市附近，以估计在这种极端情况下郯庐断裂带发震对徐州目标区造成的最大地震危害性。

设定地震震级 M8.5 为郯庐断裂带中南段可能发生的最大潜在震级，是郯庐断裂带最大地震对徐州影响的一种假设，因此不考虑郯庐断裂带在空间上的分段活动性差异的特点，与山东郯城 8½ 级大地震参数也不进行直接比对。

8.3.2 设定地震震源模型

依据强地震动预测方法体系的内容，对在郯庐断裂带中南段上假设发生的 *M*8.5 级地震进行震源建模。

郯庐断裂带中南段的震源模型设定为两种不同发震模型，断层设定 Asperity 模型方案 1 如图 8-1 所示，断层设定 Asperity 模型方案 2 如图 8-2 所示，模型的主要参数如表 8-3 所示。其中，方案 1 按照 400km 范围内比较均匀的能量分布进行了设定，而方案 2 按照相对于徐州能量比较集中的分布方案进行了设定。考虑到该地区地下结构的特点和既往发生在该断裂带上的地震震源深度，两个模型方案均设定为震源深度在 30km 以上的浅源地震。

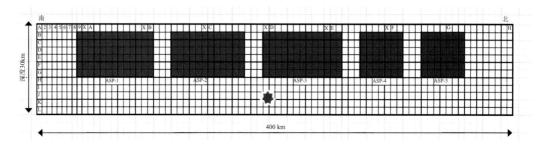

图 8-1　郯庐断裂带中南段设定破裂断层 Asperity 模型（方案 1）

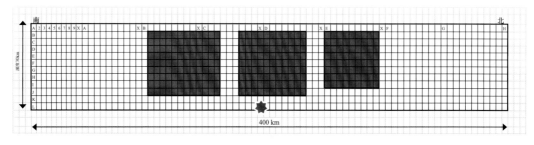

图 8-2　郯庐断裂带中南段设定破裂断层 Asperity 模型（方案 2）

表 8-3　郯庐断裂带中南段设定 *M*8.5 级地震 Asperity 模型参数表

参数	设定值	单位	设定依据
断层长度	400	km	活断层探测结果
断层宽度	60	km	孕震区
断层上断点	1	km	孕震区上端
断层下断点	61	km	孕震区下端
走向（strike）	189	°	北向顺时针旋转
倾角（dip）	85～90	°	走向顺时针方向

续表

参数	设定值	单位	设定依据
滑动角（rake）	75～105	°	逆冲兼走滑断层
长度方向分割量（N_L）	80		
宽度方向分割量（N_W）	12		
断层要素的长度	5	km	
断层要素的宽度	5	km	
滑动方向分割数（N_D）	31		
叠加数量	29 760		
样本频率	100	Hz	
再分割数量（n'）	26		
断层面积	24 000	km^2	断层长度×断层宽度
地震矩	6.31	10^{28} dyne·cm	
断层要素平均地震矩	2.12	10^{24} dyne·cm	
最大 Asperity 面积	5782	km^2	
第二 Asperity 面积	2160	km^2	
破裂开始点位置	Asperity 下缘		断层探测结果
破裂速度	2.7	km/s	
破裂形式	同心圆		根据断层产状选定
震源时间	8.1	s	
Asperity 平均滑动量比	2.01		
背景域平均滑动量比	0.5		
●Asperity 的位错量一定的场合			
最大 Asperity 的地震矩	3.056	10^{28} dyne·cm	
第二 Asperity 的地震矩	1.142	10^{28} dyne·cm	
背景 Asperity 的地震矩	2.113	10^{28} dyne·cm	
平均应力降	41.3	bar	
最大 Asperity 的应力降	169.3	bar	
第二 Asperity 的应力降	277	bar	
背景域的应力降	25.3	bar	
●Asperity 的应力一定的场合			
最大 Asperity 的地震矩	3.417	10^{28} dyne·cm	
第二 Asperity 的地震矩	7.802	10^{27} dyne·cm	
背景 Asperity 的地震矩	2.113	10^{28} dyne·cm	
平均应力降	41.3	bar	
最大 Asperity 的应力降	189.3	bar	
第二 Asperity 的应力降	189.3	bar	
背景域的应力降	25.3	bar	

对于震级为 $M8.5$ 的大地震的发震模式和断层模型，根据关于特大地震震源研究的

最新成果进行了设定，每个不同发震构造模型分别为由主次多个 Asperity 构成的断层。空间破裂传播形式根据断层的类型和规模确定为从破裂开始点位置向两侧破裂。破裂的发育设定为沿断层展布的传播模式，破裂速度设定为 2.7~3.0km/s。

8.3.3　设定地震最大地震动场分析

郯庐断裂带中南段上发生震级 *M*8.5 设定地震时，对目标区范围内的地震动影响场，包括最大加速度（PGA）分布图、最大速度（PGV）分布图及最大位移（PGD）分布图，分别见图 8-3~图 8-9。

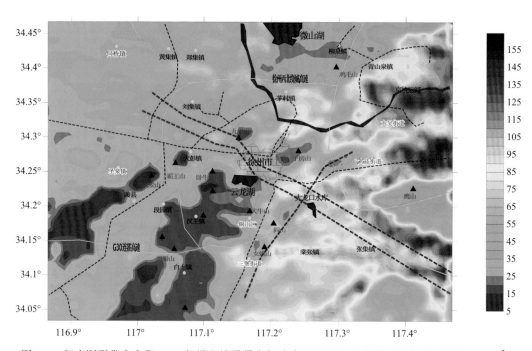

图 8-3　郯庐断裂带中南段 *M*8.5 级设定地震最大加速度（PGA）分布图（方案 1）（单位：cm/s²）

1. 设定地震模型方案 1

郯庐断裂带中南段设定地震的震源模型方案 1 是将 Asperity 沿断层面比较均匀地布置在 400km 范围内。在该设定条件下，目标区最大加速度（PGA）分布（图 8-3）显示，地震波产生的最大加速度高值区分布在东部，由东部至西部呈逐渐衰减的趋势。地震动的分布形态与地下结构引起的场地效应非常符合。目标区东部的高值影响区峰值加速度值为 150~170cm/s²，主要分布于鹰山北侧的徐庄镇、紫庄镇，以及鹰山南侧的房村镇附近。相对于堆积平原或山间谷地，东部山区的地震动峰值加速度为 30~50cm/s²。目标区中部平原地区的地震动分布比较平均，地震动峰值加速度为 70~90cm/s²。目标区西部地区除在黄集镇、郑集镇附近较大外，其他区域峰值加速度均小于 50cm/s²，徐州市区的地震动峰值加速度为 60~80cm/s²。需要特别注意的是，虽然郯庐断裂带中南段的发震断

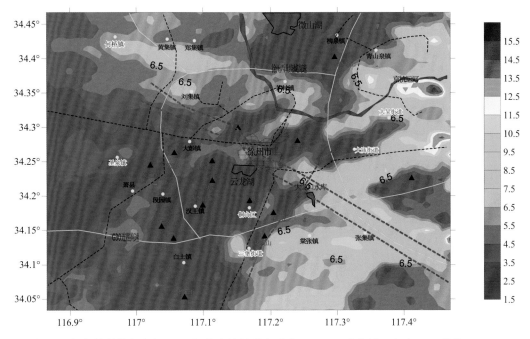

图 8-4　郯庐断裂带中南段 M8.5 级设定地震最大速度（PGV）分布图（方案 1）（单位：cm/s）

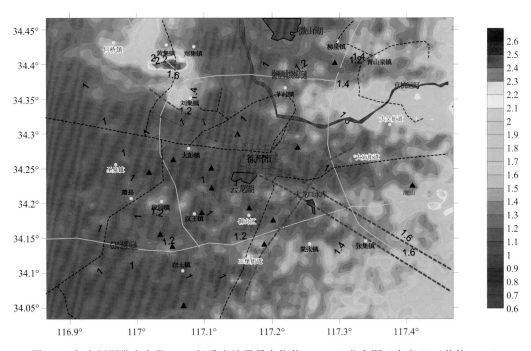

图 8-5　郯庐断裂带中南段 M8.5 级设定地震最大位移（PGD）分布图（方案 1）（单位：cm）

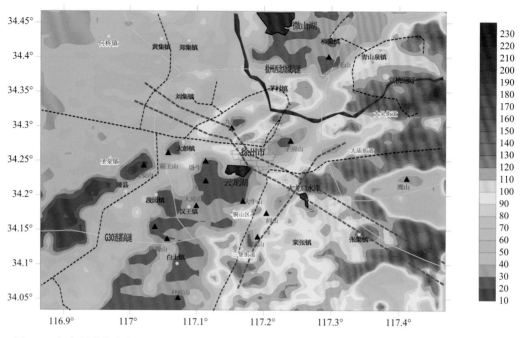

图 8-6　郯庐断裂带中南段 $M8.5$ 级设定地震最大加速度（PGA）分布图（方案 2）（单位：cm/s²）

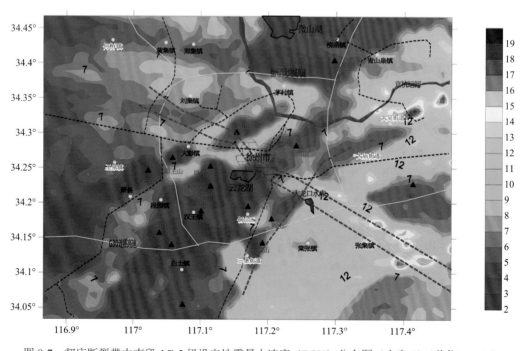

图 8-7　郯庐断裂带中南段 $M8.5$ 级设定地震最大速度（PGV）分布图（方案 2）（单位：cm/s）

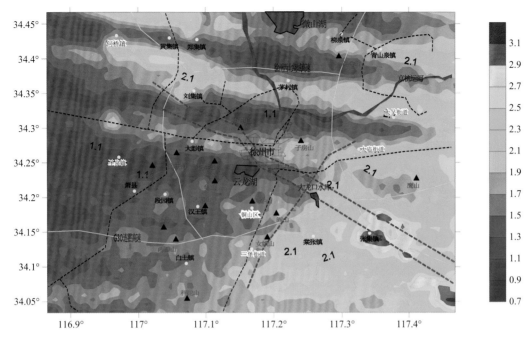

图 8-8 郯庐断裂带中南段 M8.5 级设定地震最大位移（PGD）分布图（方案 2）（单位：cm）

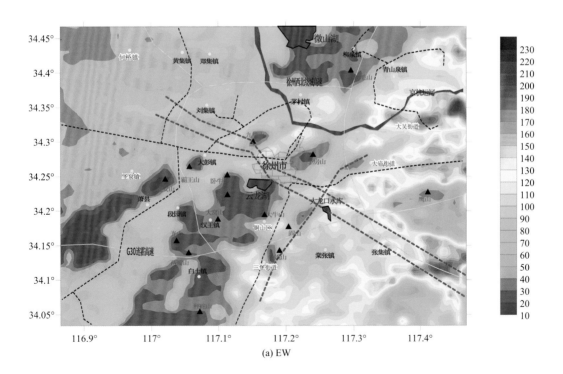

(a) EW

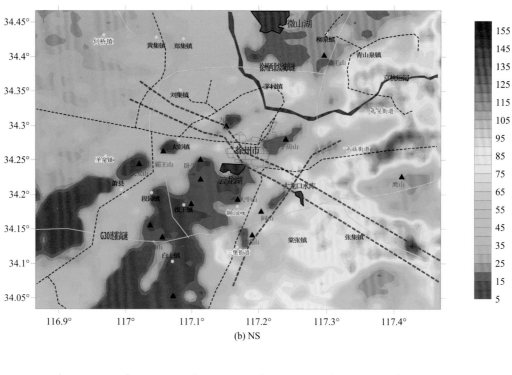

(b) NS

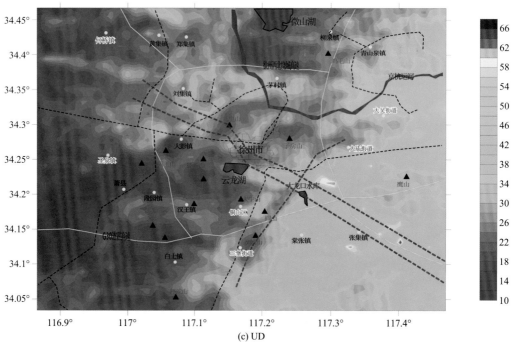

(c) UD

图 8-9 郯庐断裂带中南段 M8.5 级设定地震最大加速度（PGA）三分量分布图（方案 2）（单位：cm/s^2）

层距离目标区较远，但是地震动影响范围非常大，目标区内几乎都受到了明显的影响。这是由于大地震在破裂过程中所生成的长周期地震动的传播特性所决定的。

分析最大速度（PGV）分布（图 8-4）可以发现，其最大值较小，但是同最大加速度具有相似的分布特征，并且最大速度的分布与地下结构的特征更加对应。最大位移（PGD）分布（图 8-5）的幅值非常小且分布比较分散，在目标区的西北部，即目标区最大的沉降中心附近产生了较大的响应。

2. 设定地震模型方案 2

郯庐断裂带中南段设定地震的震源模型方案 2 是将 Asperity 分布相对集中在距离徐州目标区较近的断层面上 200km 的区段范围。

在该震源模型设定条件下，最大加速度（PGA）分布（图 8-6）显示，地震波产生的峰值加速度高值区位于目标区中东部地区；在北东－南西分布的山区和丘陵地带东侧的平原地区，峰值加速度均超过 100cm/s²，并且有半数地区达到 150～200cm/s²；在鹰山南北两侧的徐庄镇、紫庄镇和房村镇附近，最大峰值加速度达到 220～240cm/s²，较大幅值呈现大面积分布。峰值加速度场的分布形态与地下结构引起的场地效应非常符合。在目标区西北部的平原地区和西南部山间谷地，峰值加速度分布比较平均，幅值为 60～70cm/s²。徐州市区的最大峰值加速度为 90～100cm/s²。

最大速度（PGV）的分布（图 8-7）与加速度场具有相似的特征，在平原地区分布范围广泛，东部地区幅值较大，并且最大速度的分布与地下结构的特征相对应。最大位移（PGD）分布（图 8-8）显示，尽管其幅值非常小，但分布广泛，在目标区的东南部和西北部均产生了较大的响应。

最大加速度地震动三分量的分布（图 8-9）显示，南北分量和东西分量的加速度最大值分布具有相似特征，但东西分量的最大值为 230～240cm/s²，决定了目标区内最大地震动的峰值，而南北分量的最大值为 140～160cm/s²，反映了地震动受北东－南西向分布的丘陵和堆积平原的影响较大。垂直分量相对水平分量幅值小。

分析认为，地震动的分布与目标区内地下结构具有高度的关联性，北东－南西分布的弧形山区、丘陵地带两侧的地震动分布和幅值具有不同的特征。目标区内广泛分布的沉积覆盖层是影响地震波振幅、周期成分和持续时间的重要因素，对地震动的空间分布影响较大。

8.3.4　设定地震对目标区的危害性估计

设定郯庐断裂带中南段发生 8.5 级地震时，在郯庐断裂带上发生大范围破裂和集中地段发生破裂这两种条件下，目标区内的地震动分布特征相似，但是最大幅值相差较大，峰值加速度高值区主要分布于目标区中东部，地震动由东部至西部呈逐渐衰减趋势。

目标区内东部的峰值加速度高值影响区主要分布于徐庄镇、紫庄镇、大吴街道、大庙街道、潘塘街道、大龙口水库、张集镇、房村镇和吕梁村等地区。在第一种设定条件下，目标区内最大地震动峰值加速度为 90～120cm/s²，区划单元内的极限值为 160cm/s²。第二种设定条件下，目标区内最大地震动峰值加速度为 150～180cm/s²，区划单元内的极限值为 230cm/s²。在目标区内北东—南西分布的弧形丘陵带东侧的平原地区，地震动加速度幅值均超过 100cm/s²，其中有半数地区达到 150～200cm/s²。

徐州城区在两种震源条件下的最大地震动峰值加速度分别为 60～80cm/s² 和 80～100cm/s²，虽然发震断层段距离徐州较远，加速度峰值不大，但是其长周期地震动传播的范围非常广泛，对以速度或位移控制的建构筑物或生命线工程等，具有明显影响。

8.3.5 目标区地震动响应区划

通过数值模拟和合成计算得出郯庐断裂带中南段设定地震对目标区地震动的最大加速度、最大速度及最大位移分布图之后，根据划分评价单元的方法对徐州目标区进行了地震动响应（强度）区划。同时对各个区划单元提供最大加速度时程和反应谱（加速度、速度、位移）。图 8-10 和图 8-11 分别是当郯庐断裂带中南段发生 8.5 级设定地震时，在震源模型方案 1 和方案 2 情况下得到的目标区地震动响应（强度）区划图。

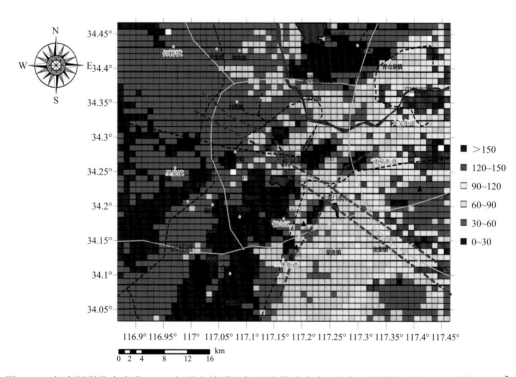

图 8-10 郯庐断裂带中南段 M8.5 级设定地震目标区地震动响应（强度）区划图（方案 1）（单位：cm/s²）

由于断层位置的不确定性，在强地震动预测时考虑了多种断层位置的设定方案，参照其结果确定了具有平均意义的计算结果作为地震动响应评价的基础方案。郯庐断裂带中南段 M8.5 级设定地震方案不是以 1668 年山东郯城 8½级特大地震作为设定目标，而是以对徐州可能造成最大危害的情景设定的，因此，当郯庐断裂带中南段发生 M8.5 级特大地震时，在徐州目标区一定的区域和周期频带范围内的地震动水平可能超过现行设防标准中对于一般建设工程的设防水准（抗震设防烈度为 7 度，加速度值为 100cm/s²），接近或大于年超越概率 0.02%的大震的设防水准，有可能对具有相同固有周期的建设工程产生影响。今后应考虑郯庐断裂带中南段地震危害性结果，并以此为地震动输入，加强建（构）筑物、生命线工程的地震灾害风险排查、治理和降低地震灾害风险对策研究等工作。

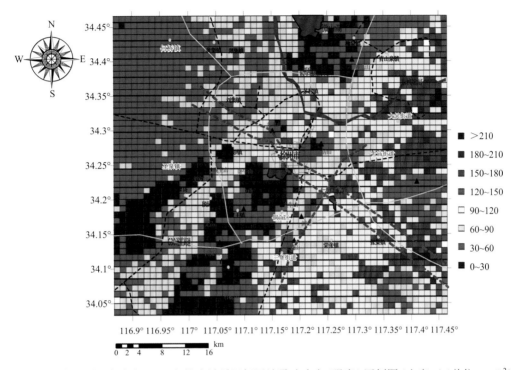

图 8-11　郯庐断裂带中南段 M8.5 级设定地震目标区地震动响应（强度）区划图（方案 2）（单位：cm/s^2）

主要参考文献

安徽省地质矿产局. 1987. 安徽省区域地质志. 北京: 地质出版社.

白志明, 王椿镛. 2006. 下扬子地壳P波速度结构: 符离集-奉贤地震测深剖面再解释. 科学通报, 51(21): 2534-2541.

蔡学林, 曹家敏, 朱介寿, 等. 2008. 龙门山岩石圈地壳三维结构及汶川大地震成因浅析. 成都理工大学学报: 自然科学版, 35(4): 357-365.

曹筠, 冉勇康, 许汉刚, 等. 2015. 宿迁城市活动断层探测多方法技术运用的典型案例. 地震地质, 37(2): 430-439.

曹筠, 冉勇康, 许汉刚, 等. 2018. 郯庐断裂带江苏段安丘—莒县断裂全新世活动及其构造意义. 地球物理学报, 61(7): 2828-2844.

晁洪太, 李家灵, 崔昭文, 等. 1997. 郯庐断裂带潍坊—嘉山段全新世活断层的活动方式与发震模式. 地震研究, 20(4): 218-226.

陈立春, 冉勇康, 王虎, 等. 2013. 地表弱活动断裂6-7级地震中长期预测技术要点与案例解析. 地震地质, 35(3): 480-489.

陈希祥. 1989. 苏北黄淮平原全新统沉积特征. 地层学杂志, 13(3): 213-218.

陈希祥, 等. 1988. 江苏省徐淮地区第四纪地质. 北京: 海洋出版社.

陈祖安, 林邦慧, 白武明, 等. 2009. 2008 年汶川 8.0 级地震孕震机理研究. 地球物理学报, 52(2): 408-417.

大崎顺彦. 1980. 地震动的谱分析入门. 吕敏申, 谢礼立, 译. 北京: 地震出版社.

邓晋福, 魏文博, 邱瑞照, 等. 2007. 中国华北地区岩石圈三维结构及其演化. 北京: 地质出版社.

邓起东. 2002. 城市活动断裂探测和地震危险性评价问题. 地震地质, 24(4): 601-605.

邓起东, 闻学泽. 2008. 活动构造研究——历史、进展与建议. 地震地质, 30(1): 1-30.

邓起东, 徐锡伟, 张先康, 等. 2003. 城市活断层探测的方法和技术. 地学前缘, 10(1): 150-162.

邓起东, 于贵华, 叶文华. 1992. 地震地表破裂参数与震级关系的研究//国家地震局地质研究所. 活动断裂研究(2). 北京: 地震出版社: 247-264.

邓志文. 2006. 复杂山地地震勘探. 北京: 石油工业出版社: 5-12.

刁守中, 王华林, 胡政, 等. 1996. 1995 年 9 月 20 日苍山 5.2 级地震概述. 国际地震动态, 4: 17-21.

丁国瑜. 1992. 有关活断层分段的一些问题. 中国地震, 8(2): 1-10.

樊隽轩, 李超, 侯旭东. 2018.《国际年代地层表》(2018/08 版). 地层学杂志, 42(4): 365-368.

高孟潭. 2015. GB 18306－2015 《中国地震动参数区划图》宣贯教材. 北京: 中国质检出版社, 中国标准出版社: 7.

高维明, 郑朗荪, 李家灵, 等. 1988. 1668 年郯城 8.5 级地震的发震构造. 中国地震, 4(3): 9-15.

高原, 郑斯华, 周蕙兰. 1999. 唐山地区快剪切波偏振图像及其变化. 地球物理学报, 42(2): 228-232.

高振家, 陈克强, 魏家庸. 2000. 中国岩石地层辞典. 武汉: 中国地质大学出版社: 1-628.

葛宁洁, 彭中华, 李曙光. 1992. 榴辉岩的成分分类. 岩石学报, 8(1): 87-89.

国家地震局地学断面委员会. 1992. 上海奉贤至内蒙古阿拉善左旗地学断面. 北京: 地震出版社.

国家地震局震害防御司. 1995. 中国历史强震目录(公元前 23 世纪—公元 1911 年). 北京: 地震出版社: 10, 205-225.

胡聿贤. 1988. 地震工程学. 北京: 地震出版社.

湖北省地质矿产局. 1990. 湖北省区域地质志. 北京: 地质出版社.

华爱军, 刘西林. 1999. 苍山 5.2 级地震前的 $R(t)$ 图异常特征及其时间变化. 地震研究, 2: 166-170.

江苏省地震工程研究院. 2013. 苏州市城区活动断层探测与地震危险性评价报告(内部资料).

江苏省地震工程研究院. 2015. 常州市城区活动断层探测与地震危险性评价报告(内部资料).

江苏省地震工程研究院. 2017. 宿迁市活动断层探测与地震危险性评价报告(内部资料).

江苏省地震局. 1992. 江苏省连云港核电厂地震地质综合评价报告(内部资料).

江苏省地震局. 1997. 连云港核电厂地震地质补充工作报告(邵店—桑墟断裂活动性评价)(内部资料).

江苏省地质局第二水文地质队. 1980. 区域水文地质普查报告(1: 20 万, 徐州幅).

江苏省地质矿产局. 1997. 江苏省岩石地层. 北京: 中国地质大学出版社.

久田俊彦. 1978. 地震与建筑. 姜敦超, 译. 北京: 地震出版社.

雷启云, 柴炽章, 孟广魁, 等. 2008. 银川隐伏断层钻孔联合剖面探测. 地震地质, 30(1): 250-262.

雷启云, 柴炽章, 孟广魁, 等. 2011. 隐伏活断层钻孔联合剖面对折定位方法. 地震地质, 33(1): 45-55.

李家灵, 晁洪太, 崔昭文, 等. 1994. 1668 年郯城 8.5 级地震断层及其破裂机制. 地震地质, 3: 229-237.

李祖武. 1992. 中国东部北西向构造. 北京: 地震出版社.

林景仟, 谭东娟, 厉建华. 2000. 华北陆块南缘带早侏罗世徐州班井侵入杂岩体. 长春科技大学学报, 30(3): 209-214.

刘保金, 曲国胜, 孙铭心, 等. 2011. 唐山地震区地壳结构和构造: 深地震反射剖面结果. 地震地质, 33(4): 901-912.

刘昌铨, 嘉世旭. 1986. 唐山地震区地壳上地幔结构特征——二维非均匀介质中理论地震图计算和结果分析. 地震学报, 8(4): 341-353.

刘辉. 2011. 徐州市第四系新地层的特点及成因. 西部探矿工程, (8): 3-8.

刘建达, 李丽梅, 黄永林. 2007. 瑞昌地震后鄱阳湖口地区的设计地震动参数校核研究. 防灾减灾工程学报, 27(3): 265-269.

刘建达, 杨伟林, 李丽梅, 等. 2012. 江苏高邮—宝应交界 4.9 级地震震害分析. 中国地震, 28(4): 402-414.

刘建光. 1992. 徐州地区冲断褶皱带研究. 煤田地质与勘探, 20(2): 12-19.

刘天佑. 2007. 地球物理勘探概论. 北京: 地质出版社.

龙锋, 闻学泽, 徐锡伟. 2006. 华北地区地震活断层的震级-破裂长度、破裂面积的经验关系. 地震地质, (4): 511-535.

卢造勋, 刘国栋, 魏梦华, 等. 1990. 中国辽南地区地壳与上地幔介质的横向不均匀性与海城 7.3 级地震. 地震学报, 12(4): 367-378.

陆涵行, 曾融生, 郭建明, 等. 1988. 唐山震区深反射剖面分析. 地球物理学报, 31(1): 27-36.

陆松年, 李怀坤, 陈志宏, 等. 2004. 新元古时期中国古大陆与罗迪尼亚超大陆的关系. 地学前缘, 11(2): 515-523.

罗丽, 吕坚, 曾文敬. 2016. 江西九江—瑞昌地震序列震源位置和发震构造再研究. 地震地质, 38(2): 342-351.

潘桂棠, 肖庆辉, 陆松年, 等. 2009. 中国大地构造单元划分. 中国地质, 36(1): 1-28.

全国地层委员会. 2001. 中国地层指南及中国地层指南说明书. 北京: 地质出版社: 1-59.

全国地层委员会. 2002. 中国区域年代地层(地质年代)表说明书. 北京: 地质出版社.

全国地层委员会《中国地层表》编委会. 2014. 《中国地层表》(插图 I). 地球学报, 35(3).

冉勇康, 陈立春, 徐锡伟. 2001. 北京西北活动构造定量资料与未来强震地点的讨论. 地震学报, 23(5): 502-513.

山东省地质矿产局. 1991. 山东省区域地质志. 北京: 地质出版社.

邵时雄, 王明德. 1991. 中国黄淮海平原第四纪地质图(1∶100 万)及中国黄淮海平原第四纪岩相古地理图(1∶200 万)及说明书. 北京: 地质出版社.

舒良树, 吴俊奇, 刘道忠. 1994. 徐宿地区推覆构造. 南京大学学报, 30(4): 638-647.

舒良树, 吴俊奇, Brewer R C. 1996. 徐州—宿州地区平衡剖面研究. 中国区域地质, 4: 373-378.

宋新初, 周本刚, 杨晓平, 等. 2014. 城市活动断层探测方法与实践. 北京: 地震出版社.

郯庐活动断裂带地质填图课题组. 2013. 郯庐活动断裂带地质图(1∶50 000)说明书. 北京: 地震出版社.

汤有标, 姚大全. 1990. 郯庐断裂带赤山段晚更新世以来的活动性. 中国地震, 6(2): 63-69.

唐新功, 陈永顺, 唐哲. 2006. 应用布格重力异常研究郯庐断裂构造. 地震学报, 28(6): 603-610.

滕吉文. 2010. 强烈地震孕育与发生的地点、时间及强度预测的思考与探讨. 地球物理学报, 53(8): 1749-1766.

滕吉文, 皮娇龙, 杨辉, 等. 2014. 汶川—映秀 M_S8.0 地震的发震断裂带和形成的深层动力学响应. 地球物理学报, 57(2): 392-403.

王椿镛, 段永红, 吴庆举, 等. 2016. 华北强烈地震深部构造环境的探测与研究. 地震学报, 38(4): 511-549.

王椿镛, 王贵美, 中洋, 等. 1993. 用深地震反射方法研究邢台地震区地壳细结构. 地球物理学报, 36(4): 445-452.

王椿镛, 张先康. 1994. 冀中拗陷内深地震反射剖面揭示的滑脱构造. 科学通报, 39(7): 625-628.

王桂梁, 姜波, 曹代勇, 等. 1998. 徐州—宿州弧形双冲—叠瓦扇逆冲断层系统. 地质学报, 72(3): 228-236.

王琪, 张培震, 马宗晋. 2002. 中国大陆现今构造变形 GPS 观测数据与速度场. 地学前缘, 9(2): 415-429.

王炜, 宋俊高, 戴维乐. 1983. 1979 年 3 月 2 日固镇 5.0 级地震. 西北地震学报, 1: 28-33.

王小凤, 李中坚, 陈柏林. 2000. 郯庐断裂带. 北京: 地质出版社.

王义天, 李继亮, 刘德良, 等. 2000. 大别山商麻断裂带的 ^{40}Ar-^{39}Ar 年龄及其构造意义. 地学前缘, 7(2): 484.

王志才, 晁洪太. 1999. 1995 年山东苍山 5.2 级地震的发震构造. 地震地质, 21(2): 115-120.

王志才, 石荣会, 晁洪太, 等. 2001. 鲁中南隆起区第四纪晚期断裂活动特征. 海洋地质与第四纪地质, 21(4): 95-102.

闻学泽. 1995. 活动断裂地震潜势的定量评估. 北京: 地震出版社: 1-150.

闻学泽. 1998. 时间相依的活动断裂分段地震危险性评估及其问题. 科学通报, 43(14): 1457-1466.

闻学泽, 徐锡伟, 龙锋等. 2007. 中国大陆东部中—弱活动断层潜在地震最大震级评估的震级—频度关系模型. 地震地质, 29(2): 236-253.

渥·伊尔马滋. 2006. 地震资料分析——地震资料处理、反演和解释. 刘怀山, 王克斌, 童思友, 等译. 阎世信, 芦文生, 陈小宏, 等校. 北京: 石油工业出版社: 57-72.

吴海波, 姚运生, 申学林, 等. 2015. 2014 年秭归 M_S4.5 和 M_S4.9 地震震源与发震构造特征. 地震地质, 37(3): 719-730.

徐纪人, 赵志新. 2004. 苏鲁造山带区域地壳山根结构特征. 岩石学报, 20(1): 149-156.

徐纪人, 赵志新, 石川有三. 2008. 中国大陆地壳应力场与构造运动区域特征研究. 地球物理学报, (3): 770-781.

徐杰, 周本刚, 计凤桔, 等. 2012. 华北渤海湾盆地区大震发震构造的基本特征. 地震地质, 34(4): 618-636.

徐树桐, 陈冠宝, 周海渊, 等. 1987. 徐—淮推覆体. 科学通报, 32(14): 1091-1095.

徐树桐, 陶正, 陈冠宝. 1993. 再论徐(州)—淮(南)推覆体. 地质论评, 39(5): 395-403.

徐锡伟, 吴为民, 张先康, 等. 2002. 首都圈地区地壳最新构造变动与地震. 北京: 科学出版社.

许汉刚, 范小平, 冉勇康, 等. 2016. 郯庐断裂带宿迁段 F5 断裂浅层地震勘探新证据. 地震地质, 38(1): 31-43.

许忠淮. 2001. 东亚地区现今构造应力图的编制. 地震学报, 23(5): 492-501.

杨文采, 程振炎, 陈国久, 等. 1999b. 苏鲁超高压变质带北部地球物理调查(Ⅰ)——深反射地震. 地球物理学报, 42(1): 41-52.

杨文采, 胡振远, 程振炎, 等. 1999a. 郯城—涟水综合地球物理剖面. 地球物理学报, 42(2): 206-217.

杨钟健. 1955. 记安徽泗洪县下草湾发现的巨河狸化石并在五河县戚咀发现的哺乳类动物化石. 古生物学报, 3(1): 55-56.

杨卓欣, 赵金, 张先康, 等. 2002. 伽师强震群区上地壳三维速度层析成像. 地震学报, 24(2): 153-161.

姚大全, 郑海刚, 赵朋, 等. 2017. 郯庐断裂带淮河南到女山湖段晚第四纪以来的新活动. 中国地震, 33(1): 38-45.

俞言祥, 汪素云. 2006. 中国东部和西部地区水平向基岩加速度反应谱衰减关系. 震灾防御技术, 1(3): 206-217.

翟明国, 朱日祥, 刘建明, 等. 2003. 华北东部中生代构造体制转折的关键时限. 中国科学(D 辑), 33: 913-920.

张鹏, 李丽梅, 冉勇康, 等. 2015. 郯庐断裂带安丘—莒县断裂江苏段晚第四纪活动特征研究. 地震地质, 37(4): 1162-1176.

张鹏, 王良书, 刘绍文, 等. 2006. 南华北盆地群岩石圈热-流变结构. 高校地质学报, 12(4): 530-536.

张四维, 张锁喜, 唐荣余, 等. 1998. 下扬子地区符离集—奉贤地震测深资料解释. 地球物理学报, 31(6): 637-648.

张先, 刘敏. 2000. 华北地区居里温度面与地震活动的再研究. 物探与化探, 24(2): 81-86.

张先康, 赵金仁, 刘国华, 等. 2002a. 三河—平谷 8.0 级大震区震源细结构的深地震反射探测研究. 中国地震, 18(4): 326-336.

张先康, 赵金仁, 张成科, 等. 2002b. 帕米尔东北侧地壳结构研究. 地球物理学报, 45(2): 665-671.

张永庆, 谢富仁. 2007. 活动断裂地震危险性的研究现状和展望. 震灾防御技术, 2(1): 64-74.

张岳桥, 董树文. 2008. 郯庐断裂带中生代构造演化史: 进展与新认识. 地质通报, 27(9): 1371-1390.

章森桂, 张允白, 严慧君. 2015.《中国地层表》(2014)正式使用. 地层学杂志, 39(4): 359-366.

赵金仁, 张先康, 张成科, 等. 2004. 利用宽角反射/折射和深反射探测剖面揭示三河—平谷大震区深部结构特征研究. 地球物理学报, 47(4): 646-653.

中国地震局. 2005. JSGC-04 中国地震活动断层探测技术系统技术规程. 北京: 地震出版社: 44-56.

中国地震局震害防御司. 1995. 中国历史强震目录(公元前 23 世纪—1911 年). 北京: 地震出版社.

中国地震局震害防御司. 1999. 中国近代地震目录(公元 1912 年—1990 年 $M_S \geqslant 4.7$). 北京: 中国科学技术出版社.

中国科学院地质研究所. 1959. 中国大地构造纲要. 北京: 地质出版社.

中华人民共和国国家质量监督检验检疫总局, 中国国家标准化管理委员会. 2018. GB/T 36072—2018 活动断层探测. 北京: 中国标准出版社.

周翠英, 王铮铮, 蒋海坤, 等. 2005. 华东地区现代地壳应力场及地震断层错动性质. 地震地质, 27(2): 273-288.

周明镇. 1955. 安徽泗洪县下草湾金龟化石. 古生物学报, 3(1).

周永胜, 何昌荣. 2002. 华北地区壳内低速层与地壳流变的关系及其对强震孕育的影响. 地震地质, 24(1): 124-132.

朱光, 胡召齐, 陈印, 等. 2008. 华北克拉通东部早白垩世伸展盆地的发育过程及其对克拉通破坏的指示. 地质通报, 27(10): 1594-1604.

朱守彪, 张培震, 石耀霖. 2010. 华北盆地强震孕育的动力学机制研究. 地球物理学报, 53(6): 1409-1417.

堀家正则. 1993. 微動の研究について. 地震, 2(46): 343-350.

石田寛, 野澤貴, 古屋伸二, 他. 1998. やや長周期微動に基づく深層地下構造推定手法の神戸市東部への適用. 日本建築学会構造系論文集, 512: 47-52.

時松孝次, 新井洋, 浅香美治. 1996. 微動観測から推定した神戸市住吉地区の深部 S 波速度構造と地震動特性. 日本建築学会構造系論文集, 491: 63-72.

M7 专项工作组. 2012. 中国大陆大地震中—长期危险性研究. 北京: 地震出版社: 6-12.

Akamastu J, Fujita M, Nishimura K. 1992. Vibrational characteristics of microseisms and their applicability to microzoning in a sedimentary basin. Journal of Physics of the Earth, 40(1): 137-150.

Aoi S, Fujiwara H. 1999. 3D finite-difference method using discontinuous grids. Bulletin Seismological Society of America, 89: 918-932.

Boore D M. 1983. Stochastic simulation of high-frequency ground motion based on seismological models of the radiated spectra. Bulletin Seismological Society of America, 73: 1865-1894.

Bouchon M. 1981. A simple method to calculate Green's function for elastic layered media. Bulletin Seismological Society of America, 71: 959-971.

Ding Z, Chen Y T, Panza G F. 2004. Estimation of site effects in Beijing city. Pure Applied Geophysics, 161: 1107-1123.

Engebretson D C, Cox A, Gordon R G. 1985. Relative motions between oceanic and continental plates in the Pacific basin. The Geological Society of America, Special Paper (206): 1-59.

Field E H, Jacob K H. 1995. A comparison and test of various site response estimation techniques, including three that are not reference site dependent. Bulletin Seismological Society of America, 85: 1127-1143.

Gradstein F M, Ogg J G, Smith A G, et al. 2004. A new Geological Time Scale, with special reference to Precambrian and Neogene. Episodes, 27(2): 83-100.

Graves R W. 1996. Simulating seismic wave propagation in 3D elastic media using staggered-grid finite differences. Bulletin Seismological Society of America, 86(4): 109-1106.

Gutenberg B, Richter C F. 1956. Magnitude and energy of earthquakes. Annals of Geophysics, 9: 1-15.

Hatzell S H. 1978. Earthquake aftershocks as Green's functions. Geophysical Research Letters, 5: 1-4.

Horike M, Zhao B M, Kawase H. 2001. Comparison of site response characteristics inferred from microtremors and earthquake shear waves. Bulletin Seismological Society of America, 91(6): 1526-1536.

International Commission on Stratigraphy. 2012. International Chronostratigraphic Chart. http://www. stratigraphy.org/ICSchart/ChornostratChart2012.pdf.

International Commission on Stratigraphy. 2018. International Chronostratigraphic Chartv2018/08. http://stratigraphy.org/ICSchart/ChornostratChart2018-08.pdf.

Irikura K. 1986. Prediction of strong acceleration motion using empirical Green's function. Proceedings of 7th Japan Earthquake Engineer Symposium: 151-156.

Irikura K. 2002. Recipe for estimating strong ground motions from active fault earthquakes, Seismotectonics in Convergent Plate Boundary//Fujinawa Y, Yoshida A. Terra Scientific Publishing Company (TERRAPUB), Tokyo: 45-55.

Irikura K, Kamae K. 1994. Estimation of strong ground motion in broad-frequency band based on a seismic source scaling model and an empirical Green's function technique. Annali di Geofisica, 37: 1721-1743.

Irikura K, Miyake H, Iwata T, et al. 2004. Recipe for predicting strong ground motion from future large earthquake. 13th World Conference on Earthquake Engineering, No.872.

Kagami H, Okada S, Shiono K, et al. 1986. Observation of 1 to 5 second microtremors and their application to earthquake engineering. Part III: A two-dimensional study of site effects in the San Fernando Valley. Bulletin Seismological Society of America, 76(6): 1801-1814.

Kagawa T, Zhao B M, Miyakoshi K, et al. 2004. Modeling of 3D basin structures for seismic wave simulations based on available information on the target area: Case study of the Osaka basin, Japan. Bulletin Seismological Society of America, 94(4): 1353-1368.

Kamae K, Irikura K. 1992. Prediction of site specific strong ground motion using semi-empirical methods. 10th World Conference on Earthquake Engineering: 801-806.

Kamae K, Irikura K. 1998. Source model of the 1995 Hyogo-ken Nanbu earthquake and simulation of near-source ground motion. Bulletin Seismological Society of America, 88: 400-410.

Kamae K, Irikura K, Fukuchi Y. 1990. Prediction of site specific ground motion for large earthquake. Journal of Structural and Construction Engineering, 409: 11-25.

Kamae K, Irikura K, Pitarka A. 1998. A technique for simulating strong ground motion using hybrid Green's function. Bulletin Seismological Society of America, 88: 357-367.

Konno K, Ohmachi T. 1998. Ground-motion characteristics estimated from spectral ratio between horizontal and vertical components of microtremor. Bulletin Seismological Society of America, 88: 228-241.

Levander A R. 1988. Fourth-order finite-difference P-SV seismograms. Geophysics, 53(11): 1425-1436.

Maruyama S, Isozaki Y, Kimura G, et al. 1997. Paleogeographic maps of the Japanese Islands: Plate tectonic systhesis from 750 Ma to the present. Island Arc, 6: 121-142.

Montgomery C W. 1990. Physical Geology. Dubuque: W. C. Brown Publishers.

Nakamura Y. 1988. On the urgent earthquake detection and alarm system (UrEDAS). Proceedings of Ninth World Conference on Earthquake Engineering, VII: Tokyo-Kyoto, Japan: 673-678.

Nogoshi M, Igarashi T. 1971. On the amplitude characteristics of microtremor (part 2). Journal of the Seismological Society of Japan, 24: 26-40(in Japanese with English abstract).

Northrup C J, Royden L H, Burchfiel B C. 1995. Motion of the Pacific plate relative to Eurasia and its potential relation to Cenozoic extension along the eastern margin of Eurasia. Geology, 23(8): 719-722.

Patriat P, Achache J. 1984. India-Eurasia collision chronology has implications for crustal shortening and driving mechanism of plates. Nature, 311(18): 615-621.

Pitarka A. 1999. 3D elastic finite-difference modeling of seismic motion using staggered grids with nonuniform spacing. Bulletin Seismological Society of America, 89: 54-68.

Randall G E. 1989. Efficient calculation of differential seismograms for lithospheric receiver functions. Geophysics Journal International, 99: 469-481.

Sekiguchi H, Irikura K, Iwata T. 2002. Source inversion for estimating the continuous slip distribution on a fault introduction of Green's functions convolved with a correction function to give moving dislocation effects in sub-faults. Geophysical Journal International, 150, 2: 377-391.

Somerville P G, Irikura K, Graves R, et al. 1999. Characterizing crustal earthquake slip models for the prediction of strong ground motion. Seismological Research Letters, 70: 59-82.

Virieux J. 1986. P-SV wave propagation in heterogeneous media: Velocity-stress finite-difference method. Geophysics, 51(4): 889-901.

Wells D L, Coppersmith K J. 1994. New empirical relationships among magnitude, rupture length, rupture width, rupture area and surface displacement. Bulletin of the Seismological Society of America, 84(4): 974-1002.

Yin A, Nie S Y. 1993. An indentation model for the North and South China collision and the development of the Tan-Lu and Honam fault system, eastern Asia. Tectonics, 12(4): 801-813.

Zhao B M, Horike M. 2003. Simulation of high-frequency strong vertical motions using microtremor horizontal-to-vertical ratios. Bulletin Seismological Society of America, 93: 2546-2553.

Zhao B M, Horike M, Takeuchi Y. 1996. Comparison of spatial variation between microtremors and seismic motion. 11th World Conference on Earthquake Engineering, 133: 1-8.

Zhao B M, Horike M, Takeuchi Y. 2000. Analytical study on reliability of seismic site-specific characteristics estimated from microtremorsmeasurements. 12th World Conference on Earthquake Engineering: 1802-1530.

Zhao B M, Tsurugi M, Kagawa T. 2004. Strong motion simulation for large subduction earthquakes. 13th World Conference on Earthquake Engineering, 795: 1-12.

Zhu G, Liu G S, Niu M L, et al. 2009. Syn-collisional transform faulting of the Tan-Lu fault zone, East China. International Journal of Earth Sciences, 98(1): 135-155.